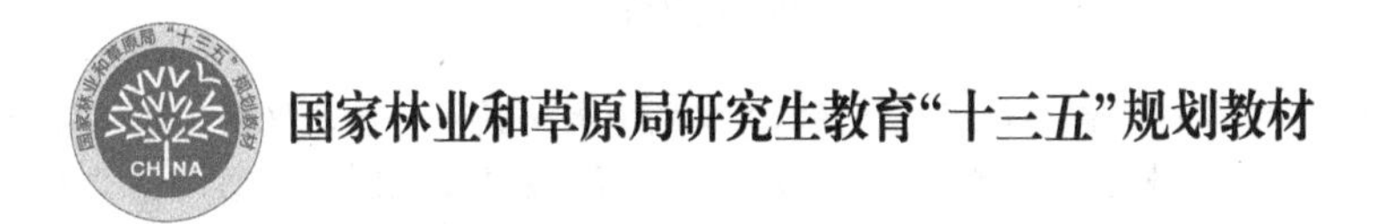

森林水文学

宋维峰　主编

中国林业出版社

内容简介

全书共10章，主要内容包括：绪论、森林生态系统水文循环与水量平衡、森林与降水、森林与土壤水、森林蒸散发、森林流域径流与产沙、森林与水质、森林流域水文过程与模型模拟、稳定同位素技术在森林水文研究中的应用、全球森林分布及主要监测网络等。

本教材汲取了国内外从事森林水文研究的论文和著作的精华，并汇集了编者的研究成果，体现了实践性、系统性和前瞻性。本教材可作为水土保持学、生态学、林学等学科研究生的教材，也可作为从事生态水文学、森林水文学、水土保持学、地理学、环境科学、景观生态学等专业的研究人员、管理人员及高等院校相关专业师生的参考书。

图书在版编目(CIP)数据

森林水文学/宋维峰主编. —北京：中国林业出版社，2022.2
国家林业和草原局研究生教育“十三五”规划教材
ISBN 978-7-5219-1222-7

Ⅰ.①森… Ⅱ.①宋… Ⅲ.①森林水文学-研究生-教材
Ⅳ.①S715

中国版本图书馆CIP数据核字(2021)第117847号

国家林业和草原局研究生教育“十三五”规划教材

责任编辑：范立鹏　　**责任校对**：苏　梅
电　　话：(010)83143626　　**传　　真**：(010)83143516

出版发行　中国林业出版社(100009　北京市西城区刘海胡同7号)
E-mail：jiaocaipublic@163.com
http：//www.forestry.gov.cn/lycb.html
经　　销　新华书店
印　　刷　北京中科印刷有限公司
版　　次　2022年2月第1版
印　　次　2022年2月第1次印刷
开　　本　850mm×1168mm　1/16
印　　张　18
字　　数　424千字
定　　价　65.00元

未经许可，不得以任何方式复制或抄袭本书之部分或全部内容。
版权所有　侵权必究

《森林水文学》
编写人员

主　　编　宋维峰

副 主 编　魏天兴　马建刚　秦富仓　杨新兵

编写人员　(按姓氏笔画排序)

马建刚(西南林业大学)
李晓刚(河北农业大学)
杨苑君(云南农业大学)
杨新兵(河北农业大学)
吴锦奎(中国科学院西北生态环境资源研究院)
宋维峰(西南林业大学)
段　旭(西南林业大学)
秦富仓(内蒙古农业大学)
贾国栋(北京林业大学)
脱云飞(西南林业大学)
黎建强(西南林业大学)
魏天兴(北京林业大学)

序

森林和水都属于生态系统中最活跃、最有影响的因素。水是地球上一切生命的源泉和重要组成物质，在全球生物地球化学循环、大气环流、气候环境，以及生物圈进化与动态平衡过程中起着极为重要的作用。森林是陆地生态系统的主体，在地球生物化学循环过程中，通过与土壤、大气和水在多界面、多层次和多尺度上进行物质与能量交换，改变和影响水资源分布，起到保护与涵养水源、净化水质、保持水土和抵御各种自然灾害的作用。森林与水息息相关，二者相互作用，推动发生在森林生态系统中的地球生物化学过程、生态过程和水文过程。充分发挥和增强森林生态系统的水文生态功能，对人类生存与生态环境的改善以及人类社会经济的持续发展至关重要。

近年来，水文学研究朝着宏观更宏、微观更微的方向发展。一方面以土壤-植被-大气连续体为思想内核的水文陆面物理过程的研究，已经发展到植被叶片气孔、茎干导管和根部细胞的水热传输等微观层次；另一方面宏观层面的水文物理研究，已经扩展到地球五大圈层之间能量、物质平衡和相互作用的超大尺度，乃至全球尺度。

森林水文学也从传统的局限于单一水文过程、偏重中小流域尺度、主要研究自然背景，向宏观、微观两个方向发展，多尺度观测、跨尺度模拟，生态过程与水文过程的耦合，森林水文学正向森林生态水文学的方向发展和转变。

从国家经济和社会发展的需求层面来讲，国家将生态文明建设纳入国家发展基本战略，生态环境建设和保护越来越受到政府和全社会的重视，亟须大量生态环境建设的专门人才。森林生态水文及其功能的研究、教学和应用存在巨大的社会需求。

鉴于以上原因，本教材较系统地总结了近年来森林水文学研究成果，从森林水文循环的各个环节和过程，力求为生态学、水文学、林学、水土保持学等相关学科教学人员、研究人员提供较系统的森林水文学理论。

我相信本教材的出版，将对我国森林水文学的教学、研究发挥积极的推动作用，同时对促进生态环境建设在国民经济中地位的提升，提高公众对生态建设的认知水平，推动生态环境建设和保护具有重要作用。

余新晓

2022 年 1 月

前　言

党的十九大报告指出，建设生态文明是中华民族永续发展的千年大计。必须树立和践行绿水青山就是金山银山的理念，坚持节约资源和保护环境的基本国策，像对待生命一样对待生态环境，统筹山水林田湖草系统治理，实行最严格的生态环境保护制度，形成绿色发展方式和生活方式，坚定走生产发展、生活富裕、生态良好的文明发展道路，建设美丽中国，为人民创造良好生产生活环境，为全球生态安全作出贡献。

2017 年 9 月 20 日，教育部、财政部、国家发展和改革委员会发布了《关于公布世界一流大学和一流学科建设高校及建设学科名单的通知》，标志着国家“双一流”建设正式启动。人才培养是高校的中心工作和核心任务，“双一流”建设旨在培养一流人才。在国家“双一流”建设这一重大教育工程实施背景下，如何破解传统的研究生教育中存在的缺陷和不足，探寻研究生培养新思路、新路径和新模式，创建新时代具有中国特色的新型研究生培养模式，成为高校推进“双一流”建设、培养一流人才所面临的重要命题。基于以上背景，培养高素质、创新能力强的生态文明的建设者，是生态文明建设的新要求，也是国家“双一流”建设的内在要求。

“森林水文学”是林学、生态学、水土保持学等学科研究生的专业基础课，在研究生培养过程中具有非常重要的地位和作用。在本教材编写过程中，编写人员总结多年森林水文学教学实践的经验，汲取最新教学改革和课程建设成果，充分吸收森林水文学研究的先进成果，着力体现实践性、系统性和前瞻性的统一，高度重视创新型人才的培养，突出科研方法技能和科研创新思维的融入。

本教材由西南林业大学、北京林业大学、内蒙古农业大学、河北农业大学、中国科学院西北生态环境资源研究院、云南农业大学的 10 多名教师和研究人员编写而成。本教材由宋维峰任主编，魏天兴、马建刚、秦富仓和杨新兵任副主编。各章节编写分工如下：第 1 章由宋维峰、杨苑君编写；第 2 章由宋维峰、马建刚编写；第 3 章由李晓刚、黎建强、杨新兵编写；第 4 章由脱云飞、宋维峰、段旭编写；第 5 章由杨新兵、黎建强编写；第 6 章由秦富仓编写；第 7 章由马建刚编写；第 8 章由贾国栋编写；第 9 章由吴锦奎编写；第 10 章由魏天兴编写；西南林业大学研究生李源、舒远琴为本教材绘制了插图，西南林业大学段欣荣参与资料收集与校稿。宋维峰负责本教材的统稿和定稿。

本教材的出版得到国家自然科学基金项目(41371066、41771084)、云南省基础研究重点项目(202001AS070042)和中国林业出版社、西南林业大学的大力支持，在此深表感谢。

在本教材的编写过程中得到北京林业大学余新晓教授的悉心指导，特向他致以诚挚的谢意。

本教材在编写过程中引用了大量论文、专著和相关教材文献，因篇幅所限未能一一在参考文献中列出，谨向文献的作者表示衷心的感谢。

鉴于森林水文学研究的复杂性及作者的知识和能力的有限性，书中难免有不妥之处，敬请读者不吝赐教。

编 者

2022 年 1 月于昆明

目　录

第1章 绪 论

[**本章提要**]森林水文学是研究森林生态系统对水分循环和环境影响的科学，是森林生态学与水文学相结合的科学。森林与水分的关系是森林水文学研究的核心问题。森林水文学研究有助于了解森林生态系统中水分的运转过程、机制以及森林对生物地球化学循环、生态系统结构和能量代谢影响，有助于正确评价和认识森林的作用，同时还可为森林合理经营利用、保护自然以及维持人类社会的可持续发展提供科学理论。森林水文学是林学、生态学、水土保持与荒漠化防治专业的基础课程，在这些学科研究生的培养中具有十分重要的地位和作用。

1.1 森林水文学的概念

水文学是一门研究地球系统中水的来源、运动、循环，水的时间和空间分布，水与生态系统的相互作用，以及水的社会属性的科学。水文学研究可为水旱灾害防治、水资源合理开发利用、水循环保护和生态系统修复提供科学依据。

从水文学定义看，水文学的研究领域涉及自然科学和社会科学。按照应用分类，水文学可以分为工程水文学、水资源水文学、生态水文学、环境水文学、城市水文学、森林水文学和农业水文学等。

森林水文学是研究森林生态系统对水分循环和环境影响(包括对土壤侵蚀、水质和小气候等的影响)的科学，是森林生态学与水文学相结合的一门科学。研究森林生态系统中水文过程和森林与水分循环相互的影响，包括森林对水量、水文情势和水质的影响，以及水分循环过程中对森林生长发育的作用。该领域研究涉及林学、水文学和地学等主要学科。森林水文学和其他水文学一样，研究的重点仍然是水，但它的作业对象是林地。

美国学者凯特里奇(Joseph Kittredge)于 1948 年首次提出“森林水文学”一词，并定义森林水文学是一门专门研究森林植被对有关水文状况影响的科学，从而使森林水文学成为水文学的分支，成为陆地水文学与森林生态学交融形成的一门新型交叉学科。1969 年，美国学者休利特(John D. Hewlett)提出另一定义：“森林水文学是水文学的一个分支，研究森林和有关的荒地植被对水循环的作用，包括对侵蚀、水质和水气候的影响。”1980 年，美国学者 Richard Lee 认为：“森林水文学是研究森林覆被所影响的有关水现象的科学。”1982年德国学者布莱克泰尔(H. M. Brechtel)将森林水文学划分为两个方面：林地水文学(wood land hydrology)和森林水文学(forest hydrology)。前者是林地流域的水文科学，在总体上定量研究林地植被和森林经营的水文效应，并与其他类型植物群落和土地管理的水文效应相比较；后者是研究森林水分收益(water yield)管理的科学。

我国学者马雪华(1993)认为，经典森林水文学研究主要涉及的是森林水文状况及与水相关的现象。现代森林水文学则是从森林生态系统观念出发，结合森林生态系统的结构、功能及生产力的探讨和森林生态系统能量和物质循环的研究，来揭示各种水文现象发生和发展的规律及其内在联系。

目前，森林水文学还没有公认的定义。

我们认为，森林水文学是一门研究森林生态系统对水文循环和环境影响，森林与水的相互作用，以及森林生态系统中的生物地球化学过程、生态过程、水文过程及其耦合机制，为充分发挥和增强森林生态系统水文功能、生态环境的改善以及人类经济社会可持续发展提供科学依据的学科。

1.2　森林水文学的研究对象

森林水文学以陆地生态系统中的森林为研究对象，研究森林植被结构和格局对水文生态功能和过程的影响，包括森林植被对水分循环和环境的影响，以及森林植被对土壤侵蚀、水的质量和小气候的影响。

森林植被是陆地生态系统水文循环各重要过程的参与者，其自身的生态过程和水文过程相互联系、相互影响。森林生态水文研究已经成为水循环与生物圈相互作用研究领域的重要方面。目前，森林水文研究可分为森林生态系统和流域两个尺度，即森林生态系统生态水文过程和森林流域生态水文过程。森林生态系统生态水文过程多借助实验样地尺度上的土壤-植被-大气传输模型，探究垂直梯度的水文传输和植被生理生态过程机理；森林流域生态水文过程多以分布式模型的建立和模拟为基础，以探究宏观尺度的径流等下垫面过程机理。

1.3　森林水文学的研究意义

森林是陆地生态系统的主体，是人类文明的摇篮，是生物和人类发展与生存的基础，是自然界的基因库、有机碳贮库和蓄水库。森林能够调节气候、涵养水源、保持水土、提高水质，能有效地改善生态环境，对维持生态平衡、改善生态环境以及保护人类生存环境有着决定性作用，而森林水文生态效应是森林生态系统的重要功能，是森林生态系统中森林与水分相互作用及其功能的综合体现。

森林与水分的关系是森林水文学研究的核心问题，特别是随着人类对自身生存环境压力与日俱增的认识逐渐加深，使人们对森林与林业对人类生存与发展存在的重要作用产生了新的认识，使得林业经营与发展进入更为注重生态与社会效益的经营利用阶段。森林生态效益的产生与其对生物地球化学循环动力(能量)与介质(水文循环与大气循环)的影响密切相关，揭示森林植被变化(森林采伐、森林火灾、开垦、造林等)对水文循环的影响过程与影响结果，可以为森林经营、流域管理、景观管理、生态保护、山地防灾、水资源利用和土地利用规划等提供科学依据。

森林与水分的关系极其复杂，不同自然地理环境或同一自然地理环境下不同结构类型的森林对大气降水的截留、林内降水的再分配、地表径流、地下径流以及对蒸散发产生的影响不尽相同，由此产生各异的水分大循环、小循环和水量平衡的时空格局与过程。

在森林植被与生态环境相互作用和相互影响过程中，水文过程是最为重要的方面之一。如何合理利用流域森林资源，实现其可持续利用是当今各国科学家研究的前沿课题。森林水文循环是陆地水循环的重要组成部分，其不但影响森林植被的结构、功能和分布，还影响地球表面的能量收支、转换和分配，在陆地生态系统循环过程中发挥着重要作用。森林生态系统的水文功能不仅是其服务功能的重要组成，而且影响森林生态系统的生产力、养分循环等其他功能。对森林生态系统水文功能进行研究，不仅有助于了解森林生态系统中水分的运转过程、机制，以及森林对生物地球化学循环、生态系统结构和能量代谢影响，而且有助于正确评价和认识森林的作用，同时还可为森林合理经营利用、保护自然以及维持人类社会的可持续发展提供科学理论。

1.4 森林水文学的发展历程

1.4.1 国外森林水文学发展历程

人类对森林与气候、森林与水关系的认识已有几个世纪的历史，大约经历了 3 个不同阶段：朦胧的直观现象认识、有目的地观测研究、有计划地管理和开发利用。

森林水文学早期起源于人们对森林与水关系的观察和了解，如削洪补枯。公元 1 世纪，Pliny 在 *Natural History* 中论述了森林对水的作用；公元 3~4 世纪，古希腊人就观察到了树木与水文的关系。

早期人们对森林与水文的关系的研究主要集中在对两者关系的观察和了解上。1864 年，德国学者埃比曼伊尔(Ebmayer)在德国巴伐利亚州建立了世界上第一座森林气象站，开展了降水量和枯落物层等对地面蒸发相关影响的测定，并在随后的时间里开展了森林截留降水、蒸发和蒸腾作用的长期观测研究，取得重要的数据。1902—1918 年，在瑞士山区两个小流域开展的集水区对比试验被看作流域系统水文学研究的开端，也是现代试验森林水文学开端。1910—1926 年，美国在 Wagon Wheel Gap 地区开展对比集水区实验研究，后在 20 世纪广泛普及。此后，随着人口的增长，社会经济的发展和世界水资源需求量的不断增加，水环境却在不断恶化。因此，水资源紧缺已经成为全人类共同关注的全球性问题，人们逐渐开始对森林的水源涵养调节能力进行深入的研究和探讨。日本、美国、俄罗斯等国家，陆续广泛开展了关于流域内的有林地、无林地的水源涵养作用研究，并对各种森林类型的森林水文现象进行了观测(Burt, 1992)。在美国，森林生态学家和森林经营者以生态系统为单元，开展了不同经营方式下流域产沙对水质影响等方面的探索，取得了大量的科研成果。

第二次世界大战后，由于大量工业废弃物的出现及农药化肥的广泛使用，森林与水质的研究逐渐引起了人们的重视与关注。自 20 世纪 60 年代起，水文学家、环境学家、森林生态学家开始了森林对水质与水环境影响的研究工作。森林对水质的影响在欧美研究较多，研究主要聚焦于森林对天然降雨中某些化学成分的吸收、溶滤作用后对其化学成分和含量的影响以及森林变化对溪流水质的影响两个方面。在这一时期，著名的美国 Coweetn 森林生态和水文研究站开始了生态系统矿质循环研究，这对后来森林水质的研究产生了十分重要的影响。20 世纪 80 年代，国外学者提出了生态水文学的概念，1992 年，在都柏林召开的国际水环境大会上，首次把 Ingram 提出的科学术语 Eco-hydrology 提升为一门独立的学科——生态水文学。生态水文学以全球为研究背景，将大气过程、水文过程、生态过程加以联系，重点研究水文过程与生态过程的功能关系。森林水文学与生态水文学融合发展，成为森林生态水文学研究的新方向和新趋势。

1.4.2 我国森林水文学发展历程

我国对森林与水文关系的认识可以追溯到 2000 多年以前。《汉书·贡禹传》(公元前 48—公元前 33 年)中已有"斩伐林木亡有时禁，水旱之灾，未必不由此也"的记载。在其他如《淮南子》《齐民要术》(533—554 年)、《农政全书》(1639 年)等我国古代文献中也可见到许多关于树木与水文关系的描述。

近现代，我国对森林水文的研究开始于 1924 年，金陵大学美籍学者罗德明和著名学者李德毅等在山东崂山和山西五台山观测并分析了森林对径流、泥沙的影响。但在以后的几十年中，我国的森林水文学研究上一直处于停滞状态。直到中华人民共和国成立后，一些科研、教学和业务部门才开始森林与水的研究工作。20 世纪五六十年代，我国各主要林区、科研单位、高等林业院校和有关业务部门先后设立了森林水文定位观测站，开始了长期定位研究和对综合水文过程的探索。20 世纪 80 年代初，黄秉维提出"森林的作用"议题，大幅推动了森林水文学研究工作的开展。20 世纪 90 年代，刘世荣等系统总结了我国 10 多个森林生态定位站及水文观测点数十年的科研成果，在大尺度、高层次水平上，使我国的森林水文学研究迈上了新的高度。国家林业局 2008 年《陆地生态系统定位研究网络中长期发展规划(2008—2020)》的发布、2011 年《森林生态系统长期定位观测方法》(LY/T 1952—2011)的发布，以及 2014 年《国家陆地生态系统定位观测研究站网管理办法》的发布，标志着我国的森林水文学研究进入系统化、规范化发展的新时代。

1.5 森林水文学的研究方向

森林水文学是研究森林与水之间关系的科学，主要有 3 个研究方向：一是研究单个水文过程；二是研究森林生态系统的水文过程和水文效应；三是基于森林水文过程的水文系统模型研究。模型是森林水文学研究的重要工具，能帮助人们更好地理解和描述水文过程机制、预测不同条件下的水文效应。

1.5.1 单个森林水文过程的研究

从 20 世纪六七十年代起，人们认为仅采用流域研究或系统研究的方法无法将实验结果可靠地外推到其他流域，因此更加注重对森林水文过程的研究，试图以此了解水文过程的机制，更好地理解森林水文过程。但这方面的研究往往仅局限于较小的、单一尺度的研究，而要将结果应用到更大的尺度还需要进行尺度转换。森林水文过程研究的内容包括森林生态系统对降水截持、入渗、径流、蒸散发、大气运动等过程影响的研究。

1.5.2 森林生态系统的水文过程和水文效应研究

由于森林植被的存在，森林生态系统的外貌与结构发生了很大变化，使森林生态系统内降水截持、入渗、径流、蒸散发、大气运动等水文过程都发生了变化，因此，森林生态系统表现出不同于其他生态系统的水文过程特征和水文效应。森林生态系统的水文过程和水文效应研究包括以下研究内容。

(1)森林对降水量的影响

森林能否增加降水是森林水文学研究面对的一个争论已久的问题。闫俊华(1999)把这些争论的原因归结为两个方面：一是森林对气温、空气相对湿度、风向和风速的影响是否有促进水蒸气凝结作用，也就是森林是否有增雨作用；二是因森林截留而蒸发，以及森林抑制地面温度而削弱对流是否有减雨作用。目前，对于森林与降水量之间的关系还没有统一的结论。大多学者认为，森林能增加水平降水，而对垂直降水影响不显著，特别是在大尺度上，这种影响很小，但不能排除在局部范围上影响降水量。

(2)森林对径流的影响

森林植被的存在能否提高流域的径流量，国内外也存在争议。在国外，苏联的许多研究结果认为，森林覆盖率增加能提高河川流量，其引用大量由于采伐森林造成河流水位下降和造成干旱的历史事实加以证明。而美国、英国、德国、日本等国的研究结果表明，森林的存在会使径流量减少。刘世荣等(1996)对我国森林水文生态作用集水区研究做了比较全面细致的总结和对比：从地跨我国寒温带、温带、亚热带、热带的小集水区试验，以及黄河流域、长江流域等较大集水区的研究结果来看，多数结论认为，森林覆盖率的降低会不同程度地增加河川年径流量；对四川西部米亚罗高山林区、岷江上游冷杉林小集水区，以及长江4大分支流域的对比研究表明，森林流域年径流量较无林或少林流域大。

多数学者认为，森林可以减少洪水量、削弱洪峰流量，以及能够推迟和延长洪水的汇集时间。但这种削峰作用并不是无限的，森林对洪水的削峰作用是有条件的，受很多因素的影响，如土壤前期含水量、枯落物层被前期降水所饱和的程度、暴雨的强度与历时、森林分布的地貌部位、土壤厚度与下伏地层透水性、流域面积等，都会在不同程度上发挥作用，不能一概而论。在某些不利组合下，森林的削峰作用会变得十分有限。一般来说，对小暴雨或短历时暴雨而言，森林具有较大的调节作用，但对特大暴雨或长历时的连续多峰暴雨来说，森林的调蓄能力是有限的。因为森林的拦蓄容量已被前一次暴雨占去大部分，短时间内再次发生暴雨时森林的拦蓄作用会大幅降低(郭春明等，2005)。

(3)森林对水质的影响

森林能够改变水质，维持生态系统养分循环。降水在经过森林生态系统时，与系统发生化学元素的交换，如由于土壤、岩石风化物和各种有机物质等的淋溶作用，能够增加水中的各种化学成分，同时，降水在通过森林生态系统时其中元素也可能被植被吸收、土壤吸附或通过离子交换而除去。目前，国内有关森林与水质关系的研究绝大多数着重于森林对河流悬移泥沙含量的影响；国外有关森林对水质影响的研究较多，自20世纪80年代中期以来，森林对水质的影响渐渐成为研究热点，不仅研究森林对河流悬移泥沙含量的影响，也非常注重森林对水的化学因子、生物因子影响的研究。

从19世纪开始，有关森林生态系统水文过程和水文效应的研究，使得人们对森林生态系统水文过程和水文效应有了一定的认识，但还存在不少争论。陈军锋等(2001)把这些争论归因于研究方法的局限性、森林本身的复杂性、区域差异的不可比性和研究尺度的差异性等几个方面。森林对水文过程的影响是复杂的，而且在不同尺度上的表现也是不一样的(Bergkamp，1998)。森林生态系统水文过程和水文效应的复杂性及其在时空上的变异性是在不同研究条件下产生不同结果的原因，只有了解其作用机制才能从本质上解决目前在这一问题上的争论。目前很多森林水文学研究还是采用以前的试验流域方法，这些研究往往是单尺度、单要素的研究，难以揭示森林生态系统水文过程的机制，需要应用系统分析方法，从系统的角度多尺度、综合地研究森林生态系统的水文过程和水文效应，构建森林水文模型模拟森林生态系统水文过程。

森林与水是相互影响、相辅相成的，森林水文过程与森林生态系统各个生态过程之间也是相互影响、相辅相成的。森林水文学以往的研究主要考虑森林植被等因素对水文过程的影响，而对水分影响植被的生长及分布等生态系统格局和过程方面考虑不够，不能全面研究森林与水的关系。因此，森林水文学研究还需要应用生态水文学的理论方法，在充分考虑水文过程与生态过程间相互作用、相互影响关系的基础上研究森林与水之间的关系，这已经为我国很多学者所认同，并将成为森林水文学研究的重要方面。

1.5.3 基于森林水文过程的水文系统模型研究

模型是森林生态系统水文研究的重要手段。在森林水文学研究中已经创建了很多模型，包括黑箱模型、集总式模型、具有物理机制的土壤-植被-大气传输模型(SVAT)等。黑箱模型不考虑森林生态系统内部结构和过程，只考虑输入和输出，很多是属于水文输入要素与输出要素间的统计分析模型。这类模型有时能达到很高的精度，但缺少物理意义，其结果很难推广使用。大多数集总式模型属于概念模型，该类模型考虑了森林生态系统内各个水文过程之间的联系，以及植被、土壤、地形、地貌等因素对水文过程的影响，但假定这些因素在空间上是完全均质的，对系统内任一点上的降雨，其下渗、渗漏等纵向水流运动都是相同和平行的，不与周围的水流运动发生任何联系；在建模过程中把影响森林生态系统水文过程的各种不同参数进行均一化处理，进而对系统内水文过程的空间特性实行平均化模拟，其模型结果不包含森林生态系统水文过程空间特性的具体信息。这类模型所采用的实际上是一种经验方法，所以精确度较低，通用性也不高。随着人类社会水资源问题的日益突出，以及对污染物处理的需要，在生态学、土壤物理学、气象学、遥感等相关学科和技术发展的支持下，人们对森林水文学的研究更加深入，对各个水文过程的机制了解日益增加，同时利用土壤-植物-大气连续体(soil-plant-atmosphere continuam，SPAC)理论，将水分在SPAC中的运动作为一个整体来研究，逐步在耦合各个水文过程中对流域水文过程进行模拟，产生了很多具有物理机制的SVAT模型。

由于森林生态系统水文过程的复杂性和空间分异性，概念性森林水文模型在结构上与实际水文过程和水文要素的空间分布性和不均匀性是不匹配的。20世纪80年代，国外发展起来的分布式水文模型，充分考虑了系统内各要素的空间异质性，有效耦合各生态、水文过程，更能从机理上表现森林生态系统的水文过程，为理解、预测和调控水文过程提供更好的基础，是今后森林水文模型研究的发展方向。分布式水文模型的基本思想是，将区域划分为许多在垂直和水平方向上相互联系的网格单元，研究每一网格单元内的水文过程，然后进行汇流演算，得到流域的出口流量。构建分布式水文模型的关键问题包括水文单元划分、空间参数确定、产汇流机制确定和模型算法实现等。地理信息系统技术与遥感技术有助于这些问题的解决。地理信息系统技术在森林水文模型研究中的应用使森林水文模型具有很强的空间数据处理能力，还能自动获取大量数据，能更加容易地表现立地利用、保护措施的变化，模拟人类活动对森林生态系统水文过程的影响。国内外已经创建了许多分布式水文模型，国外如 TOP 模型、SHE 模型、STANFORD 模型、TANK 模型、ANSWERS 模型等；国内比较著名的有新安江模型等。

1.6　森林水文学的发展趋势

(1)加强多学科综合研究

森林水文学涉及生态学、水文学、水土保持学、林学、土壤学、气象学等多门学科，在研究中需要对大气-植物-土壤系统内各个层次和界面的物质和能量交换过程进行分析，需要多个学科知识体系的融合才能够实现。目前，生态学家、水文学家、水土保持学家、林学家、土壤学家、气象学家都分别进行相关数据采集和研究工作，但仍缺乏跨学科的深度融合与交流。在今后的森林水文学研究中，增强学科之间横向的交流，实现数据和知识的共享是实现森林水文学发展的重要途径。

(2)加强森林生态系统水文过程和机理研究

森林生态系统水文过程和机理研究是现代水文学的重点研究方向。在生态系统层面，研究森林植被与水的关系是实现植被与水资源优化配置必不可少的基础性研究工作。目前，森林水文学研究中出现的分歧主要在于对水文过程和机理的认识不够清楚，实测的数据一方面不够充分，另一方面缺乏科学性和代表性，不能很好地反映水文过程和机理的特征。因此，对森林生态系统水文过程和机理的研究应继续加强，特别是需要在系统层面进行多因子的研究，为建立更符合实际的水文模型指导生态建设提供科学依据。

(3)加强森林水文尺度研究

森林植被水文作用的尺度效应和尺度转换研究内容包括水文循环和水文过程研究的尺度等级划分、不同尺度的主要水文过程和影响因素及植被的参与程度、不同尺度的主要生态水文过程的机理模型、生态水文过程和植被水文效益的尺度转换、大规模植被建设的水文影响预测和评价的理论与技术。由于森林流域或区域内水文因素时空分布的高度差异性，分布式流域水文模型作为实现水文影响研究尺度转换的有效技术途径，已日益成为21世纪森林水文学研究的热点和重点，它的发展和完善将有望克服流域和大区域的生态水文效应预测和评价中的尺度转换技术难题。

(4)加强森林生态水文与气候变化的研究

加强研究气候变化背景下生态系统碳、氮和水循环过程及其耦合机制，以及生态系统结构和过程对气候变化的响应。深入研究人类活动对生态系统碳源(汇)功能的影响机制，评估适应气候变化的脆弱生态系统管理技术的效果和策略，开发和利用生物多样性保护和恢复技术。深入研究气候变化对生态系统的影响，研究气候变化特别是极端气候事件对植被的影响，将上述影响研究由定性研究向定量研究发展。

(5)重视恢复生态水文学的研究

利用恢复生态水文学的观点可以揭示植物在水分胁迫条件下的群落结构组成、分布格局与演变过程，对我国干旱、半干旱区的生态修复工作具有重要指导意义。进行这方面研究应当系统地认知生态水文过程的基本特征和机理，考虑植被变化对水文过程的影响以及植被对水文过程的响应，从水量平衡角度计算不同植被类型和结构的生态需水量以确定不同立地条件下的水分植被承载力。应用此类研究成果指导生态恢复实践工作，能够提高植被建设成效，减少人力、物力资源浪费，确保植被建设发挥应有的生态功能价值。

(6)重视森林水文与水环境的研究

注重植被对水质的影响和流域水质变化的研究，包括生态系统内的污染物传输、转化、吸收、降解、驻留等过程，生态系统不同组分的水质净化作用机理，生态系统承受污染的能力及其动态变化，污染物对植被的影响，植被净化水质功能的维持和恢复，典型污染区植被建设的特殊要求和技术，通过加强水质监测，包括养分、泥沙和环境污染等，建立水质数学模型，预测预报水质的变化趋势，保持水环境的生态平衡。

(7)重视森林水文与生态用水的研究

生态用水是维持生态平衡的基础，植被需消耗一定水资源，但长期以来，在水资源管理中仅以片面利用水资源为核心，普遍忽视和挪用生态用水，导致很多地区尤其是干旱缺水地区生态环境恶化。生态用水相关研究长期处于低谷，直到近几年才有一些初步研究，但主要集中在干旱、半干旱地区的植被建设生态用水方面。生态用水问题及其研究在我国得到了重视，成为生态学和水科学共同关注的热点。目前研究最多的是河流生态环境需水，已经形成了较系统的研究方法，但对于其他生态系统的需水量研究，还没有形成成熟的方法。植被需水除常用蒸散量表示外，尚缺乏生态需水量的指标体系和计算方法。从生态系统及其生态功能的需水要求来研究和确定合适的生态用水量是今后的研究重点。

(8)重视森林水文学研究与高新技术结合

高新技术为森林水文学的研究提供了强有力的支持，计算机技术的发展使通过软件平台完成庞杂的数学运算并对复杂的水文物理过程进行模拟与预测成为现实；遥感技术为水文模型提供了大量、多时段、高精度的数据资料；地理信息系统可用于分析和处理一定地理区域内的水文现象和过程，与流域水文模型结合能够解决复杂的规划、决策和管理问题；微波测量技术可用于测量不同地貌和植被覆盖的土壤湿度；稳定同位素示踪技术能够更加精准地在各个尺度上测定水分运移的方向和过程。总之，未来森林水文学的发展注定要与高新技术相结合，而高新技术的发展势必推动森林水文学研究迈上更高的台阶。

复习思考题

1. 简述森林水文学的概念。
2. 试述森林水文学研究的意义。
3. 展望森林水文学发展的趋势。

推荐阅读

1. 余新晓．森林生态水文[M]．北京：中国林业出版社，2004.

2. 刘世荣，温远光，王兵，等．中国森林生态系统水文生态功能规律[M]．北京：中国林业出版社，1996.

3. 马雪华．森林水文学[M]．北京：中国林业出版社，1993.

4. 中野秀章．森林水文学[M]．北京：中国林业出版社，1983.

第2章 森林生态系统水文循环与水量平衡

[**本章提要**]水循环与能量传输是紧密耦合的，这种耦合关系遵循热量平衡与水量平衡关系。水文循环是多环节的自然过程，是指大自然中的水通过蒸发、植物蒸腾、水汽输送、降水、地表径流、下渗、地下径流等环节，在水圈、大气圈、岩石圈、生物圈中进行连续运动的过程，可分为大循环和小循环。森林是陆地生物圈中的重要组成成分，它是通过影响陆地上的蒸发、植物蒸腾、降水、径流等几个重要的水文环节来影响水文循环的。森林生态系统的水量平衡包括降水输入、林冠对降水的再分配、径流的支出、水汽的散失和系统内部储水量的变化。

水循环的外在动力主要是太阳辐射和地球引力。地球的能量主要来自于外层空间的太阳辐射。水循环的内因是水的物理三态(气、液、固)以及三态转换所伴随的能量传输。伴随水循环中的蒸发过程，地球上的大部分能量进行着转换和再分配。水循环与能量传输的耦合关系遵循热量平衡与水量平衡关系。

2.1 全球热量收支平衡

地球的能量主要来自太阳辐射，太阳辐射达到地球后，往往转化为各种形式的能量(如蒸发或凝结潜热、湍流显热等)，这些能量是气候形成的基本要素。

2.1.1 地表热量平衡

当地表收入短波辐射大于其长波支出辐射，辐射差额为正值时，一方面导致地表要升温，另一方面盈余的热量以湍流显热或蒸发潜热的形式向空气输送热量以调节温度，并供给空气水分，同时，还有一部分热量在地表活动层内部交换，改变下垫面(土壤、水体)温度的分布。当地表辐射差额为负值时，地表温度降低，所亏损的热量由土壤或水体下层向上层输送，或通过湍流及水汽凝结从空气中获得热量，使空气降温。根据能量守恒定律，这些热量是可以转换的，但其收入与支出的量应该是相等的，这就是地表热量平衡。

地表热量平衡方程可写成下列形式：

$$R_g+LE+Q_p+A=0 \tag{2-1}$$

式中 R_g——地表辐射差额；

LE——地表与大气间的潜热传输量（L 为蒸发潜热，E 为蒸发量或凝结量）；

Q_p——地表与大气间的湍流显热交换；

A——地表与其下层间的热传输量 B 和平流输送量 D 之和。

式(2-1)中，地表得到热量时各项为正值，地表失去热量时各项为负值(图 2-1)。在地表能量平衡过程中，式(2-1)中的 4 项参数是最主要的，其他如大气的湍流摩擦使地面得到的热量、植物光合作用消耗的能量，以及降水使温度不同的地面得到或损失的热量等，数量都很小，一般可以忽略不计。

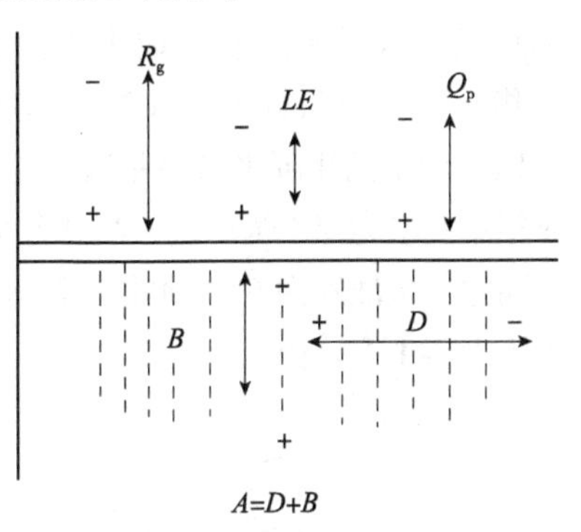

图 2-1 下垫面能量平衡示意图

对于陆地来说，由于土壤热传导而产生的水平输送异常缓慢，可忽略不计，而对于年平均而言，土壤与上界面的能量交换为零。因此，陆地表面年平均热量平衡方程可简化为：

$$R_g+LE+Q_p=0 \tag{2-2}$$

但对于水体，特别对于大洋则必须考虑洋流造成的能量输送。

2.1.2 全球热量平衡模式

以图形的方式将全球地气系统平均能量收支各分量之间的相互关系表示出来，这种图称为全球能量平衡模式。图 2-2 为全球辐射热平衡图。将入射辐射量取为 100 个单位，而这 100 个单位相当于 2.0934 J/(cm^2 · min)。

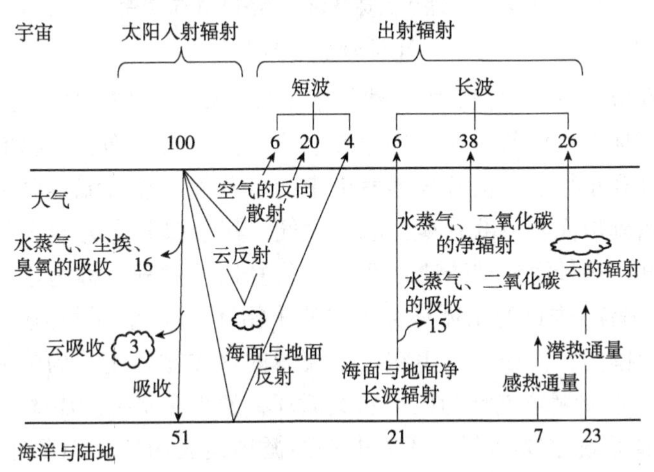

图 2-2 全球辐射热平衡(瑙斯，1983)

进入大气中的 100 个单位的太阳辐射，大约有 3 个单位被云吸收，16 个单位被水蒸气、烟雾和臭氧分子吸收，大约有 30 个单位被反射回太空。在原来的 100 个单位中，约有 51%可能用于加热陆地、海洋和冰原。然而最后这 51 个单位的热量又从地表回到空间，其中 21 个单位是长波辐射，7 个单位是感热通量，23 个单位为蒸发的潜热通量。

2.2 水文循环与水量平衡

2.2.1 水文循环

地球上的水在太阳辐射作用下，不断蒸发变成水汽上升到空中，被气流带动输送到各地，在输送过程中水汽遇冷凝结，形成降水降落到地面和海洋，降至地面的那部分水直接进入河流或渗入地下然后补给河流，最终流入海洋。水分这种往返循环、不断转移交替的现象称为水文循环或水循环(water cycle)(图2-3)。

以陆地上的年降水量为基准，把陆地年降水量取为100个单位，100=119 000 km^3/年。海洋年蒸发量为424个单位，海洋年降水量为385个单位，海洋水汽年输送到陆地39个单位；陆地年蒸散发为61个单位，陆地年降水量为100个单位，地表径流为年38个单位，地下径流为年1个单位。

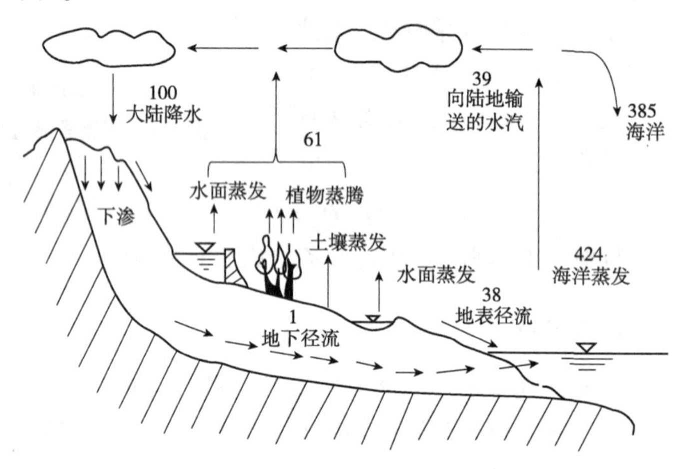

图2-3 全球水循环及水量平衡关系示意图

(Maidment, 1993)

水循环是多环节的自然过程。大自然的水通过蒸发、植物蒸腾、水汽输送、降水、地表径流、下渗、地下径流等环节，在水圈、大气圈、岩石圈、生物圈中进行连续运动，可分为大循环和小循环。从海洋蒸发出来的水蒸气，被气流带到陆地上空，凝结为雨、雪、雹等落到地面，一部分蒸发返回大气，其余部分成为地表径流或地下径流等，最终回到海洋。这种海洋和陆地之间水的往复运动过程，称为水的大循环。仅在局部地区(陆地或海洋)进行的水循环称为水的小循环。陆地小循环还可以发生在具有不同特点的空间范围内，例如，发生在一个流域的水文循环就称为流域水文循环，发生在一个区域内的水文循环就称为区域水文循环，发生在水-土壤-植被系统的水文循环就称为水-土-植系统水文循环。环境中水的循环是大循环、小循环交织在一起的，并在全球范围内不停地进行。

水文循环主要由4个过程组成：蒸发过程(包括散发过程)、大气输送过程、降水过程和径流过程。

水文循环是联系地球各圈和各种水体的“纽带”，是“调节器”，它调节地球各圈层之间的能量，对气候变化发挥重要作用。水循环是“雕塑家”，它通过侵蚀、搬运和堆积，塑造了丰富多彩的地表形象。水循环是“传输带”，它是地表物质迁移的强大动力和主要载体。

一般认为，地球系统中水文循环涉及的空间范围：上界至地表以上约 11 km 高空，即对流层的上限，其上基本就没有水了；下界至陆地表面以下平均 1~2 km 处，埋深在陆地表面 2 km 以下的地下水是很难参与水文循环的。

全球水的总量约 97.2%储存在大洋之中，其次为冰原、冰川和海冰，约占 2.15%，地下水占 0.62%，大气圈中的水分仅占 0.001%。

2.2.2 水量平衡

(1)水量平衡原理

地球上的水体可以是地球系统，也可以是地球系统的某一个部分，例如，大气层、生物体、土壤层、河流、湖泊、水库、湿地、流域、区域、河流中的一个河段，从土壤中取出的一块土体等。

如果用 $\overline{I}$ 和 $\overline{O}$ 分别表示 Δt 时段内进、出水体的平均流量，那么在 Δt 时段内进入水体的水量为 $\overline{I}\Delta t$，流出水体的水量为 $\overline{O}\Delta t$。当进入水体的水量大于流出的水量时，差值 $\overline{I}\Delta t-\overline{O}\Delta t$ 为正值；反之，当进入水体的水量小于流出的水量时，差值 $\overline{I}\Delta t-\overline{O}\Delta t$ 为负值。这个差值是引起水体蓄水量变化的原因。这符合物质守恒定律或质量守恒定律。于是有：

$$\overline{I}\Delta t-\overline{O}\Delta t=\Delta W \tag{2-3}$$

式中 ΔW——在时段 Δt 内水体增加或减少的蓄水量。

式(2-3)称为水量平衡方程。水量平衡方程描述的是水体的水量收支平衡关系。

建立水量平衡方程有两个基本要点。一是要明确研究对象及其具体的水量收支项目。研究对象可以是地球系统水量平衡、流域水量平衡、区域水量平衡，也可以是河段水量平衡、湖泊水量平衡、水库水量平衡、地下水含水层水量平衡、土块水量平衡等。不仅要明确研究对象，而且要明确研究对象的收入和支出水量。二是要明确研究时段。水量平衡总是针对一定时段的，时段可长可短，可以短到微分时间 dt，也可以是 1 h、5 h、1 d、1 年、多年等。

(2)水量平衡方程

①地球系统水量平衡方程。地球系统水量平衡方程即为全球水量平衡方程。对于全球水量平衡而言，由于研究的空间范围很大，为方便表达，可把它分为海洋子系统和陆地子系统两部分，研究的时段取多年。

对于陆地子系统，收入项是多年平均降水量 $\overline{P}_{陆}$，支出项是多年平均蒸散发量 $\overline{E}_{陆}$ 和陆地向海洋输送的径流量 $\overline{R}_{陆}$，因此，陆地子系统的多年水量平衡方程为：

$$\overline{P}_{陆}=\overline{E}_{陆}+\overline{R}_{陆} \tag{2-4}$$

对于海洋子系统，收入项是多年平均降水量 $\overline{P}_{海}$，还有从陆地流入的径流量 $\overline{R}_{陆}$，支出项只有多年平均蒸散发量 $\overline{E}_{海}$，因此，海洋子系统的多年水量平衡方程为：

$$\overline{P}_{海}+\overline{R}_{陆}=\overline{E}_{海} \tag{2-5}$$

地球系统的多年水量平衡方程是式(2-4)和式(2-5)之和，表达式为：

$$\overline{P}_{陆}+\overline{P}_{海}=\overline{E}_{陆}+\overline{E}_{海} \tag{2-6}$$

引入全球多年平均降水量 $\overline{P}_{全}$ 和全球多年平均蒸散发量 $\overline{E}_{全}$，式(2-6)就变为：

$$\overline{P}_{全}=\overline{E}_{全} \tag{2-7}$$

②闭合流域水量平衡方程。对于闭合流域(图 2-4)，由于除流域出口外，其他区域无论地面、地下均不与周围发生水量交换，因此在一年中，进入流域的水量只有年降水量，用 P 表示。雨水降落到流域后可能产生径流，并从流域出口断面流出去，流域在一年中产生的径流量，用 R 表示。流域还有一部分水分要以流域蒸散发的形式进入大气，用 E 表示。闭合流域在一年中支出的水量是年径流量 R 与年蒸散发量 E 之和。因此，闭合流域一年中收入与支出水量的差值为：$P-(R+E)$。根据质量守恒定律，这个差值必然等于这一年中流域内各种水体包括河流、湖泊、水库、沼泽、冰川、土壤层、含水层等的蓄水量的变化值之和 ΔW，其值可正可负。因此，闭合流域的年水量平衡方程为：

$$P-(R+E)=\Delta W \tag{2-8}$$

或

$$P=R+E+\Delta W \tag{2-9}$$

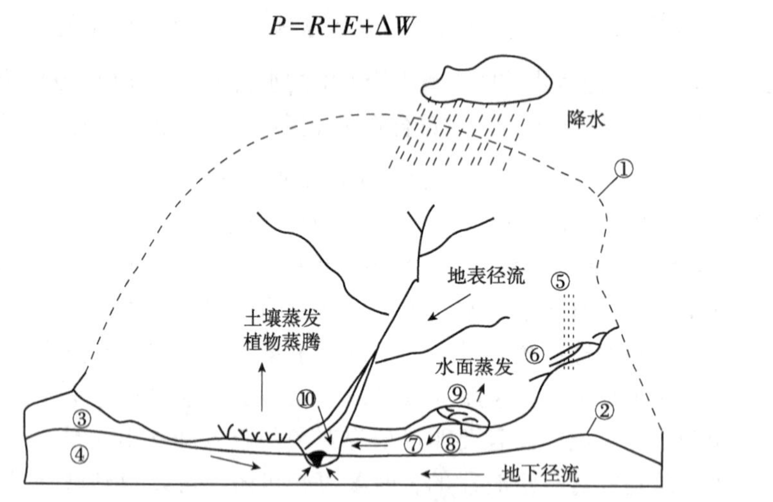

①分水岭；②地下水面；③非饱和带；④饱和带；⑤高山积雪；
⑥冰川；⑦壤中水流；⑧下渗；⑨湖泊；⑩河槽。

图 2-4　闭合流域水文循环

由闭合流域的年水量平衡方程(2-9)可知，对多年中的第 1 年，有：

$$P_1=R_1+E_1+\Delta W_1 \tag{2-10}$$

对第 2 年，有：

$$P_2=R_2+E_2+\Delta W_2 \tag{2-11}$$

对第 n 年，有：

$$P_n=R_n+E_n+\Delta W_n \tag{2-12}$$

将上述 n 个年水量平衡方程相加，再将等式两边同时除以 n，多年平均降水量用 $\overline{P}$ 表示，多年平均径流量用 $\overline{R}$ 表示，多年平均蒸散量用 $\overline{E}$ 表示，可以得到：

$$\overline{P}=\overline{R}+\overline{E}+\Delta W \tag{2-13}$$

在理论上，当 $n\to\infty$ 时，ΔW 将趋近于 0，最终可得闭合流域多年水量平衡方程为：

$$\overline{P}=\overline{R}+\overline{E} \tag{2-14}$$

③森林生态系统水量平衡。森林是陆地生物圈的重要组成。森林中的水分运动是陆地水文循环的一部分，因此，它一方面受陆地水文循环制约，另一方面森林本身又对陆地水分运动产生影响。森林是通过影响陆地上的蒸发、植物蒸腾、降水、径流这几个重要的水文环节来影响水文循环的。在相同的自然地理条件下，有林地与无林的农田、草地之间的水文循环(水分分配)存在显著差别。

森林中的水分运动，同样遵守物质守恒定律。水的运动保持连续性，从动态上看，它不断地循环、复原；从数量上看，在某一特定时段它保持着某种相对的平衡，即森林中水分的输入量(收入量)与输出量(支出量)的均衡。一般把降到林地的降水视作输入量，把林地的蒸散发量及各种径流和水分损失量作为输出量。森林水量平衡常用平衡方程来表示，该方程由陆地水量平衡方程导出。森林水量平衡方程中各要素随着区域和季节而变化。森林流域的水文循环受到气候(降水量、降水强度、降水持续时间、气温等)、森林特点(林分结构、林龄、疏密度等)、地形、土壤(结构、机械组成和母岩等)和地质条件等因素的综合影响。

森林生态系统中的水量平衡包括水汽与水之间的转换以及林内水储量的变化。其中具体的水分流动过程如图 2-5 所示。

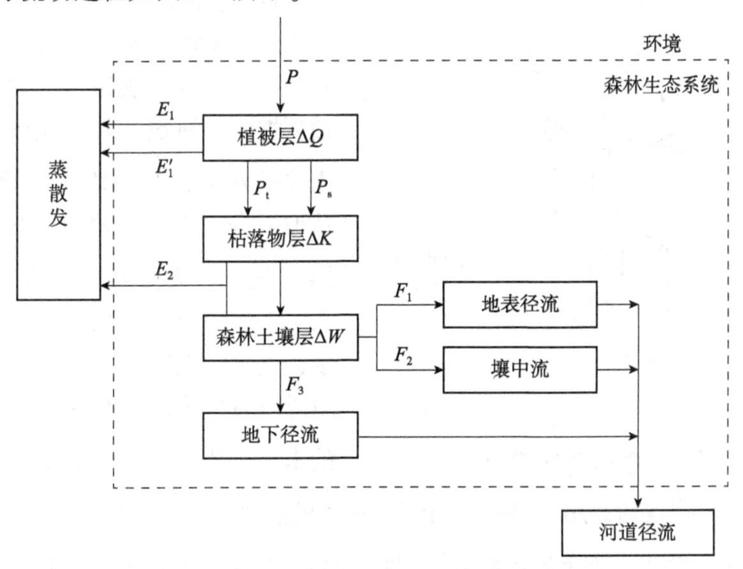

图 2-5 森林生态系统水分流动过程示意图

森林生态系统内的水量平衡可用下述形式表示：

$$P=\sum E+\sum F+\Delta W+\Delta Q+\Delta K \tag{2-15}$$

式中 P——林外降水量(总降水量)；

$\sum E$——森林蒸散发量，即总蒸发量；

$\sum F$——森林总径流量；

ΔW——土壤储水变化量；

ΔQ——植被体内储水变化量；

ΔK——枯落物层储水变化量。

其中

$$P=P_I+P_t+P_s \quad (2\text{-}16)$$

$$\sum E=E_1+E_1'+E_2 \quad (2\text{-}17)$$

$$\sum F=F_1+F_2+F_3 \quad (2\text{-}18)$$

式中 P_I——林冠截留量；

P_t——林冠穿透水量；

P_s——树干径流量；

E_1——林冠蒸腾量（包括下木层、草本层）；

E_1'——林冠蒸发量（等于林冠截留量 P_I）；

E_2——林地蒸发量；

F_1——地表径流量；

F_2——壤中流量；

F_3——深层入渗量。

在较长时期内，如一个水文年，森林生态系统水量平衡方程中的 ΔW、ΔQ、ΔK 都可视为0，因此该方程可简化为：

$$P=\sum E+\sum F \quad (2\text{-}19)$$

④水–土–植系统的水量平衡。水–土–植系统是指生长着植物的土块（图2-6），该土块的水量平衡即水–土–植系统的水量平衡。对于这个土块来说，在 Δt 时段内的水量收入项是：从地表进入土块的水量，包括从坡面、河道、人工灌溉系统等进入土块的水量，其平均入流量用 $\bar{I}_s$ 表示；从地下进入土块的水量，其平均流入量用 $\bar{I}_{sb}$ 表示；大气降水，其平均强度用 $\bar{i}$ 表示；土块以下土壤中反渗进入土块的水，其平均强度用 $\bar{r}$ 表示。该土块在 Δt 时段内的水量支出项是：从地表流出土块的水量，其平均流量用 $\bar{O}_s$ 表示，从地下流出土块的水量的平均流量用 $\bar{O}_{sb}$ 表示；土壤、植被的蒸散发，其平均蒸散发强度用 $\bar{e}$ 表示，植物截留一般也包括在这部分支出水量中；通过下渗流出土块的水量，其平均下渗强度用 $\bar{f}$ 表示。因此，该土块在 Δt 时段内收入的总水量为 $(\bar{I}_s+\bar{I}_{sb}+\bar{i}+\bar{r})\Delta t$，支出的总水量为 $(\bar{O}_s+\bar{O}_{sb}+\bar{e}+\bar{f})\Delta t$，根据质量守恒定律，两者之差即该土块的含水量 θ 在 Δt 时段内的变化量 $\Delta\theta$。

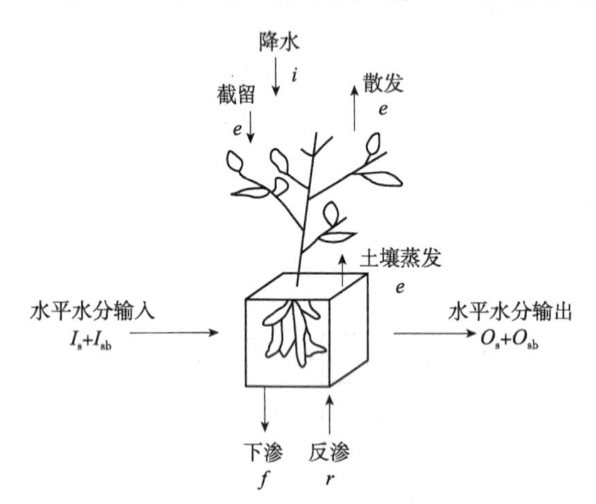

图2-6 水–土–植系统的水分的收支

$$\Delta\theta=(\bar{I}_s+\bar{I}_{sb}+\bar{i}+\bar{r})\Delta t-(\bar{O}_s+\bar{O}_{sb}+\bar{e}+\bar{f})\Delta t \quad (2\text{-}20)$$

式(2-20)称为水–土–植系统水量平衡方程。如果 Δt 非常小，即 $\Delta t\to 0$，那么式(2-20)就变为：

$$(I_s+I_{sb}+i+r)-(O_s+O_{sb}+e+f)=\frac{\mathrm{d}\theta}{\mathrm{d}t} \quad (2\text{-}21)$$

式(2-21)是水–土–植系统水量平衡方程的微分形式。

2.3 我国典型森林植被的水量平衡

2.3.1 寒温带、温带森林

(1)寒温带、温带地理区域划分

寒温带、温带森林指中国植被区划中的寒温带针叶林和温带针阔混交林，该分布区域包括大兴安岭北部山地和东北东部山地。大体上，该区域北起黑龙江，南达丹东至沈阳一线，位于北纬40°15′以北，东经126°~135°30′之间(吴征镒，1980)。

(2)寒温带、温带森林植被

寒温带、温带森林植被在地域上存在明显差异，大兴安岭北部山地的地带性植被为寒温带针叶林，以兴安落叶松林为代表；东北东部山地的地带性植被为温带针阔混交林，其中以红松为主要特征种的红松针阔混交林最为典型。

(3)寒温带、温带森林水量平衡

本区域年径流量与年蒸发量相差悬殊，径流量明显偏小，约70%的降水损耗于蒸发，这与湿润的亚热带地区明显不同(表2-1)。

表2-1 寒温带、温带各地区代表流域数量平衡

水系	河流名称	站名	控制面积(km^2)	年均降水量(mm)	年均蒸发水量(mm)	年均径流量(mm)	径流系数(%)
松花江	乌裕尔河	北安水文站	2592	544.9	412.2	132.7	24.35
	讷谟尔河	德都水文站	7200	537.1	384.5	152.6	28.41
	倭肯河	倭肯水文站	4164	531.8	410.2	121.6	22.87
	安邦河	福利屯水文站	579	528.6	359.1	169.5	32.07
黑龙江	嫩江	库漠屯水文站	31 693	525.0	328.5	196.5	37.43

注：改引自周晓峰，1991。

天然次生白桦林的水量平衡。在东北帽儿山林区，任青山等(1991)通过一个水文年(指从10月开始到翌年9月结束)各项水文因子的观测，并根据结果绘制了白桦林生态系统在全年及生长季的水量平衡表(表2-2和表2-3)。从表2-2和表2-3中可知，白桦林生态系统在生长季内森林总蒸散发量为538.7 mm，占同期降水量的87%，其中以林冠蒸散发为主，占同期降水量的73.2%，占同期总蒸散发量的84.2%。而在非生长季中，森林总蒸散发量为69.00 mm，占全年降水量的8.1%，其中林冠蒸散发量为51.9 mm，林地蒸散发量为17.1 mm。森林生态系统全年总蒸散发量为607.7 mm，占全年降水量的74.4%，而径流量和深层入渗量分别占全年降水量的16.3%和9.3%。由此可见，在天然次生白桦林生态系统中，由于森林的存在，抬高了作用层，形成了以气态水交换为主、液态水流为次的水量分配格局。

表2-2 天然次生白桦林生态系统全年水量平衡表(1988年)

项目	总降水量	林冠蒸散发量	林地蒸散发量	径流量	深层入渗量
年值(mm)	816.7	505.1	102.6	132.8	76.2
占比(%)	100.0	61.8	12.6	16.3	9.3

表 2-3 天然次生白桦林生态系统在生长季的水量平衡表(1988 年 5~9 月)

项目	总降水量	林冠蒸散发量	林地蒸散发量	径流量	入渗量	土壤贮水变化量	枯落物层贮水变化量	林木内贮水变化量
生长季值(mm)	619.5	453.2	85.5	73.6	76.2	−70.6	0.5	1.0
占比(%)	100.0	73.2	13.8	11.9	12.3	−11.4	0.04	0.16

天然次生蒙古栎林的水量平衡。根据温带区域的气候条件及植被生物特征，可将天然次生蒙古栎林生态系统的水量平衡划分为两个水文过程：降雨水文过程和降雪水文过程。两个过程的水量平衡公式如下。

$$降雨量=蒸散发量+径流量+蓄水变化 \tag{2-22}$$

$$降雪量=蒸散发量+融雪径流+蓄水变化 \tag{2-23}$$

从表 2-4 可以看出，无论是降雨水量平衡还是降雪水量平衡，蒸散发都占重要分量，是该系统水分的主要输出形成，但二者的含义不同。在降雨水文过程中，蒸散发包括物理蒸发(截留)及树木蒸腾两部分，其中树木蒸腾量占总蒸散发量的 82.3%。而在降雪水文过程中，蒸散发量不包括树木蒸腾量，属物理蒸发，没有任何生理意义，是生态系统的水分损失。但从该系统的水土保持角度来讲，它起着一种间接作用，因为由于林中融雪速度较农田慢，融雪时间较长，林中积雪比农田多保持 10~30 d。所以在森林覆盖的集水流域，春天融雪形成的汛期要比无林流域晚 15~30 d，最大汛期水流量较小，而且同期汛期水流量过程也相较平缓、均匀。

表 2-4 天然次生蒙古栎林生态系统的水量平衡及月度收支表(1988 年) 单位：mm

月份	项目				
	降水量	蒸散发量	径流量	蓄水量变化	订正
5 月	137.6	89.4	41.8	3.7	2.7
6 月	100.7	135.2	31.9	−55.5	−10.9
7 月	162.6	99.2	61.5	−2.1	3.5
8 月	159.4	94.6	54.7	6.7	3.4
9 月	90.5	85.2	21.6	−7.3	−9.0
Σ	650.8	504.1	211.5	−54.5	−10.4
占比(%)	100.0	77.5	32.5	−8.4	−1.6
10 月至翌年 4 月	76.2	52.5	16.2	7.5	0
占比(%)	100.0	68.9	21.3	9.8	—
水文年	727.0	556.6	227.7	−47.0	−10.4
占比(%)	100.0	76.6	31.3	−6.5	−1.4

注：5~9 月为降雨水文过程期，10 月至翌年 4 月为降雪水文过程期。

人工落叶松林的水量平衡。在生长季内落叶松林地的唯一水分输入是大气降水，而水分输出则表现为林冠及下层植被的截留损失、林地蒸发、林木蒸腾及径流，根据质量守恒定律，落叶松林地土壤在生长季内的水分变化量应等于水分输入量与水分输出量之差，即

$$水分变化量=水分输入量-水分输出量 \tag{2-24}$$

由表 2-5 可以看出，人工落叶松林林地总蒸散发耗水量占大气降水的 90.1%，总径

流量占大气降水的15.4%，二者之和已超过大气降水输入量，这说明生长季内落叶松林地土壤已发生了水分损失，这主要是由于林木的巨大蒸腾耗水所致。这种损失可以由冬季的降雪融水来补偿，因而就整个水文年来说，土壤水分的变化量基本为零。林分的蒸散发耗水是林地水分输出的主要形式，占总输出量的85.3%，其中林木蒸腾量占50.4%，是森林水分耗损的主要部分。林地地表径流量为降水量的0.8%，总径流系数也只有0.154，这充分体现落叶松的巨大拦蓄能力和调节径流的作用。

表2-5　人工落叶松林水分收支平衡(1988年5~9月)

水分收支形式	项　目		实测值(mm)	占比(%)
水分输入	大气降水		666	100
水分输出	总蒸散发量	林冠截留量	139.5	20.9
		下层植被截留量	30.0	4.5
		林地蒸发量	76.0	11.4
		林木蒸腾量	354.6	53.3
		合　计	600.1	90.1
	总径流量	地表径流量	5.5	0.8
		地中径流量	50.5	7.6
		渗漏量	47.1	7.0
		合　计	103.1	15.4
水分留存	土壤水分变化量		−37.2	−5.5

注：引自蔡体久，1989。

综上所述，无论是天然次生林(白桦林、蒙古栎)森林生态系统，还是人工针叶林(落叶松林)森林生态系统，蒸散发量占总降水量的很大比例，是水量平衡中最主要的分量，也是森林生态系统水分的主要输出形式。

2.3.2　暖温带及黄土高原森林

(1)暖温带及黄土高原地理区域划分

本区指《中国植被》中的暖温带落叶阔叶林区域和温带草原区域中的黄土高原区(Ⅳ$_{A:b-1,2}$)(吴征镒，1980)，即位于北纬32°30′~42°30′，东经100°48′~124°10′，大致包括燕山及阴山以南，秦岭—淮河以北，贺兰山及祁连山乌鞘岭以东的广大高原、山地、丘陵和平原。

(2)暖温带及黄土高原区森林植被

本区的天然森林植被以落叶阔叶林为代表，由于长期以来森林被无节制的开发利用和破坏，原生性森林已荡然无存，仅在高山深谷、林场等地残存小片，广大的高原、丘陵、山地已被农田及以栎、杨、桦、松、柏类为主的次生林、次生灌丛或草丛所取代。本区现主要包括以下森林类型。

①落叶类栎林。本类型是指以壳斗科栎属落叶树种为建群种的森林类型。常见类型有：麻栎林、栓皮栎林、辽东栎林、蒙古栎林和锐齿槲栎林等。这类森林类型结构比较简单，可分为乔木层、灌木层和草本层。乔木冬季全部落叶，下木也多是

冬天落叶的灌木种类，林内的草本植物冬天地上部分也多枯萎。因此，这类森林的结构和季相动态鲜明，水文生态功能波动明显。

②其他落叶阔叶林。这类落叶阔叶林是指由各种桦木或杨树组成的森林。其中以白桦、红桦和山杨等树种组成的天然林分布面积较大。在这些森林的乔木层中，除上述优势种外，常伴有橿子栎、锐齿槲栎和栓皮栎，某些地区还混有华山松、辽东栎、核桃楸等，森林结构简单，林相整齐。林下灌草的多度、盖度等随环境的变化有显著的不同。

③针叶林。除落叶阔叶林外，本区针叶林也占相当比重。组成温性针叶林的建群种主要有赤松、油松、华山松等树种。赤松在本区主要分布于辽东半岛南部、胶东半岛及其南部沿海丘陵、江苏北部的云台山一带；油松广布于整个华北山地、丘陵；华山松分布于本区西部。

此外，在山区较高海拔地带还可见到以云杉属、冷杉属和落叶松属植物为建群种的寒温性针叶林(周以良等，1990)。在本区南部尚有一定面积的人工杉木林、水杉林、毛竹林和刚竹林等亚热带林；而在本区北部的辽东半岛有人工红松林和杉松林等温带林，长势良好。

(3)暖温带及黄土高原区森林水量平衡

暖温带及黄土高原区各地区的水量平衡状况存在较大差异，但总体趋势是蒸发多于径流，越往内陆蒸发所占比例越大。据任美锷等(1980)的研究：淮河-沂水流域的径流系数较小，为40.3%；而黄河-汾河流域则更小，仅为17.0%(表2-6)。说明本区降水稀少、气候较干燥、蒸发强烈、黄土疏松，不利于径流形成。

表2-6 暖温带和黄土高原区代表性河流的水量平衡

水系	河流名称	站名	控制面积(km^2)	年径流量(mm)	年降水量(mm)	年蒸发量(mm)	径流系数(%)
黄河	洮河	李家村水文站	23 500	199.5	575.0	375.5	34.7
黄河	汾河	兰村水文站	7600	82.6	485.0	402.4	17.0
淮河	沂水	葛沟水文站	5565	337.0	840.0	503.0	40.3

注：改引自任美锷等，1980。

杨丽丽等(2016)在宁夏六盘山区次生华山松林样地，观测了2011年生长季(5月24日至10月20日)的水文过程，分析了水量平衡与产流特征。2011年生长季总降水量为724.3 mm；华山松林分冠层截留量(率)为102.3 mm(14.13%)；林下降水量(率)为622.0 mm(85.87%)；枯落物层渗漏水量(率)为424.3 mm(58.59%)；0~30 cm土层渗漏水量(率)为275.0 mm(38.09%)；华山松林的生长季总蒸散发量为477.1 mm，各蒸散发分量对总蒸散发量的贡献为：林木蒸腾量(222.9)>林下蒸散发量(151.9)>植被截持量(102.3)。水量平衡计算表明，该年生长季降水量可充分满足华山松林蒸散发耗水需要，林地产水量(0~30 cm土层的净流出量)为252.7 mm。

2.3.3 亚热带森林

(1)亚热带地理区域划分

根据《中国植被》的划分(吴征镒，1980)，我国亚热带大致西起西藏高原东坡至云南西部国界限，东至我国东南海岸和台湾岛以及沿海诸岛，北至秦岭—淮河；南达南岭。从北回归线到北纬34°附近，东经97°~125°，是我国面积最大的一个植被区域。

(2)亚热带森林植被

我国亚热带区域水热俱佳的气候条件和山丘盆谷交错分布的地貌格局非常有利于众多物种的生长繁衍，生物种质资源非常丰富，其物种占全国物种总数的75%，树种占全国树种总数的80%，植物区系特有属也占全国总数的75%。丰富多样的种质资源和区系成分构成了本区域丰富多彩的森林植被类型。

本区主要的森林植被类型包括：常绿阔叶林、落叶阔叶林、暖性针叶林、暖性竹林和热性竹林。

(3)亚热带森林水量平衡

亚热带各地区的水量平衡状况存在很大差异，根据各地区流域水量平衡要素的分析(表2-7)，在北纬30°附近的长江中下游一带，年径流量与年蒸发量各约占1/2；长江以南地区的径流量大于蒸发量，桂江的径流量明显偏高，径流系数($Q/P=0.74$)比全国平均径流系数($Q/P=0.43$)大72%。亚热带山地地貌发育，降水量大，有利于径流的形成。

表2-7 亚热带各地代表性流域水量平衡

水系	河流名称	站名	控制面积(km^2)	年径流量(mm)	年降水量(mm)	年蒸发量(mm)	径流系数(%)
长江	南江	巴中水文站	3211	653.5	1150.0	496.5	56.9
长江	綦江	五岔水文站	5221	565.3	1170.0	604.7	48.3
长江	敖溪	芷江水文站	8215	543.2	1154.0	610.8	47.1
长江	举水	麻城水文站	888	524.6	1232.4	707.8	42.5
长江	白河	南阳水文站	3363	363.5	910.0	546.5	40.0
长江	青弋江	陈村水文站	2840	936.0	1676.0	740.0	55.9
钱塘江	曹娥江	东沙埠水文站	3363	731.0	1449.0	718.0	50.5
闽江	建溪	叶坊水文站	9497	1097.1	1850.0	752.9	59.2
韩江	韩江	上杭水文站	5888	967.5	1690.0	722.5	57.3
珠江	桂江	桂林水文站	2860	1481.8	2000.0	518.2	74.0
珠江	东江	龙川水文站	7285	804.0	1590.0	816.0	50.7

注：改引自任美锷等，1980。

在湖南会同杉木中心产区，潘维俦等(1989)采取小集水区技术对杉木人工林生态系统的各个水文过程及水量平衡进行了长期的定位观测，经过数年测定分析，根据结果绘制了杉木人工林水分循环流程图(图2-7)。从图中可以看出：杉木树皮松软，吸水量大，树干径流量很小，仅占降水量的0.1%；杉木林冠截留蒸发量为降水量的25.6%；林地由于地被物稀少，土壤蒸发量比较大，占降水量的18.5%；在森林总蒸散发量中，植被生理蒸腾占了42.7%；物理蒸发量占了57.3%；径流输出系统占降水输入量的18.5%，而且地表径流很少，仅为降水量的1.0%。说明亚热带杉木人工林生态系统水循环也是以气态水交换为主、液态水流为次的分配格局。

根据康文星等(1992)和徐孝庆等(1992)分别对湖南会同和湖南株洲森林水量平衡的多年定位研究，虽然均属杉木人工林，但水分的收支状况却存在明显差异(表2-8)。

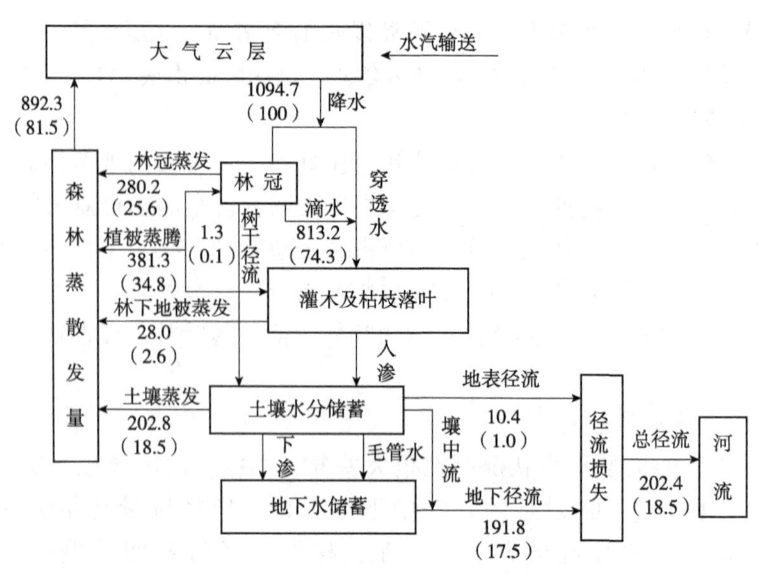

图 2-7 湖南会同杉木人工林生态系统水循环流程图(1983—1987年)

(单位：mm；括号内数值为占降水量的百分比)

湖南会同杉木林人工集水区系统的年降水输入较少，为1065.50 mm，比株洲杉木人工林集水区的年均降水量少348.08 mm。湖南会同杉木人工林生态系统水量支出的主要形式是蒸腾、蒸发，年均达865.03 mm，占年输入总量的81.30%；而以径流形式的支出不多，只占大气降水量的19.92%，土壤蓄水年变化量只有-12.8 mm，约占1.2%。每年生长季中的6~10月土壤水分出现不同程度的损失，尤其温度最高的7月，土壤水分损失高达89.17 mm(表2-8)。株洲杉木人工林集水区的年均降水量较高，为1413.58 mm，该系统水量支出的主要形式虽然仍以蒸腾、蒸发为主，但所占比例明显较小，只占年均大气降雨总量的46.95%；而径流支出和土壤蓄水年变化量均较高，分别占年输入总量的40.45%和12.61%，依次为会同杉木林径流支出和土壤蓄水年变化量的2倍和10倍。株洲杉木人工林集水区土壤蓄水量的亏缺出现在7~9月和12月，亏损量最大的月份是7月，其亏损值为60.23 mm。

表 2-8 杉木林集水区的水量平衡 单位：mm

月份	湖南会同					湖南株洲				
	收入		支出			收入		支出		
	降水量	总径流量	土壤蓄水变化量	蒸散发量	总支出量	降水量	总径流量	土壤蓄水变化量	蒸散发量	总支出量
1月	42.80	5.29	4.78	32.73	42.80	90.02	23.49	50.50	16.03	90.02
2月	76.70	8.49	27.25	40.96	76.70	133.85	43.95	68.77	21.15	133.85
3月	75.40	9.78	20.56	45.06	75.40	159.98	80.24	49.99	29.75	159.98
4月	132.50	20.65	48.73	63.12	132.50	181.28	115.21	19.29	48.78	181.28
5月	194.40	36.25	50.93	107.22	194.40	175.57	82.52	23.38	69.67	175.57
6月	137.60	45.62	-4.62	96.60	137.60	167.63	66.10	20.30	81.23	167.63
7月	64.20	22.40	-89.17	130.97	64.20	108.42	51.30	-60.23	117.35	108.42
8月	96.00	22.07	-43.25	117.18	96.00	129.87	28.78	-2.89	103.98	129.87

（续）

月份	湖南会同					湖南株洲				
	收　入		支　出			收　入		支　出		
	降水量	总径流量	土壤蓄水变化量	蒸散发量	总支出量	降水量	总径流量	土壤蓄水变化量	蒸散发量	总支出量
9月	73.90	17.55	-27.33	83.68	73.90	72.53	21.74	-10.59	61.38	72.53
10月	70.10	10.44	-4.75	64.41	70.10	98.95	21.87	22.56	54.52	98.95
11月	54.80	7.32	1.55	45.93	54.80	71.17	21.50	12.92	36.72	71.14
12月	47.10	6.41	2.52	38.17	47.10	24.34	15.05	-13.77	23.06	24.34
Σ	1065.50	212.27	-12.80	865.03	1065.5	1413.58	571.74	178.22	663.62	1413.6
占比(%)	100.00	19.92	-1.20	81.30	100.00	100.00	40.45	12.61	46.95	100.00

注：改引自康文星等，1992；徐孝庆等，1992。

2.3.4　热带森林

(1)热带地理区域划分

目前比较公认的我国热带地区包括台湾岛南部，北纬21°以南的广东和广西沿海、雷州半岛和海南岛，云南南部的德宏傣族景颇族自治州、西双版纳傣族自治州和红河哈尼族彝族自治州，以及海域辽阔的南海诸岛。

(2)热带森林植被

按照《中国植被》的划分，我国热带地区包括以下几种森林植被类型：热带针叶林、季风常绿阔叶林、热性竹林、季雨林和雨林、红树林和珊瑚岛常绿林、常绿阔叶灌丛、常绿刺灌丛、稀树草原。

(3)热带森林水量平衡

周光益等(2009)采用小集水区技术和定位研究方法，对海南岛尖峰岭热带山地雨林天然更新林水循环过程中的主要分量和水量平衡进行了研究，研究结果见表2-9。

表2-9　海南尖峰岭热带山地雨林水量平衡表(1989年5月至1993年4月)

项 目	系统水分输入				系统径流输出			系统蒸散发量
	降水量	穿透水量	树干径流量	截留量	总径流量	树干径流量	快速径流量	
实测值(mm)	2911.00	2296.30	205.50	409.20	1540.60	1199.50	341.10	1370.60
占比(%)	100.00	78.88	7.06	14.06	52.92	41.21	11.71	47.08

从表2-9可以看出：热带山地雨林地处高海拔山地，降水量和降水强度都很大，降水量远远超过其蒸散发量，而且该地空气湿度很高，全年平均空气湿度都在80%以上，雪和露也较多，林冠层常处于较湿润状态，仅占年降水量的14.06%。而树干流量较高，年平均树干基流量占降水量的7.06%。由于该森林良好的水文效益，林地地表径流仅占降水量的0.9%；在1989年5月至1993年4月间，平均年径流输出量为1540.6 mm，占降水量的52.92%，其中主要径流成分是基流，占总径流量的77.86%，占快速径流量的22.14%；从径流的年内分配来看，雨季(5~10月)降水量大，径流相应多，占总径流量的79.66%，说明径流的年内季节分配极不均匀；用短期水量收支平衡法求得热带山

地雨林生态系统总蒸散发量为 1370. 6 mm，占降水量的 47. 08%。由此可见，在热带山地雨林生态系统水循环中，气态水分交换形式和液态水流形式两者接近，后者略大于前者。

复习思考题

1. 简述森林生态系统水文循环。
2. 简述森林生态系统水量平衡。

推荐阅读

1. 余新晓 . 森林生态水文[M]. 北京：中国林业出版社，2004.
2. 刘世荣，温远光，王兵，等 . 中国森林生态系统水文生态功能规律[M]. 北京：中国林业出版社，1996.
3. 马雪华 . 森林水文学[M]. 北京：中国林业出版社，1993.
4. 中野秀章 . 森林水文学[M]. 北京：中国林业出版社，1983.
5. 芮孝芳 . 水文学原理[M]. 北京：高等教育出版社，2013.
6. 张济世，陈仁升，吕世华，等 . 物理水文学[M]. 郑州：黄河水利出版社，2007.

第3章 森林与降水

［本章提要］降水是森林生态系统水分输入的主要形式。降水通过林冠层后被重新分配，形成林冠截留、林内降水和树干径流，并改变了降水特性。枯落物层可以起到拦蓄降水和减缓地表产流的作用。森林与降水的关系不仅表现在降水对森林分布的影响，还表现在森林对大气形成降水的影响。本章从降水要素及其特征、林冠截留、林内降水、林下地被物层水文作用几个方面来进行介绍。

降水是森林生态系统水文循环的重要组成，也是其水分输入的主要途径，没有降水就不可能有森林的分布，也不可能有径流、洪涝灾害等事件的发生。从水资源角度看，人类可利用的水资源主要来自降水。森林与降水的关系不仅表现在降水对森林分布的影响，还表现在森林对大气形成降水的影响。

3.1 降水要素及其特征

3.1.1 降水的形态和类型

降水是指空气中的气态水冷凝为液态水或固态水并降落到地表的现象，其包括两部分：一部分是大气中的水汽直接在地面、地物表面或低空形成的凝结物，如霜、露、雾和雾凇等，该部分降水被称为水平降水；另一部分是由空中降落到地面上的水汽凝结物，如雨、雪、雹等，该部分降水被称为垂直降水。按延续时间和降水强度的不同，降水又可以分为连续性降水、阵性降水和毛毛状降水。其中，连续性降水的时间较长，强度变化较小，降水范围较大；阵性降水时间短、强度大，降水范围较小，且分布不均匀；毛毛状降水是极小的液体降水，降水强度很小。

3.1.2 降水的特征值

(1)降水量

某一时段内，从空中降落到一定面积上的液态水或融化后的固态水在未经蒸发、渗漏、流失等情况下的总量称为降水量。根据《地面气象观测规范降水量》(GB/T 35228—2017)规定，降水量仅指的是垂直降水，水平降水一般不纳入降水量统计。降水量通常用降水深度表示，即某时段内降落在某一面积的水深，以毫米(mm)为单位。

某一面积一日内的降水总量称为日降水量，某一面积一次的降水总量称为次降水量或场降水量。一定时段内降落在一点的降水总量称为点降水量；一定时段内降落在特定区域的降水总量称为面降水量，它代表该区域的实际降水量，比传统的单点降水量能更加客观地描述该区域的降水量。面降水量不能直接观测，现实可行的做法是在区域内布设雨量站网，通过统计计算得出。面降水量有两种常用单位，在水文分析中常以毫米(mm)为单位，此时的面降水量又称面平均降水深度；而在水资源分析中，一般以立方米(m^3)为单位。

(2)降水历时和降水时间

降水历时是指一次降水的持续时间，即一场降水自始至终所经历的时间。降水时间则是对应于某一降水量而言的时长，在此时间内，降水并不一定是持续的。降水历时和降水时间均以分钟(min)、小时(h)或天(d)计。日降水量统计有 20:00~20:00 和 8:00~8:00 两种方法，观测可分为 24 段(1 h 一次)、8 段(3 h 一次)、4 段(6 h 一次)及 1 段(24 h 一次)4 种。目前，我国电视和广播节目中发布的降水量采用 8:00~8:00 的统计方法来代表前一天的降水量。

(3)降水强度

降水强度是指单位时间或某一时段的降水量，单位常用毫米每分钟(mm/min)、毫米每小时(mm/h)或毫米每天(mm/d)表示。降水强度能够反映一次降水过程的快慢缓急程度。水文学中一般涉及两种降水强度的概念：时段平均降水强度和瞬时降水强度。

时段平均降水强度是指某个时段内的降水量与该时段长的比值，即

$$\bar{i}=\frac{\Delta P}{\Delta t} \tag{3-1}$$

式中　$\bar{i}$——时段平均降水强度；

ΔP——时段降水量；

Δt——降水时长。

若 $\Delta t \to 0$，则其极限称为瞬时降水强度 i，即

$$i=\lim_{\Delta t \to 0}\frac{\Delta P}{\Delta t}=\frac{\mathrm{d}P}{\mathrm{d}t} \tag{3-2}$$

降水强度分级标准参考《降水量等级》(GB/T 28592—2012)，见表 3-1。

表 3-1　降水强度分级标准

等　级	降雨量(mm)		降雪量(mm)	
	12 h	24 h	12 h	24 h
微量降雨(雪)/零星小雨(雪)	<0.1	<0.1	<0.1	<0.1
小雨(雪)	0.1~4.9	0.1~9.9	0.1~0.9	0.1~2.4
中雨(雪)	5.0~14.9	10.0~24.9	1.0~2.9	2.5~4.9
大雨(雪)	15.0~29.9	25.0~49.9	3.0~5.9	5.0~9.9
暴雨(雪)	30.0~69.9	50.0~99.9	6.0~9.9	10.0~19.9
大暴雨(雪)	70.0~139.9	100.0~249.9	10.0~14.9	20.0~29.9
特大暴雨(雪)	≥140.0	≥250.0	≥15.0	≥30.0

(4)降水变率

降水变率表示降水量的变动程度，包括降水绝对变率和降水相对变率两种。降水绝对变率是指某地某时段实际降水量与该地同期多年平均降水量之差，又称降水距平，表示某地降水量的变化情况。降水绝对变率为正值时表示该地时段降水量比正常年份降水量大，为负值时表示比正常年份降水量小。降水相对变率是降水距平值与多年平均降水量的百分比，降水相对变率越大，表示平均降水量的可靠程度越低，发生旱涝灾害的可能性就越大。在分析降水量的历年平均变动情况时，常采用降水平均相对变率，即历年的年降水量与多年平均年降水量差值的绝对值相加后除以记录年数(平均降水距平)再与年平均降水量的百分比。

(5)降水保证率

某一界限降水量在某一时间内出现的次数与该段时间内降水总次数的百分比称为降水频率。降水量大于(或小于)某一界限频率的总和称为降水保证率或可靠程度。降水保证率表示某一界限降水量出现的可靠程度。

(6)降水面积

降水面积是某时段降水所在区域的平面投影面积，以平方千米(km^2)计。在降水过程中，降水面积一般会随时间变化而变化。

3.1.3 降水特征值表示方法

3.1.3.1 降水随时间的变化

(1)降水强度过程线

降水强度随时间变化的曲线称为降水强度过程线。降水强度如果为瞬时降水强度，则上述过程线就是瞬时降水强度过程线；如果为时段平均降水强度，则上述过程线就是时段平均降水强度过程线。瞬时降水强度与时段平均降水强度之间的关系为：

$$\bar{i}_{\Delta t}(n)=\int_{t_n}^{t_{n+1}}\frac{i(t)\,dt}{t_{n+1}-t_n}=\frac{1}{\Delta t}\int i(t)\,dt \qquad (n=1,\ 2,\ \cdots) \tag{3-3}$$

式中 $\bar{i}_{\Delta t}(n)$——时段平均降水强度；

$i(t)$——瞬时降水强度；

t_n、t_{n+1}——时段初、末时刻，$t_{n+1}-t_n=\Delta t$。

瞬时降水强度过程线一般是一条连续曲线[图 3-1(a)]，而时段平均降水强度过程线则呈阶梯状[图 3-1(b)]。从这些曲线可以直观地看到降水从什么时候开始、到什么时候结束，每个时刻降水强度有多大，最大降水强度出现在什么时候等(芮孝芳，2013)。

(2)降水量累积曲线

累积降水量是指从降水开始至降水过程中任一时刻的降水总量，其随时间变化的曲线称为累积降水量过程线[图 3-1(c)]，对于降雨，该曲线也称累积雨量过程线或积累雨量过程线。此曲线横坐标轴表示时间，纵坐标轴表示自降水开始到各时刻降水量的累积值，其平均斜率是各时段内的平均降水强度(马雪华，1993；芮孝芳，2013)。累积降水量与瞬时降水强度之间的关系为：

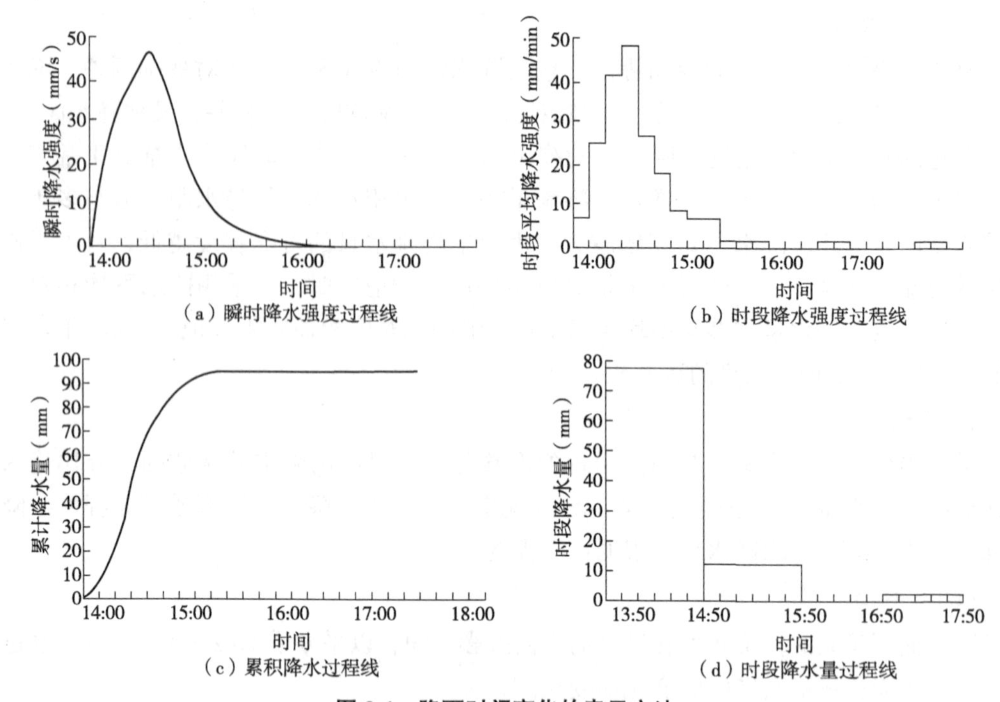

（a）瞬时降水强度过程线

（b）时段降水强度过程线

（c）累积降水过程线

（d）时段降水量过程线

图 3-1 降雨时间变化的表示方法

（引自芮孝芳，2013）

$$P(T) = \int_0^T i(t)\,\mathrm{d}t \tag{3-4}$$

式中 T——降水过程的任一时刻；

$P(T)$——从降水开始至 T 时刻的累积降水量；

$i(t)$——瞬时降水强度。

由式(3-4)可知，$P(T)$和$i(t)$是积分和微分的关系，因此，虽然难以直接测定$i(t)$，但是$P(T)$容易通过自记雨量计测得，根据式(3-4)可以由自记雨量计测得的$P(T)$来计算$i(t)$。

(3) 降水量过程线

以一定时段(时、日、月或年)降水量为纵轴、时段次序为横轴绘制而成的曲线称为降水量过程线，对于图 3-1(b)所示的时段平均降水强度过程线，如果将其横坐标改为等时段，纵坐标改为时段降水量，那么它就变成了时段降水量过程线(时段降水量柱状图)[图 3-1(d)]。降水量过程线表示降水量随时间变化的过程，它与瞬时降水强度的关系如下：

$$P_{\Delta t}(n) = \int_{t_n}^{t_{n+1}} i(t)\,\mathrm{d}t = \int i(t)\,\mathrm{d}t \qquad (n = 1,\ 2,\ \cdots) \tag{3-5}$$

式中 $P_{\Delta t}(n)$——时段降水量；

t_n、t_{n+1}——时段初、末时刻，$t_{n+1}-t_n=\Delta t$；

$i(t)$——瞬时降水强度。

现有雨量站大部分采用雨量筒量测降水，并按时段计量降水量，因此，降水量过程线与这种降水量测规则是完全匹配的。

根据降水量过程线也可以得到累积降水量过程线：

$$P(n)=\sum_{i=1}^{n}P_{\Delta t}(i) \qquad (n=1,\ 2,\ \cdots) \tag{3-6}$$

式中 $P(n)$——累积降水量；

$P_{\Delta t}(i)$——时段降水量。

由式(3-6)得到的累积降水量过程线一般是一条折线。

3.1.3.2 降水的空间分布

(1)等降水量线

降水存在复杂的空间分布，在一个布设了雨量站网的区域中，对于降水过程中的任一时段，每个雨量站所观测到的降水量一般是不同的，通过内插法将区域中降水量相同的空间点连成一条线，就成为等降水量线。根据等降水量线图可以了解降水量的空间分布情况(图3-2)。在绘制等降水量线时，需考虑一定数目有控制性的降水量的点，尽可能反映降水特征及地形对降水的影响。降水量极大的地方被称为暴雨(雪)中心，从暴雨(雪)中心开始，降水量向周围一般是逐步递减的，直至减小到零为止。这条降水量为零的等降水量线所包围的范围就是降水笼罩的面积，即降水面积。

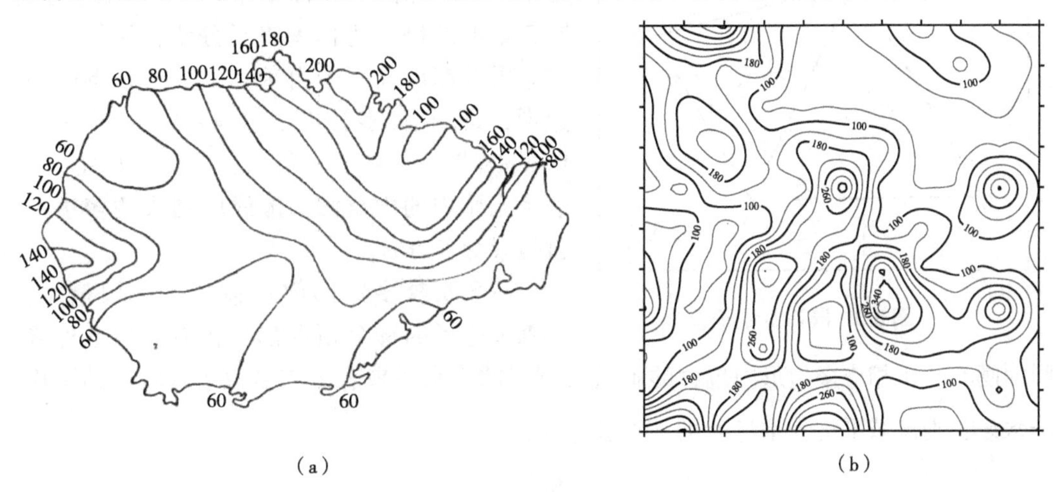

图3-2 等降水量线图

降水量的空间分布在数学上可表达为：

$$P=P(x,\ y) \tag{3-7}$$

式中 P——区域中点$(x,\ y)$处的降水量；

x，y——分别为区域中一点的平面坐标或地理经纬度。

由式(3-7)可知，等降水量线是指满足$P(x,\ y)$等于某一降水量P的所有点$(x,\ y)$的连线。等降水量线在理论上的存在性至今并未严格证明。在此，权且把等降水量线的存在当作一个带有一定猜想性的准理论。

等降水量线的绘制精度主要取决于雨量站的密度，其次取决于采用的插值方法。如果这两个问题都解决得比较好，那么所绘制出来的等降水量线就能保证达到较好的精度。等降水量线是随时变化的，也就是说，对于同一区域，不同时段的等降水量线是千变万化的。

(2)面降水计算

通常雨量站观测得到的降水记录只代表某一点的降水情况，得到的降水量被称为点降水量。而在实际工作中常需要知道大面积以至全区域的降水量，即面降水量或流域平均降水量。面降水量的计算方法通常有算术平均法、泰森多边形法和等降水量线法3种，根据流域降水资料的代表性和可靠性，针对不同条件采用不同的计算方法。

①算术平均法。适用于流域内地形起伏不大，降水分布较均匀，且雨量站布置合理或较多的情况。表达式如下：

$$\overline{P}=\frac{1}{n}(P_1+P_2+\cdots+P_n) \qquad (n=1,\ 2\cdots) \tag{3-8}$$

式中　$\overline{P}$——流域平均降水量；

n——测站数；

P_1，P_2，…，P_n——各站同期降水量。

②泰森多边形法。又称垂直平均法或加权平分法。如果流域内雨量站分布不均匀，此时采用泰森多边形法计算流域平均降水量较算术平均法合理和优越。泰森多边形法是由荷兰气候学家 A. H. Thiessen 提出的，它是将流域内所有相邻的雨量站以三角形连接，在三角形的每一边作垂直平分线，使每个雨量站周围都形成一个由垂直平分线包围的多边形，即泰森多边形，又称 Voronoi 图或 Dirichlet 图。如图3-3所示，点 A、B、C、D 表示流域内的雨量站，虚线所围成的多边形就是泰森多边形。

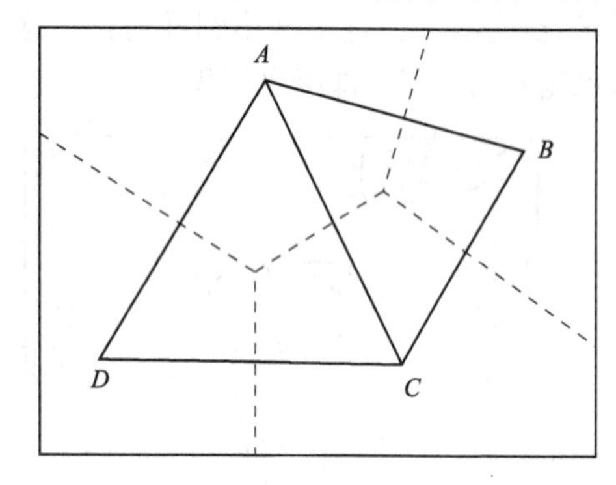

图3-3　泰森多边形

一个泰森多边形内仅包含一个雨量站，泰森多边形的每个顶点都是相应三角形外接圆的圆心。用相应多边形内包含的雨量站测得的降水量来表示该多边形区域内的平均降水量，则流域平均降水量 $\overline{P}$ 的计算公式为：

$$\overline{P}=\frac{a_1P_1+a_2P_2+\cdots+a_nP_n}{a_1+a_2+\cdots+a_n}=\frac{\sum_{1}^{n}a_iP_i}{A} \qquad (i=1,\ 2,\ \cdots,\ n) \tag{3-9}$$

式中　a_1，a_2，…a_n——流域内各雨量站控制的面积(即流域界限内各多边形的面积)；

n——雨量站数；

P_1，P_2，…P_n——各雨量站同期降水量；

A——流域总面积。

为提高估算精确度，还可以先用各雨量站的降水资料结合卫星水汽通道资料插值得到其他未设测站格点的降水量，再用泰森多边形法求得某区域的面降水量。泰森多边形法的缺点是，把各雨量站所控制的面积在不同的降水过程中都视作固定不变，这可能与实际降水情况不符。

③等水量线法。一般来说，等水量线法是计算流域平均降水量最完善的方法，因为它考虑了地形变化对降水的影响，因此，对于地形起伏较大而且又有足够数量雨量站，就能够根据降水资料结合地形变化，绘制出等降水量线图，并采用此法计算流域的平均降水量。其步骤是：首先，绘制降水量等值线图；其次，用求积仪或其他方法

量得各相邻降水量线间的面积，除以全流域面积得出各相邻等降水量线间面积的权重；再次，以各相邻等降水量线间的雨深平均值乘以相应的权重，即得权降水量；最后，将各相邻等降水量线间面积上的权降水量相加即为流域的平均降水量，计算公式如下：

$$\overline{P}=\frac{a_1}{A}P_1+\frac{a_2}{A}P_2+\cdots+\frac{a_n}{A}P_n=\frac{\sum_1^n a_iP_i}{A}=\sum_1^n W_iP_i \qquad (n=1,\ 2,\ \cdots) \tag{3-10}$$

式中　a_1，a_2，…，a_n——相邻等水量线间的面积；

P_1，P_2，…，P_n——相邻等水量线间的雨深平均值；

A——流域总面积；

$W_i=\frac{a_i}{A}$　$(i=1,\ 2,\ \cdots,\ n)$。

等降水量线法考虑了降水在空间上的分布情况，理论上较充分，计算精确度高，并有利于分析流域产流、汇流过程。缺点是对雨量站的数量和代表性有较高的要求，在实际应用上受到一定限制。

3.1.3.3　降水特性综合曲线

除了上述表示降水量时间变化和空间变化的曲线外，在整理实测降水资料时，对降水量大、历时短、强度大的暴雨(雪)必须着重综合分析以作为推求雨洪径流、洪水预报及水利工程规划设计的依据，这种曲线也被称为说明降水特性的综合曲线，常见的表示降水特性的综合曲线包括以下3种。

(1)降水强度–历时曲线

把一次降水的过程记录下来，统计其不同历时的最大时段平均降水强度[图3-4(a)]，然后点绘最大时段平均降水强度与相应历时之间的关系图，所得曲线称为降水强度–历时曲线[图3-4(b)]。大量实测资料分析表明，这是一条随历时增加而递减的曲线(图3-5)。

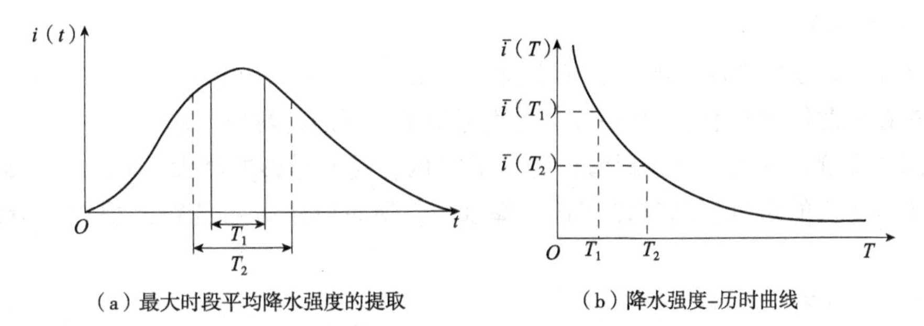

(a) 最大时段平均降水强度的提取　　(b) 降水强度–历时曲线

$i(t)$为瞬时降水强度；T_1、T_2为降水历时；$\bar{i}(T)$为时段平均降水强度。

图3-4　降水强度–历时曲线的制作

(引自芮孝芳，2013)

(2)平均降水深度–面积曲线

在一定历时降水量的等降水量线图上，从暴雨(雪)中心开始，分别计算每一条等雨量线所包围的面积以及该面积上的平均降水深度，点绘这两者之间的关系，所得的曲线被称为降水深度–面积曲线(图3-6)，它表示不同面积上相应最大平均降水深度，

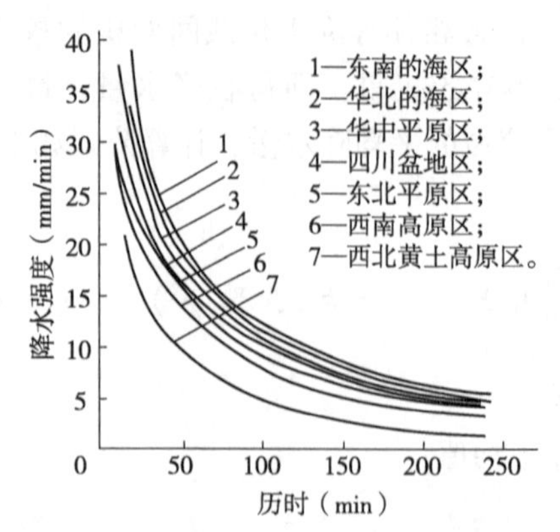

图3-5 中国不同地区降水强度-历时曲线

（引自芮孝芳，2013）

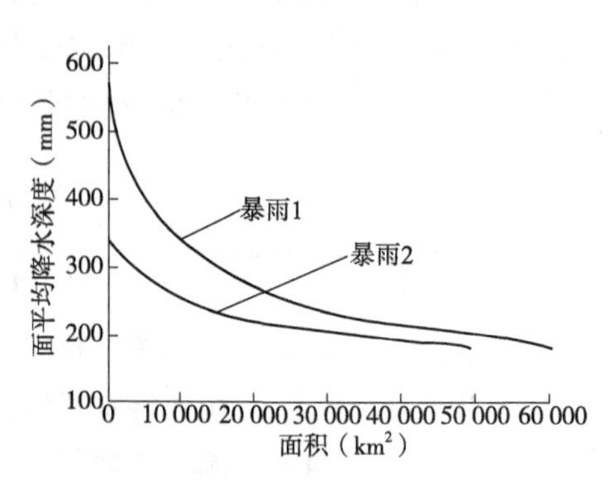

图3-6 降雨深-面积曲线

（引自芮孝芳，2013）

是一条随面积增加而递减的曲线。

(3)平均降水深度-面积-历时曲线

如果分别点绘不同历时平均降水量与面积的关系曲线，则可以得到一组以历时为参变数的曲线簇(图3-7)，此曲线簇称为平均降水深度-面积-历时曲线簇，简称时-面-深曲线。

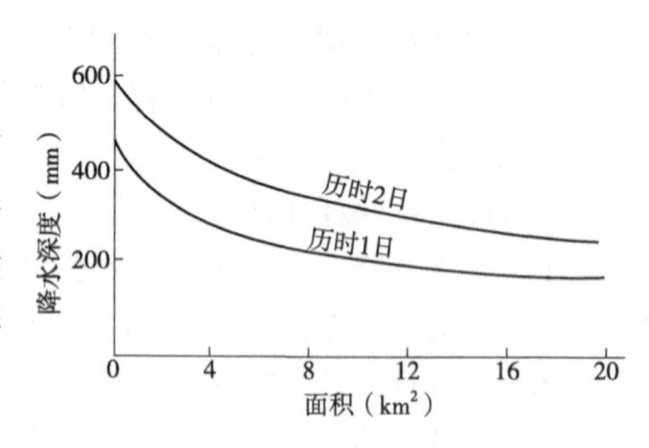

图3-7 平均降雨深度-面积-历时曲线

（引自芮孝芳，2013）

3.1.4 降水影响因素

降水受到多种因素影响，主要因素包括：充足的水汽供应、气流上升达到过饱和状态和足够的凝结核。通常情况下，不需要考虑凝结核的问题，只考虑是否有充足的水汽和促使气流上升的机制就可以。各种因素对降水的影响机制可以归结为以下几点。

(1)地理位置

①纬度。由于低纬度气温高，蒸发量大，空气中水汽多，故降水多。地球2/3的降水分布在南北纬30°之间，其中以赤道附近最多，逐渐向两极递减。

②海陆位置。一般来说，距海洋越近的地区，受海洋影响越大，降水多；距海洋越远，来自海洋的水汽就越难以到达，降水少，所以降水分布的普遍规律是沿海多，内陆少。

(2)地形地貌

①山脉走向。山脉走向对海洋水汽有阻挡作用和引导作用，如果山脉走向与海洋水汽来向垂直，就会阻挡水汽的进入，使内陆降水明显减少。如北美大陆西部，由于科迪勒拉山系南北纵列，与来自太平洋的湿润西风气流垂直，阻挡了西风的进入，使降水集中在北美大陆西部海岸，中东部地区难以受其影响；而位于欧洲西部地区的阿尔卑斯山脉为东西走向，与来自大西洋的西风气流来向一致，有利于海洋湿润气流的进入，因此欧洲大陆降水的分布较广泛，海洋性气候特征明显；我国西北地区深居内陆，受到山岭的层层阻挡，海洋水汽难以进入，气候干旱。

②坡向。海洋湿润气流在运行过程中，如果遇到山脉的阻挡，就会沿着迎风坡上升，在一定高度冷却达到过饱和状态，出现凝结降水，即地形雨；当该气流越过山顶，在下沉过程中温度不断升高，饱和水汽含量不断降低，出现干热天气，即雨影区。山地降水一般比平地多，就是因为山地有促使气流上升的条件。如南美洲南段，西部是西风的迎风坡，降水多，形成海洋性气候，东部位于背风坡，降水少，形成独特的沙漠气候；我国海南岛和台湾岛东部降水比西部多也是归因于此。

③地形。不同的地形对气流的运行有不同的作用，因此降水的分布也不同。平原地形有利于海洋水汽进入，因此降水概率较大，如我国东部平原地区、欧洲中部地区、美国中东部地区等。坡面强迫气流抬升作用是增加山地降水量的主要原因，一般雨云距地面的高程为100~2000 m，若山脉较低，对雨云的拦阻作用较小，地形对降水的影响不显著；若山势较高，地形对降水的影响就较为显著。山地对气流的抬升作用与地形变化有关，坡度越陡，降水量增加越多；但在山顶，气流变得通畅，阻拦作用减弱，降水量反而趋于减少。如甘肃祁连山水源涵养林研究院对我国西北高寒半干旱气候带的寺大隆林区降水量的测定结果表明，海拔在3000 m以下及3400~3500 m降水量的递增率较快(表3-2)；在祁连山森林草原带(海拔2500~3400 m)，降水量总的垂直变化规律为海拔每升高100 m，降水量增加4.9%。河谷地带由于地势低，温度高而降水少，如横断山区。盆地由于地形封闭，周围高山环绕，海洋水汽难以进入，降水也较少，如塔里木盆地。高原由于地势高，海洋水汽难以升至高原面形成降水，所以高原上的降水也不多，如东非高原、青藏高原、巴西高原等。山脉的缺口和海峡是气流的通道，气流速度快，水汽难以停留，降水机会因之减少，如台湾海峡、琼州海峡两侧降水量明显减少，再如阴山山脉和贺兰山山脉之间的大缺口，使鄂尔多斯和陕北高原降水量减少。

表3-2　寺大隆林区降水量随海拔的变化(1984—1987年)

海拔(m)	2650	2800	3000	3200	3300	3400	3500	3600
降水量(mm)	442	459	490	497	515	542	611	657
递增率(%)	0.000	3.846	6.754	1.430	3.620	5.243	12.730	7.529

注：引自马雪华，1993。

(3)气压带

不管是热力原因形成的气压带还是动力原因形成的气压带，高气压带盛行的是下沉气流。气流在下沉过程中气温不断升高，水汽的饱和含量不断降低，空气越来越干燥，不易形成降水，多晴朗天气。例如，热带沙漠地区全年在副热带高压控制下，盛行下沉气流，炎热干燥；又如，我国长江流域盛夏伏旱天气的形成，以及南极地区成为少雨带等。而在低气压控制地区，盛行上升气流，气流在上升过程中冷却，容易达过饱和状态，往往会凝结降水，形成多雨区。如赤道地区全年处在低气压控制下，终年多雨。

(4)风带

风带对降水的影响主要表现为风将海洋的水汽带到大陆形成降水。全球的风带包括极地东风带、中纬西风带和东北(南)信风带，对降水影响较大的是西风带和信风带。

根据风带与大陆的关系，可将海岸分为迎风岸和背风岸。迎风岸常受到风带从海洋上带来水汽的影响，降水较多；而背风岸的风从陆地吹向海洋，空气干燥，降水很少。中纬度的大陆西岸是西风的迎风岸，降水多，如欧洲西部、南北美洲的西部海岸；低纬度的大陆东岸是信风的迎风岸，降水多，如马达加斯加东部、澳大利亚东北部、巴西高原东南热带雨林气候的形成都与信风有关，而西部热带沙漠气候的形成，热带草原气候的干季则与信风从陆地吹向海洋有关。

(5)季风

在季风气候区，冬夏季风的性质不同，对降水的影响也不同。夏季风从海洋吹向陆地，把大量的海洋水汽带到陆地上空，可能形成降水；冬季风从陆地吹向海洋，性质是干燥的，一般不会形成降水。如东亚季风区，夏季高温多雨，冬季寒冷干燥；又如南亚季风区，在受西南季风影响的季节形成雨季，在受东北季风影响的季节形成旱季。

(6)气旋、锋面

特殊的大气运动也是形成降水的重要因素，在气旋控制下，盛行的是旋转上升气流，往往能使气流达过饱和状态，形成降水。如中纬度地区多气旋雨，台风、飓风带来大量的降水。在冷暖性质不同的气流交汇区，往往会形成锋面雨，在锋面附近暖空气上升也会达过饱和状态，从而形成降水。我国东部地区的降水以锋面雨为主，4~5月在南部沿海形成暖锋降雨，6~7月在长江流域形成准静止锋降雨，7~8月在华北、东北形成冷锋降雨；在副极地也会因为东风和西风相汇而形成极锋，形成锋面雨。

(7)下垫面

下垫面在局部地区可以通过改变大气中水汽含量和气流运动速率对降水产生影响。如果地表植被覆盖率高，蒸散发量大，空气湿度大，地面起伏产生势力差异，从而增大空气垂直运动速率，使气流上升引起降水；反之，如果地面植被遭到破坏，空气就会变得干燥，导致降水减少。如沙漠地区地表干燥，蒸散发量小，降水也很少。研究表明，有林地的降水量一般比无林地高1%~10%。海面、湖面等宽广的水面虽然可以增大蒸发量，但宽阔海面、湖面上空的气流受到的阻力小，水汽运动速率快，降低了降水的概率。在温暖季节，水的温度比陆地低，水面上的气温并不随高度增加而降低，以致发生逆温现象，使水面上气团比较稳定，也不易形成降水。沿海地区如果海岸线曲折，有暖流经过时降水也会增多。

(8)洋流

洋流分为暖流和寒流。暖流有增温增湿作用，其所经过的地区因近地层气温增高，使地面上空气团不稳定，有利于形成降水；而寒流有降温减湿作用，其所经过的地区不利于形成降水。例如，欧洲海洋性气候的形成，马达加斯加东部、澳大利亚东北部、巴西高原东南部热带雨林气候的形成都与沿岸暖流有关；而热带沙漠气候的形成与寒流关系密切，南美洲西海岸的阿塔卡玛沙漠作为世界上最干燥、最狭长、分布纬度最低的沙漠，其形成与秘鲁寒流有关。

(9)人类活动

人类活动主要通过改变下垫面的状况影响降水，如恢复植被、修建水库等水利工程、退田还湖还湿等都会增大空气湿度，从而使降水增多；反之，乱砍滥伐、过度放牧、围湖造田、排干开垦沼泽等行为则会减小空气湿度，从而使降水减少，气候的大陆性增强。另外，人工降雨也是在干旱季节增加局部地区降水的有效形式。

影响某地区降水的因素往往是多方面的，各因素之间又相互作用，使降水成因变得更加复杂。在分析降水影响因素时不仅要明确主导因素，还要从综合角度全面分析，才能搞清某个地区的降水类型和特征。例如，欧洲西部的海洋性气候降水特征的形成，就是受到海陆位置、西风、北大西洋暖流、平原与山脉东西走向、地势低平、海岸曲折等因素综合作用的结果。

3.2 林冠截留

3.2.1 林冠截留的概念与过程

林冠是森林对大气降水的第一个作用层。林冠截留是指降水在到达林冠层后，一部分被林冠和树干临时容纳，而后又通过蒸发返回大气的过程。在此过程中，部分降水透过林冠间隙直接到达灌草层，还有部分随树干等植物体表流入根际土壤孔隙、裂隙和死树腐根孔道中，不断下渗的水分最终形成表层土壤径流和地下径流。林冠截留削弱了大气降水对土壤水分的补给作用，在延缓地表径流形成的同时，改变了林地的水分循环，是涉及森林生态、森林水文、森林气象及水土保持等诸多方面的复杂过程。

以降雨为例：在降雨初期，雨滴降落在植物枝叶上，在表面张力和吸附力的作用下被截留，随着降雨的继续，截留雨量不断增加，直至达到植物的最大截留量。当枝叶表面截留水滴重量超过表面张力时，一部分雨水会自然地或由风吹动而从树上滴下，称为间接穿透雨或林冠滴下雨；另一部分从叶转移到枝、再从枝转移到树干而流入根际土壤孔隙、裂隙和死树腐根孔道中，称为树干径流或干流。降落到森林的雨滴还有一部分未接触树体，而是直接穿过林冠间隙落到林地，这一部分称为直接穿透雨。在实际观测中，并不能把直接穿透雨和林冠滴下雨分开，二者常合称为穿透雨或林内雨，有时也合称为林内地面净雨。

在整个降雨过程中，蒸发是持续发生的，从树体表面通过蒸发返回大气的雨量称为附加截留量。在降雨持续期间的某段时间内，林冠上空的雨量(林外降雨量)、林内降雨量(穿透雨量)和树干径流量都可以直接测得，用林外降雨量减去林内降雨量和树干径流量即得该段降雨时间内树体表面保留的雨量(林冠蓄水量)和从树体表面蒸发返回大气的雨量(附加截留量)，这两部分雨量即被称为该段时间的林冠截留雨量，简称林冠截留量，其计算公式为：

$$I=P-T-S \tag{3-11}$$

式中 I——林冠截留量；

P——林外降雨量；

T——林内降雨量；

S——树干径流量。

林冠截留率是截留量的相对值，即截留量与林外降雨量的比值。当降雨量达到某一值之后，随着降雨的继续，林冠截留量不再增加，达到极值，即林冠饱和截留量，又称林冠截留容量、林冠贮水容量，表示林冠对某一降雨量的截留潜力。林冠截留量与林冠结构和降雨量有关。

在降雨期间，穿透雨与降雨是同时发生的，但林冠滴下雨是在林冠的贮水容量达饱和后才开始的。降雨结束后，林冠滴下雨仍在继续，这是由风和重力的作用会驱散过多的积存导致的。因此，林内降雨的时间比林外长，但降雨平均强度小。在林冠截留过程中，虽然树干径流占总降雨量的比例一般很小，只有1%~5%，但是树干径流却能为树木的生长创造良好的水分和养分条件，因此，它是森林流域水量平衡的重要组成。林冠截留作用主要表现为使降雨的峰值降低、强度更加均匀，在降雨停止后，还可使地面得到一部分降雨。由于林冠截留可以使降雨到达地面的数量减少、时间延迟、降雨能量减弱，从而使地表径流形成的次数和径流量减少、径流速度减缓，因此，林冠截留对林地的水文平衡、养分循环和水土保持都具有非常重要的意义。

3.2.2　林冠层截留的水文过程(以降雨为例)

林冠对降雨的截留，可以看作是固体对液体的吸附作用、液体对液体的吸附作用，以及冠层的蒸发作用而使其由湿变干的过程。因此，冠层对降雨的截留过程既不是单纯的物理过程，也不是单纯的随机过程，而是一个复杂的混合过程(张济世等，2007)。

3.2.2.1　冠层截留的界面现象

冠层截留是植物冠层被雨水湿润后又变干的一种现象。热力学研究中将固体与液体接触后物系(固体+液体)的自由焓(能)降低的现象称为湿润。湿润过程可分为附着湿润、浸渍湿润和铺展湿润，与冠层截留有关的是铺展湿润。铺展湿润是液滴在固体表面完全铺开为液膜的现象。这实际上是以固-液界面以及液-气界面代替原来的固-气界面(原来的液滴表面积很小)的过程，当铺展面积为单位值时，自由焓变化为：

$$\Delta G=\gamma_{固-气}+\gamma_{液-气}+\gamma_{固-液} \tag{3-12}$$

式中　γ——形成单位表面积所做的功，为比表面自由焓，J/m^2。

应用附着功和内聚功的概念于式(3-12)，可得：

$$\begin{aligned}\Delta G &= -\gamma_{液-气}-\gamma_{固-气}+\gamma_{固-液}+2\gamma_{液-气}\\ &= -W_\alpha+W_c\end{aligned} \tag{3-13}$$

令 $S_{液-固}=-\Delta G$，则当 $W_\alpha>W_c$ 时，$S_{液-固}>0$。设铺开 1 cm^{2}的液滴表面积为 X cm^2，当 $X\leqslant1$ 时，则：

$$\Delta G=\gamma_{固-气}+(2-X)\gamma_{液-气}+\gamma_{固-液} \tag{3-14}$$

式(3-14)可以近似用式(3-12)来代替。

对于上述湿润过程的逆过程则有：

$$\begin{aligned}\Delta G'' &= -(\Delta G)\\ &= \gamma_{固-气}-\gamma_{液-气}-\gamma_{固-液}\end{aligned} \tag{3-15}$$

此时，外界所做的功为：

$$W_\alpha=\Delta G'' \tag{3-16}$$

式中　W_α——附着功，表示将截面面积的液-固界面拉开产生一个固-气界面和一个液-气界面所做的功，此时液滴的表面积已经很小。很显然，此值越大，表示固-液界面结合越牢固。

如将单位截面积的液柱断开，产生两个气-液界面时做的功 W_c 为：

$$
\begin{aligned}
W_c &= \gamma_{气-液}+\gamma_{气-液}-0 \\
&= 2\gamma_{气-液}
\end{aligned}
\tag{3-17}
$$

3.2.2.2 植被冠层截留量的推算

植被截留量 W_{dew} 由叶面水量平衡方程决定，即

$$
\frac{\partial W_{dew}}{\partial t}=\delta_f P+E_{tr}-E_f \tag{3-18}
$$

式中 δ_f——网格内植被的覆盖率；

P——大气降雨率；

E_{tr}——植被散发；

E_f——植被表面蒸发。

植被散发 E_{tr} 只发生于叶面上，且只能向外，其值通过湿叶面的蒸发能力表达，并依赖叶面气孔阻抗 r_s 及边界层空气阻抗 r_{la} 确定。

$$
E_{tr}=L_d\frac{k_a E_f^{WET}}{r_{la}+r_s} \tag{3-19}
$$

$$
r_{la}=\frac{1}{C_D U_{af}} \tag{3-20}
$$

式中 L_d——干叶面的百分比，由植被类型及季节决定；

k_a——系数；

r_{la}——边界空气对水量、热量传输的阻抗，等于 $1/C_D U_{af}$；

C_D——拖曳系数(由大气稳定状态确定)；

U_{af}——冠层内风速，由 C_D 及大气层风速决定；

r_s——叶面气孔阻抗，表示不同环境下植物控制散发的能力，并由植被类型、最小阻抗、叶面温度、水汽压以及土壤含水量 4 种环境因子决定；

E_f^{WET}——湿叶面向冠层内空气的蒸发量，即由式(3-21)决定。

$$
E_f^{WET}=\delta_f L_{SAI}\rho_a r_{la}^{-1}[q_f(T_f)-q_{af}] \tag{3-21}
$$

式中 L_{SAI}——植被叶茎指数，由植被类型及季节决定；

ρ_a——空气密度；

$q_f(T_f)$——叶面比湿，由叶面温度界的饱和比湿代替；

q_{af}——冠层内空气的比湿；

其他参数含义同式(3-18)和式(3-20)。

植被表面蒸发 E_f：

$$
E_f=r''E_f^{WET} \tag{3-22}
$$

$$
r''=1-\delta E_f^{WET}\left[1.0-\widetilde{L}_w-L_d\left(\frac{r_{la}}{r_{la}+r_s}\right)\right] \tag{3-23}
$$

式中 $\widetilde{L}_w$——植被湿叶面蒸发的百分比，由植被截留量 W_{dew} 与植被最大截留量 W_{dmax} 之比的 2/3 指数定理计算，见式(3-24)。

$$
\widetilde{L}_w=\left(\frac{W_{dew}}{W_{dmax}}\right)^{2/3} \tag{3-24}
$$

3. 2. 3　林冠截留影响因素

林冠截留是一个复杂的过程，影响林冠截留的因素主要来自两个方面：一是降水特性，如降水量、降水强度，以及降水的时空分布等；二是林木自身特性，如林分郁闭度、树木枝叶量、叶面积指数、分枝角度、枝叶湿润度、叶表面持水能力、树皮吸水性能等。

3. 2. 3. 1　降水特性对林冠截留的影响

(1) 降水量

以降雨为例，在降雨初期或降雨量较小时，林冠截留量随林外降雨量的增加而增大；降雨量较大时，随着降雨量的增加，林冠截留量增加渐缓，且趋于一定值(图 3-8)，此时雨水将全部穿过林冠层到达地面。与林冠截留量相反，林冠截留率在低降雨量级时急剧下降，随后缓慢下降，并逐渐接近于一定值。这是由于降雨量较小时，截留量虽然也较小，但相对值却很大，截留变率(截留变化量)有时高达 95%以上；随着林外降雨量的增加，林冠蓄水量逐渐趋于饱和，林冠截留率相应减小(图 3-9)。

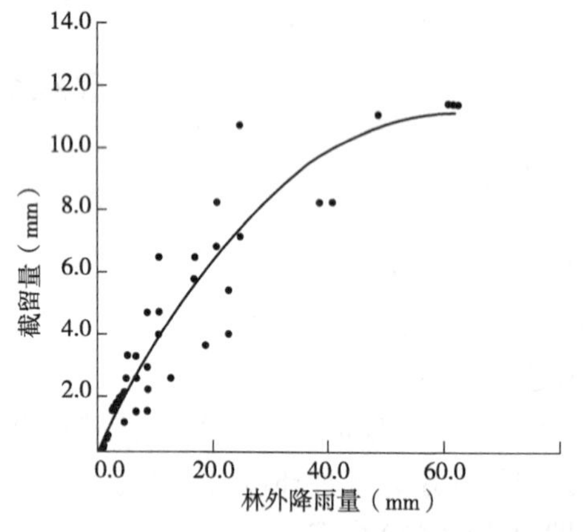

图 3-8　林冠截留量与林外降雨的关系
(引自程根伟，2004)

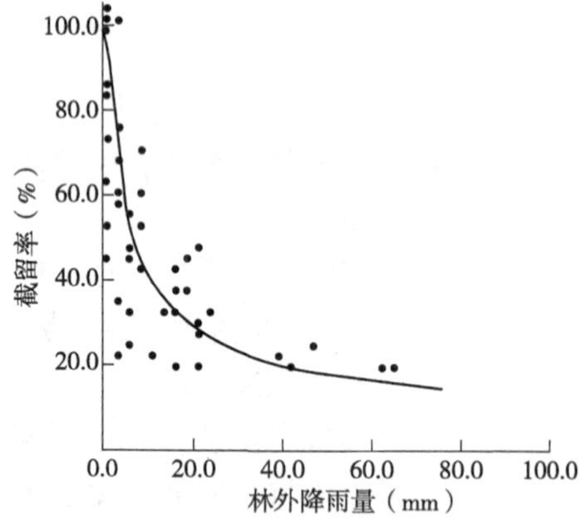

图 3-9　林冠截留率与林外降雨的关系
(引自程根伟，2004)

例如，在对落叶松人工林林冠截留作用的研究中发现：当降雨量<0. 5 mm 时，降雨几乎全部被林冠截留，随着降雨量的增加，林冠截留量也逐渐增加，但其截留率却随降雨量的增加而减小；当降雨量<15 mm 时，截留率下降幅度较大，其变化范围在 30%~100%；当降雨量>15 mm 时，截留率下降缓慢，基本维持在 20%左右，最后趋于一个稳定值。另有研究发现，海南尖峰岭热带半落叶季雨林截留率随着降雨量的增加而减小，当降雨量达 20 mm 以上时，截留率保持在 22. 3%~28. 4%。对峨眉冷杉过熟林的 47 次降雨数据分析也表明(表 3-3)，降雨量级越大，林冠截留量越大，林冠截留率越小；在雨量级为 0~2 mm 和 5~10 mm 时，林冠的平均截留率分别为 58. 3%和 46. 6%。也就是说，在降雨量小于 10 mm 的情况下，林冠可以截留 1/2 以上的降雨；当降雨量超过 30 mm 后，林冠的平均截留率则降到 22%以下，意味着 78%以上的降雨成为林内降雨。温远光等(1995)研究表明，降雨量与林冠截留量呈正相关或者幂函数关系，与林冠截留率呈负相关关系，且也多为幂函数关系。刘世荣等(1996)和温远光等(1995)分别根据林冠降雨截留作用的大小对我国主要森林类型进行了排序，结果显示，我国主要森林生态系统林冠截留量的全国空间变化规律同我国降雨量空间分布规律是基本一致的，都是大致由西北大陆向东南沿海递增，由北向南递增；而截留率的变化规律与截留量恰恰相反，是从西北大陆向东南沿海递减，由北向南递减。

表 3-3 雨量级对峨眉冷杉林林冠截留的影响

雨量级(mm)	平均降雨量(mm)	观测次数	平均截留量(mm)	平均截留率(%)
0~5	1.9	21	1.1	58.30
5~10	7.4	9	2.4	46.56
10~20	17.1	8	5.5	32.39
20~30	22.6	4	6.7	29.80
30~40	38.8	1	8.26	21.29
40~50	44.4	2	9.55	21.51
50~60	—	—	—	—
60~70	63.3	2	11.51	18.18

注：引自程根伟，2004。

(2)降水强度

以降雨为例，在降雨量相同时，降雨强度与林冠截留量一般呈线性关系，随着降雨强度的增大，林冠截留量有减小的趋势。这是因为降雨强度大，林冠层达到饱和的时间短，林冠截留量小；而毛毛细雨历时较长，截留的降雨能均匀湿润枝叶表面，截留降雨蒸发到大气中的时间较长，因而截留量大。在降雨量相同的情况下，小雨时的截留变率为9.8%，而大雨时的截留变率可增大到39.9%。

(3)降水间隔

林冠枝叶湿润状况、前次降水时间对林冠截留也有影响。同样以降雨为例，降雨前林冠越干燥，截留雨水的潜力越大。因此，与前次降雨时间间隔越长，树冠截留量就越大；反之，林冠含有较多的未蒸发的前次截留量，树冠截留雨水的潜力就相对小。

(4)季节

林冠截留具有明显的季节性。对于降雨来说，雨季降雨多，因此截留量大，而截留率反而小；旱季降雨少，且雨量级低，因此截留量小，但截留率高。虽然旱季最大林冠截留率明显高于雨季，但最大截留量却只有雨季的1/3。造成这种差异的原因除了降雨量之外，还有其他几方面原因：一是在雨季降雨主要以大暴雨或暴雨的形式出现，降雨强度及雨滴质量大，穿透力强；二是雨季时降雨间隔时间短，蒸发少，林冠湿润度较高，从而减少了林冠的截持能力，截留率低，而旱季林冠的截留性能与此相反。

(5)地区

在少雨地区森林的年林冠截留率较大，而在多雨地区其截留率较小。例如，日本，森林的年林冠截留率为15%~20%，而在美国和新西兰森林的林冠年截留率可达40%以上。必须指出的是，在小雨占比很大的地区，一次降雨的截留率可以从较大雨量的25%到微雨的100%。

(6)降水形态

林冠截留与降水形态也有关系，见表3-4，一般固态降水的林冠截留量要比液态降水少些。

表 3-4 不同林龄林分林冠截留率(郁闭度为 1.0) 单位:%

林龄(年)	12	33	65	90	150
液态水	20	32	27	25	20
固态水	16	25	20	15	10

注：引自马雪华，1993。

3.2.3.2 林木自身特性对林冠截留的影响

(1)树种

林冠截留因不同树种林冠层枝叶生物量及其持水特性、叶子和枝条的部位、表面粗糙度等特性的不同而存在很大差别。枝叶稠密、叶面粗糙的树种林冠截留量较多；叶面光滑、枝叶稀疏的树种林冠截留量较少。枝条分布形状对截留降雨也有影响，梳子状分布的枝条、侧枝向下倾斜的林木林冠截留量少；刷子状分布的枝条、侧枝向上倾斜的林木林冠截留量较多。如阔叶树种辽东栎枝叶的吸水率为 22.5%~28.8%，其林冠截留率为 23.7%；蒙古栎的林冠截留率仅为 19.9%；白桦的林冠截留率为 16.2%~25.9%；山杨枝叶吸水率为 17.0%~23.4%，其林冠截留率为 16.2%~21.0%；红松的林冠截留率为 25.9%。

(2)林冠结构

林冠结构主要与叶面积、树种、树龄有关。一般林冠越密，其林冠截留量越大；同样数量的枝叶，其排列分布也会影响林冠截留量。大量研究显示，林冠截留量受冠层容量影响，冠层枝叶数量越多、空间分布越均匀、冠层越厚、郁闭度越高其林冠截留量越大。如冷杉林的林冠截留率为 15.1%~38.6%，截留损失量随着落叶的增加而减小，随着覆盖率的增加而增加，这说明林冠截留量与叶面积密切相关。在较低降水量、较低降水强度下，叶面积指数与林冠截留间的关系更加密切，如峨眉冷杉的叶面积指数与林冠截留在低降水量、低降水强度时正相关性较强；而当降水量和降水强度较大时，二者的回归关系变弱(表 3-5)。

表 3-5 峨眉冷杉过熟林林冠截留与叶面积指数的关系

降水场次	林外降水量(mm)	降水强度(mm/h)	林冠截留量与叶面积指数的关系	林冠截留率与叶面积指数的关系	相关系数 R^2	样本量
3	6.4	0.49	$I=1.29LAI-1.98$	$I_r=36.53LAI-63.8$	0.604	50
8	15.7	0.65	$I=2.33LAI-2.43$	$I_r=22.45LAI-34.5$	0.408	50
18	41.2	1.29	$I=4.34LAI-0.12$	$I_r=13.79LAI-0.38$	0.125	50

注：I 为林冠截留量；I_r 为林冠截留率；LAI 为叶面积指数；引自程根伟，2004。

郁闭度是反映林分结构和密度的重要指标，其对林冠截留存在显著影响。例如，当刺槐林的郁闭度为 0.3~0.5 时，林冠截留量为 49.2 mm/年；郁闭度为 0.5~0.8 时，林冠截留量则增至 62.8 mm/年；郁闭度为 0.8 以上时，其林冠截留量达 94.1 mm/年。林冠截留率与郁闭度也呈正相关关系，例如，四川西部林龄在 140 年以上的高山云杉、冷杉林，郁闭度为 0.7 时林冠截留率为 24%；郁闭度为 0.3 时林冠截留率则为 12%。同一地点，郁闭度为 0.65 的杉木林平均林冠截留率为 15.77%，而郁闭度为 0.89 的杉木林平均林冠截留率为 17.56%；苔藓-云杉林郁闭度从 0.6 降到 0.4 时，林冠截留率降低4.6%；华山松林郁闭度从0.9降为0.7时，林冠截留率降低6.08%。

在同一林龄的林分中，单层林分的林冠截留量少于复层林分。150年生单层松林的林冠能截留20%的降水，而稠密的复层云杉林的林冠则可截留35%的降水；云南松复层林与疏林，林分郁闭度只相差0.2，林冠截留率却相差5.5%。

森林的抚育采伐与林冠截留量也有一定的关系。例如，锐齿栎林未作业与间伐后的林分郁闭度分别为0.8和0.5，其林冠截留率分别为17%和7%，间伐后林冠截留率明显降低。整枝可以使林冠枝叶量减少，使林冠结构变得简单，因此林冠截留量也会相应地减少，但部分资料显示，降水量达30 mm以上时，整枝林分的林冠截留量与未整枝林分没有显著差异。

(3)林龄

林木随着林龄的增大，叶片数量会相应增加，冠层厚度变大，进而会使植被郁闭度提高，从而增加降水的林冠截留量。一般而言，中龄林的叶片数量最多，其林冠截留量也最大；当林分趋于近熟林或成熟林时，林分的叶片数量又会逐渐减少，林木逐渐稀疏，其降水的林冠截留量也随之减小(表3-6)。例如，对于同一场降雨，处于不同演替阶段的峨眉冷杉其林冠截留量和林冠截留率不同；其幼龄林、中龄林、成熟林和过熟林的雨季林冠截留率分别为16.4%、22.6%、25.3%和29.5%，呈递增趋势。这种规律与不同林龄林分总的叶面积指数有关，当然，这也与不同的树种组成密切相关。暗针叶林生态系统4种演替阶段的林冠截留与林外降雨量的函数关系见表3-7。幼龄林的林冠截留量(率)与林外降雨量的相关性较弱，这是由于幼龄林冠层不发达，林下植被层在观测期间的生长变动较大造成的。

表3-6 林冠截留率与林龄的关系

林龄(年)	20	50	60	90
林冠截留率(%)	20	27	23	17

注：引自马雪华，1993。

表3-7 峨眉冷杉林林冠截留量(率)与林外降雨量的关系

演替阶段	截留量函数及相关系数 R^2		截留率函数及相关系数 R^2		观测次数(次)
过熟林	$I=0.613P^{0.7728}$	0.94	$I_c=60.04P^{-0.2071}$	0.75	47
成熟林	$I=1.101P^{0.5412}$	0.82	$I_c=116.2P^{-0.4856}$	0.79	11
中龄林	$I=0.759P^{0.6248}$	0.83	$I_c=78.71P^{-0.8984}$	0.70	11
幼龄林	$I=0.608P^{0.6162}$	0，68	$I_c=64.52P^{-0.4143}$	0.48	10

注：I为林冠截留量，I_c为林冠截留率，P为降雨量；引自程根伟，2004。

(4)森林类型

各种森林类型的林冠截留因生态和形态特征的不同而存在明显差异。一般来说，茂密的针叶林林冠截留率为25%~45%，而阔叶林为20%~25%。我国不同森林生态系统林冠截留量平均值的范围为134.0~626.7 mm，变动系数为14.27%~40.53%；林冠截留率平均值的范围为11.40%~34.34%，变动系数为6.86%~55.05%(表3-8)。各类森林生态系统林冠截留量的大小顺序为：热带山地雨林>热带半落叶季雨林>亚热带西部高山常绿针叶林>南亚热带山地季风常绿阔叶林>亚热带山地常绿阔叶林>亚热带、热带东部山地常绿针叶林>亚热带竹林>温带山地落叶与常绿针叶林>亚热带山地常绿落叶阔叶混交林>亚热带、热带西南部山地常绿针叶林>温带、亚热带山地落叶阔叶林>寒温带、温带山地落叶针叶林>寒温带、温带山地常绿针叶林；林冠截留率的大小顺序为：亚热带西部高山常绿针叶林>热带半落叶季雨林>温带山地落叶与常绿针叶林>热带山地雨林>寒温带、温带山地常绿针叶林>亚热带竹林>亚热带、热带东部山地常绿针叶林>南亚热带山地季风常绿阔叶林>寒温带、温带山地落叶针叶林>温带、亚热带山地落叶阔叶林>亚热带山地常绿阔叶林>亚热带、热带西南部山地常绿针叶林>亚热带山地常绿落叶阔叶混交林。林冠截留量大的森林类型，其林冠截留率不一定高，反映了林冠截留功能与降雨的复杂关系。

表 3-8　我国主要森林生态系统的林冠截留量和截留率

森林生态系统类型	郁闭度	降水量		截留量			截留率		
		平均（mm）	*Cv*（%）	平均（mm）	*Cv*（%）	排序	平均（%）	*Cv*（%）	排序
寒温带、温带山地落叶针叶林（落叶松林）	0.4~0.7	751.1	15.77	142.2	25.34	12	18.86	20.85	9
寒温带、温带山地常绿针叶林（油松、樟子松、云杉林）	0.5~0.9	640.0	19.54	134.0	31.38	13	23.45	46.21	5
亚热带、热带东部山地常绿针叶林（杉木、马尾松、柳杉、金钱松林）	0.65~0.9	1366.5	16.16	263.1	31.01	6	19.40	36.82	7
亚热带、热带西南部高山常绿针叶林（云南松、华山松林）	0.6~1.0	925.9	3.93	150.5	36.31	10	16.12	34.21	12
亚热带西部高山常绿针叶林（高山松、冷杉林）	0.7~0.8	1230.4	6.89	425.3	14.27	3	34.34	6.86	1
温带山地落叶与常绿针叶林（桦、椴、栎、槭与红松林）	0.7~0.8	696.0	7.34	202.8	23.89	8	28.92	18.11	3
温带、亚热带山地落叶阔叶林（落叶栎、杨、桦、椴等混交林）	0.7~0.9	853.3	25.61	146.3	14.31	11	17.85	21.54	10
亚热带山地常绿阔叶林（米椎、罗浮栲、木荷等混交林）	0.8~0.9	1749.0	16.01	271.5	40.53	5	16.21	55.05	11
亚热带山地常绿落叶阔叶混交林（铁椎栲、亮叶水青冈混交林）	0.95	1778.5	—	202.0	—	9	11.4	—	13
亚热带竹林（毛竹林）	0.5~0.95	1253.8	22.99	252.5	25.02	7	21.59	40.54	6
南亚热带山地季风常绿阔叶林（木荷、鸭脚木、大叶栲林）	0.9	1753.4	8.49	336.9	35.96	4	18.93	29.53	8
热带半落叶季雨林	0.7~0.8	1826.2	—	529.5	—	2	28.99	—	2
热带山地雨林	0.8~0.9	2608.0	—	626.7	—	1	25.31	—	4

注：引自温光远等，1995。

在一定的降水量范围内，林冠截留量随着降水量的增加而增加，它们之间存在极显著的正相关关系，但是它们之间并不是直线关系，不同森林类型之间的线性类线是不同的，有的表现为极显著的直线相关，有的则以幂函数关系拟合较佳(表3-9)。与林冠截留量相反，各种森林类型林冠截留率与降水量呈极显著的负相关关系，其关系式多为幂函数(表3-10)。不同森林类型之间，林冠截留量或截留率与降水量的关系有显著差异。造成此种差异的原因是多方面的，其中主要因素是森林生态系统的结构及气候环境状况。例如，热带半落叶季雨林与其他森林类型的差异在于其具有极其复杂的多层林冠结构和叶片的柔质、低含水率及所处区域雨量丰旱并存等特点。位于亚热带山地的常绿阔叶林或常绿落叶阔叶混交林(如广西龙胜大南山)虽然也具有较复杂的林冠结构，但该地经常云雾弥漫，湿度高达89%，植物体含水率高，无雨日仍可在叶尖看到雨滴，这些类型森林的多层林冠结构对降水的截留功能显然已被潮湿的环境所淡化。相反，位于内蒙古翁牛特旗东部沙区的樟子松人工林，尽管林冠结构单一，但沙地气候十分干燥，降水前樟子松林枝叶的含水量非常小，其枝叶的滞水、吸附能力很强，一旦降雨，林冠吸收水分的效果非常明显。所以干燥的气候条件同样可以导致截留和降水的相关性显著增强。此外，在相同的降水量条件下，多数森林类型之间的林冠截留量或截留率的差异不显著；同一地点，不同森林类型间也是如此。由此可见，森林的林冠截留量(率)可能与树木的种类关系并不大，而与树种林分结构关系密切。

表3-9 不同森林类型林冠截留量 I 与降水量 P 的回归方程及相关系数

森林类型	回归方程	相关系数 R^2	资料来源
常绿阔叶林	$I=0.0323P+1.1230$	0.8522	黄秉承，1993
杉木林	$I=0.0346P+1.2351$	0.7435	黄秉承，1993
杉木林	$I=0.6410P^{0.4467}$	0.9000	马雪华，1993
常绿阔叶林	$I=0.5809P^{0.5427}$	0.9920	刘玉洪，1990
锐齿栎林(疏伐)	$I=P(0.4891+0.023P)/(0.19+P)$	—	唐臻，1992
锐齿栎林	$I=P(0.1368+0.171P)/(0.66+P)$	—	唐臻，1992

注：引自刘世荣，1996。

表3-10 不同森林类型林冠截留率 I 与降水量 P 的回归方程及相关系数

森林类型	回归方程	相关系数	资料来源
杉木林	$I=72.9657P^{-0.4754}$	-0.9757	潘维俦，1989
杉木林	$I=54.2933P^{-0.3722}$	-0.9840	肖金喜，1993
马尾松林	$I=46.1890P^{-0.5094}$	-0.8400	马雪华，1993
马尾松林	$I=73.7145P^{-0.5476}$	-0.8958	黄承标，1993
锐齿栎林	$I=47.1539P^{-0.3560}$	-0.9562	杨茂生，1991
锐齿栎林	$I=1-0.829(P-0.80)/(1.46+P-0.80)$	—	唐臻，1992

注：引自刘世荣，1996。

3.2.4 树干径流影响因素

树干径流是森林水文效应的重要因素。由于这部分水量占降水总量的比例很小

(1%~5%)，因此，多数情况下忽略不计。但是树干径流可以沿树干渗入土壤，有利于土壤中植物根系吸收水分和养分，促进对林内水分和养分的再分配，故树干径流在树木生长过程中发挥着十分重要的作用，尤其是在干旱、半干旱环境中，树干径流可以提高造林成活率，使其成为干旱贫瘠立地条件下某些树种得以适应生存的重要影响因素。

影响树干径流的因素包括降水特性和林木本身的生长特性。

(1)降水量

对于降雨而言，树干径流的大小与一次降雨量有关。在微雨时一般不产生树干径流，林外降雨量只有在超过 2 mm 时才产生；在极低雨量级时，开始时树干径流量增加缓慢，其后树干径流量随雨量级的增加而增大，大致呈直线上升；在高雨量级时，树干径流量逐渐接近于一定值。孙忠林等(2014)于 2012 年 5~10 月对帽儿山森林生态站的蒙古栎林和杂木林进行的连续测定结果显示，蒙古栎林和杂木林的平均树干径流量分别约占同期林外降雨量的 7%和 5%。根据模型估算，当降雨量超过 3.0 mm 时开始出现树干径流，当降雨量超过 5.6 mm 时树干径流量会随着树木胸径的增大而显著增大；而当降雨量低于 5.6 mm 时，则出现相反的趋势。

(2)树种

对于降雨来说，在相同降雨条件下，不同树种树干径流的大小也有很大差别。一般来说，阔叶树大于针叶树。例如，华山松在降雨量为 0.6~2.0 mm 时开始产生树干径流；降雨量为 7.6 mm 时，具有粗糙树皮的华山松开始产生树干径流；降雨量为 33 mm 时，水青冈的树干径流率为 10%，华山松的树干径流率为 4.5%~8%，落叶松的树干径流率在 1%以下，其他树种的树干径流率只占 0.6%~5.0%(表 3-11)。这是因为每一树种都有其固有的分枝特性，不同个体因生长发育状况或生长环境不同而有一定差异。林木的主侧枝或主干夹角的大小影响侧枝截留的雨水向主干汇聚，夹角越小，越利于汇聚，树干径流量越大，呈锐角的林木树干径流量要比钝角的大。华山松分枝角度为 60°时的树干径流量为 75°时的 2 倍左右。落叶松疏枝类型的分枝角约为 90°，密枝类型的夹角较小，约为 60°，分枝角的这种差异无疑对树干径流量产生显著影响。

表 3-11 不同森林类型的树干径流率

地 区	森林类型	林龄(年)	胸径(cm)/树高(m)	郁闭度	树干径流率(%)	资料来源
黑龙江	蒙古栎林 白桦次生林	40	18.5/15.7	0.95 0.9	15.5 3.9	魏晓华，1991
陕西淳化县	刺槐林	15~20	—	0.6~0.8	3~12	王佑民，1982
甘肃祁连山	青海云杉林	160~180	19/20	0.6	0.51	傅辉恩，1991
陕西秦岭火地塘	华山松林	20~21	9.0/8.2	0.8~0.9	4.5~8.0	雷瑞德，1984
湖南会同县	—	23	12.8/14.1	0.7~0.8	0.1~0.2	中南林学院，1989
江西分宜县	杉木人工林	20~22	—	0.7~0.8	1.22	杨茂瑞，1992
海南尖峰岭	山地雨林 半落叶季雨林	—	—	—	3.0	卢俊培，1991

注：引自马雪华，1993。

(3)郁闭度

王佑民等(2000)研究表明，黄土高原不同郁闭度刺槐林的树干径流量存在显著差别，郁闭度越大，树干径流量越大，随着降水量的增大，这种差距逐渐拉大(图3-10)。

(4)林龄

林龄对树干径流也有较为显著的影响。研究表明，32年生松树的树干径流率为1.5%，成熟龄松树的树干径流率为0.1%；锐齿栎林的树干径流量随着林龄的增长逐渐减小。秦岭火地塘林区华山松的树干径流量随胸径的增大而增大，但波动较大。

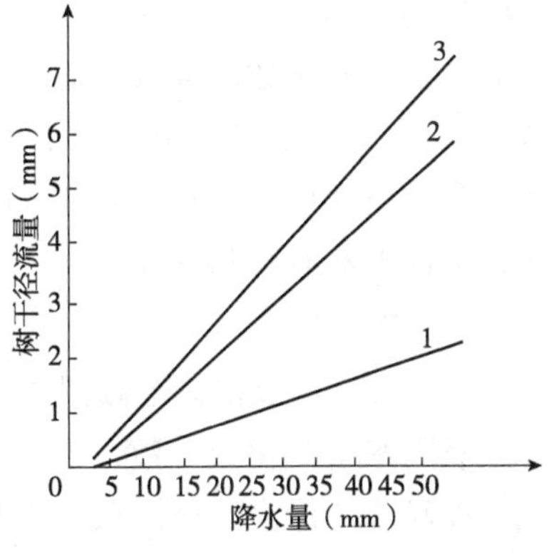

1的郁闭度为0.4；2的郁闭度为0.6；3的郁闭度为0.8。

图3-10 树干径流与降水量的关系

3.2.5 林冠截留模型(以降雨为例)

目前，国内外许多学者根据影响林冠截留的各种因子与林冠截留量的数量关系推导出许多林冠截留模型。但由于截留过程的复杂性，不同条件下测定的截留损失并无可比性，而且大部分对林冠截留模型的研究主要集中于半经验、半理论方程及其拟合方面，如何推导出一个既含有较少的、具有明晰物理意义且易于确定的林冠和降雨参数，又能客观地模拟林冠截留的模型，一直是这方面研究所关注的问题。常见林冠截留模型有以下3种。

3.2.5.1 经验模型

大多数林冠截留模型属于经验模型，该类模型不考虑生物因素和气候条件与截留的关系，只根据次降雨量与次截留量的数量关系建立线性或非线性统计模型。由于该类模型缺乏对林冠特征和林冠截留机制的约束，因而当降雨量较大时线性模型的误差往往很大；又因截留过程本身是非线性过程，因此，非线性模型的精度往往高于线性模型。由于经验模型是通过回归分析截留量与降雨量的关系得到的回归方程，因而具有一定的适用性，其优点是不需要进行复杂的理论推导和数学计算，形式简单；但是，该类模型的参数有很大局限性，只有林冠结构和气候特征相似的林冠系统才可以移用，不易推广(表3-12)。

3.2.5.2 概念模型

概念模型又称半经验半理论模型，是先在截留机制理论分析的基础上建立起截留

表3-12 常见林冠截留经验模型

模　型	资料来源	模　型	资料来源
$I=a+bP$	罗天祥，1995	$I=a\exp(bP)$	罗天祥，1995
$I=aP^b$	董世仁，1987	$I=a[1-\exp(bP)]^c$	曾思齐，1996
$I=a+b\ln P$	Jackson，1975	$I=1/[a+b\exp(-P)]$	罗天祥，1995
$I=a[1-\exp(bP)]$	Czamowski，1968	$I=a+bP^2$	罗天祥，1995
$I=P/(a+bP)$	严顺国，1989	$I=a\exp(b/P)$	杨令宾，1993

注：I为林冠截留量，P为大气降雨量，a、b、c为经验参数；引自张光灿，2000。

模型的基本形式，同时为计算和应用方便做出一些简化和假设，然后利用实测数据建立求解某些参数的经验公式。概念模型描述的是影响林冠截留的各种因子与截留量的关系。20 世纪 80 年代以来，此类模型发展很快，提出了很多形式。概念模型的基本形式是理论性的，其中一些参数是经验性的，虽然没有完全摆脱经验模型的缺陷，但是该类模型具有较强的实用性。

(1) 指数模型

Horton(1919)根据林冠截留量由林冠最大截留量和降雨期间的蒸发量两部分组成，把林冠吸附水量简化为常数，建立了一个林冠截留模型。该模型只适用于一场暴雨的情况，而且降雨量大于林冠截留量与蒸发量之和，模型如下：

$$I_c = I_{cm} + erT \tag{3-25}$$

式中 I_c——次降雨事件中的林冠截留量；

I_{cm}——林冠吸附降雨容量；

e——湿润树体表面蒸发强度；

r——叶面积指数；

T——降雨历时。

Merrian(1960)认为，截留量与降雨量之间呈递减规律，提出了以下模型：

$$I_c = (I_{cm} + erT)[1 - \exp(-kP)] \tag{3-26}$$

式中 k——衰减指数；

P——次降雨量；

其他参数含义同式(3-25)。

式(3-26)中枝叶吸附量与降雨量呈指数关系是合适的，但认为附加截留也随降雨量增加呈指数递减却与事实不符，于是又提出了以下模型：

$$I_c = I_{cm}\left[1 - \exp\left(-\frac{P}{I_{cm}}\right)\right] + erT \tag{3-27}$$

Aston(1979)通过在实验室采用降雨模拟法对 8 株小树进行截留实验，引入自由透流系数的概念对式(3-27)第一项进行了修正，建立了以下模型：

$$I_c = I_{cm}\left[1 - \exp\left(-\frac{cP}{I_{cm}}\right)\right] + erT \tag{3-28}$$

式中 c——降雨拦截系数，近似等于 $1-0.046r$。

基于次降雨建立的概念性指数模型由于具有一定的物理基础，且参数通过常规观测资料即可确定，因而在流域水文模型研究中被广泛采用。

王彦辉(1998)在总结分析前人林冠截留降雨模型研究成果的基础上，考虑了吸附容量与树冠特征的关系，把湿润树体的蒸发强度简化为常数 e，引入林分郁闭度 A，建立以下模型：

$$I_c = I_{cm}\left[1 - \exp\left(-\frac{AP}{I_{cm}}\right)\right] + eT \tag{3-29}$$

$$I_{cm} = aA^b \Delta H^c \Delta T^d$$

式中 ΔH——冠层厚度；

ΔT——前后两次降雨时间间隔；

a、b、c、d——经验参数。

(2)气象模型

经验模型没有考虑降雨强度、降雨持续时间和降雨期间的间隔，其应用性受到一定限制。考虑湿润植被的动态水量平衡，Rutter 在 1971 年建立了基于小时降雨和气象数据的次降雨截留模型，并用经验关系计算了植被耗水，这是第一种基于物理机制的截留模型，结构式如下：

$$I_c = \sum E \pm \Delta C \tag{3-30}$$

$$\begin{cases} E = E_p\left(\dfrac{C}{S}\right) & C \leqslant S \\ E = E_p & C > S \end{cases} \tag{3-31}$$

$$\Delta C = C_t - C_0 \tag{3-32}$$

式中 I_c——林冠截留量；

E——林冠蒸发量；

C——林冠蓄水量；

S——使树体表面湿润的最小林冠需水量；

E_p——Penman-Monteith 公式计算出的可能蒸发量；

C_t、C_0——t 时刻和 t_0时刻的林冠蓄水量。

Rutter 模型的缺点是对数据要求很高。

3.2.5.3 解析模型

Gash(1979)将林冠截留降雨的过程分为 3 个阶段，即湿润期(从降雨开始到林冠截留达到饱和)、饱和期(从林冠达到饱和到降雨停止)和干燥期(从降雨停止到林冠和树干完全干燥)，而且将枝叶吸附分为林冠吸附和树干吸附，在此基础上，将一些较为简单的线性回归模型作为辅助，是对 Rutter 模型进行适当简化，得到相对应的以下降雨截留模型：

$$\sum_{j=1}^{n+m} I_j = n(1-f_t-f_s)P_s + \left(\frac{E}{R}\right)\sum_{j=1}^{n}(P_j - P_s) + (1-f_t-f_s)\sum_{j=1}^{m}P_j + qI_s + f_s\sum_{j=1}^{m+n-q}P_j \tag{3-33}$$

式中 n——使林冠饱和($P_j>P_s$)的降雨次数；

m——不能使林冠达到饱和($P_j<P_s$)的降雨次数；

I_j——次降雨截留量；

f_t——自由穿透降雨率；

f_s——树干径流率；

P_s——使林冠饱和所必需的降雨量；

E——饱和林冠的平均蒸发强度；

R——平均降雨强度；

q——使树干吸附达饱和(产生树干径流)的降雨次数(当 $P_j>I_s/f_s$时)；

I_s——树干饱和吸附量；

P_j——次降雨量。

Gash 模型有比较严谨的逻辑分析，物理意义明确、涵盖面广，不需要复杂的数学计算、实用性强，是目前应用最广泛的林冠截留降雨模型。

3.3　林内降水

3.3.1　林内降水量影响因素

3.3.1.1　森林对林内降水量的影响

林内降水量随林外降水量的增加而增加，在降水量非常小时，林内降水量近似等于零，且最初增加很缓慢，而后随林外降水量的增加而激增，大致呈直线上升，到高雨量级时逐渐趋于稳定，保持一定值。当降水量非常大时，理论上，林内降水百分比 $T(\%)\to100$，但是根据回归(平均条件)，这个限定值为 $100a$，这里 $a<1$。表 3-13 给出了当降水量 $P\geqslant5$ mm 时几种降水的林内降水百分比。由于测量、降水期间林冠存在干湿变化等问题，对于任何特定的林分来说，林外降水量与林内降水量之间的关系是很难确定的。

表 3-13　不同降水量条件下林内穿透降水的百分比　　单位:%

森林类型	说　明		降水量(mm)					
			5	10	15	20	25	∞
阔叶混交林	成熟林分:	冬季	83	87	88	89	89	91
		夏季	74	82	85	86	87	90
五针松林	林　龄:	10 年	60	72	77	79	80	85
		60 年	58	70	75	77	78	83
火炬松林	胸高断面积:	0.2 m^2/hm^2	85	89	91	92	92	94
		43.6 m^2/hm^2	70	75	76	77	78	80

注：引自 Rechard，1984。

降雨通过林冠后雨滴大小发生了很大变化，大雨滴与林冠枝叶撞击，分散为很多细小的水滴落下，而细小的水滴在降落时黏滞在枝叶表面，汇聚成较大水滴再落下，依此往复。不同林分的林冠滴下雨是不同的，它们主要与林冠结构、郁闭度及枝叶对于雨水的黏滞程度等有关。针叶树枝叶很多，分布均匀，雨滴直径的变化较小，如华山松五枚针叶上聚积并自然落下的水滴直径约为 3.7 mm，一枚针叶聚集自然下落的雨滴直径为 2.8~3.4 mm，而两枚针叶为 3.4~3.8 mm。在湖南会同 22 年生人工杉木林中，无论大气降雨强度如何变化，林冠滴下雨直径均稳定在 3.6 mm 左右，不同直径的林冠滴下雨所占的百分比分别为：直径<2.5 mm 的雨滴占 11%，直径 2.5~4.5 mm 的雨滴占 68%，直径>4.5 mm 的雨滴占 21%。阔叶树叶面积较大，其排列方式及叶面多绒毛，均有利于水的暂时滞留，因此，阔叶树的滴下雨直径大，滴到地面对林地的溅击作用较强，但是多层次的阔叶林则可使滴下雨的溅击作用减弱。虽然人们普遍认为林内降雨的平均强度小于林外，林冠层能减轻溅击作用，保护土壤，但是对于降雨强度<50 mm/h 的各种降雨来说，林冠下雨滴的溅击力大于开阔地，其潜在影响也较大。

3.3.1.2 森林对地面积雪、融雪的影响

雪是大气降水的主要形式之一。雪水不但能湿润土壤，供给农作物及森林植物生长所需的水分，同时融水还能补给河流。森林中积雪能形成较厚的雪被物层，这对防止土壤深层冻结和植物免受冻害具有良好的作用。多数情况下，雪被物层很厚的土壤几乎完全不结冻或结冻不深。当雪被物层 15~50 cm 厚时，有雪被物层的土壤温度与无雪被物层的土壤温度相差可达 20 ℃，雪被物层越疏松，温差越大。冬季，林中积雪可使林地土壤不冻结，从而保证了地下水的水源供应，使河流保持正常水位。

在北方寒冷气候带内的森林中，地面积雪量占年降水量的比例较大。密度大的、呈带状或者片状分布的森林，为积雪创造了良好条件，森林内的积雪往往会比无林区的积雪厚。松散、湿润、棉花状的降雪能够大量积留在树冠，特别是树冠稠密的针叶林，被截留的雪融化后大部分落到林地，增加了到达林地的降水量，同时增加了土壤的含水量。由于林中空旷地的积雪没有被树冠阻留，也不致被风吹散，因而雪储量最大，如 44 年生橡树林林中空旷地的积雪总量为 136.5 mm，较田野多 28.4 mm。另外，阔叶林保持的积雪较针叶林多 40%~50%。林木的年龄对地面积雪的保持也有一定的影响，随着林龄的增大，保持的雪水量相应减少，据测定，幼龄松林较老龄松林(60~90 年)保持的积雪多 9%~10%。

由于森林中受到太阳辐射热能及风的影响较小，林中的融雪时间较长，积雪能够保持较长的时间，一般林中积雪比农田多保持 10~30 d。因而在森林覆盖的给水流域，春天融雪形成的汛期要比无林流域晚 15~30 d，汛期最大流量也较小。同时，汛期流量变化过程平缓、均匀，这就是森林能够调节春季融雪径流的缘故。森林中的雪量和雪的融化时间、融化速度因林种、森林密度、林龄及林地所处的海拔、方位及地形等条件的不同而有所不同。一般来说，密度大的林分融雪时间要比疏松的林分长久些，由于林分随着林龄的增加而变得稀疏，密度变小，因此，林龄大的林分融雪时间要比林龄小的林分时间长些。一般低海拔森林中的雪首先开始融化，然后逐渐延伸到高海拔的森林。山坡的方位对雪的融化也存在显著影响，分布在阳坡和半阳坡的森林比分布在阴坡和半阴坡的森林和山洼地森林中的雪融化快，保持的积雪较少。

3.3.2 林内雨雨滴特征

3.3.2.1 降雨强度对林内雨雨滴直径的影响

降雨强度和雨滴直径都是影响降雨侵蚀力的重要因子，同时降雨强度与雨滴直径之间也有着一定的关系。余新晓等(2013)通过对北京妙峰山林场 100 组不同降雨强度(降雨强度范围 0.164~34.323 mm/h)及其对应的雨滴直径分析发现，林外降雨雨滴平均直径随降雨强度增加呈现先上升后下降的趋势(图 3-11)。

通过曲线估计发现，上升过程和下降过程中雨滴平均直径与降雨强度之间都各自符合对数曲线的形状，可用分段函数表示：

$$f(x)=\begin{cases}0.075\ln x+0.502 & x<3.8\\ -0.05\ln x+0.607 & x\geqslant 3.8\end{cases} \tag{3-34}$$

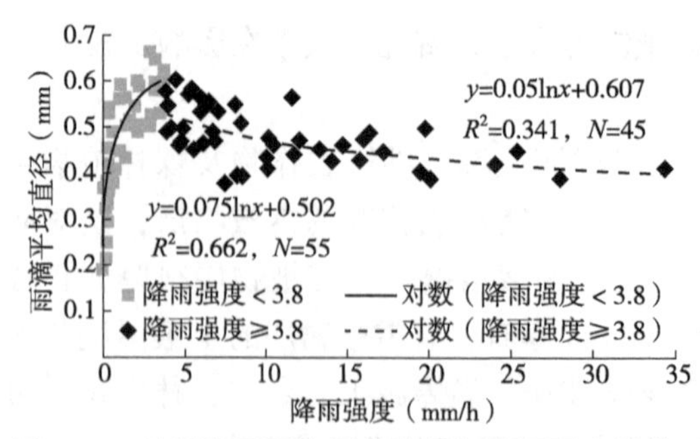

图 3-11 林外降雨雨滴平均直径与降雨强度的关系
（引自余新晓，2013）

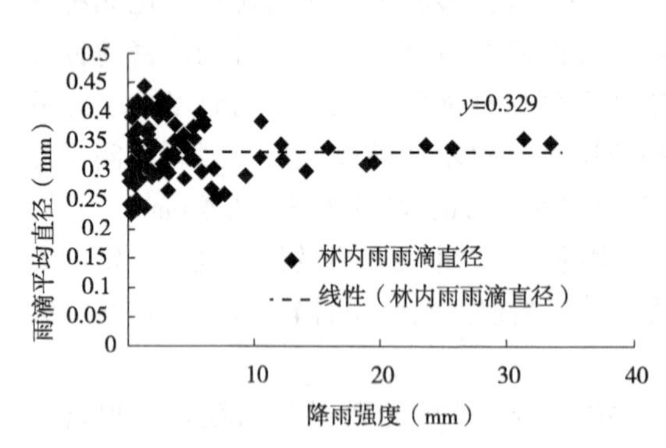

图 3-12 林内雨雨滴平均直径与降雨强度的关系
（引自余新晓，2013）

式中 x——降雨强度，mm/h；

$f(x)$——雨滴平均直径，mm。

结合式(3-34)以及图 3-11 中散点的分布情况可知：3. 8 mm/h 的降雨强度为林外降雨对雨滴直径影响的临界值当降雨强度<3. 8 mm/h 时，林内雨雨滴平均直径随降雨强度的增加而增加，增加的幅度随降雨强度的增加逐渐变小直至保持稳定；3. 8 mm/h 的降雨强度为林外降雨对雨滴直径影响的临界值，当降雨强度小于此值时，降雨强度增加有利于雨滴在空气中汇聚，而当大于此值后，降雨强度增加则有可能导致雨滴受风力、空气阻力等外界因素影响而分散成小雨滴，从而降低了雨滴的平均直径。

侧柏人工林林内雨雨滴的平均直径随降雨强度的增加无明显的上升和下降趋势，而离散程度随降雨强度增加逐渐减小(图 3-12)，可认为降雨强度的增加使林内雨雨滴的直径分布更加稳定。

3. 3. 2. 2 林冠对林内雨雨滴直径分布的影响

降雨通过林冠后雨滴大小发生了很大变化，大雨滴与林冠枝叶撞击，分散为很多细小的水滴落下，而细小的水滴在降落时黏滞在枝叶表面，汇聚成较大水滴再落下，以此往复。不同林分的滴下雨是不同的，它们主要与林冠的结构、郁闭度及枝叶对于雨水的黏滞程度等有关。

余新晓等(2013)对北京妙峰山林场 100 组林内和林外各直径级别的雨滴数量的测定结果表明，林内外雨滴直径主要分布范围为 0. 125~0. 5 mm，但林内与林外各径级雨滴的分布规律有一定差异。林内的雨滴总数比林外高 38%。林内直径≤0. 25 mm 的雨滴，无论从数量还是从所占比例都要高于林外，而林外相比林内减少幅度最大的雨滴直径分布范围为 0. 75~2. 00 mm，林冠能将直径较大的雨滴分散形成更多小雨滴(表 3-14)。

表 3-14 雨滴数量分布

雨滴直径(mm)	林 内		林 外	
	雨滴数量(个)	所占比例(%)	雨滴数量(个)	所占比例(%)
0. 125	44 172	29. 64	28 638	26. 48
0. 250	51 448	34. 52	28 099	25. 99
0. 375	26 092	17. 51	12 168	11. 25
0. 500	19 933	13. 37	15 143	14. 00
0. 750	3768	2. 53	8196	7. 58
1. 000	1625	1. 09	6571	6. 08
1. 250	627	0. 42	3952	3. 65

（续）

雨滴直径（mm）	林内		林外	
	雨滴数量（个）	所占比例（%）	雨滴数量（个）	所占比例（%）
1.500	393	0.26	2293	2.12
1.750	232	0.16	1358	1.26
2.000	222	0.15	1233	1.14
2.500	156	0.10	339	0.31
3.000	103	0.07	106	0.10
3.500	72	0.05	26	0.02
4.000	81	0.05	7	0.01
4.500	39	0.03	1	0
5.000	38	0.03	0	0
5.500	24	0.02	0	0
6.000	12	0.01	0	0
6.500	8	0.01	0	0
7.000	3	0	0	0
7.500	2	0	0	0
8.000	3	0	0	0
8.500	0	0	0	0

注：引自余新晓，2013。

林冠层除了有分散雨滴的作用外，还有汇集雨滴的作用。从表3-14还可以看出，侧柏人工林内雨雨滴数量增加幅度最大的是0.375 mm径级，相比林外，此径级雨滴的数量增加了114%，占雨滴总数的比例也从11.25%增加到了17.51%，聚集雨滴的特征与两枚针叶的近似。林内雨雨滴直径>3 mm的每个径级雨滴数目都多于林外。林外降雨几乎没有直径>4 mm的雨滴，而林内则出现了一些直径7 mm以上的雨滴。林冠层通过枝叶和雨滴的碰撞将自然降雨中大量的雨滴分散成更小的雨滴，同时叶片的聚集作用将一部分小的雨滴聚合成直径较大的雨滴降落到地表。由于林冠对降雨的拦截再分配功能，林下雨雨滴在各个径级间更为分散，中间直径的雨滴数量减少，体积贡献率降低，而小雨滴和大雨滴的数量都有所增加，其中大雨滴体积的贡献率有了明显升高。

3.3.2.3 林冠对雨滴终点速度的影响

（1）林内外雨滴直径与终点速度的关系

雨滴终点速度是降雨参数中一个重要的物理指标，其决定了降雨动能的大小。雨滴在下落过程中同时受到3种力的共同作用：重力、空气阻力和空气浮力。在这3种力的共同作用下，雨滴的下落运动实际上是一个加速度逐渐减小直至为零的变加速运动。当加速度为零时，雨滴作匀速运动。雨滴从静止开始下落到匀速状态所经历的时间称为弛豫时间，所经过的路程称为惯性路程，最后所达到的均匀速度称为雨滴终点速度。林冠层通过截留、分散和汇聚作用改变了雨滴的原有运动规律，使林内与林外雨滴的终点速度分布规律出现一定的差异。Atlas（1973）提出，雨滴直径与雨滴终点速度的经验公式为：

$$V=9.62-10.3e^{-0.6D} \tag{3-35}$$

式中 V——雨滴终点速度，m/s；

e——自然对数的底数；

D——雨滴直径，mm。

图 3-13 和图 3-14 显示了北京妙峰山林场侧柏人工林林外和林内雨滴的速度分布。从图 3-13 可以看出，林外降雨直径和终点速度分布基本上符合 Gunn-Kinzer 曲线的规律。而林内雨滴直径和终点速度的分布较为分散，出现了低速(雨滴终点速度 4. 2~5. 8 m/s)的较大雨滴(直径 4~4. 5 mm)和少量速度>5. 8 m/s 的较小雨滴(直径 0. 220~0. 375 mm)。在林冠层对降雨的再分配过程中，枝叶对雨水的拦截和汇集作用，使汇集而成的雨滴直径大于自然降雨，且滴落高程大幅降低，雨滴终点速度减小(图 3-14)。而林冠中细小枝叶会将一些速度高、直径大的雨滴击散为小雨滴，从而在林内出现了少量速度较大的微小雨滴。相比于林外，林内雨滴由于林冠的截留、分散和汇聚作用，使雨滴直径与雨滴终点速度的相关性降低，雨滴谱分布更加分散。

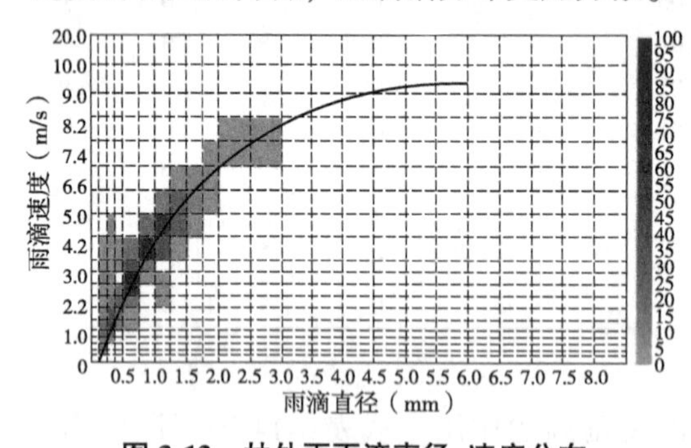

图 3-13　林外雨雨滴直径–速度分布

(图中实线为 Gunn-Kinzer 曲线，引自余新晓，2013)

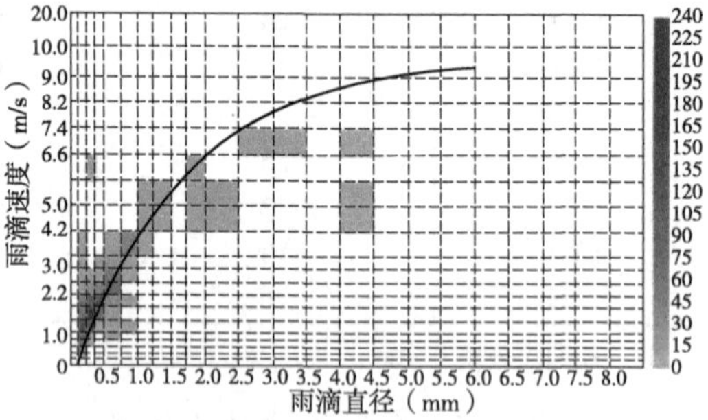

图 3-14　林内雨雨滴直径–速度分布

(图中实线为 Gunn-Kinzer 曲线，引自余新晓，2013)

林内外雨雨滴的终点速度随雨滴直径的变化也有所不同。林内直径较小的雨滴(直径<0. 75 mm)能在较快时间和较短的运行距离(8 m)内达到匀速运动状态，林内外直径相同的雨滴终点速度差异很小。而直径>0. 75 mm 的雨滴无法在 8 m 左右的降落高度内达到终点速度。同一径级林内的雨滴速度开始低于林外，随着雨滴直径的增加，林内外雨滴终点速度的差异逐渐加大。林外雨滴在直径达 3 mm 后终点速度约稳定在 7 m/s，而林外雨滴直径最大可达 4. 5 mm；林内雨滴随着直径的增加，终点速度不断增大，林内雨滴随着自身重力的增加不断提高下落速度，从而在相同的运动距离内达到更高的终点速度(图 3-15)。

(2)降雨强度与林内外雨雨滴终点速度的关系

降雨强度是降雨的重要的特征因子，不同的降雨强度对应的雨滴直径和终点速度存在差异。林内外降雨强度与雨滴终点速度的相关性同降雨强度与雨滴直径的关系有近似之处。林外降雨的雨滴终点速度随降雨强度的增加呈先上升后下降的趋势，雨滴平均终点速度主要分布范围为 1. 22~3. 00 m/s；而林内雨的雨滴平均终点速度随降雨强度的增加无明显变化，整体上在 1. 32~2. 10m/s 范围内变化，且降雨强度越大林内雨滴平均终点速度越稳定。相同降雨强度下，绝大多数林外降雨雨滴的平均终点速度要高于林内，林外平均雨滴终点速率随降雨强度的变化幅度较大，而由于存在林冠截留作用，林内雨滴的平均终点速度变化幅度小于林外(图 3-16)。

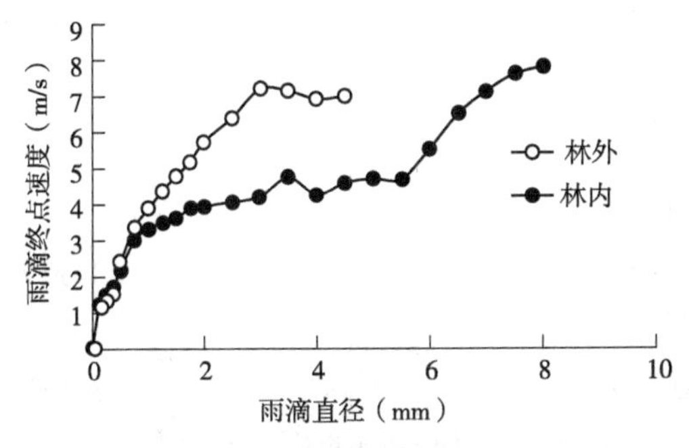

图 3-15 林内外雨滴终点速度随雨滴直径变化情况

（引自余新晓，2013）

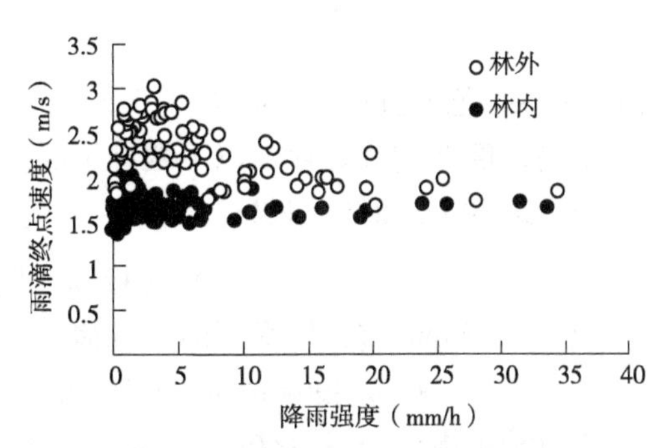

图 3-16 林内外降雨平均雨滴终点速度与降雨强度的关系

（引自余新晓，2013）

3.3.3 林内雨雨滴动能

直接穿透降雨的特征同林外相比没有发生变化，而降雨通过林冠层时则被分解为许多分量。林冠截留降雨被林冠枝叶截持并最终直接蒸发到空气中，未与地面发生作用，可认为这部分降雨的雨滴动能被林冠层完全消减了；树干径流不存在对地面的击溅作用，其动能也可忽略不计；而林冠滴下雨依照树种枝叶的特性、降落高度、降雨类型、降雨强度等具体情况可以增大或减小单位水体的雨滴动能。一般测得的林内雨雨滴动能称为广义上的穿透降雨雨滴动能，其与林外降雨雨滴动能的差值能够比较准确地反映林冠层对降雨雨滴动能的消减程度(余新晓，2013)。

3.3.3.1 雨滴动能的计算

(1)雨滴动能的计算方法 1

根据通用计算公式，雨滴动能 E 主要取决于雨滴的直径 D 和下落时的终点速度 u_T，E 可以根据式(3-36)来计算：

$$E=\frac{\rho\pi}{12}D^3u_T^2 \tag{3-36}$$

式中 ρ——雨水密度，标准状态下为 1.0×10^{-3}g/mm^3。

雨滴终点速度与雨滴形状、直径和空气状况等因素紧密相关，但由于这些因素都存在很大的变异性，并且很难通过测量的手段获得，因此，雨滴动能的计算存在困难。在实际计算中，通常使用经验的统计关系来代替复杂的基于物理过程的计算。

(2)雨滴动能的计算方法 2

雨滴动能 E 是雨滴质量 m 与降落速度 V 的函数。雨滴质量 m 是雨滴直径 D 和雨水密度 ρ 的函数。雨水密度变化很小，可看作 1，故 $m=\Phi(D)$。雨滴降落速度是降落高度 h 和雨滴质量的函数，$V=\varphi(h\cdot m)$，如能求得雨滴直径和雨滴降落速度，即可通过简单的运算求出雨滴动能(马雪华，1993)。

$$E=\frac{1}{2}mV^2 \tag{3-37}$$

雨滴直径 D 一般用永久性色斑法测算。

$$D=0.356d^{0.712} \tag{3-38}$$

式中 d——色斑直径，mm。

雨滴速度 V 的计算存在以下两种情况：

当 $D>1.9$ mm 时，用修正的牛顿公式算得：

$$V=(17.20-0.84D)\sqrt{0.1D} \tag{3-39}$$

当 $D<1.9$ mm 时，用修正的沙玉清公式算得：

$$V=0.496\times \mathrm{arclg}[28.32+6.524\lg 0.1D-(\lg 0.1D)^2-3.665] \tag{3-40}$$

单位降雨雨滴动能[J/(m² · mm)]是指单位面积上，单位降雨的雨滴总动能：

$$E_0=\frac{\sum E\times 10^6}{\sum m\times 10^7} \tag{3-41}$$

在测定穿透雨雨滴动能时，一般以林冠层中点距林地的高度当作穿透雨雨滴降落距离的平均值。例如，实验林分的平均高度为 9.3 m，林木活枝的枝下高平均值为 4.5 m，林冠层厚度约为 4.8 m，故穿透雨雨滴的降落距离 $h=4.5+4.8/2\approx 7$ m。穿透雨雨滴到达地面时的速度按式(3-42)计算：

$$V_h=V_t\left[1-\exp\left(-2g\frac{h}{V_t^2}\right)\right]^{1/2} \tag{3-42}$$

式中 V_h——不同直径的穿透雨雨滴的终点速度，随 V_t 而变；

V_t——不同直径的雨滴的终点速度；

g——重力加速度；

h——穿透雨雨滴的降落高度。

林冠下降雨的总动能 E 是直接穿透雨的雨滴动能和林冠滴下雨的雨滴动能之和。

3.3.3.2 雨滴直径和终点速度对降雨雨滴动能的贡献

林外降雨雨滴总动能随雨滴直径增大呈单峰曲线变化趋势。0.2~3.0 mm 径级的雨滴能贡献 95%以上的降雨雨滴动能，直径<0.5 mm 的雨滴数量虽多，但由于其质量小而且终点速度较低，因而其对林外降雨雨滴总动能的贡献小，而直径>3.0 mm 的雨滴数量过少对总动能的贡献也很小。林内雨各径级雨滴对总动能的贡献随雨滴径级的增大呈多峰状变化，各径级雨滴提供的动能之间较林外降雨来说差异较小，2.0~7.5 mm 径级的雨滴贡献的动能占总动能的绝大部分(图 3-17)。林冠层能消减林外 0.2~3.0 mm 径级雨滴的动能，并将消减动能的大部分转移至聚合生成的大径级雨滴。

林内和林外终点速度<2.6 m/s 的雨滴对降雨雨滴总动能的贡献差异不显著，这个速度范围内的雨滴动能对降雨雨滴总动能的贡献都很小。在 2.6~11.0 m/s 雨滴终点速度区间内，林外降雨雨滴动能随终点速度的增加总体呈单峰曲线变化趋势，而林内雨的雨滴动能呈多峰状变化；在 4.0~9.0 m/s 雨滴终点速度区间内，林外降雨雨滴的动能明显高于林内，林内雨只在雨滴终点速度为 10.0 m/s 时雨滴动能高于林外降雨(图 3-18)。林冠层主要消减了雨滴终点速度为 4.0~9.0 m/s 的林外降雨雨滴的动能。

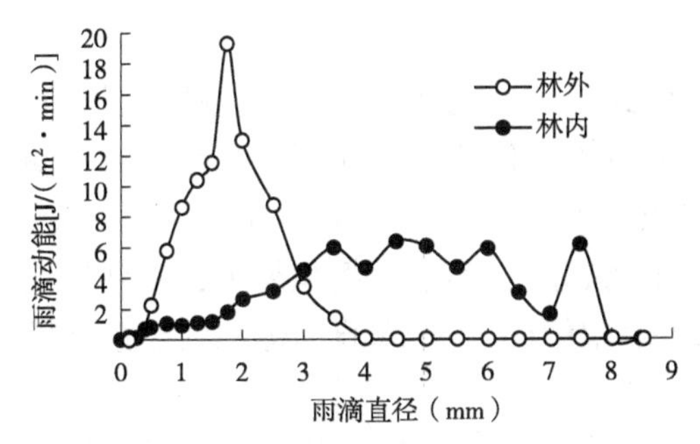

图 3-17　林内外不同直径雨滴的动能贡献

（引自余新晓，2013）

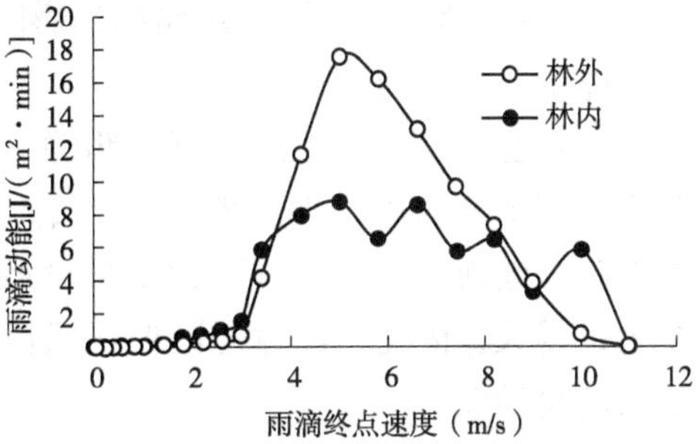

图 3-18　林内外不同终点速度雨滴的动能贡献

（引自余新晓，2013）

3.3.3.3　林内外降雨雨滴动能比

由于林冠层对降雨的截留作用，约占总量 23.4%的降雨无法降落到地面，减少的降雨被截留在枝叶表面或沿树干缓慢流下，它们的动能基本上完全损失。林外降雨的雨滴动能随降雨强度的增加而增大，但增大的幅度不断减小，当降雨强度>20 mm/h 后，雨滴动能保持在一个较为稳定的数值附近。林内降雨的雨滴动能与降雨强度的散点分布较为分散，没有明显的规律。林内雨的雨滴动能随着降雨强度的增加有时高于林外，有时低于林外，同样无明显规律(图 3-19)。降雨强度对林外降雨雨滴动能的影响较为显著，而对林内降雨的影响并不显著。

林内平均每分钟每平方米雨滴的数量比林外大约高 38%。林外单个雨滴的平均动能(平均 E_d)为 29.02 μJ，而林内为 24.56 μJ。对妙峰山 50 年生侧柏林林内的雨滴总数进行统计发现，林内的雨滴总数高于林外，但由于林内大量的小雨滴动能非常小，降低了林内雨滴的平均动能。平均雨滴动能(平均 E)是林内外雨滴动能情况的综合反映，林冠层对降雨雨滴动能的削弱作用较为明显，林外平均雨滴动能值为 0.859 J/(m^2 · min)，而林内为 0.627 J/(m^2 · min)，林内雨雨滴降落到地面的动能比林外空旷地减少了 27%。平均 E_p值反映了假定林内外降雨量完全相同情况下的动能差异，林冠层枝叶积聚雨滴以及其他相关的物理过程可使等降雨量的降雨雨滴动能有所增加，林外的平均 E_p值为 6.821 J/(m^2 · min · mm)，而林内为 7.957 J/(m^2 · min · mm)，林内要高于林外(表 3-15)。

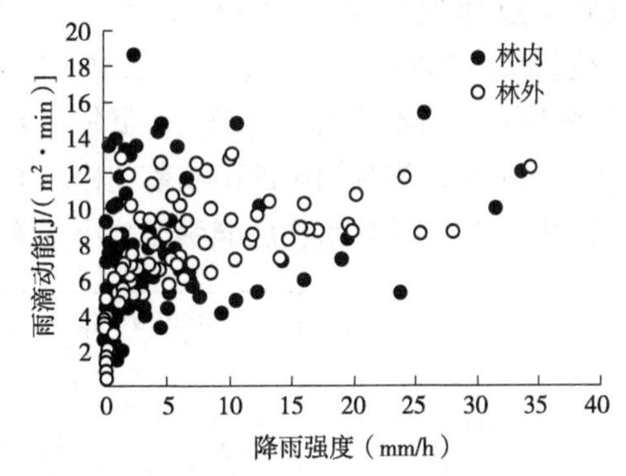

图 3-19　林内外降雨雨滴动能与雨强的关系

（引自余新晓，2013）

表 3-15　林内外降雨动能比

项目	平均降雨强度 (mm/h)	平均雨滴数量 [个/(m^2 · min)]	平均 E_d (μJ)	平均 E [J/(m^2 · min)]	平均 E_p [J/(m^2 · min · mm)]
林外	5.68	235 065.21	29.02	0.859	6.821
林内	4.35	324 028.26	24.56	0.627	7.957

注：引自余新晓，2013。

3.3.3.4 林分特征对降雨雨滴动能的影响

从能量守恒的角度来讲，雨滴在从天空形成到降落到地面的过程中，林冠层对降雨的阻拦相当于增大了雨滴下降的阻力，林冠层对雨滴作负功。如不考虑空气对雨滴的阻力，则雨滴的总动能必然减小。然而，林冠枝叶能将一部分小雨滴汇集成大雨滴，最终降落至地面，由于等体积的水量分散成的雨滴越多，其总表面积越大，受到的空气阻力也越大，因此，经林冠汇聚作用新生成的大雨滴比林外降雨同体积的小雨滴贡献更大的总动能。

研究发现，由于林冠枝叶对雨滴的汇聚作用，林下雨滴动能或溅蚀力在某些情况下有所增大。例如，当华山松林冠层雨水未饱和时，即降雨量<5 mm 时，由于林冠的截留作用，可使降雨的雨滴动能减小35%；但是，当其郁闭度达0.8左右，林冠距地面高度超过7 m时，林冠层不仅不能减小降雨雨滴的总动能，而且由于枝叶雨滴汇聚成较大的水滴，穿透雨的雨滴动能反而比林外降雨大。同时，随着降雨量的持续增加，华山松林冠层使降雨雨滴动能的增加作用愈加显著，林内外降雨动能的动态如图3-20所示。又如，对于降雨强度<50 mm/h 的各种雨量来说，赤松林林冠下雨滴直径与附近开阔地雨滴直径的分布存在差异，林冠下雨滴的溅击力大于开阔地。王彦辉(1986)通过对陇东黄土地区刺槐林雨滴动能的研究认为，林内雨的雨滴动能随降落高度变化而变化，当降落高度(冠心高)低于3.9 m时，林冠可将雨滴动能削弱到17.86 J/(m^2·mm)水平之下，将不会发生弱度的土壤侵蚀(100~500 t/km^2)；当降落高度分别为5.3 m和8.5 m以下时，雨滴动能分别为20.106 J/(m^2·mm)和22.456 J/(m^2·mm)，不会发生轻度和中度的土壤侵蚀。林下的灌木、草本植物层由于比较低矮，水滴的降落高度低，故到达林地水滴的运动速度小、动能小。当林内雨的雨滴落到松软的枯落物层时，其动能消耗殆尽，林下的下木、地被物层，特别是枯落物层能明显减小雨滴的动能，保护林地土壤不受侵蚀。

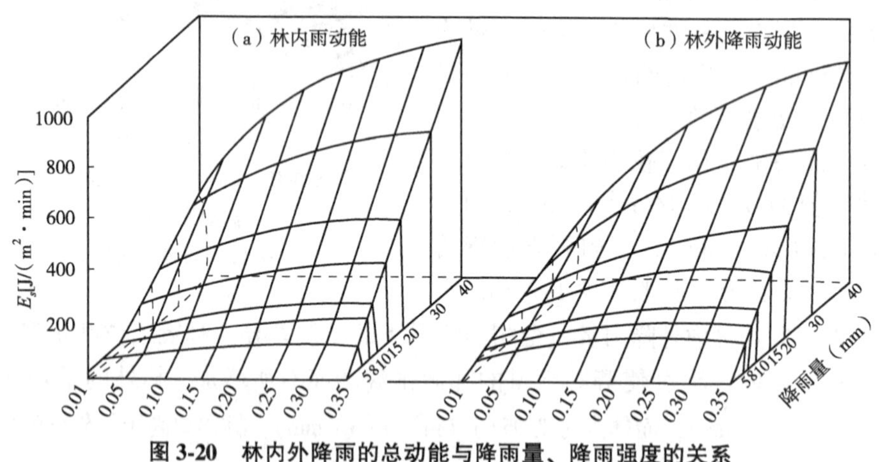

图3-20 林内外降雨的总动能与降雨量、降雨强度的关系

(引自马雪华，1993)

3.4 林下地被物层

林下地被物层主要是指覆盖在林地土壤表面未分解或半分解的植物枯落物，以及生长于地表的活地表覆盖物，即枯落物层和苔藓层，另外，还包括动物尸体、菌丝体等。枯落物层也称枯枝落叶层、枯落物层，是林地地表所特有的一个层次，包括林内乔木和灌木的枯枝、落叶、落皮，以及繁殖器官、林下枯死的草本植物和枯死的树根。有些文献把枯落物层分为 3 个亚层：未分解层、半分解层和完全分解层(或腐殖质化层)。另外，还有一些文献把枯落物层分为两层：有机残体的组织结构仍可用肉眼辨认的上部层次称为 A_{00}层；而肉眼已不能辨认其原有组织结构，大部分以无定形腐殖质态存在的下部层次称为 A_0层。根据枯落物层的存在状态一般把林地分为两大类型：以 A_{00}为主的类型和以 A_0为主的类型。苔藓层是指生长于地表的苔藓、地衣等活地表覆盖物。

3.4.1 林下地被物层的水文作用

降雨无论是成为地表径流，还是转化为土壤水贮存在土壤内或变成土内径流，林下地被物层都是必须经过的一个层次。大气降雨在先后通过林冠层和林下植被层到达林地后，其中一部分附着在林下地被物层而后蒸发到大气中，此部分水分称为地被物截留。林下地被物层是森林在林冠层之外发挥其水文功能的第二作用层，而由于这个层次本身的结构性质，决定了它是参与森林植被整个水文过程中的一个极为积极而又重要的作用层。因此，是否具有良好的林下地被物层成为评价森林植被生态效益的重要指标，保护林下地被物层也成为森林植被经营管理的重要内容。

降雨被林冠层进行第一次分配之后，到达林下地被物层进行第二次分配，即被林下地被物吸收、分散、消能，之后再到达土壤矿物质层进行第三次再分配。林下地被物层在水土保持中的作用是多方面的，总括起来有以下方面：

①彻底消除降雨动能。林下地被物层能有效避免雨滴直接击溅土壤，消除降雨动能，防止溅蚀的形成。

②吸收降雨，减少到达地面的净雨量。林下地被物层因其具有特殊的疏松结构、较强的类似于海绵的吸水性和收缩弹性，可以吸收林内降雨，减小形成的地表径流流量。

③增加地表粗糙度，分散、滞缓和过滤地表径流。林下地被物层因其特殊的疏松结构，改变了林地表面粗糙度，当降雨量超过枯落物层截留能力和土壤渗透能力时才会产生地表径流，并且径流只能在枯落物层和土层内顺坡流动，由于地表径流反复受枯落物层和土粒阻拦，减少了径流泥沙含量，使径流分散，流速变缓，起到过滤泥沙、调节河川流量和削减洪峰的作用。

④形成地表保护层，维持土壤结构的稳定。林下地被物层对林地土壤可以起到保护作用，减轻雨滴对土壤结构的破坏，有利于保持土壤结构的稳定。

⑤增加土壤有机质，改良土壤结构。枯枝落叶通过腐烂分解，将有机物质和养分元素释出，进入生态系统的物质循环，可以增加土壤肥力，提高土壤缓冲性能，促进土壤结构形成，改善土壤物理性质，提高土壤蓄水能力。

林下地被物层的存在及分解转化是林地维持高入渗能力的重要原因，但是，在叶片质硬而宽大的阔叶林中，落叶在未分解前像岩板一样堆积地面，也会对入渗形成阻碍。

3.4.2　枯落物层持水能力指标

枯落物层的截持能力和水分蓄存能力，取决于枯落物的现存量及其最大持水能力。枯落物层吸收降雨的过程与林冠截留相似，可分为对林内降雨的截留过程和对地表径流的吸水过程。前者是通过对林内降雨的削弱而起到减小地表径流的作用；后者类似于枯落物在静水中的浸泡作用，是对地表径流的吸收过程，从而起到双重吸收作用。常见的枯枝落叶层持水能力指标有以下几种：

(1)最大持水率(量)

枯落物层的持水能力通常用最大持水率(%)或最大持水量(t/hm^2)来表示。通常，枯枝落叶的吸水能力是自身质量的 2~4 倍。田超等(2011)对冀北山地几种林分枯落物层最大持水量和最大持水率进行了测定，结果表明，不同林分最大持水量的变化范围为 24.33~63.57 t/hm^2，最大持水率的变化范围为 162.62%~257.80%(表 3-16)。同一林分的最大持水率与最大持水量呈现不同的变化规律，这是因为最大持水量还与枯落物本身的蓄积量有关，而蓄积量又与枯落物的分解状况、本身的厚度等因素有关。枯落物分解程度越高，半分解层枯落物量越大，枯落物层的持水能力就越高。一般而言，阔叶树枯落物层的持水能力高于针叶树。

表 3-16　不同林分枯落物层最大持水量(率)

林分类型	最大持水量(t/hm^2)			最大持水率(%)		
	未分解层	半分解层	总和	未分解层	半分解层	平均
山杨-黑桦-蒙古栎混交林	11.90	12.44	24.33	225.81	169.19	197.50
蒙古栎-黑桦混交林	8.19	24.39	32.58	172.25	208.18	190.22
华北落叶松-白桦-黑桦混交林	17.20	46.38	63.57	180.03	221.76	200.89
白桦-黑桦-华北落叶松混交林	18.88	19.31	38.18	221.09	216.60	218.84
白桦-黑桦混交林	13.02	13.05	26.07	272.25	243.35	257.80
白桦-华北落叶松混交林	11.99	28.64	40.63	156.24	168.99	162.62

(2)枯落物持水速率

枯落物吸水过程中，随着枯落物在水中浸泡时间的延长，其持水量逐渐增加。枯落物持水速率是衡量枯落物持水能力的一个重要指标，枯落物持水速率是指枯落物吸水过程中持水量与时间的比值。枯落物持水过程常采用室内浸泡法测定，具体方法为：将自然风干样品浸入水中，分别测定浸泡 0.5 h、1 h、2 h、4 h、6 h、12 h…时的质量变化；每次取出后枯落物湿重与其风干重的差值为枯落物浸水不同时间的持水量，该值与浸水时间的比值为枯落物的持水速率。

枯落物持水速率与枯落物的干燥程度和枯落物量有关。枯落物在刚开始浸水时，持水速率一般都很高，这是因为枯枝落叶从风干状态到浸入水中后，枯枝落叶的死细胞间或者枝叶表面水势较大，持水速率较高；之后随着时间延长，持水速率减慢，4~6 h 后下降速度逐渐减慢，24 h 时水的移动基本停止，表明枯落物已达饱和状态(图 3-21、图 3-22)。枯落物越干燥，其持水速率越快；枯落物量越

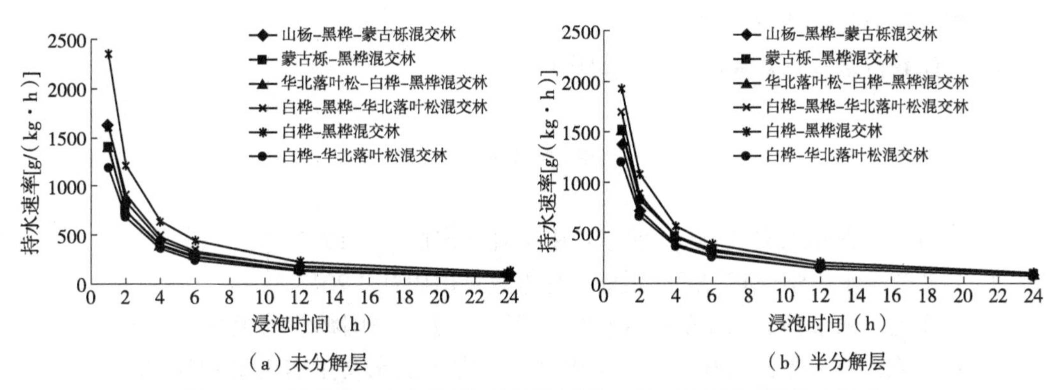

（a）未分解层　　（b）半分解层

图 3-21　枯落物未分解层和半分解层持水速率与浸泡时间的关系

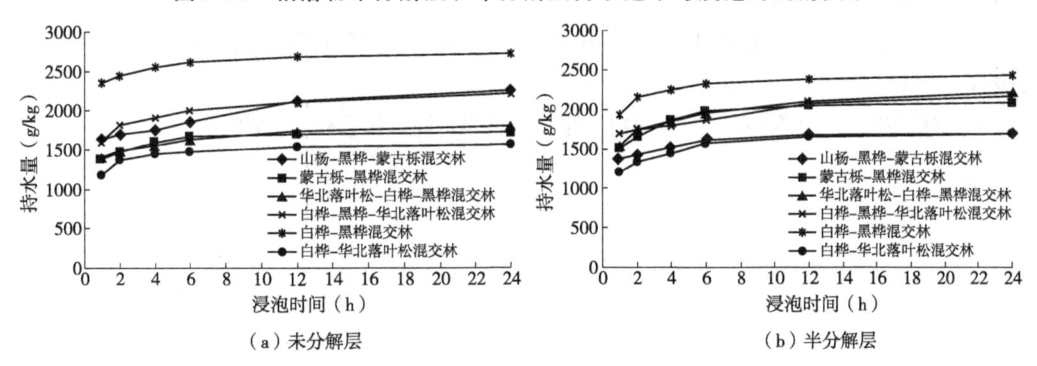

（a）未分解层　　（b）半分解层

图 3-22　枯落物未分解层和半分解层持水量与浸泡时间的关系

多，短时间内的持水量越大；而革质、含油脂树种的枯落物持水速率比非革质、油脂含量少的树种慢。

(3)有效拦截量

最大持水量并不能代表枯落物对降水的截留量，只能反映枯落物层的持水潜力。因此，用最大持水率来估算枯落物层对降水的拦蓄能力则偏高，不符合它对降水的实际拦蓄效果，有效拦截量才是反映枯落物对一次降水拦蓄能力相对真实的指标。有效拦截量计算公式如下：

$$W=(0.85R_m-R_0)M \tag{3-43}$$

式中　W——有效拦截量，t/hm²；

R_m——最大持水率，%；

R_0——平均自然含水率，%；

M——枯落物蓄积量，t/hm²。

枯落物实际吸收的降水，不仅与枯落物单位面积干重、种类、质地有关，而且与枯落物的干燥程度、紧实度、排列次序等密切相关，还与林内降水特性有关。

复习思考题

1. 试述影响降水的因素。
2. 林冠截留要经过哪些过程？其影响因素有哪些？它们是如何发挥作用的？

3. 简述林内降水动能分布规律。

4. 如何看待森林枯枝落叶层的截留作用？

推荐阅读

1. 马雪华．森林水文学[M]. 北京：中国林业出版社，1993.

2. 芮孝芳．水文学原理[M]. 北京：高等教育出版社，2013.

3. 王礼先，朱金兆．水土保持学[M].2 版. 北京：中国林业出版社，2005.

4. 刘世荣，温远光，王兵，等．中国森林生态系统水文生态功能规律[M]. 北京：中国林业出版社，1996.

5. 余新晓，史宇，王贺年，等．森林生态系统水文过程与功能[M]. 北京：科学出版社，2013.

6. 贺庆棠．中国森林气象学[M]. 北京：中国林业出版社，2000.

第4章
森林与土壤水

[**本章提要**]土壤水是研究环境、气象、水文、农业和气候变化的关键因子。许多水文现象的发生发展都与土壤水有关，如植物蒸腾发生在土壤-根系界面，土壤蒸发和地表径流发生在土壤-大气界面，土壤入渗和壤中流发生在土壤-土壤界面等。土壤水动态变化不仅影响林地径流产生、蒸散过程等水文循环过程，而且土壤水也是森林生态系统物质循环的载体，对土壤中养分和能量的分配格局起着重要的调节作用。森林土壤由于受到森林枯落物、树根，以及依存于森林植被下的特殊生物群的影响，具有独特的水文物理性质，这种水文物理性质又影响土壤水分的吸收、渗透和运动。因此，研究森林土壤水分状况对解析森林生态水文过程，以及评估以水为主要限制因子的区域植被承载力有重要价值。

4.1 土壤与土壤水的相关概念

4.1.1 土壤水

土壤水是指土壤中各种形态或能态的水的总称。它具有3种形态：液态水、固态水及气态水。土壤水在水文学中指地表土层中的水，广义的土层指整个包气带。土壤水的增长、消退动态变化同降水、蒸散发、地下水和地表径流有密切关系。

由于受到土壤固体物质对水分子吸附力和水分子间相互作用力的作用，部分土壤水被保持在土壤中，即有很少量的水分牢固地吸附在固体表面，形成一层非液体状的薄膜，但随着水分的增加，吸附力逐渐减小。如果水分继续增加，随着体积的增大，水表面的曲率减小，表面张力也随之减小，甚至只能与外层水分子的重力保持平衡。如果水分再增加，则一部分土壤水受重力的作用将较大土壤孔隙中的空气排出而自由地流动。

土壤水可按与土壤固体物质结合的强度来划分类型，即按结合强度的顺序可分为吸湿水、毛管水、重力水。有人还将比吸湿水结合力更强的部分划为结合水，将毛管水的一部分划为附着水。

土壤水与土壤固体物质结合的强度，可以用从土壤中把水分除去时所需要的力来表示。如果这个力很大，表明土壤的持水力很强。在一定条件下，从土壤中除去一定量的水分时单位面积上所需的力，一般可以用水柱的高度或气压来表示。在实际中，这个力的大小在0.001个标准大气压到10 000个标准大气压之间，为了简化起见，以单位水柱高(cm)的对数值表示，称为pF值(p指指数，F指自由能)，1个标准大气压约等于1000 cm水柱高度。pF值可以简便地表示土壤水的物理性质，表明土壤水在土壤中被保持的程度，反映了各种土壤的保水特性。

4.1.2 森林土壤水

森林土壤是指发育于木本植被下的各类土壤的总称。森林土壤遍布世界各个纬度地带，而以温带和寒温带针、阔叶林下发育的土壤(如暗棕壤、棕壤和灰化土)面积最大；热带、亚热带森林下发育的各类土壤(如红壤、黄壤、砖红壤等)的面积约为前者的1/4；除冻原、沼泽、草原和荒漠外，全世界约1/2的土壤属于森林土壤，但其上现仍覆盖着森林的土壤仅占全球陆地总面积的30%左右，约3800×10^4 km^2。我国森林土壤主要分布在东北和西南两个地区的山地。据第九次全国森林资源清查(2014—2018年)，全国森林面积约为2.2×10^8 hm^2，森林覆盖率约为22.96%。

森林土壤的形成与湿润的气候和大量的森林枯落物(林木的枯枝落叶)、根系脱落物关系密切。以我国为例，每年热带雨林的枯落物约为23.1 t/hm^2，热带次生林约为20.4 t/hm^2，亚热带次生林约为10.4 t/hm^2，温带阔叶红松林约为3.8~4.5 t/hm^2。森林植被根系的生物量也很可观，为25~50 t/hm^2，每年的根系脱落物数量巨大。这些物质一部分积累于土壤表面，经较为缓慢的分解而形成森林土壤所特有的死地被物层；另一部分在微生物的作用下形成各种酸性产物，对表层的土壤矿物进行溶解和分解，从而释放出许多盐基和金属元素并随水由表层向土壤下层移动，使土壤因表层出现明显的淋溶作用而趋于酸性。

森林土壤通常具备以下特征：①有一个死地被物层(又称枯落物层)，系由覆盖于土壤表面的未分解和半分解的枯落物所组成，厚度不等，通常为1~10 cm，按枯落物的分解程度又可分为粗有机质层和半分解的有机质层；②表层腐殖质含量明显地高于底层；③淋溶作用强烈，土壤中盐基离子淋溶殆尽，土壤盐基饱和度低；④呈酸性，淋溶作用越强烈，则酸性特征越明显。因森林土壤分布范围广，成土因素差异大，因而对某一类森林土壤来说，它除具备森林土壤的一般特征以外，还各具特色。

森林能够使林地的渗透性能得到维持和改善，从而使降水进入土壤的范围更加深广，转变成土壤水的量更多。同时，由于林冠的截留作用，又可能使转变为土壤水的量减少。这两种相反的作用，特别是在降雨或融雪及其以后的一段时间内，对土壤的水分状态都能产生良好的影响。另外，森林的蒸腾作用消耗土壤水，而林冠的覆盖又可抑制林地地面的蒸发，这两种相反的作用，特别是在晴天，对土壤水分状态也能产生良好的影响。

雨水开始下渗以后，重力水向下渗透，雨停后经过一段时间，则毛管水逐渐向上渗透，或根部开始吸水。从开始降雨到天晴的整个时间内，土壤水分的变化情况都与森林有密切关系。

4.1.3 土壤质地、结构及“三相”关系

4.1.3.1 土壤质地

土壤中含有大小不同的固体颗粒，一般用粒径描述固体颗粒的大小。土壤质地与

土壤中所含固体颗粒大小具有对应关系。质地粗糙的土壤其组成固体颗粒粒径较大，而质地细小的土壤其组成固体颗粒粒径较小。因此，要定量描述土壤质地必须根据粒径的大小来制定一个标准。目前，世界上通用的土壤粒级划分标准主要包括美国农业部公布的土壤固体颗粒分类标准(美国制)和国际土壤学会公布的土壤颗粒分类标准(国际制)。这两种标准都是先把土壤颗粒大小用命名的方式进行分类，将土壤固体颗粒分为黏粒、粉粒和砂粒(图 4-1)。此外，土壤粒级的划分标准还有中国制和卡钦斯基制。

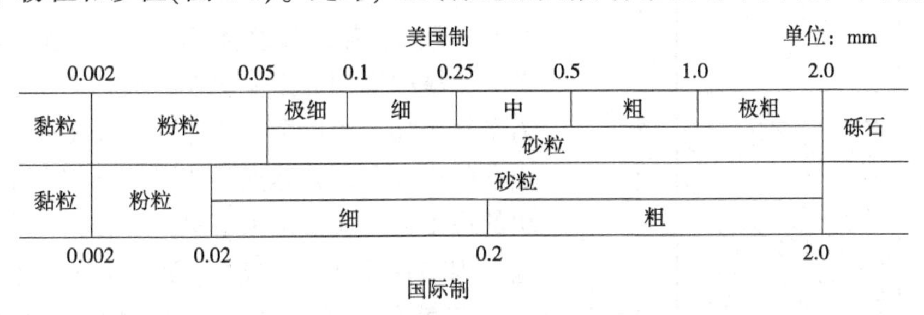

图 4-1 土壤的粒级划分标准

土壤质地是根据其所含黏粒、粉粒和砂粒的比例来命名的，不同类型的土壤，这 3 种颗粒所占的比例是不同。为了给土壤命名，科学家绘制了土壤质地三角形图(图 4-2)，该图采用三角形坐标，三个坐标分别表示黏粒、粉粒和砂粒的质量百分比。将三坐标构成三角形划分为 12 个区域，分别为黏土、黏壤土、粉土、粉黏土、粉质黏壤土、粉壤土、砂土、砂黏土、砂黏壤土、砂壤土、壤土、壤砂土等命名区域。

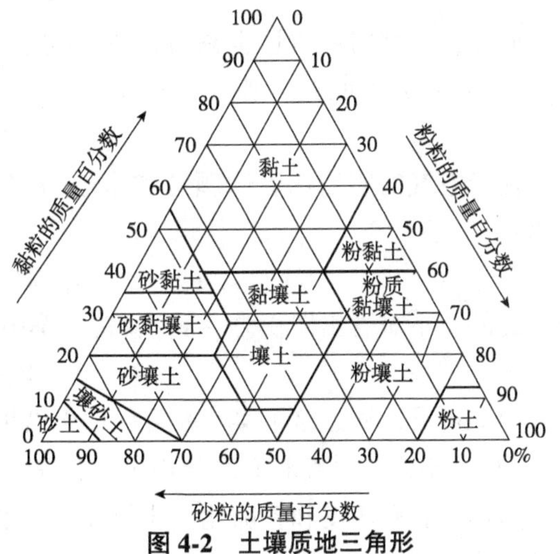

图 4-2 土壤质地三角形

土壤固体颗粒大小不但影响颗粒表面吸附、离子交换等化学性质，而且影响其物理性质。一般来说，随着土粒粒径减小，土粒吸湿量、最大吸湿量、持水量、毛细管持水量不断增加，而土壤通气性和透水性不断降低。土壤力学性质如黏结力、吸附力、收缩、膨胀等也随土壤颗粒粒径的变化而变化。

4.1.3.2 土壤结构

土壤结构是指土壤中固体颗粒的排列方式、排列方向、土壤团聚状态、土壤孔隙大小及几何形状等，因此土壤结构定义为土壤固体颗粒相互排列形式及其所产生的综合性质。

研究土壤结构时，土壤固体颗粒不仅指砂粒、粉粒和黏粒，同时也包括由较小颗粒团聚成的团聚体或结构组成。因此，土壤结构体现一定的性质，如土壤结构的孔性、水稳性、力稳性、生物稳定性等，这些性质取决于土壤黏粒的矿物结构、土壤结构形成时土粒的排列方式及土粒之间的结合状况等。

土壤固体颗粒的大小、形状及排列方式对土壤孔隙的大小和形状有重要影响，而土壤孔隙的大小和形状是影响土壤水存在和运动的重要因素。

4.1.3.3 土壤的“三相”关系

“相”是指物质的存在形态。物质的液态称为液相，固态称为固相，气态称为气相。因此，所谓“三相”关系就是指存在于土壤里的固相、液相、气相之间的比例关系。

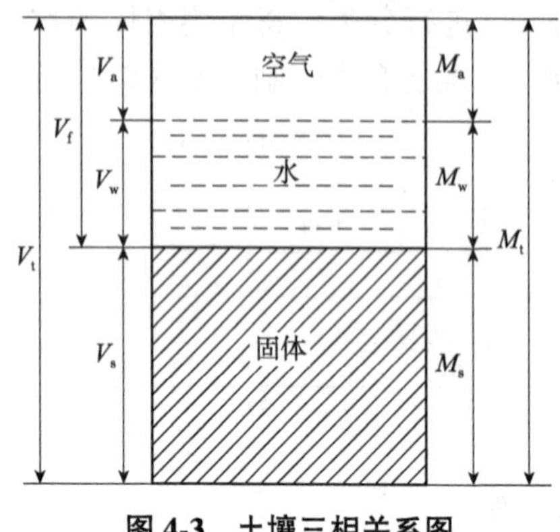

图 4-3 土壤三相关系图

为了探讨土壤的“三相”关系，先做一个简单的实验：取一块单位面积的土壤块，如图 4-3 所示，用 V_t 表示其总体积，用 M_t 表示其总质量。土壤中固相为固体颗粒，液相为水分，气相为空气。如果对这个土块加压，并压缩至内部一点孔隙也没有，必然把固体颗粒全部压至这个土块的最下面，其上是土壤里的水分，而土壤中的空气则在这个土块的最上面。这样，土壤中的“三相”就分离了，也就是将土壤的总体积分成三部分，其中固体颗粒的体积为 V_s，水的体积为 V_w，空气的体积为 V_a，则：

$$V_t = V_s + V_w + V_a \tag{4-1}$$

同样，土壤的总质量也被分成 3 部分，其中固体颗粒的质量为 M_s，水的质量为 M_w，空气的质量为 M_a，则：

$$M_t = M_s + M_w + M_a \tag{4-2}$$

由于空气的质量比固体颗粒和水小很多，故一般可忽略不计，这样式(4-2)就简化为：

$$M_t = M_s + M_w \tag{4-3}$$

此外，不难看出体积($V_w + V_a$)就是土壤中孔隙的体积，用 V_f表示，即：

$$V_f = V_w + V_a \tag{4-4}$$

由此可见，通过这个实验就可以把土壤里的各种“相”的体积和质量分别计算出来。

(1)表示土壤中气相和液相比例的物理量

常用的有孔隙度和孔隙比。土壤中孔隙体积对土壤总体积的比值称为孔隙度，又称孔隙率，用 f 表示：

$$f = \frac{V_f}{V_t} \tag{4-5}$$

孔隙比则是指土壤中孔隙体积与固体颗粒体积的比值，用 e 表示：

$$e = \frac{V_f}{V_s} \tag{4-6}$$

由于 $V_s = V_t - V_f$，所以孔隙比又可表示为：

$$e = \frac{V_f}{V_t - V_f} \tag{4-7}$$

可以推导出孔隙度与孔隙比之间的关系为：

$$e = \frac{f}{1-f} \tag{4-8}$$

(2)表示土壤中固相比例的物理量

常用的有固相密度和干容重。固体的质量与其体积的比值称为固体密度，用 ρ_s 表示：

$$\rho_s = \frac{M_s}{V_s} \tag{4-9}$$

土壤固体颗粒质量与土壤总体积的比值称为干容重，用 ρ_b 表示：

$$\rho_b = \frac{M_s}{V_t} \tag{4-10}$$

结合式(4-1)和式(4-4)，式(4-10)也可写成：

$$\rho_s = \frac{M_s}{V_s} = \frac{M_s}{V_s + V_a + V_w} = \frac{M_s}{V_s + V_f} \tag{4-11}$$

ρ_s 和 ρ_b 之间的关系为：

$$f = 1 - \frac{\rho_b}{\rho_s} \tag{4-12}$$

(3)表示土壤液相比例的物理量

在自然条件下，土壤中的液相主要是水。表示土壤中水比例的物理量包括质量含水率、容积含水率和饱和度。土壤中水的质量与固体的质量的比值称为质量含水率，用 ω 表示：

$$\omega = \frac{M_w}{M_s} \tag{4-13}$$

土壤中水的体积与总体积的比值称为容积含水率，用 θ 表示：

$$\theta = \frac{V_w}{V_s} \tag{4-14}$$

结合式(4-1)和式(4-4)，式(4-14)也可写成：

$$\theta = \frac{V_w}{V_s + V_f} \tag{4-15}$$

土壤中水的体积与孔隙体积的比值称为饱和度，用 θ_s 表示：

$$\theta_s = \frac{V_w}{V_f} \tag{4-16}$$

结合式(4-4)，式(4-16)也可写成：

$$\theta_s = \frac{V_w}{V_a + V_w} \tag{4-17}$$

质量含水率、容积含水率和饱和度之间的关系为：

$$\theta = \frac{\omega \rho_b}{\rho_w} \tag{4-18}$$

$$\theta_s = \frac{\theta}{f} \tag{4-19}$$

式中 ρ_w——水的密度。

(4)表示土壤中气相比例的物理量

一般用充气孔隙度来表示土壤中气相的比例。土壤中空气的体积与总体积的比值称为充气孔隙度，用 f_a 表示。

$$f_a=\frac{V_a}{V_t} \tag{4-20}$$

结合式(4-1)和式(4-4)，式(4-20)也可写成：

$$f_a=\frac{V_a}{V_s+V_a+V_w} \tag{4-21}$$

充气孔隙度与土壤的孔隙率存在一定关系。事实上，土壤孔隙一般包含了空气和水两种物质，因此，通过简单推导可得：

$$f_a=f-\theta=f(1-\theta_s) \tag{4-22}$$

4.2　土壤水分含量的测定方法

在林地现场测定土壤水分含量，根据不同的目的可以采用多种不同方法。由于在测定作业上困难较多，因而用于土壤水分测定的仪器除了要求测值精确外，最好携带轻便、操作容易、坚固耐用，但实际上这样的条件目前还不能完全满足，并且在现场要对吸湿水、毛管水、重力水分别进行测定，就现有仪器来说还不可能做到。因此，各种方法都不是万能的，各具优缺点，应根据调查的目的进行选择。

(1)干燥重量法

采取土壤样品，在 105～110 ℃条件下烘干至恒重，用减少的重量求得土壤水分，这是最基本的绝对量测法。该方法较为简便，适用于试样数量不多的情况；该方法最大的缺点是不能连续测定土壤水分的时间变化，如果试样的数量较多，则需要大量劳力和时间，该法在测定上存在一定的困难。

(2)热传导测定法

土壤导热率随着土壤水分的增加而升高，因此，一旦在土壤中埋入发热体，并给予一定的热能，则发热体的温度上升，而发热体温度的升高与周围土壤的比热(即含水量)成反比；在埋入土壤中的地下温度计的球部绕以发热丝，并通以一定的电流，使其散发一定的热量，同时记录温度上升到某值所需的时间，用这些测值即可求得土壤水分量；时间越短，土壤水分量越少。

从理论上讲，这种方法与水分中的化学成分几乎无关，也可以进行相隔数分钟的连续自动记录测定，不会发生后述中子减速测定法可能出现的问题，测定范围较广，适合用于土壤水分变化的观测。但由于土壤固体物质的性质或土壤结构的不同，热传导也可能不同，因此需要预先对土壤种类进行鉴定，如要获取水分的绝对量，还必须对每种土壤的水分含量与水分计指示值的关系进行校准，在埋设地点抽取土壤试料，用干燥重量法测定其水分含量，通过曲线图法分析其水分含量与指示值的关系。在测定中还要特别注意发热丝以及测温物体与土体的接触，如土体发热量过多，发热丝周围的水分可能发生变化。

(3)导电测定法

在土壤中埋设吸湿体，在吸湿体中埋有电极，当吸湿体吸收的水分与土壤水分平衡时，测定电极间的电阻变化，即可得知土壤水分含量。吸湿体可采用石膏砖、尼龙，或在玻璃纤维、尼龙纤维外面覆被石膏等材料，这些材料对水分所含盐类的反应和耐腐性各具特点，测定范围也有一定的差异。以上材料尤以尼龙石膏组合材料应用最广。

由于电阻值的变化受吸湿体的影响，因此应当同时埋入热敏电阻，并测定其温度以进行校准；还可以在多处埋设、多点同时测定，连续测定，也可以长期自动记录。由于水分与电阻的关系随土质而异，因此必须对每种土质事先进行校准。在两者的关系上，水分含量低时电阻的变化大，呈直线变化；而水分含量高时电阻变化小，呈曲线变化。

(4)电容率测定法

土壤固体的电容率与水的电容率存在显著差异，而且土壤试料的总电容率随水分含量的不同而有很大变化。电容率测定法便是利用这个特性，将电容率的变化通过电流值表示出来，以测定土壤水分含量。测定时，将由两个电极组成的感体埋设在多处，进行多点测定，并且在一定程度上可以远距离自动记录。就电流值与含水量的关系来说，还需要事先校准，在野外土壤水分的变化范围内，两者的关系呈直线相关，对温度或水的化学性质的反应也是稳定的。校准可以采取干燥重量法对测定地点附近的土壤试料进行测定。

(5)中子减速测定法

从某个辐射源辐射出的快速中子，一旦碰撞原子核，即可能发生散射或被吸收，逐渐失去能量而减速。碰撞原子核的质量越小，减速的幅度越大，特别是碰撞氢原子核，中子的减速最大。在土层中埋置辐射源，每隔一定距离安置只能感应慢速热中子的探测器，由于土壤水分含量的差异，探测器上可以反映所捕获热中子数量的变化。如果事先对各种土壤的水分含量与中子数量的关系进行校准，即可根据探测器所检出的中子数求得土壤水分含量。

辐射源可以采用镭226-铍、镅241-铍等中子源，近年来还采用微量的纯锎252，造成辐射损伤的危险性很小。探测器的类型有插入型和表面型。插入型是将辐射源和探测器集合成探头，在土壤中埋置引入管，再把探头插进引入管进行测定，因此只要能够将引入管埋置到土壤深层，就能对深层的土壤水分进行测定。所测土壤体积中的水分越少，辐射源的作用范围越大，作用范围一般为30 cm半径的球体范围。用表面型探测器测定，必须使地表平坦，探测器的底面要与地表密切接触，可以测定从地表到20~30 cm深的土壤平均水分含量。

中子减速测定法可以对一定土层进行连续或反复测定，也可自动记录，操作简便，且不受土壤种类、组成、结构等因素的影响。尽管已证明氢的减速能力极强，但在有些土层中锰、铁、氯(特别是海水浸透过的土层)等元素的含量较高，这些元素的吸收能力也较强，此外，土壤有机质也含有大量的氢，这些元素的相互干扰，是造成误差的主要原因，所以需要进行校正。引入管的种类和磨损的程度对测定也存在影响，因此，在使用中应及时更换或在长期使用中重新进行必要的校准。

4.3　土壤水分运动基本理论

4.3.1　土壤水的存在形态

4.3.1.1　土壤水的作用力

存在于土壤中的纯水受到的作用力主要有 3 种：分子引力(简称分子力)、毛管作用力(简称毛管力)和地球引力(即重力)。

(1)分子力

分子力是指土壤颗粒表面分子对水分子的吸引力。根据万有引力定律，分子力的表达式为：

$$F=G\frac{m_1m_2}{r^2} \tag{4-23}$$

式中　F——分子力；

G——万有引力常数；

m_1——土壤颗粒分子质量；

m_2——水分子质量；

r——土壤颗粒分子与水分子之间的距离。

(2)毛管力

引起水在毛管中上升的力称为毛管力。分布在土壤中的许多细小孔隙会构成纵横交错的毛细管，毛细管现象发生后这些毛细管里就会保持一些水分。毛管水上升高度可按下式计算：

$$H=\frac{2\sigma}{\rho_w gr}\cos\phi \tag{4-24}$$

式中　H——毛细管上升高度；

σ——水的表面张力系数；

ρ_w——水的密度；

g——重力加速度；

r——毛细管半径；

ϕ——浸润角。

(3)重力

地球上任何物体都要受到地球引力的作用，土壤水也不例外。将水的密度乘以重力加速度就是单位体积土壤水受到的重力。

4.3.1.2　土壤水的分类

存在于土壤中的液态水分为吸湿水、薄膜水、毛管水、重力水等四类。

(1)吸湿水

单位体积土壤的土壤颗粒表面积很大，因而具有很强的吸附力，能将周围环境中的水汽分子吸附于自身表面。这种束缚在土粒表面的水分称为吸湿水。当土粒周围的水汽饱和时，土壤吸湿水量最大，此时相应的含水率称为最大吸湿量或吸湿系数。土壤颗粒表面吸湿水厚度只有几微米，风干土壤要在 100~110 ℃下经过 8~10 h 烘干才能除去。由于土壤颗粒对吸湿水的吸附力非常大，可达 10^4个标准大气压以上，所以，吸湿水具有一些固体的特性，植物几乎不能吸收。

(2)薄膜水

当吸湿水达最大数量后，土粒已无足够力量吸附空气中活动力较强的水汽分子，只能吸持周围环境中的液态水分子，由这种吸着力吸持的水分使吸湿水外面的水膜逐渐加厚，形成连续的水膜，故称为薄膜水，又称膜状水。薄膜水有一定的流动性。薄膜水达到最大值时的土壤含水率称为最大分子持水量。

(3)毛管水

土壤颗粒间细小的孔隙可视为毛管。毛管中水气界面为一弯月面，弯月面下的液态水因表面张力作用而承受吸持力，该力又称毛管力。由毛管力的作用而保持在土壤毛细管中的水分称为毛管水。毛管水可分为毛管上升水和毛管悬着水。在自然条件下，地下水在毛管力的作用下将沿土壤中的细小孔隙上升，由此而保持在毛管孔隙中的水分称为毛管上升水。当地下水位埋藏很深时，毛管上升水无法到达表层土壤，此时降水或灌溉后由毛管力保持在上层土壤细小孔隙中的水分称为毛管悬着水。毛管悬着水量达最大值时的土壤含水率称为田间持水量。土壤中的毛管水都处在不断的变动之中，毛管上升水随着地下水面的升降而变动，毛管悬着水随着降水的变化而变化。

(4)重力水

重力水是指在重力作用下土壤中能够自由运动的水。毛管力随着毛管直径的增大而减小，当土壤孔隙直径足够大时，毛管作用便十分微弱。习惯上将土壤中这种较大直径的孔隙称为非毛管孔隙。若土壤的含水量超过了土壤的田间持水量，多余的水分不能为毛管力所吸持，在重力作用下将沿非毛管孔隙下渗，这部分土壤水称为重力水。当土壤中的孔隙全部为水所充满时，土壤的含水率称为饱和含水率或全蓄水量。

4.3.2　土壤水分常数及土壤有效含水范围

(1)吸湿系数

吸湿系数又称最大吸湿水量，指干土从相对湿度接近饱和的空气中吸收水汽的最大量，即吸湿水的最大量与烘干土质量的百分比。吸湿系数的大小主要与土壤比表面积及有机质含量有关，黏土以及富含有机质的土壤吸湿系数大。土壤含水量等于吸湿系数时，其水吸力为 31×10^5 Pa。

(2)凋萎系数

凋萎系数是指导致植物产生永久凋萎时的土壤含水量。它用来表明植物可利用土壤水的下限，土壤含水量低于此值，植物将枯萎死亡。农业上常用向日葵作为直接测定土壤凋萎系数的植物。就大多数农作物来讲，土壤含水量等于凋萎系数时，其水吸力约为 1.5×10^5 Pa，这是因为大多数农作物叶片的渗透压在 $1.5\times10^5\sim2.0\times10^5$ Pa。就土壤水的形态而言，大致相当于全部吸湿水以及部分薄膜水。需要特别指出的是，在林业上，大多数树木在此水吸力下仍能够正常生长。一些树种的渗透压多为 $2.5\times10^5\sim3\times10^5$ Pa，有的甚至更高。此外，针叶树的针叶在土壤供水不足时没有表现明显的凋萎症状，当有外观症状(如针叶干黄而枯萎时)出现时可能早已死亡；有些阔叶树(如刺槐)遇到干旱胁迫时叶子凋萎脱落，而当在水分条件好时重新出芽生长。目前，各种林木的凋萎系数还处在初步研究阶段，各种林木在成林后的凋萎系数由于研究困难还没有进行研究。

(3)田间持水量

田间持水量是指降水或灌溉后，多余的重力水已经排出，渗透水流已降至很低或基本停止时土壤所吸持的水量，也是以质量百分比表示，所吸持的水量相当于吸湿水、薄膜水和悬着水的全部。此时的土壤含水量约为吸湿系数的2.5倍，水吸力为$0.1\times10^5\sim0.2\times10^5$ Pa。田间持水量与土壤孔隙状况及有机质含量有关，黏质土壤、结构良好或富含有机质的土壤，田间持水量大。田间持水量是大多数植物可利用的土壤水上限，大多数土壤只在降水后达到田间持水量。以相当于用1000倍的重力加速度离心力排去饱和土壤中多余的水后土壤所吸持的水量称为持水当量。其数值近似于田间持水量，水吸力约为0.33×10^5 Pa。

(4)全容水量

全容水量是指土壤完全为水所饱和时的含水量，也可以质量百分比表示。土壤水分达到全容水量时，土壤水包括吸湿水、膜状水、毛管水和重力水，基本上充满土壤孔隙。在自然条件下，土壤只是在降水或灌溉水量较大的情况下才能达到全容水量，或当土壤被水淹没时才发生，除此以外，仅见于地下水层。重力水原则上可以被植物吸收，但是在土壤达到全容水量时妨碍通气，因此对一般植物扎根和生长不利，只有在水淹条件下能生长的植物，如落羽杉、池杉、红树林等例外。若地下水流动快，含氧量高，有些树木也能正常生长。

(5)土壤有效含水范围

土壤有效含水范围是指土壤所含植物可以利用水的范围，它是说明土壤水分物理特性的一个常数，可用式(4-25)表示：

$$A=F-W \tag{4-25}$$

式中 A——土壤有效含水范围；

F——田间持水量；

W——凋萎系数。

土壤有效含水范围与土壤质地、土壤结构、土壤有机质含量和土壤层位有关。壤土的有效含水范围大，而黏土和砂土的有效含水范围则较小(表4-1)。具有团粒结构的土壤，由于田间持水量增大，从而扩大土壤的有效含水范围。有机质在一定程度上通过改善土壤结构和增大渗透性的作用，使土壤有效含水范围扩大。

表4-1 土壤质地对有效含水范围的影响(含水率) 单位:%

质 地	田间持水量	凋萎系数	有效含水范围
松砂土	4.5	1.8	2.7
砂壤土	12.0	6.6	5.4
中壤土	20.7	7.8	12.9
重壤土	22.0	11.5	10.5
轻黏土	23.8	17.4	6.4

4.3.3　土壤能量状态与水势

由于土壤水运动的速度很慢，所以土壤水的动能很小，常常可以忽略，因此，驱动土壤水运动的能量主要是势能。土壤水所具有的势能称为土水势。势是标量，总势即为各分势的代数和。对于土壤中的纯水，土水势的分势主要有重力势、压力势和基质势。

(1) 重力势

重力势是指将一定质量的土壤水举至一定高度克服重力所作的功。将质量为 m 的土壤水举到离基准面 Z 的高度产生的重力势 E_g 为：

$$E_g = mgZ \tag{4-26}$$

或

$$E_g = \rho_w VgZ \tag{4-27}$$

式中　V——土壤水体积；

ρ_w——水的密度；

g——重力加速度。

水的密度 ρ_w 一般视为常数，g 也视为常数，因此，单位体积土壤水的重力势与位置高度 Z 成正比，即：

$$\Psi_g = \frac{E_g}{V} = \rho_w gZ \tag{4-28}$$

(2) 压力势

压力势是指土壤水受到水压力作用引起其体积变化所作的功。压力势属于内部条件改变所产生的势能。

$$E_p = p\Delta V \tag{4-29}$$

式中　p——水压力；

ΔV——水体积的改变量。

水压力有静水压力和动水压力之分。水深为 h 的某点受到的静水压力可用该点的水深 h 表示，静水压力势 E_p 为：

$$E_p = \rho\Delta V = g\rho_w h\Delta V \tag{4-30}$$

而单位体积改变所引起的静水压力势为：

$$\Psi_p = \frac{E_p}{\Delta V} = \rho_w gh \tag{4-31}$$

这就是说，单位水体积的改变所产生的静水压力势与水深 h 成正比。动水压力势也可以表示成水深，但这个水深是测压管测得的水头。压力势是否存在与土壤含水量有关。只有饱和土壤才存在压力势，对于非饱和土壤，压力势是不存在的。

(3) 基质势

土壤水分在分子力和毛管力的作用下被吸附在土壤固体颗粒周围或被吸持在土壤毛管孔隙中，如果要使其脱离土壤颗粒和毛管孔隙则必须作功，这个“功”就称为基质势。由于分子力计算比较复杂，一般以毛管力为例来解释基质势的定量计算及特点。

由式(4-24)可知，毛管力可用毛管水上升高度 H 来表达。毛管水上升高度越大，毛管力就越大。因此有：

$$p_{m}=-H\rho_{w}g \tag{4-32}$$

式中　p_{m}——毛管力；

H——毛管水上升高度；

ρ_{w}——水的密度；

g——重力加速度。

毛管力也是通过改变土壤水内部体积而产生势的，所以毛管力势应为：

$$E_{m}=-Hg\rho_{w}\Delta V \tag{4-33}$$

而单位体积改变产生的毛管力势为：

$$\Psi_{m}=\frac{E_{m}}{\Delta V}=\rho_{w}gH \tag{4-34}$$

可见，毛管力势与毛管水上升高度 H 的负值成正比。对于分子力，由于它与毛管力具有类似的特点，所以分子力引起的势也是负值。使用负压计可以将分子力和毛管力共同产生的势量测出来，但不能将它们分别出来，因此，将负压计测得的土水势称为分子力势是不合适的，称为毛管力势也不合适，只得另行命名为"基质势"。

基质势与土壤含水量有关，对于饱和土壤，基质势为零，其余情况，基质势均存在。

(4) 土壤总水势

土壤总水势就是重力势、压力势、基质势、溶质势等分势的代数和。由于压力势和基质势均与土壤含水量有关，所以土壤总水势的组成与土壤含水量有关。

对于饱和土壤，由于基质势等于零，因此土壤总水势等于重力势与压力势之和，即：

$$\Psi=\Psi_{g}+\Psi_{p} \tag{4-35}$$

对于非饱和土壤，基质势存在。因非饱和土壤中不可能形成自由水面，所以压力势不存在。故总势只由基质势和重力势组成，即：

$$\Psi=\Psi_{g}+\Psi_{m} \tag{4-36}$$

(5) 森林土壤水势动态变化

森林植被土壤水势与土壤水分的变化趋势有较为密切的关系，而土壤水分含量不仅与气象要素有关，与根系分布及其对土壤水分的利用关系也为密切。森林土壤表层土壤水势的变化最为活跃，深层土壤水势变化趋于平缓，但是在植被主要的根系分布层土壤水势变化仍比较活跃。月份间，一般雨季期间由于频繁的水分输入和植被消耗等输出，土壤水势变化剧烈，旱季或植被生长耗水等减缓甚至停止的月份土壤水势减小且变幅减小，但随着水分向深层渗透分布，深层土壤水分增加，雨季末或降水量大的时段，深层土壤水势开始出现明显的波动。

贾剑波等(2016)在华北土石山区对常见的几种林分土壤水势研究表明，从长期土壤水势变化来看，表层土壤水势变化较为剧烈，深层土壤水势变化不大，趋于平缓。同时发现，对于不同林分而言，土壤水势最大的深度存在差异，对草地而言，100 cm 以上的土层土壤水势变化较为剧烈，栓皮栎各个土层的水势变化都较为活跃，但对不同深度而言存在一定的水势梯度。60 cm 左右的土层是水势值最大的区域，主要是由于这一层土壤含水量低，土壤较干，是根际区的主要分布深度；油松 80 cm 左右的土层是水势值最大的区域，这与土壤含水量的测定趋势是一致的，再次证明针叶林土壤亏缺现象的存在以及亏缺深度。

图 4-4 是侧柏林内各层土壤水势动态月变化。侧柏林各层土壤水势在 4 月底已经降至最小值，5 月间各层土壤水分有微弱波动但是总体变化不大。而随着雨季的来临，6~9 月频繁的降水输入，表层(0~40 cm)波动剧烈，而 60 cm 以下的土层在 7 月 14~16 日连续降雨量为 51.2 mm 时，才具有明显的响应，但是各层土壤水分在雨季内变幅较大，由于植物生长旺盛的季节，蒸散发强烈，土壤水分消耗明显，因此，各层土壤水分下降剧烈，而在雨季后期，降雨量减小，但是平均温度仍然较高，生长季末期植物的水分消耗一直要持续到 11 月中旬，同时此时空气干燥，相对湿度小，由此导致，各层土壤水分的逐渐消耗，并于 11 月中旬降低至最小值。

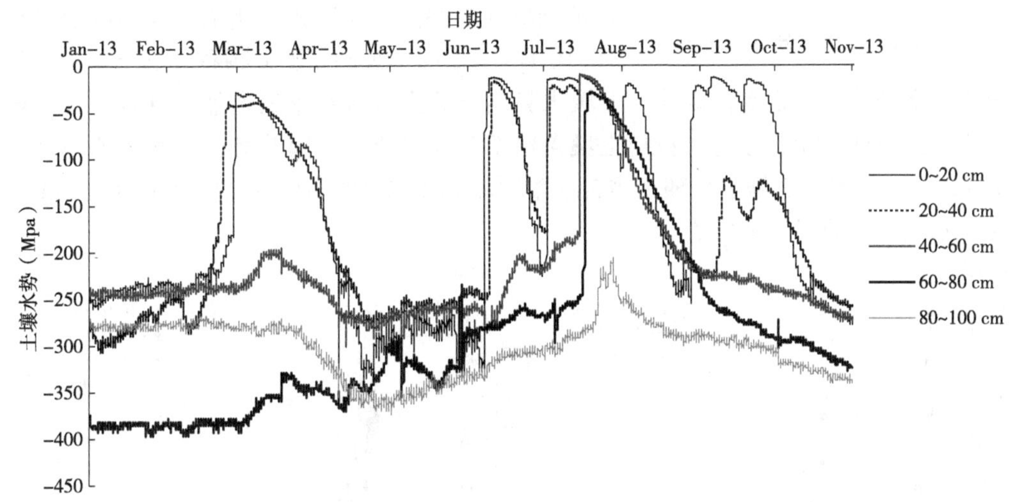

图 4-4　2013 年年内侧柏林内各层土壤水势动态变化

(邓文平，2015)

4.3.4　土壤水分特征曲线

土壤水吸力随土壤含水量的变化而变化，其关系曲线称为土壤水分特征曲线或土壤持水曲线，而吸力是基质势的负值。该曲线反映了土壤水分能量和数量之间的关系，是研究土壤水分运动和保持的基本曲线，在生产实践中具有重要意义。

如果土壤是干燥的，那么土壤固体颗粒对水分子的引力极大，毛管水的上升高度也最大。随着土壤含水量的增加，土壤颗粒对外围水分子的引力逐渐减小，毛管力也随之减小。当土壤干燥时，吸力最大；当土壤达到饱和含水量时，吸力等于零。

土壤水分对植物的有效程度最终取决于土壤水势而不是自身的含水量。如果测得土壤含水量，可根据土壤水分特征曲线查得基质势值，从而可判断该土壤含水量对植物的有效程度。

可以用两种方法得到土壤水分特征曲线：一是从干燥土壤开始，然后不断加水，增大土壤含水量直至饱和含水量，测得不同土壤含水量时的吸力，这样就可以得出一条吸水过程的土壤水特征曲线；二是从饱和含水量开始，然后使土壤水分不断蒸发，直至干燥，测得不同土壤含水量时的吸力，这样就可以得出一条脱水过程的土壤水分特征曲线。由图 4-5 可见，吸水过程得到的土壤水分特性曲线与脱水过程得到的土壤水

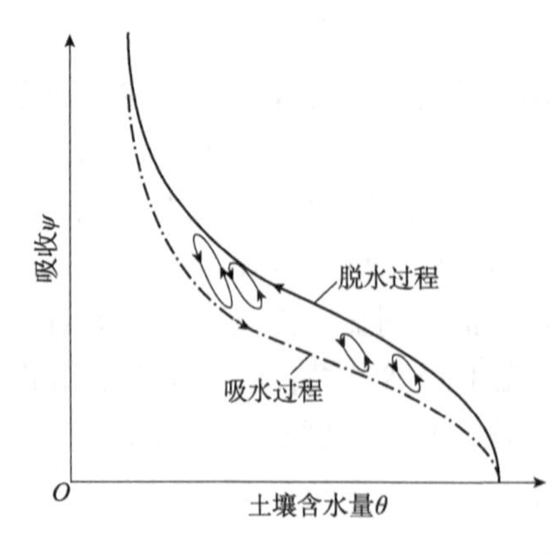

图 4-5 土壤水分特征曲线

分特征曲线并不重合，土壤水分特征曲线为“绳套”的现象称为土壤水分滞后现象。

由于土壤水分滞后现象的存在，在恒温条件下，同一种土壤的水分特征曲线不是单一的曲线，或者说吸力与土壤含水量的关系不是单值函数，即土壤在吸湿过程和脱湿过程所测得的水分特征曲线是不同的。一般情况下应用脱湿曲线进行表征。

余新晓等(2013)利用土壤离心机的方法，测得华北土石山区北京西山4种林分不同土壤深度的土壤水分特征曲线反映的就是土壤的脱湿过程(图4-6)。图4-6反映了不同树种不同土壤深度的林分土壤水分特征曲线变化规律。土壤水势均随着土壤含水率的增加而降低，在土壤水势降低到100(-kPa)之前水势随土壤含水率升高呈急剧下降趋势，当水势值降低到100(-kPa)以下时，土壤水势随土壤含水率增加的变化幅度明显减缓，可见100(-kPa)为土壤水分特征曲线的临界值。

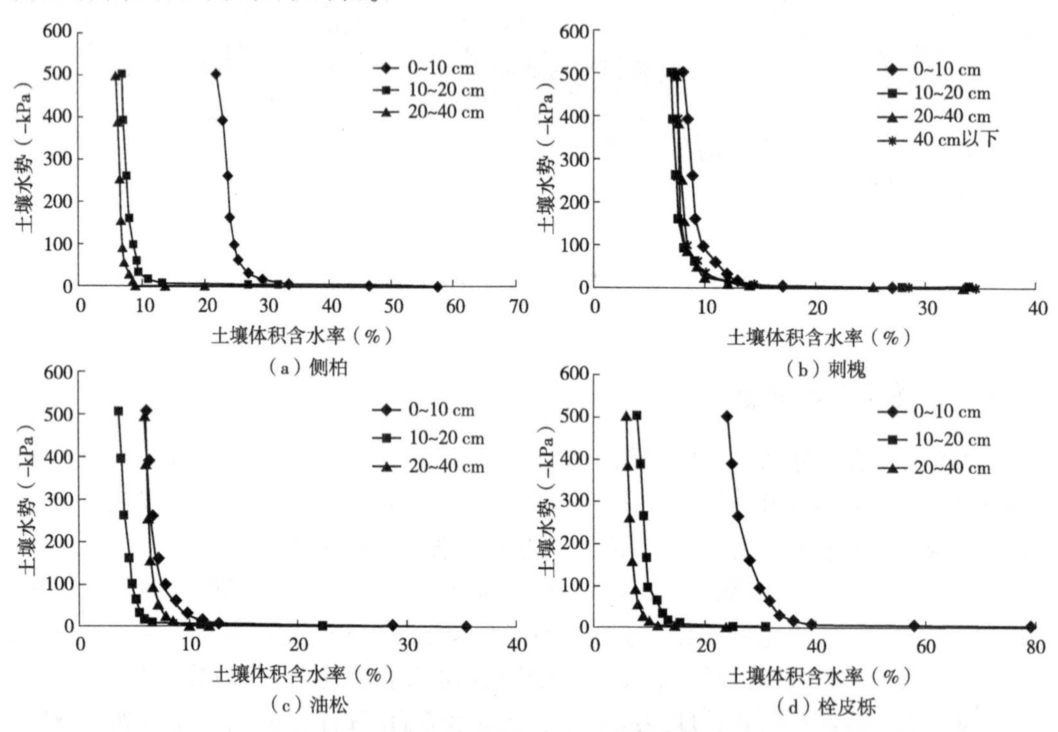

图 4-6 不同林分土壤各层次土壤水分特征曲线

常用的拟合土壤水分特征曲线的方程有 Garder 和 Visser 提出的幂函数方程、van Genuchten 提出的拟合方程等。用幂函数方程来拟合不同树种林分各土壤深度的土壤水分特征曲线，方程形式为：

$$\psi = aS^b \tag{4-37}$$

式中 ψ——土壤水势，-kPa；

S——土壤体积含水率,%；

a、b——模型参数。

用实测值对模型进行参数估计，得到的 a、b 参数估计值和复相关指数值 R^2 值见表4-2。从表4-2中可见，各层次的土壤水分特征曲线拟合度较高，复相关指数 R^2 值都在0.85以上，参数 a 值范围为 $3.19\times10^6 \sim 1.66\times10^{15}$，参数 b 值范围为 $-12.36\sim-5.12$。

表 4-2　不同树种林分各层次土壤水分特征方程

样地类型	土壤深度(cm)	a	b	R^2
侧　柏	0~10	1.66×10^{15}	-9.39	0.923
	10~20	1.86×10^{7}	-5.54	0.880
	20~40	5.48×10^{8}	-7.91	0.961
刺　槐	0~10	9.78×10^{7}	-5.93	0.899
	10~20	9.44×10^{6}	-5.23	0.883
	20~40	4.88×10^{7}	-5.86	0.921
	40以下	1.25×10^{7}	-5.30	0.880
油　松	0~10	9.50×10^{6}	-5.12	0.873
	10~20	3.19×10^{6}	-5.85	0.965
	20~40	1.32×10^{13}	-12.36	0.929
栓皮栎	0~10	4.77×10^{13}	-7.96	0.946
	10~20	2.52×10^{9}	-7.15	0.912
	20~40	1.64×10^{9}	-7.90	0.977

注：引自余新晓等，2013。

4.3.5　土壤导水率

土壤导水率是衡量土壤传输水分能力的指标，其值主要取决于土壤的性质，如土壤孔隙度、孔隙大小及分布、孔隙的连续性等，同时还与土壤含水率有关。

目前，有许多经验公式可用以描述土壤导水率与土壤含水率之间的关系，如：

$$K(\theta)=K_s\left(\frac{\theta}{\theta_s}\right)^n \tag{4-38}$$

式中　$K(\theta)$——饱和导水率，cm/h；

θ——土壤含水率，cm^3/cm^3；

θ_s——饱和土壤导水率，cm^3/cm^3；

n——无量纲参数，$n\geq1$。

可见，$K(\theta)$随土壤含水率的增大而增大，饱和导水率 θ_s 为最大值。

在土壤中存在3种类型的水分运动，分别为饱和水流、非饱和水流和水汽移动。前两者指土壤中的液态水流动，后者指土壤中气态水的运动。

土壤液态水的流动是由相邻土层中土壤水势的梯度变化引发的。流动方向是从水势较高的土层到水势较低的土层。土壤液态水的运动有两种类型：一种是饱和土壤中的水流，简称饱和流，即土壤孔隙全部充满水时的水流，这主要是重力水的运动；另一种是非饱和土壤中的水流，简称非饱和流或不饱和流，即土壤中只有部分孔隙中有水流，这主要是毛管水和薄膜水的运动。

(1)饱和土壤中的水流

在土壤中，有些情况下会出现饱和流，如持续大量降雨和农田淹灌时会出现垂直向下的饱和流，地下泉水涌出属于垂直向上的饱和流，平原水库库底周围则可以出现水平方向的饱和流。以上各种饱和流并非完全单向流，大多数为多向的复合流。

饱和流的推动力主要是重力势梯度和压力势梯度，基本上服从达西定律，即单位时间内通过单位面积土壤的水量——土壤水通量与土壤水势梯度成正比。达西定律见式(4-39)。

$$q=-K_s\frac{\Delta H}{L} \tag{4-39}$$

式中　q——土壤水流通量；

ΔH——总水势差；

L——水流路径的直线长度；

K_s——土壤饱和导水率。

土壤饱和导水率反映了土壤的饱和渗透性能，任何影响土壤孔隙大小和形状的因素都会影响饱和导水率。因为水分在土壤孔隙中的总流量与孔隙半径的四次方成正比，所以土壤水分通过半径为 1 mm 的孔隙的流量相当于通过 10 000 个半径 0. 1 mm 的孔隙的总流量，显然大孔隙中的水流将占饱和水运动的大多数。

土壤质地和结构与土壤导水率有直接关系，砂质土壤通常比细质土壤具有更高的饱和导水率。同样，具有稳定团粒结构的土壤，比具有不稳定团粒结构的土壤传导水分要快得多，后者在潮湿时结构就被破坏了，细的黏粒和粉砂粒能够阻塞较大孔隙的连接通道。天气干燥时，龟裂的细质土壤起初能使水分迅速移动，但过后这些裂缝因膨胀而导致闭塞，因而把水的移动减小到最低程度。

土壤中的饱和水流受有机质含量和无机胶体的影响，有机质有助于维持土壤大孔隙的高比例，而有些类型的黏粒则有助于土壤小孔隙的增加。

(2) 非饱和土壤中的水流

土壤非饱和流的推动力主要是基质势梯度和重力势梯度，它也可用达西定律来描述，对一维垂向非饱和流，其表达式为：

$$q=-K(\psi_m)\frac{\mathrm{d}\psi}{\mathrm{d}x} \tag{4-40}$$

式中　q——土壤水流通量；

$K(\psi_m)$——非饱和导水率；

$\frac{\mathrm{d}\psi}{\mathrm{d}x}$——总水势梯度。

非饱和条件下土壤水流的数学表达式与饱和条件类似，二者区别在于饱和条件下的总水势梯度可用差分形式，而非饱和条件下则用微分形式。饱和条件下的土壤导水率(K)对特定土壤为一常数，而非饱和导水率是土壤含水量或基质势(ψ_m)的函数。

土壤水吸力与导水率之间的一般关系如图 4-7 所示。在土壤水吸力为零或接近于零时，也就是饱和水流出现时的张力，其导水

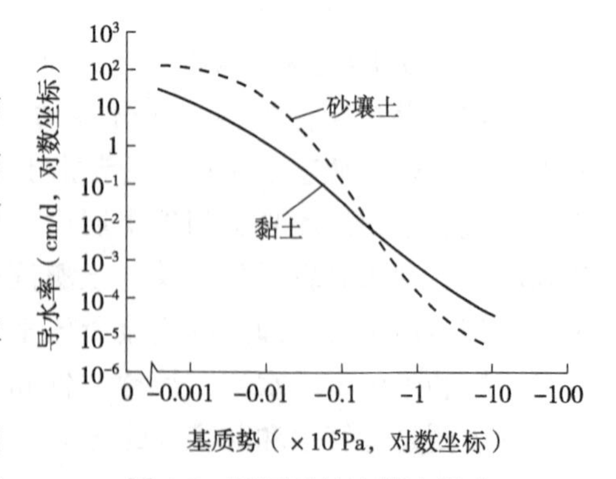

图 4-7　不同质地土壤水吸力与导水率之间关系

率比在 1.0×10^4 Pa 及以上土壤水吸力时的导水率大几个数量级。在低吸力水平时，砂质土中的导水率要比黏土中的导水率高些；在高吸力水平时，则与低吸力水平相反。因为在质地粗的土壤里能够促进饱和水流的大孔隙所占比例较高。相反，黏土中的毛管孔隙所占比例比砂土高，因而有利于形成更多的非饱和水流。

4.3.6　土壤水运动的基本规律

土壤含水率在饱和与非饱和状态时，其水力特性不同，水流运动的基本规律也有差异。在饱和状态下，土壤中没有空气，土壤水流属自由重力水的渗流。在非饱和状态下，土壤为土粒、水和空气三相物质组成，土壤水分受基模势和重力势作用，基质势又与含水率的大小有关，而含水率在水分运动过程中是时间和空间的函数，因此，非饱和流运动比饱和水流复杂得多，并且在实际上比饱和水流更加普遍。

土壤水非饱和水流运动的数量变化规律可用一个基本微分方程来描述。求解这一微分方程就可以求得土壤水在时间和空间上的定量变化，了解土壤水的动态。对一维垂向均质土壤的非饱和水流，可得：

$$\frac{\partial\theta}{\partial t}=\frac{\partial}{\partial Z}\left[K(\theta)\frac{\partial\psi}{\partial Z}\right]+\frac{\partial K(\theta)}{\partial Z} \tag{4-41}$$

式中　Ψ——土壤水势，-kPa；

θ——土壤含水率，%；

t——时间，s；

$K(\theta)$——与 θ 有关的水力传导度，cm/h。

对均质土壤三维非饱和土壤水运动，同理可得：

$$\frac{\partial\theta}{\partial t}=\frac{\partial}{\partial x}\left[K(\theta)\frac{\partial\psi}{\partial x}\right]+\frac{\partial}{\partial y}\left[K(\theta)\frac{\partial\psi}{\partial y}\right]+\frac{\partial}{\partial z}\left[K(\theta)\frac{\partial\psi}{\partial z}\right]+\frac{\partial K(\theta)}{\partial z} \tag{4-42}$$

式中　x、y、z——分别为沿 x、y、z 方向运移，m。

式(4-42)称非饱和土壤水流的基本微分方程。要解这个方程式，必须首先确定 $K(\theta)\sim\theta$ 和 $\Psi\sim\theta$ 的函数关系。如果土壤为各向导性的非均值土壤，$K(\theta)$将有方向性。

在非饱和土壤水运动的研究中，还可以从另一种观点来描述，由于基膜势(负压力)与土壤含水率有关，含水率越低，负压的绝对值越大，即毛管吸力和土粒的分子吸力越大，水分将从含水率大的地方向含水率小的地方移动，与热传导现象类似，形成水分扩散。

4.4　土壤水分传输过程

4.4.1　土壤入渗

土壤，特别是表层土壤在水文循环中起着极其重要的作用。降水(或灌溉)入渗、地表径流、地表蒸发和植物蒸腾、土壤中水分的动态储存和深层渗漏等现象过程，都是以土壤为介质不断发生和相互转化的。水的这种循环和相互转化，在自然界中是一个不断演变的连续过程。在此循环中，水分从入渗开始，继而在土壤中分配和储存，最终通过内排水、地表蒸发及植物吸收而从土壤中流失。

土壤渗透过程是由快速流动的地表水向慢速流动的土壤水和地下水的过渡。土壤的入渗能力受到土壤物理性质、紧实度、各土层的含水率和透水性、入渗水的相对纯度及土壤小气候的影响。通常条件下，在未开发的林地里，渗透条件最佳。入渗能力是一种动态特性，在具体的降水事件中可能存在明显变化：随着水温和植被的季节变化而改变，或随森林经营活动而变化。

渗透是指水穿过矿质土表面向下的运动，渗透率用表示降水强度的单位来表示。入渗能力是水被土壤吸收的最大速率，在未开发的森林里，渗透能力甚至比最大降水强度还要大。在重力和毛管力作用下，或在地表蓄水压力作用下，水分渗入森林土壤。一般情况下，土壤表层渗透性最强，土表一旦水分饱和，其渗透率受到下垫层地下径流率或渗透率的限制；在平地，一旦土壤剖面水分饱和，渗透率就减小到由下垫石渗透能力所决定的速率；但在坡地上，由于遇到垂直方向上较大的流动阻力，渗透水方向的改变为在渗透性较强的土层中的横向流动。当水由地表过渡为地下径流时，流速大大降低，因此，渗透难以参与具体降水事件所引起的地面径流。

土壤的入渗能力取决于许多因素，随地点不同而变化很大，即便对一个指定地点，土壤的入渗能力也呈现季节性和非周期性变化。平均入渗能力与土壤的物理性质有关：与土壤的孔隙率和有机质含量呈正相关，与黏土含量和土壤容重呈负相关；植被覆盖土壤的入渗能力都比较强，主要取决于植被类型和其他一些因子；动物或重型机械设备等导致的土壤密实，由于土壤非毛管孔隙的破坏，可使土壤的入渗能力大大下降。

降水和土壤含水率以不同方式影响渗透能力：雨滴的溅击作用可破坏土表结构，把土表的细小材料冲入土壤孔隙使之堵塞。由于暴雨期间土壤含水率较高，土壤孔隙充满了水，渗透率也不会超过穿透性最差土层的地下径流率；含水率非常高时，渗透速度还会减慢，因为土壤空气很难排出以便腾出孔隙使水流入；当土壤极度干燥时，这种情形也会使渗透能力下降。

一般来说，植被覆盖的土壤入渗能力较强，因为地表的枯落物层可减少雨滴的溅击作用，土壤有机质、微生物以及植物根系可增加土壤孔隙，稳定土壤结构。植被还可消耗较深层的土壤水分，从而增加了土壤的蓄水机会，有利于渗透率的增大；在森林植被覆盖的地方，由于林木根系很深，蒸散发速率高，这种影响更为明显。森林植被枯枝落叶层还可调节土壤小气候，尤其可以调节土壤霜冻的深度和频度，如果土壤孔隙大、无冰充塞，那么在冻结的土壤中也会有渗透发生。

4.4.1.1 下渗曲线与土壤水分剖面

(1) 下渗率和下渗能力

土壤水分下渗率是指单位时间内通过单位面积下渗面渗入土壤中的水量，下渗率的单位一般为 mm/min、mm/h 或 mm/d。

土壤水分下渗能力与土壤质地、结构、初始含水量等因素有关。

(2) 下渗曲线

土壤水分下渗曲线是指下渗能力 f_p 随时间 t 变化的曲线，下渗曲线还可以表达成累积下渗曲线(图 4-8)。

土壤水分下渗能力是随时间递减的，递减速率是变化的。通常将下渗过程分为3个阶段(图4-9)：第一阶段为渗润阶段，此阶段从土壤干燥开始，下渗量主要受分子力和毛管力驱动，下渗能力随时间快速递减；第二阶段为渗漏阶段，在这一阶段，分子力和毛管力逐步减弱，而重力作为下渗驱动力的作用越来越明显，下渗能力随时间递减趋势趋缓；第三阶段是渗透阶段，这时分子力和毛管力都得到了满足，土壤含水量已达田间持水量，重力已成为下渗的唯一驱动力，这阶段的土壤水分下渗能力随时间几乎不变，这时的下渗能力称为稳定下渗率。

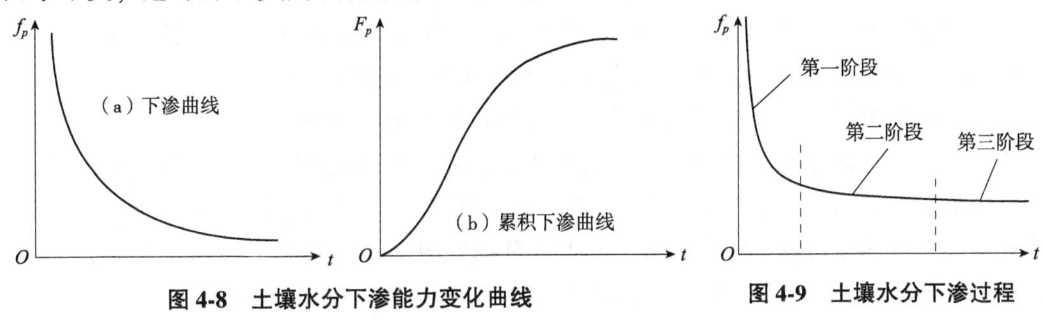

图4-8 土壤水分下渗能力变化曲线

图4-9 土壤水分下渗过程

(3)土壤水分剖面

土壤水分剖面是指土壤含水率沿土壤深度变化的曲线(图4-10)，也称土壤含水率垂向分布曲线，用函数 $\theta(z)$ 表示，其中 θ 为容积含水率，z 为离地表的深度。根据土壤水分剖面就可求得单位面积土柱从 z_1 到 z_2 深度范围内的土壤含水量 W：

$$W = \int_{z_1}^{z_2} \theta \mathrm{d}z \tag{4-43}$$

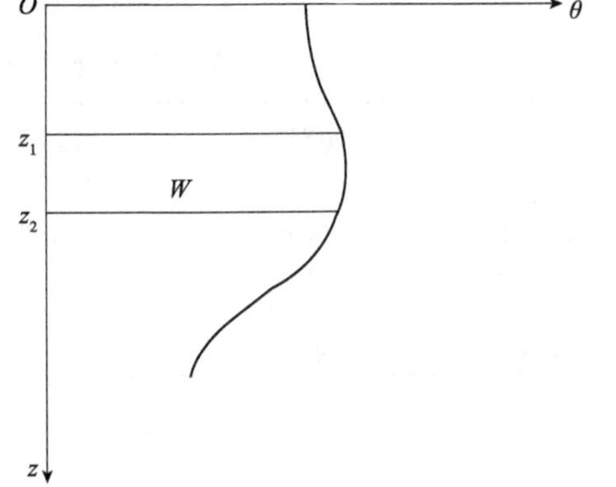

图4-10 土壤水分剖面

4.4.1.2 森林土壤水分入渗过程

入渗是自然界水循环中的一个重要环节。水文学研究中的地表产流问题、降水通过林地的水分迁移问题等，都涉及土壤水分入渗。

到达森林地面的雨水、融雪水，除很小一部分成为地面径流外，其中较大部分渗入土壤。土壤渗透率取决于土层类型，与土壤物理性质、机械组成、有机质含量、团聚化程度和土壤含水量，并与植被的覆盖度有密切的关系。

土壤的渗透性主要取决于非毛管孔隙的量与质。土壤的大孔隙越多，渗透性越强，具有团粒结构或某些粒状结构土壤的渗透性能较强。但是，细粒状结构土壤的渗透性很差，含砂砾质的土壤渗透性较强。森林可以改善土壤结构，促使团粒结构形成，增强土壤的渗透性。在自然条件下，林地土壤的渗透性取决于森林类型、林分组成、林分年龄等因素。一般未受干扰的天然林土壤具有最高的水分渗透性，老龄林的土壤渗透率比幼龄林高，未进行间伐的人工林土壤渗透率比大量间伐的人工林高，有林地的土壤渗透率比无林的农田、牧地、草地高。上述现象的主要原因是，森林中树木根系和土壤之间形成了粗大的孔隙，而且植物能为土壤提供大量的有机质，改变了土地结构，增加了土壤的大孔隙，因此林地土壤的孔隙比无林地大而多。另外，林地的枯落物层减轻了雨滴的冲击，长期保持土壤的孔隙不被堵塞。经过采伐、火烧、放牧或草地化后，林地土壤的渗透性会显著变差。生长旺盛，根系发育良好的林木对林分土壤的渗透性具有良好的影响，例如，松树的根系发育良好，有利于改善土壤水分状况，提高土壤的渗透性能，而云杉林的根系水平分布并形成粗腐殖质，对土壤透水性能影响较弱。从树木年龄来看，中龄林和老龄林能够为土壤水分渗透创造良好的条件。由于中龄林的根系发育好，根量多，老龄林能够提供较丰富的枯枝落叶，腐根和枯枝落叶是土壤有机质的重要来源，同时老龄林的土壤层可以形成很多的大小孔道(腐根和土壤小动物的孔道等)，这些都有利于土壤水分渗透性的改善。总之，土壤水分渗透性能最佳的林分应是根系发达、生长旺盛、自然混交的中龄林，并混有一定数量的老龄树木的森林(马雪华，1993)。

贾剑波(2016)在华北土石山区进行了几种常见林分森林的渗透试验研究。采用双环入渗法对 3 种林分和其他的土壤渗透性进行测定，将最初的 2 min 作为最初入渗时间，根据内环在 2 min 内的渗透量和入渗时间计算出初渗速率，其后平均渗透速率、稳渗速率和渗透总量可依次计算出来。由于所有林分的林下土壤在 90 min 之前均达到稳渗，为了便于比较，渗透总量统一设定为入渗时间为 120 min 内的渗透量。3 种林分和草地土壤层的入渗特征见表 4-3 和如图 4-11 所示，整个土壤的入渗过程大致可分为 3 个阶段：初渗阶段、渐变阶段和稳渗阶段。初渗速率明显较大，随着时间的增加，入渗速率迅速下降进而进入平缓阶段，最终趋于稳定。

表 4-3　华北土石山区几种林分土壤入渗特征指标

林分类型	初渗速率 (mm/min)	稳渗速率 (mm/min)	平均渗透速率 (mm/min)	120 min 渗透总量 (mm)
油松林	12.61	3.98	5.01	588
侧柏林	13.89	4.71	5.20	617
栓皮栎林	16.20	0.95	1.61	202
草地	9.42	1.89	2.39	293

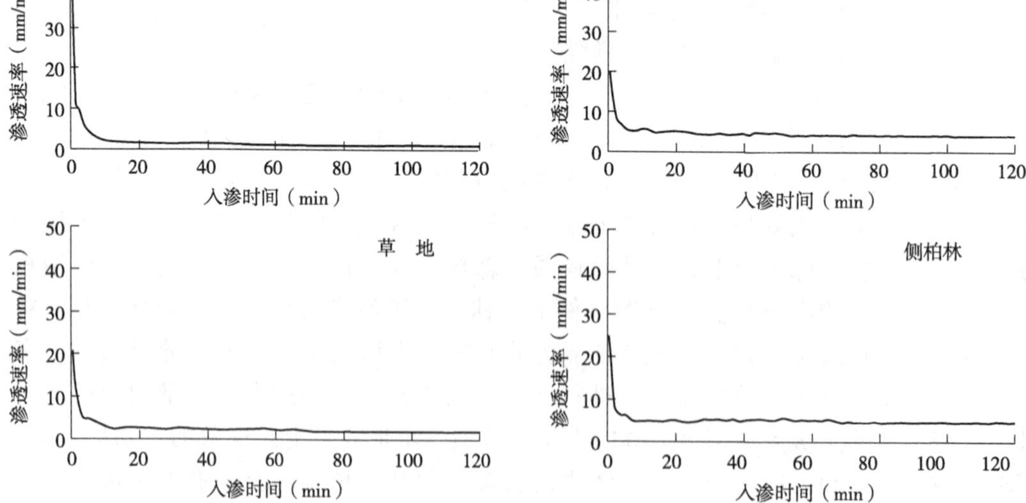

图 4-11　华北土石山区几种林地土壤入渗过程

从图4-11可以看出，渗透开始的前5 min内处于初渗阶段，由于土壤层处于水分亏缺状态，水分未能完全进入和填充土壤的非毛管孔隙，渗透速率较高且变化剧烈。在重力作用下，水分首先供给土壤非毛管孔隙，形成一定的水压，使下渗峰面快速延伸，渗透阔线呈球状向四周扩散。5 min以后处于渗透的渐变阶段，大约到60 min时结束。此过程渗透速率继续变小，渗透速率逐渐趋向平稳，斜率趋向于0。出现这一现象的主要原因是毛管力是土壤水的驱动动力，在毛管力的作用下，土壤水继续作不平稳的流动，将毛管孔隙填满，这一过程主要是土壤毛管悬着水的增加阶段。稳渗状态主要发生在60 min以后，此时土壤毛管悬着水已达到饱和状态，水分主要受重力作用，在非毛管孔隙中做渗透运动，使其最终达到饱和而形成稳渗状态。3种林分和草地的土壤入渗规律略有不同：初渗速率为栓皮栎林>侧柏林>油松林>草地，稳渗速率为侧柏林>油松林>草地>栓皮栎林，平均渗透速率和渗透总量为侧柏林>油松林>草地>栓皮栎林。总体看来，针叶林地的土壤渗透能力要高于阔叶林。因此，土壤孔隙成为影响土壤渗透速率和渗透总量的决定性因素。

4.4.1.3 土壤入渗模型

土壤水分入渗模型有多种，无论是理论模型还是经验模型，在一定程度上都反映了土壤水分入渗规律。概念较为明确、使用方便的模型有4种，包括Kostiakov公式、Horton公式、Philip公式和蒋定生公式。

(1) Kostiakov公式

该公式由Kostiakov提出(Kostiakov，1932)：

$$f=at^{-b} \tag{4-44}$$

式中 f——入渗速率，mm/min；

t——入渗时间，min；

a、b——由试验资料拟合的参数。

当$t\to\infty$时，$f\to 0$；当$t\to 0$时，$f\to\infty$。而当$t\to\infty$时，只有在水平吸渗情况下才出现，垂直入渗条件下，显然不符合实际。但在实际情况下，只要能确定t的期限，使用该公式比较简便而且较为准确。

(2) Horton公式

Horton从事入渗试验研究，提出对渗透过程的物理概念理解相一致的方程(Horton，1940)，即：

$$f=f_c+(f_0-f_c)e^{-kt} \tag{4-45}$$

式中 f_c、f_0和k——特征常数；

f_0——初渗速率，mm/min；

t——入渗时间，min；

f_c——稳渗速率，mm/min。

常数k决定f从f_0减小到f_c的速度。这种纯经验性的公式虽然缺乏物理基础，但由于其应用方便，至今仍然在许多试验研究沿用。

(3) Philip公式

Philip对Richards方程进行了系统的研究，提出了方程的解析解。在此基础上得出了Philip简化公式(Philip，1957)：

$$f=\frac{1}{2}st^{-\frac{1}{2}}+f_c \tag{4-46}$$

式中 s——吸渗率，%；

其他参数意义同式(4-45)。

该公式在田间试验中得到验证，具有重要的应用价值。但 Philip 公式是在半无限均质土壤、初始含水率分布均匀、有积水条件下求得的，因此，该公式仅适于均质土壤一维垂直入渗的情况，对于非均质土壤，还需进一步研究和完善。再者自然界的入渗主要是降水条件下的入渗，其相比积水入渗具有很大的差异，因而将其直接用于入渗计算不够确切。

(4) 蒋定生公式

蒋定生在分析 Kostiakov 和 Horton 入渗公式的基础上，结合黄土高原大量的野外测试资料，提出了描述黄土高原土壤在积水条件下的入渗公式：

$$f=f_c+(f_1-f_c)/t^{\alpha} \tag{4-45}$$

式中 f——t 时间时的瞬时入渗速率，mm/min；

f_1——第 1 min 末的入渗速率，mm/min；

f_c——土壤稳渗速率，mm/min；

t——入渗时间，min；

α——指数。

当 $t=1$ 时，式中左边等于 f_1；当 $t\to\infty$ 时，$f=f_c$，因而该式的物理意义比较明确。但该公式是在积水条件下求得的，与实际降水条件还有一定的差异。

表 4-4 是用实测的土壤入渗过程数据，同 4 种模型进行拟合得出不同的模拟精度和参数估计值。从表 4-4 中可以看出，不同的方程对于不同树种林分土壤入渗过程的模拟精度有所差异，Philip 公式对栓皮栎和刺槐的模拟精度较高(R^2>0.8)，对油松和侧柏的模拟精度偏低；Horton 公式对 4 种林分模拟精度都不高，R^2值均未超过 0.75；Kostiakov 公式对栓皮栎和刺槐的模拟精度高，R^2值都超过或接近 0.9，但油松和侧柏的拟合 R^2值都小于 0.8；蒋定生公式对所有研究树种林分土壤入渗的过程模拟都达到了很好的效果，拟合的 R^2值都大于 0.9。表明双环入渗法得出的土壤入渗过程用蒋定生公式拟合的效果最佳，其次为 Kostiakov 公式和 Philip 公式，而 Horton 公式模拟的效果最差。

表 4-4 华北 4 个树种林分土壤入渗模型拟合参数

树种	Philip 公式		Horton 公式		Kostiakov 公式			蒋定生公式	
	s	R^2	K	R^2	a	b	R^2	α	R^2
侧柏	16.377	0.603	0.232	0.634	1.067	0.194	0.63	0.922	0.929
油松	16.080	0.784	0.181	0.739	1.023	0.211	0.798	0.864	0.966
栓皮栎	39.224	0.875	0.168	0.531	1.499	0.638	0.95	1.281	0.989
刺槐	20.236	0.838	0.130	0.615	0.992	0.377	0.891	1.166	0.922

注：引自余新晓等，2013。

4.4.2 土壤蓄水

4.4.2.1 森林土壤的孔隙特征

森林土壤是森林涵养水源的主要场所，森林土壤的蓄水能力与土壤的孔隙状况密切相关。不同的森林类型，土壤的孔隙状况大不相同(表4-5)。从表4-5可以看出，在热带和亚热带地区，常绿落叶阔叶混交林、山顶矮林、针阔混交林和常绿阔叶林的土壤孔隙状况较好。这些类型多分布于山区，受人为活动的影响较少，且枝叶茂盛、根系粗壮，分布广而深，枯落物较多，有利于土壤孔隙发育。而荒山草地的孔隙状况明显差于森林，其土壤孔隙滞育，这是由荒山草坡植被低矮、稀疏，根系浅，经常受到雨水的冲刷，土层薄而贫瘠所致。寒温带和温带森林的土壤孔隙状况明显差于热带和亚热带森林，尤其以非毛管孔隙的差异最明显，前者的非毛管孔隙度平均值均在12%以下，而后者在12%以上。

表4-5 不同森林土壤孔隙状况比较 单位:%

气候带	森林类型	非毛管孔隙度		毛管孔隙度		总孔隙度		样本数
		范围	平均	范围	平均	范围	平均	
热带	常绿落叶阔叶混交林	21.3~26.1	23.7	49.5~60.5	55.0	75.6~81.7	78.7	2
	山顶矮林	20.9~21.1	21.0	51.5~53.0	52.3	72.7~73.9	73.3	2
	针阔混交林	14.0~24.0	20.6	40.7~49.1	43.9	54.7~73.0	64.6	3
	常绿阔叶林	16.8~19.7	18.2	43.8~61.4	52.1	61.9~81.1	70.3	3
亚热带	毛竹林	11.7~20.0	16.3	33.8~49.3	43.3	50.8~63.5	59.6	7
	杉木人工林	8.2~24.9	15.5	35.5~61.5	44.4	48.5~81.1	59.8	13
	落叶阔叶林	9.7~21.5	13.3	37.5~56.7	46.3	47.2~72.1	59.6	4
	柳杉林	9.1~15.2	13.0	40.1~49.0	43.6	51.0~63.7	56.6	3
	马尾松林	7.9~10.7	9.0	40.3~50.5	45.4	51.0~58.7	54.4	3
	草地	5.2~7.5	6.4	24.8~40.1	32.4	30.1~47.5	38.8	2
寒温带	红松林	10.2~12.7	11.1	39.5~51.5	45.4	49.7~64.2	56.5	5
	锐齿栎林	10.1~11.1	10.6	21.4~24.6	23.0	32.5~34.7	33.6	3
	油松林	7.6~14.8	10.3	22.6~42.2	35.4	32.5~51.7	45.7	7
	落叶阔叶林	6.3~10.9	8.5	40.2~47.5	43.5	46.5~58.4	52.0	5
温带	落叶松人工林	—	6.6	—	41.3	—	47.9	1
	樟子松人工林	—	6.1	—	38.7	—	44.7	1
	草地	—	5.3	—	37.9	—	43.3	1

注：引自刘世荣等，1996。

4.4.2.2 森林土壤蓄水能力的变化规律

土壤蓄水量的计算公式为

$$W_1 = 1000 \cdot H \cdot r_d \cdot \Delta W \tag{4-48}$$

式中 W_1——土壤蓄水量变化量，mm；

H——有效土层深度，m；

r_d——土壤容重，g/cm^3；

ΔW——土壤含水率变化量,%。

(1)林地土壤蓄水量年际变化

从表4-6中可以看出，不同林分在不同年份内的土壤蓄水变化量差异很大，但都是呈现蓄水的状态。不同年份的降雨量对土壤蓄水变化量存在影响。

表 4-6　华北土石山区 2007—2011 年不同林地土壤蓄水量变化量　　单位：mm

年份	降雨量	刺槐	油松	侧柏	栓皮栎
2007	483.9	2.14	2.95	2.29	1.52
2008	628.3	22.01	22.65	23.52	15.68
2009	490.8	27.55	28.59	40.24	19.63
2010	595.4	47.6	48.98	51.16	33.9
2011	699.1	48.92	40.24	56.84	28.47

注：引自余新晓等，2013。

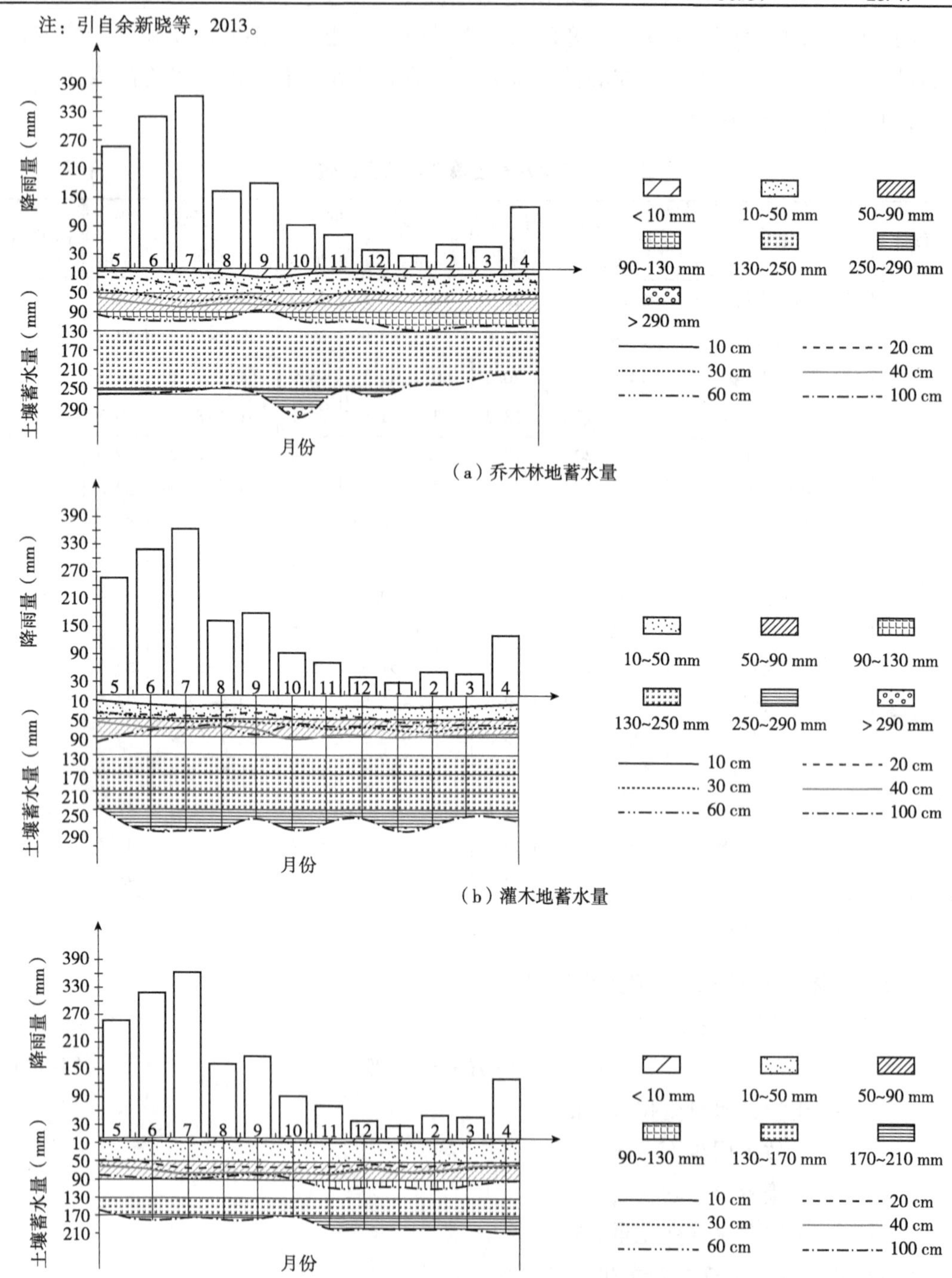

（a）乔木林地蓄水量

（b）灌木地蓄水量

（c）坡耕地蓄水量

图 4-12　不同土地利用类型 0~100 cm 土壤蓄水量的变化

（马菁等，2016）

(2)土壤蓄水量随土壤深度的变化

土壤蓄水量是指在自然状态下土壤中储蓄的水量，其大小由土壤容积含水率和土层厚度确定，它是由土壤的持水能力所决定。图 4-12 是哈尼梯田水源区不同土地利用类型 0~100 cm 土层土壤蓄水量的分析。

从图 4-12 可知，不同土地利用类型土壤蓄水量随时间和深度的变化而有差异，即蓄水量同时受水平尺度和垂直尺度的影响。

图 4-12(a)表明，乔木林地同一深度土壤蓄水量的变化受各月降雨量的影响，以深层土层最为显著，但其他各层次总体趋势都比较平稳，没有大幅度的变化。就垂直尺度来说，蓄水量随深度的增加而明显增加。蓄水量以 60 cm 为界分为两层，而 60 cm 到 100 cm 土层的变化比较显著，含水率的最大差距达 201.52 mm。100 cm 土层的土壤蓄水量达最大值的时间(10 月)滞后于降雨量达最大值的时间(7 月)，这与林地土壤水分向深层运移有关。

图 4-12(b)表明，在水平尺度上，灌木地各土层土壤蓄水量的总体趋势较平稳，层次清晰，受降雨量的影响不显著。在垂直方向上，土壤蓄水量明显分为 3 层，即 10 cm、20~60 cm、100 cm。浅层(10 cm)土层的蓄水量集中在 6~12 mm 之间；除 60 cm 土层在 11 月之后有上升趋势外，20~60 cm 土层蓄水量的变化趋势大体一致，范围集中在 49~110 mm 之间；深层(100 cm)土层的蓄水量的变化范围集中在 169~210 mm 之间，比前两层明显增多。

图 4-12(c)表明，坡耕地在水平方向上的变化趋势平稳，变化范围较小，但深层土壤的蓄水量波动比较明显。在垂直方向上明显可以分为两层，60 cm 以下的土层蓄水量基本集中在 100 cm 以内，而 100 cm 处的蓄水量集中在 247~300 mm。这可能是由坡耕地的土壤比较疏松，上层土壤颗粒比较粗而下层颗粒比较细，水分容易渗透到深层所致。

影响土壤蓄水量的主导因素是土壤的持水孔隙，乔木林地土壤通常孔隙度大，持水能力强，故土壤的持水潜力大。以六盘山地区为例，该区属土石山区，土层一般较薄。测定结果表明，该区乔木林地土壤蓄水量变化范围为 104.6~185.1 mm；灌木地土壤蓄水量变化范围为 51.7~131.2 mm；农地由于人为耕作，土壤蓄水量变化范围为 102.8~137.8 mm。但研究区出现上述乔木林地蓄水量特别是 100 cm 蓄水量小于同层次灌木地蓄水量的现象，可能是由于乔木林地树木蒸腾强烈，吸水多，其土壤储水被不断利用。

(3)不同森林生态系统土壤层蓄水量的差异

森林土壤的蓄水能力与土壤的孔隙状况密切相关，不同森林类型森林生态系统的土壤层蓄水量存在差异(表 4-7)，其非毛管孔隙蓄水量变化范围为 36.42~142.17 mm，平均值为 89.57 mm，变动系数为 31.06%，最大蓄水量范围为 286.32~486.60 mm、平均值为 383.22 mm，变动系数为 17.19%。可以看出，亚热带山地阔叶林、常绿落叶阔叶混交林和南亚热带山地季风常绿阔叶林，非毛管孔孔隙蓄水量均在 100 mm 以上，寒温带、温带山地落叶针叶林和温带山地落叶与常绿针叶林，其林地土壤层非毛管孔隙蓄水量最低，分别为 36.42 mm 和 59.28 mm。其他森林生态系统平均在 80~100 mm。

表 4-7　各种森林生态系统土壤层(0~60 cm)的蓄水量

森林生态系统类型	非毛管孔隙		总孔隙		代表类型
	蓄水量(mm)	Cv(%)	蓄水量(mm)	Cv(%)	
寒温带、温带山地落叶针叶林	36.42	—	286.3	—	落叶松林
寒温带、温带山地常绿针叶林	87.08	37.50	417.0	28.88	油松林、樟子松林、云杉林
亚热带、热带东部山地常绿针叶林	92.08	32.32	360.0	15.64	杉木林、马尾松林、柳杉林
亚热带、热带西南部山地常绿针叶林	80.67	0.05	374.0	—	云南松林、华山松林
亚热带西部高山常绿针叶林	97.00	—	435.0	—	高山松林、冷杉林
温带山地落叶与常绿针叶林	59.28	19.24	319.6	8.65	桦木林、椴树林、栎林、槭树林、红松林
温带、亚热带山地落叶阔叶林	79.74	33.17	302.2	31.17	落叶栎林、杨树林、桦木林、椴树林
亚热带山地常绿阔叶林	102.00	24.99	395.1	6.66	米椎、罗浮栲等混交林
亚热带山地常绿落叶阔叶混交林	142.20	14.47	471.7	5.55	铁锥栲、水青冈混交林
亚热带竹林	90.46	28.27	367.9	10.15	毛竹林
南亚热带山地季风常绿阔叶林	118.38	—	486.6	—	木荷林、鸭脚木林、大叶栲林
热带半落叶季雨林	102.00	—	—	—	
热带山地雨林	150.00	—	—	—	

注：刘世荣等，1996。

由此可见，热带和亚热带地区的森林生态系统，特别是阔叶林生态系统，土壤孔隙发育好，因而林地的蓄水能力也较大。所以水源林的营造或经营应以阔叶树种为主(刘世荣等，1996)。

4.4.3　土壤蒸发

4.4.3.1　土壤蒸发条件

土壤水经过土壤表面以水蒸气形式扩散到大气中的过程称为土壤蒸发。在自然界水循环过程中，土壤蒸发是很重要的一个环节。

土壤蒸发过程维持必须具备 3 个条件：①必须有不断的热能补给，以满足水分汽化热的需要；②蒸发面和大气之间必须存在水汽压梯度；③蒸发面必须不断得到水分补充。上述条件中，前两个条件由气象因素决定，包括太阳辐射、气温、空气湿度和风速等，通常用大气蒸发力来衡量；第 3 个条件由土壤导水性质决定。

根据土壤蒸发速率的大小及控制因素的不同，土壤蒸发可分为 3 个阶段：大气蒸发力控制阶段、土壤导水率控制阶段、水汽扩散控制阶段。图 4-13 为土壤相对蒸发速率(通量)与时间的关系。3 个阶段依次发生，第 1 阶段与第 2 阶段的转变较为明显。

(1)大气蒸发力控制阶段

土壤蒸发开始，由于土壤水较丰富，导水率大，在大气蒸发力的作用下，表层源源不断地从土体内部得到水分补给，最大限度地供给表层蒸发。这时土壤蒸发速率主要受大气蒸发力控制。大气蒸发力强，蒸发散失的水分就多，土壤含水量降低得快，不能较长地维持水分蒸发消耗与水分补给间的平衡，这个阶段持续的时间就短；反之，时间就长。如图 4-14 所示，灌溉或降水之后表土湿润，这个阶段可持续数日，大量的土壤水分因蒸发而损失掉。这种情况在质地黏重的土壤中表现尤其明显，因此，灌溉或降水后及时中耕或覆盖，是减少水分损失的重要措施。

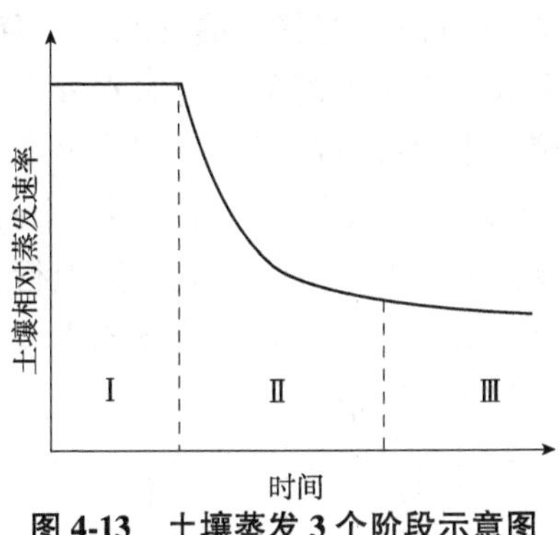

图 4-13 土壤蒸发 3 个阶段示意图

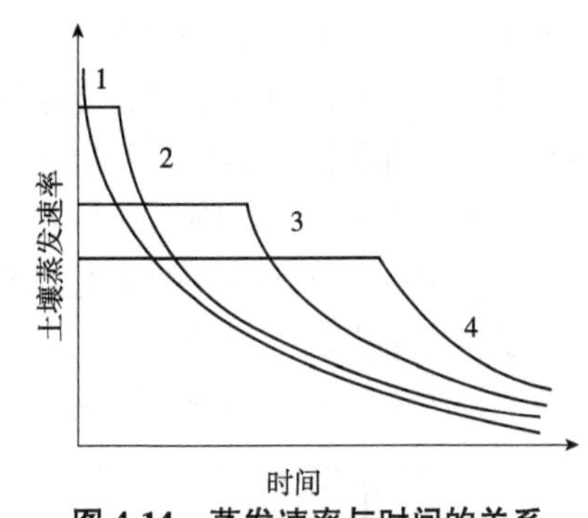

图 4-14 蒸发速率与时间的关系

（1、2、3、4 表示起始蒸发速率降低次序）

(2) 土壤导水率控制阶段

随着土壤含水量的降低，地表与下面湿润土层的土壤水吸力梯度逐渐增大，但土壤非饱和导水率却随吸力的增加减小得更快，以致蒸发速率越来越小。这时，下层向地表传导的水量等于蒸发量，土壤蒸发速率主要由土壤导水率控制。该阶段持续的时间比第 1 阶段长。

(3) 水汽扩散控制阶段

地表形成于土层后，液态水通过干土层的传导实际上已经停止。通过干土层的水分运动主要是水汽扩散的缓慢过程，它受干土层水汽扩散速率和土粒表面对水汽分子吸附力的影响。该过程可持续数周或数月，是土壤蒸发过程的最后阶段。

第 3 阶段的蒸发机制与前两个阶段有所不同，水已不是从地表汽化扩散到大气中去，而是在干土层以下稍湿土层中，逐渐吸热汽化，然后通过干土层的孔隙慢慢扩散至地表，散失到大气中。该阶段土壤蒸发的强度很低，其累积蒸发量与时间的平方根成比例。可以说，表层出现干土层也是土壤自我保护、避免过快失水的一种本能反应。实验证明，只要土面有 1~2 mm 的干土层就能显著减小蒸发率。因此我国北方在连续干旱的年份和季节，土面蒸发并非想象的那么严重，旱地的干土层也只有几厘米，很少超过耕层。

一般情况下，第 1 阶段只能维持数小时或几天，在外界条件相似的前提下，黏土的第 1 阶段持续时间较砂土长。质地越轻，第 1 阶段的土面蒸发速率就越大。将土面蒸发的第 1 阶段和第 2 阶段转折点处的土壤含水量称为毛细管水联系断裂含水量，它可在田间直接测定，其大小由大气蒸发力以及土壤导水率和吸力梯度等因素决定。

4.4.3.2 林地土壤蒸发年动态

(1) 林地土壤蒸发一般规律

土壤蒸发过程是发生于多孔介质土壤内部及其与大气界面上的复杂过程，主要包括水分在土壤中的运移以及在土壤表面的蒸发。土壤蒸发现象既是地面热量平衡的组成部分，又是水量平衡的组成部分，该过程受到能量供给条件、水汽运移条件以及蒸发介质的供水能力等因素的影响。

不同天气条件下日蒸发量差异很大。以华北土石山区的侧柏林为例，土壤蒸发量与降雨量连续日变化如图 4-15 所示。从图 4-15 可以看出，降雨日的蒸发量很小，而降雨后的晴天会出现较高的土壤蒸发量，而连续干旱少雨的情况下，日蒸发量会逐渐降低。一般认为，经过降雨补给后土壤表土湿润，充足的土壤水分供给可最大限度地维持稳定的土面蒸发率数日，这期间为大气潜在蒸发力控制阶段；随着土壤含水量的降低，特别是表层土壤水分的明显损耗，导水率则以指数函数关系快速降低，这时水分由下层向地表传导多少就蒸发掉多少，所以这一阶段为土壤导水率控制阶段；当明显出现表层干土层时，土面水汽压逐渐降低到与大气的水汽压平衡，不仅这个干土层的导水率极低，而且导热率也很小，到达地表的辐射热难以向下传导，下层的水分也不能迅速上行，此时的蒸发发生在干土层以下稍湿润的土层中，通过土壤水分汽化后以气体形式通过干土层的孔隙向外扩散，为土壤物理性质(热特性、孔隙结构等)控制阶段。

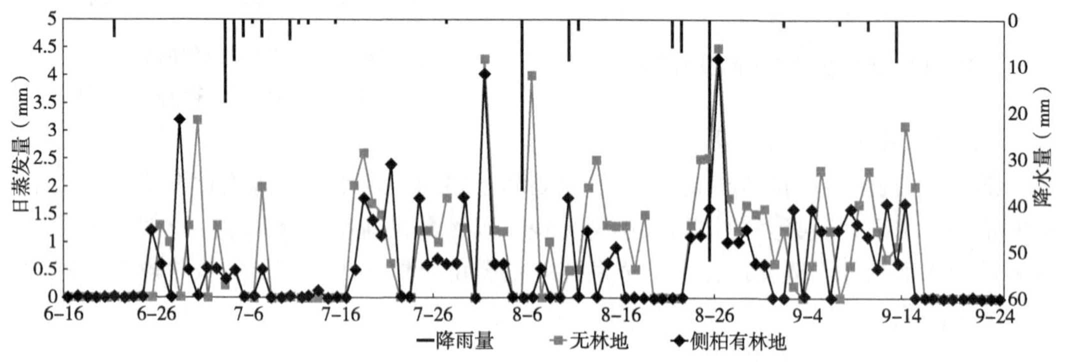

图 4-15 侧柏林土壤与降雨量连续日变化

(余新晓等，2013)

(2)林地土壤蒸发年动态变化

林地土壤蒸发随着环境因子、季节变化而不同，与降水量等也有关。从表 4-8 中可以看出，4 种林分的土壤蒸发量随着雨量的增加有所增加，只是增加的幅度不是很大，如刺槐林土壤蒸发量最大值(144.2 mm)与最小值(129.5 mm)之间相差不到 20 mm。生长季内的土壤蒸发量大部分占到全年的 50%左右，最大值出现在刺槐林(51.73%)，说明土壤蒸发虽然随着雨量的增加有所增加，但是生长季的郁闭度增加明显，进而增加了林下下垫面的水汽流通，反而对土壤的蒸发有所阻碍，而非生长季的郁闭度较小，有利于水汽的上下流通。

表 4-8 2007—2011 年各个林分土壤蒸发量 单位：mm

年份	刺槐	油松	侧柏	栓皮栎
2007	129.50	122.30	113.63	123.34
2008	138.70	124.10	123.56	133.29
2009	133.87	141.10	128.38	128.16
2010	133.17	126.70	118.85	127.28
2011	144.20	137.10	115.73	125.41

研究发现，土壤蒸发系数最大的是刺槐(23.82%)，其次是油松(22.93%)、栓皮栎(22.43%)，最小的是侧柏(21.16%)。不同的林分的下垫面条件各不一样，生长季内的开枝散叶程度也不同，从而影响到土壤层的蒸发。

4.4.3.3 气象因子与土壤蒸发

土壤蒸发与环境因子关系密切，环境因子主要包括气温、大气相对湿度、风速、大气压力、降雨量、太阳辐射等。首先是太阳辐射，它提供了水进行汽化所需的热能，同时提高温度而使水汽压梯度加大，从而增加蒸发速度。自由水面的蒸发量大致随月平均温度的平方而变化，虽然土壤水的蒸发和自由水面有区别，但也总是以夏季的蒸发量为最高。其次是从土表到贴地空气之间的水汽压梯度，气温越高，大气相对湿度越小，则气压梯度越大，这样就越有利于加速土壤水的蒸发。例如，当温度为 17.0~17.5 ℃时，若大气相对湿度从 91%降至 75%，则蒸发量从 0.25 mm 增至 0.93 mm。再次是风速，由于风吹散蒸发面上的水汽，而有利于蒸发持续进行和加速进行。例如，当风速为 5 m/s 时，从 100 cm^3 团粒状土壤中蒸发的水量为 7.8 g，而在静止的空气中，相同时间内的蒸发量仅为 0.3 g，干燥的热风对加速蒸发有很大的作用。

在华北土石山区，选择了 121 d 研究期内与蒸发作用相关的主要气象因子，包括每日平均气度、大气相对湿度、风速、大气压力、降雨量、太阳辐射，以及距地表 5 cm 处的土壤体积含水率和土壤温度共 8 个环境因子与各个林分的土壤日蒸发量做相关性分析，结果见表 4-9。

表 4-9 各树种林分土壤日蒸发量与环境因子相关分析

树种	覆盖状况		气温(℃)	空气相对湿度(%)	风速(m/s)	气压(kPa)	降雨量(mm)	太阳辐射(kW/m^2)	土壤体积含水率(%)	土壤温度(℃)
侧柏	无枯落物	相关系数	0.048	−0.199	0.127	0.124	−0.234*	0.279*	−0.002	−0.049
		显著性	0.666	0.073	0.257	0.268	0.034	0.011	0.986	0.665
	有枯落物	相关系数	0.056	−0.146	0.021	0.081	−0.205	0.300**	−0.014	−0.035
		显著性	0.615	0.192	0.849	0.461	0.065	0.006	0.904	0.758
栓皮栎	无枯落物	相关系数	0.156	−0.315**	0.078	0.269*	−0.225*	0.394**	−0.006	−0.014
		显著性	0.161	0.004	0.486	0.015	0.043	0.000	0.958	0.902
	有枯落物	相关系数	0.167	−0.305**	0.157	0.267*	−0.201	0.363**	−0.120	0.018
		显著性	0.137	0.005	0.160	0.015	0.070	0.001	0.283	0.870
刺槐	无枯落物	相关系数	0.161	−0.274*	0.146	0.231*	−0.229*	0.408**	0.055	−0.002
		显著性	0.150	0.013	0.190	0.037	0.039	0.000	0.626	0.989
	有枯落物	相关系数	0.282*	−0.404**	0.207	0.363**	−0.226*	0.403**	−0.033	0.105
		显著性	0.010	0.000	0.062	0.001	0.041	0.000	0.768	0.348
油松	无枯落物	相关系数	0.080	−0.293**	0.114	0.214	−0.240*	0.464**	0.164	−0.128
		显著性	0.477	0.008	0.306	0.054	0.030	0.000	0.142	0.250
	有枯落物	相关系数	0.109	−0.296**	0.099	0.244*	−0.218*	0.487**	0.158	−0.088
		显著性	0.329	0.007	0.375	0.027	0.049	0.000	0.157	0.430
裸地	无枯落物	相关系数	0.084	−0.317**	0.146	0.222*	−0.262*	0.475**	0.120	−0.128
		显著性	0.454	0.004	0.192	0.045	0.017	0.000	0.281	0.253
	有枯落物	相关系数	0.086	−0.346**	0.176	0.245*	−0.259*	0.468**	0.069	−0.110
		显著性	0.443	0.001	0.114	0.026	0.019	0.000	0.536	0.325

注：** 在 0.01 水平(双侧)上显著相关；* 在 0.05 水平(双侧)上显著相关；N=121。

从统计结果上看，各林分的土壤日蒸发量与日均空气相对湿度、气压、降雨量、太阳辐射都有着一定程度的相关性，而与气温、风速、土壤体积含水率及土壤温度的相关性不显著。在相关的环境因子中，大气相对湿度、降雨量与土壤日蒸发量呈负相关，而大气压力、太阳辐射与土壤日蒸发量呈正相关关系。综合比较相关系数值和显著性，得出太阳辐射是对土壤蒸发量影响最为显著的环境因子，其次为大气相对湿度，降雨量和大气压力对土壤蒸发量的影响程度相近。总的来说，降雨是土壤蒸发作用的物质来源，太阳辐射为土壤蒸发提供了能量，而地表覆盖物等决定了土壤蒸发的阻力。土壤蒸发是一种复杂的物理过程，对解释其深层次的过程和机理还需要更进一步的研究。

4.4.4 土壤水分利用

植物生长过程必然伴随着蒸腾作用，即植物体内的水分以气体状态向外界散失的过程。蒸腾作用是植物吸收和运输矿物质、有机物质的主要动力，是调节植物体内及植物与环境间水分平衡动态的重要方式，植物被动吸水依赖于蒸腾作用；在炎热季节有助于降低叶温，保证植物的正常生长。因此，蒸腾作用是植物赖以生存的基本生理活动，蒸腾速率是植物水分代谢的重要生理指标。影响蒸腾作用的内部因素是气孔内水汽压差和水汽运动的内部阻力，蒸腾作用同时受到外部气象因子(光照、大气相对湿度、大气水势、温度和风等)和土壤水分条件的共同影响，还与植物本身的液流状况和叶水势等紧密相关。

在生长植被的土壤中，有效水的消耗主要是由植物的蒸腾作用产生的。所谓蒸腾，是指土壤水通过植物机体的作用，主要从叶面以气态散入大气的过程。蒸腾作用不仅消耗植物根系活动层土壤中的有效水，而且还能通过支持毛管水的输导消耗地下水。这种现象在山麓、平原、山谷地带的乔木林中表现最为显著。通常在单纯地面蒸发作用下，土壤主要失水层深厚度不超过1 m；但在植被覆盖下，土壤失水层的深度有时可达2~3 m、甚至5~8 m。在半干旱、半湿润地区，在某些年份中蒸腾作用可以使林下土壤变干。例如，陕甘交界的子午岭林区定位研究表明，40~50年生辽东栎-白桦混交林和20~30年生山杨林，耗水量大于降雨量，可使林下土壤在3~4 m以下产生一个干燥层。干燥层的湿度在凋萎系数至毛管破裂含水量之间，而雨季水分下渗深度又不超过2 m，达不到干燥层。在10~15年生和40~50年生白桦林，以及稀疏的40~50年生辽东栎-白桦混交林中，由于其总耗水量相当或略小于同期降雨量，其土壤水分收支大致达到平衡，因此林下土壤没有干燥层。森林采伐迹地的土壤水分，其蒸发蒸腾总量减少了40%，而雨季土壤水分的下渗深度可达5 m，干燥层在较短时期内恢复湿润。

4.4.4.1 林地蒸散耗水分配

林地蒸散耗水指的是水分通过蒸发和蒸腾作用以水汽的形式返回大气的过程。蒸发是指林地土壤和植物枝、干、叶表面的水分蒸发，是一个物理过程；蒸腾是指森林中所有植物通过叶片气孔和皮孔散发出水分的生理过程。蒸散是森林生态系统水分循环中最主要的输出项。

不同林分蒸散量的分配与林分结构相关性很强，郁闭度高、叶面积指数较大的林分，其截留降雨量和蒸散量都较高，土壤蒸发量较好；而郁闭度低、叶面积指数低的林分蒸腾量和截留降雨量较小，土壤蒸发量很大。由于植被的生理适应作用，蒸腾量在不同年份之间的差异较大，干旱年的蒸腾量偏小，而湿润年蒸腾量会有较大提升，说明植被蒸腾潜力在大多数年份并没有完全发挥，植物生长受到了一定程度的水分胁迫。

余新晓等为研究华北土石山区侧柏林地蒸散耗水的分配情况，采用 Brook90 模型模拟了 2001—2010 年林分样地自然条件下的侧柏林地蒸散耗水情况(表 4-10)。

表 4-10 2001—2010 年华北土石山区侧柏林地蒸散耗水分配 单位：mm

年份	降雨量	总蒸散	截留降雨蒸发	截留降雪蒸发	土壤蒸发	积雪蒸发	植物蒸腾
2001	338.9	344.17	56.10	0.86	35.78	2.91	248.50
2002	370.4	367.62	63.25	0.42	33.43	2.06	268.45
2003	444.9	417.87	72.31	0.59	43.07	1.63	300.20
2004	483.5	507.45	84.05	0.18	51.33	0.58	371.32
2005	410.7	411.08	72.06	0.31	43.79	1.21	293.70
2006	318.0	314.71	55.66	0.49	30.98	1.63	225.94
2007	483.9	480.20	83.62	0.00	58.78	0.37	337.43
2008	626.3	621.70	108.09	0.02	99.24	0.00	414.35
2009	393.6	364.00	64.30	1.03	34.98	3.82	259.88
2010	406.5	433.01	69.80	0.20	44.54	0.02	318.45
平均	427.7	426.11	72.92	0.41	47.59	1.42	303.82

从表 4-10 中可知，总蒸散量分配为植物蒸腾、截留降雨蒸发、截留降雪蒸发、土壤蒸发、积雪蒸发 5 个部分。在实际情况中还应该包含枯落物层水分的蒸发过程，但 Brook90 模型中无相关的水文过程模拟。从各年份总蒸散量上看，侧柏林平均年总蒸散量与降雨量基本相等，植物蒸腾占总蒸散的 71.3%，土壤蒸发占总蒸散的 11.2%。

4.4.4.2 树木茎干水与土壤水间的关系

基于氢氧稳定同位素技术，对比哈尼梯田水源区旱冬瓜树种茎干水 δD 和其林地不同深度土壤水 δD 的同位素组成情况，结合不同深度土壤含水量，定性分析判断出旱冬瓜旱季利用的土壤水主要分布在 40 cm 土层附近，而雨季利用的土壤水范围较广，分布在 0~60 cm 的土层(表 4-11)。利用多元线性混合模型 IsoSource 软件定量分析旱冬瓜的水分来源，结果表明，旱冬瓜水分来源分布较广，各土层土壤水和地下水均有贡献，雨季旱冬瓜主要利用 0~60 cm 深土壤水，其中雨后旱冬瓜绝大部分水分来源于 0~10 cm 的土壤水分，利用比例 66%~73%；其他时间主要利用 40~60 cm 的土壤水，贡献率高达 73%；旱季旱冬瓜的绝大部分水分来源于地下水，对地下水的利用比例为 18%~68%，同时，40~60 cm 的土壤水也是其重要的水源。

表 4-11 旱冬瓜对各水源的利用率 单位：%

水分来源		各潜在水源的利用比例			
		2014 年 5 月 16 日	2017 年 7 月 12 日	2014 年 8 月 11 日	2014 年 11 月 14 日
土壤水	0~10 cm	0.5(0~46)	66.0(66~73)	0.1(0~58)	0.1(0~49)
	10~20 cm	0.5(0~76)	2.9(0~26)	3.1(0~42)	0.3(0~74)
	20~40 cm	1.1(0~55)	7.1(0~31)	35.5(0~54)	2.6(0~60)
	40~60 cm	27.4(0~80)	7.2(0~29)	37.5(0~73)	20.7(0~57)
	60~80 cm	7.3(0~42)	0.9(0~24)	10.1(0~59)	9.6(0~27)
	80~100 cm	12.4(0~54)	15.6(0~32)	9.9(0~53)	9.9(0~28)
地下水		50.8(0~69)	0.3(0~22)	3.8(0~51)	56.8(18~68)

注：表中数据为平均值(最小值~最大值)。

图 4-16 是旱冬瓜茎干水 δD 同位素和枝条取样时不同深度土壤水分 δD 同位素组成。通过对比植物茎干水氢氧同位素和土壤水氢氧同位素的组成情况，结合不同深度土壤含水量，可以判断植物的水分利用情况。

2014 年 5 月 16 日，土壤水分 δD 值变化范围为-95‰~-41‰，其中靠近表层的土壤水分相对富集；不同深度土壤含水量整体最低，变化范围为 5.6%~22%，旱冬瓜茎干水 δD 值与 60 cm 土层附近的 δD 值相近，说明旱冬瓜可能利用的 60 cm 附近的土壤水分。

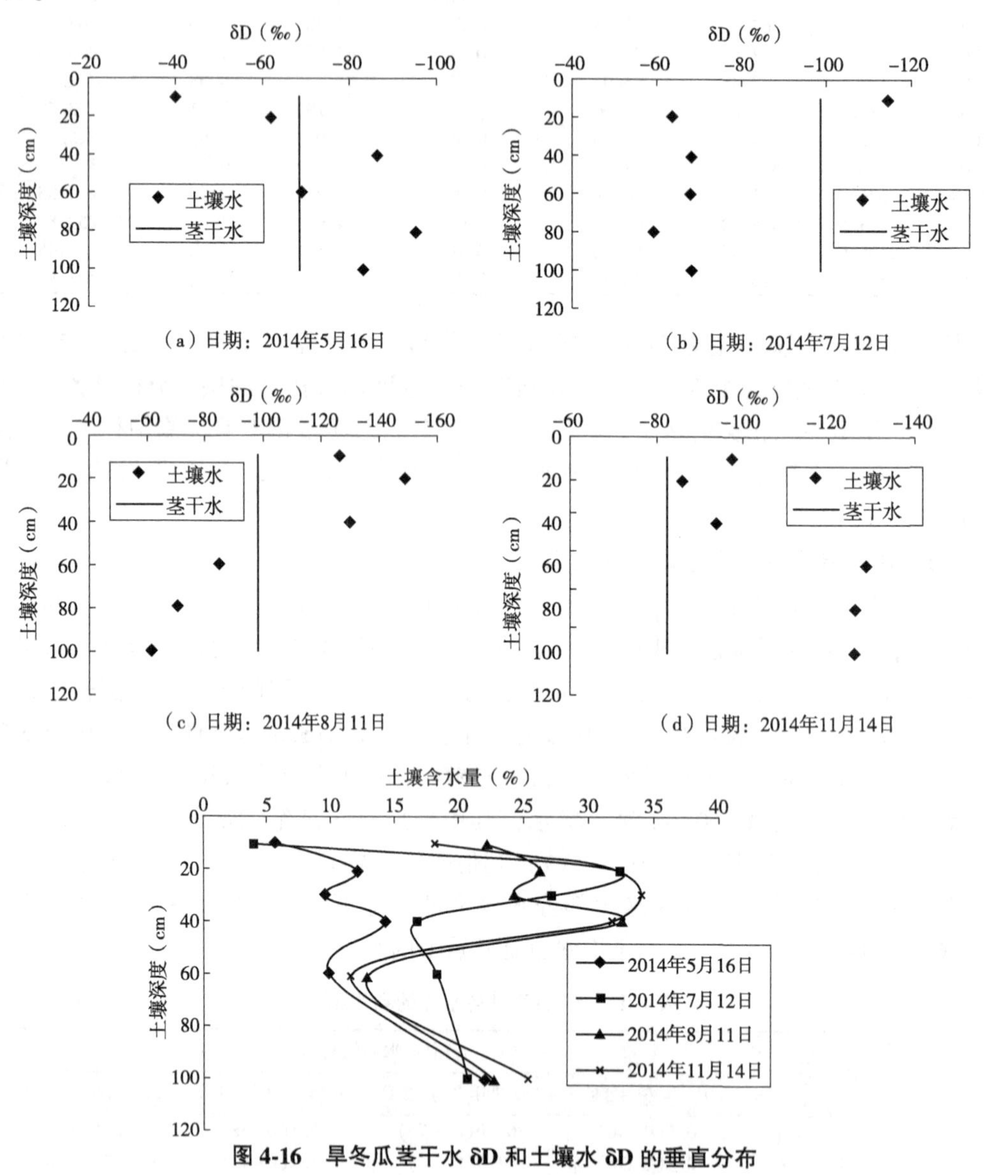

图 4-16　旱冬瓜茎干水 δD 和土壤水 δD 的垂直分布

2014 年 7 月 12 日，土壤水分 δD 值变化范围为-59‰~-115‰，土壤水分 δD 值呈现随土壤深度增加而增加的趋势，0~10 cm 处的 δD 值相比较 5 月 16 日“右移”(降低)，说明浅层土壤水由于降雨的稀释和混合作用而受影响。由于有较多降雨补给，土壤含水量明显增加，10~20 cm 的土壤含水量达 32.2%，10 cm 附近的 δD 值接近旱冬瓜的 δD 值，说明旱冬瓜此时利用的水分可能是来自最近的降雨。

2014年8月11日，土壤水分δD值与7月12日的相似，呈现随土壤深度增加而增加的趋势，变化范围为-149‰~-61‰，0~10 cm土层的土壤水分相对富集；土壤含水量变化范围分别为12.9%~32.5%，旱冬瓜δD值与40~60 cm处土壤水分δD值接近，同时40~60 cm土壤水分含量高，更可能被旱冬瓜吸收利用。

2014年11月14日，0~60 cm波动较大，变化范围为-129‰~-86‰，在60~100 cm处，随土壤深度的增加土壤水δD值变化不大。土壤含水量变化范围为11.6%~34%；旱冬瓜茎干水δD值与20~40 cm土壤水δD值接近，但高于20~40 cm土壤水δD值，说明旱冬瓜可能利用了一部分20~40 cm土壤水外，还有其他的水分来源，如地下水。

4.4.5 土壤产流

(1)产流机制的概念

产流机制是指降水通过坡面和流域蓄渗与汇流，最终在出口形成径流的水分运动和传输过程，也是水分在地面和土壤各层运行中，供水与渗透的矛盾在一定介质条件下的转化机理和过程，不同的供水、下渗和介质条件下，这一机理和过程就表现为不同的径流生成机制。森林流域产流机制内容大体包括：降水在地面的差异(源区分布)、水流的运动途径(汇流路径)、径流的组成部分(径流成分)、径流的时间分配、不同径流成分运动的物理表达等，其核心问题为流域中不同产流模式的时空分布以及相互转换。

(2)产流影响因素

影响流域径流形成的因素可以概括为：水分通量因素(包括雨量、雨强、历时)和水文环境因素(地质、土壤、地形、植被等)。这些因素的综合作用影响了流域水分的储存状况、不同界面层的水力传导度和水力坡度的变化，也决定了水分在流域中的水平和垂直运动，改变了径流的形成特征(Tsukamoto et al., 1998；Sidle et al., 1995)。

(3)产流的主要理论与形成机制

有关产流的机制，许多学者进行了研究。一般认为，导致地表径流形成的机理主要有3种：一是超渗产流理论；二是蓄满产流理论；三是将二者结合起来的混合产流理论(黄明斌等，1999)。

在流域上沿着垂直深度方向自地面至不透水基岩切出一个土壤剖面，从其下界面基岩到上界面地面被透水的土壤所填充，其间一般存在一个地下水水面。地下水水面以下、基岩以上的土壤含水量是饱和含水量，称这部分土层为饱和带或饱水带，其中只包含土壤固体颗粒和填充在孔隙里的水两种物质。地下水水面以上的土层，土壤含水量却没有达到饱和，其中就会含有三种物质，除了土壤固体颗粒和水以外，还有空气，称此土层为包气带或非饱和带。包气带对降水有再分配的作用。包气带中的界面是各种产流机制发生的物质基础，也是包气带对降雨再分配体现的具体场所(于维忠，1988)。在包气带的上界面产生地表径流，中界面产生壤中流，下界面产生地下径流。这些界面是供水条件和土壤下渗能力矛盾作用的结果，一旦界面的位置和性质发生变化，相应的径流组成成分和汇流特征也发生改变。

由于在不同水文地理区域内，径流的形成机制和组成成分很不相同(周晓峰，

1991)，森林植被变化对流域产水量的作用性质和影响幅度也大相径庭，使研究人员更加重视降雨径流形成过程的物理机制研究，以便能将对比流域实验的结果可靠地外推到其他地区或流域(Whitehead et al.，1993)，为森林流域的经营管理提供依据。

径流形成机制是指降雨或融雪水通过坡面、地下和沟道的蓄渗与汇流，最终在流域出口形成径流过程的水分运动和传输的物理过程。其内容大体包括以下几个方面：①暴雨径流的源区(空间分布)；②暴雨径流的运动路径；③暴雨径流的成分组合变化；④暴雨径流产生的时间延迟(时程分配)；⑤不同径流成分运动的物理过程。影响流域径流形成的因素是多种多样的，可以将其概括为降雨因素(气象条件输入因素)和流域因素(水文环境状态)。森林影响径流形成机制的研究方法包括水文观测试验技术、坡面水动力数学物理模型及同位素示踪水文学等方法。这些方法不仅可以用于坡面尺度的径流形成机制分析，也可以用于流域尺度的径流形成机制研究。在实际应用中，一般采用以上两种或三种方法相结合的途径来研究径流形成机制。在研究的空间尺度上，则可以通过坡面尺度与流域尺度相结合，以流域尺度的结果验证坡面尺度的研究结论，以坡面尺度的研究揭示流域水分运动和传输机制(Atkinson，1978)。

传统水文学在径流形成机制方面的探索主要发展于 20 世纪三四十年代的 Horton 地表径流假说。但后来的研究表明，Horton 地表径流形成机制一般发生在植被稀少、土壤发育不良、土壤入渗能力低的条件下(Dunne et al.，1991)。在植被较好、土壤发育良好的湿润地区一般形成饱和地表径流。在某些地质地貌条件下，亚表层土壤径流成为流域暴雨产流的主要来源(Hewlett et al.，1963；Weyman，1970；Pilgrim et al.，1978；Kirkby，1978；Mosley，1979)。1963 年，Hewlett 等提出了陡坡土层中的非饱和流是维持河流中基流主要机制的论述，并被以后的学者所采纳。在加拿大 Shield 森林流域的研究结果也表明了在土壤-岩石界面较薄的风化层内有壤中流流出，这种水流可以形成流域快速径流和洪峰流量(Peters et al.，1995)。1965 年，Hewlett 和 Hibbert 基于森林环境下降雨强度很少能够超过入渗强度的试验观测，提出了暴雨径流形成的动态模式理论(变动产流面积概念)，对超渗地表径流形成机制的统治地位提出了强有力的挑战。Engman 的研究发现，流域中不同部位的产流是不同步的，产流最先发生于透水性较差或土壤湿度较高的局部地方，并逐步扩展。随后国外开展了一些旨在探索暴雨径流形成机制的试验研究，在区域上以北美洲和欧洲温带湿润区为主(Bonell，1993)。

20 世纪 70 年代后，变动产流面积理论被广为接受，Kirkby et al.（1978)又在此基础上结合大量的水文试验研究提出了山坡水文学产流理论。按照这种理论，在两种透水性有差别的土层重叠而形成的相对不透水界面上可形成临时饱和带，其侧向流动即成为壤中径流。如果该界面上土层的透水性远远好于其下面土层的透水性，则随着降雨的继续，这种临时饱和带容易向上发展，直至上层土壤全部达到饱和含水量形成饱和地面径流。山坡水文学研究的兴起和迅猛发展，为径流形成机制理论的确立奠定了基础。山坡水文中提出的产流理论使得，人们对自然界复杂的产流现象有了更深入的认识，并成为我国新安江流域三水源水文模型划分地面水、土壤水和地下水三种来源的理论依据(芮孝芳等，1997)。

随着径流形成研究手段越来越成熟以及各种测量手段的广泛采用，尤其是环境同位素的广泛应用，各种径流成分的形成过程假设有了试验依据。基于山坡水文学产流理论，于维忠(1988)、芮孝芳(1995，1996，1997)对以水力传导度变化为核心的界面产流理论进行了论述：超渗地面径流、地下水径流壤中流和饱和地面径流等是流域产流的主要成分，而且任何一种径流成分都是在两种不同透水性介质的界面上形成的。如果将界面作为下渗面，则任何径流量都是这些界面的“超渗量”。如果从界面以上土层的水量平衡上分析，则认为径流量均是该界面水量平衡的“余额”。界面产流理论很好地揭示了流域产流的根本机制，即流域产流除了受控于时空变异的降水外，主要取决于流域内土壤水力传导度的时空变异。由于森林植被的存在以及枯枝落叶分解，植物根系、动物活动造成较大孔隙的管流运动(Jones，1997)，使得水文界面之间的水力传导机制发生了根本性的变化，从而导致了适用于均质多孔介质水分运动(层流，基质流)的达西定律和连续方程在描述非均质多孔介质水分运动时会与实际情况有较大的差别。

水文地球化学以及环境同位素示踪研究表明，在某些情况下地下径流是流域洪水过程的主要来源(Sklash et al.，1986；顾慰祖，1995)。由于降雨使得河岸地下水位的上升引起河槽和渗漏面水力梯度的增加，大量地下水排入河槽(Novakowski et al.，1988；Abdul et al.，1989)。近些年的研究发现，暴雨洪峰流量主要是由“旧水”(old water，preeventwater)组成，由于“新水”(new water)与“旧水”在土壤运动过程中快速混合，在近河槽的剖面通过大孔隙和管道出流的“旧水”对暴雨洪水径流的贡献可达70%(McDonnnell，1990)。

在森林环境下，降雨输入是如何替换出流域内储存的水分从而使“旧水”成为暴雨径流主要来源的呢？同位素示踪研究结果表明，由壤中流或地下径流形成暴雨径流的过程中，降雨从垂直方向渗透到土壤岩石界面后，沿岩石表面产生侧向流主要是以大孔隙中的优先流方式运动的，优先流在水平和垂直方向交互作用引起降雨的快速入渗致使土壤水分达到饱和，从而加大了“新水”和“旧水”沿坡面向下运动的通量，非达西流(优先流)是森林土壤中主要的水分通量(Pearce et al.，1990)。也就是说，在“旧水”形成流域暴雨径流主要成分的这一过程中，优先流运动起到了至关重要的作用，基质流与优先流之间的交换对流域径流的形成也会产生较大的影响(Peters，1995)。从土壤水分运动的最新动态来看，以达西定律和优先流相结合的土壤水分运动研究是目前国际上研究的热点问题。从形成洪水过程的变动产流面积在空间上的分布和传送过程来看，流域中可以产生较大的主要由亚表层径流形成的暴雨径流量，这说明暴雨产流并不仅仅局限于近河槽地段(Sklash et al.，1979)，而是可以扩展到流域内较大的区域上。

另外，森林流域径流成分是相互作用和相互转化的。大气可视为绝对透水层，大气和包气带界面之间水力传导度的差异是超渗地表径流形成的条件：包气带在垂直方向上水力传导度的差异(土壤导水率一般沿土层深度的增加呈减小的趋势)为侧向壤中流运动提供了条件；如果上层包气带随水分供给逐渐饱和，饱和带发展到地表，就为形成饱和地表径流提供了基本条件；同样，地下水水面可视为绝对不透水界面，水分通过包气带抵达地下水水面，是地下水径流形成的条件。从界面产流理论来看，在其他水文条件相同的情形下，由于森林植被的存在改变了水文系统的水力传导特征，随着流域蓄水量的变化，产流源区面积发生变化，并导致各种径流成分的相互作用和相互转化。

现有产流机制的主要不足在于尚无法很好地解决地形坡度变化、土层各向异性以及流域地表覆被的分布变异性对产流的影响等问题，对非饱和侧向流在壤中流和地下径流形成中的机制也不十分清楚。对此，目前主要采用基于物理意义上的分布式模型(范荣生等，1994)和反映某些因素空间变化的概率分布模型(刘贤赵等，1999)来近似地解决。袁作新(1996)对两个流域资料的对比分析后指出，在超渗产流模型中增加下渗流域分配曲线可以使模拟精度大大提高。但芮孝芳等(1997)认为，在产流模型中，为分析蓄满产流的产流面积变化引入流域蓄水容量分配曲线和在分析超渗产流的产流面积变化中加入流域下渗容量分配曲线的做法，虽然对提高模型精度有很大帮助，但并不适用于在降雨空间分布不均匀的地区。现行采用按雨量站权重计算流域产流量的方法在一定程度上弥补了这一不足，但却又存在着无法从其物理机制上真正解决产流面积变化的计算问题。

4.4.6　土壤-植被-大气连续体的水分传输

土壤-植被-大气连续体(soil-plant-atmosphere continuum，SPAC)的水分传输过程是森林生态系统水循环的基础，其过程主要包括土壤水分动态变化、林地蒸散发和植物体内的水分传输。

SPAC 理论是定量研究水分在土壤、植物和大气之间传输的理论基础。该理论的雏形是由 Gardner 提出的土壤-植物-大气水分传输系统(Gardner et al.，1960)。Cowane et al.(1965)详细阐述了该系统，指出尽管土壤-植物-大气传输系统的界面和传输介质不同，但在物理上为连续统一的体系。在此基础上，Philip(1966)首次系统提出了 SPAC 概念。他认为水分在 SPAC 系统中的传输就像链环一样互相衔接，同时可以用能量单一“水势”来统一定量刻画整个系统中的能量变化，并由此可以计算出水分传输过程中的能量变化(Philip et al.，1966)。由 SPAC 概念可知，水分从土壤经植物到达大气的传输过程是一种生物物理的、统一和连续的动态过程：水分流向根系表面，穿过表皮、皮层、内皮层进入根系木质部中的导管，随后经茎干木质部中的导管输送到叶片维管组织，在叶肉细胞间汽化，经叶片表皮气孔腔进入与叶片接触的空气界面层，穿过该界面层后进入大气湍流边界，最后参与大气的湍流交换。

SPAC 系统中的水分传输过程比较复杂，由于 SPAC 系统中的水流与电路中的电流具有相似性，所以可以用电路模式来模拟 SPAC 及其子系统中的水分流动(邵明安等，1992)。SPAC 系统中的水流数值模拟可以分为线性和非线性两种，分别对应 SPAC 系统中水分流动的稳态流和瞬态流。假定 SPAC 系统中的水流为稳态流，应用欧姆定律构建了土壤-植物-大气连续体中水流通量的数值模拟模型。在该模型中，SPAC 系统各部分的水流通量为水势差和水流阻力的比值。应用该方法可以简化处理 SPAC 系统中的水分传输问题，但大量研究表明，SPAC 系统中的水分传输并非稳定状态，而是瞬时的非稳态流。因此，该模型并不能够代表实际情况下的 SPAC 系统水分流动。

根据植物体内水分传输的稳态流模型，研究学者们引入了水容的概念并构建了 SPAC 系统水分传输非线性模型。在水分传输非线性模型中，将植物组织细胞的水分存储功能类比于电网路中的电容器：夜晚时，植物蒸腾作用微弱，植物将根系吸收的土壤水分存储于器官组织的薄壁细胞中；白天时，植物释放存储于组织细胞中的水分用于植物蒸腾。SPAC 系统水分传输非线性模型也称为电阻-电容网络模型。相比于稳态流模型，RC 电路模型更能反映实际情况下 SPAC 系统中的水分传输过程，但该模型仍然具有不足之处。第一，该模型没有考虑气孔导度瞬时变化对植物蒸腾速率的影响(王根轩等，1993)；第二，RC 乘积为常数，没有明确的物理含义；第三，RC 电路模型的基础是常微分模型，该模型不能刻画 SPAC 系统水分传输的时空变化特征与规律。

植物体内水分传输的稳态和瞬时电路模型为研究 SPAC 系统水分传输过程提供了有效的研究思路并取得了很多研究结果，但该类模型不能真实体现自然状态下 SPAC 系统水分传输过程，忽略了生物因子和非生物因子间的差别(刘文兆，2005)。因此，在以后的研究中，需要应用新的研究技术和方法进行 SPAC 系统水分传输过程及其影响因素的研究。

SPAC 系统水分传输变化具有尺度效应，可分为土体尺度、样地尺度和区域尺度。对于土体尺度，通常不考虑气象、土壤和植被等因素的空间变异；对于样地尺度，若气象、土壤和植被等要素的空间分布比较均匀，则可以用土体尺度的研究方法进行样地尺度的研究；而对于区域尺度，则需要考虑气象、土壤和植被等要素的空间变异特性(尚松浩等，2004)。随着 SPAC 理论的发展完善和研究尺度的增大，以及陆面过程参数化方法的发展进步，应用 SPAC 系统理论进行植被-水分相互作用机制、植物生态需水和生态用水变化过程，以及植物生态系统-气候变化的反馈机制的研究已成为目前研究的热点。

4.5 土壤水分时空格局

4.5.1 土壤水分时间格局

(1)年动态变化

选取了侧柏林生态系统为代表，将 2010 年全年测得的深度在 5 cm 和 20 cm 处的土壤体积含水率逐日动态变化绘制成图 4-17。从图中首先可以看出，5 cm 处土壤的含水

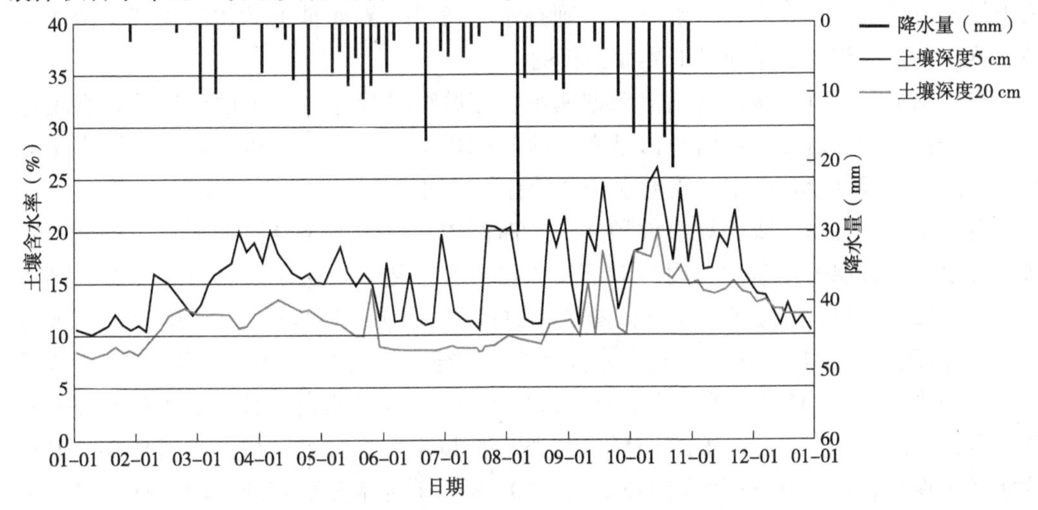

图 4-17 侧柏林生态系统土壤含水率全年变化动态

率呈脉冲波状变化而 20 cm 处的土壤含水率变化则较为平缓，因此表层土壤的含水率变化程度要明显高于较深层次的土壤，20 cm 处的土壤水分状况更能较为准确地反映土壤水分随时间推移的变化规律。从土壤水分的全年变化过程来看，整体上可以分为 5 个阶段。

①前蓄墒阶段。2 月中下旬至 4 月中旬。此阶段处于作物生长季初期。2 月中下旬土层上覆盖积雪逐渐开始消融，土壤逐渐解冻，融化层加深，加之气温较低、蒸发量小，使得土壤水分得到了补给，达到了一年中首个峰值。此阶段水分来源主要是冻土中的水分释放和冰雪融水。

②前失墒阶段。4 月中下旬到 8 月上旬之间。此阶段植物处于生长旺盛期，蒸腾作用旺盛，同时气温高、蒸发量大，加之此阶段无大规模降雨，使得根系层土壤水分入不敷出，土壤含水量在这一阶段达到最低值。

③后蓄墒阶段。8 月中下旬开始至 10 月上旬。此阶段是植物生长季末期，植物代谢速率减缓，气温逐步降低，蒸发量减小。此阶段有 6 场 15 cm 以上的较大规模降雨对土壤水分进行了有效的补充。由于水分消耗和补给的此消彼长，土壤含水率在 9 月末达到了全年最高值。

④后失墒阶段。10 月上旬到 11 月中旬。此阶段虽然植物蒸腾作用微弱，蒸发作用也较小，但由于土壤尚未冻结且无任何降雨补给，土壤水分含量仍然不断下降。

⑤稳定阶段。11 月下旬到翌年 2 月中旬。此阶段植物已基本进入休眠期，土壤冻结，虽然降雨少，但蒸发散量也很小，土壤含水率基本保持稳定状态。

通过 2010 年全年土壤含水率变化情况，可以预测 2011 年的土壤墒情并不乐观。2009 年是极端少雨的一年，因此年初土壤水分状况较差，20 cm 处的土壤含水量不足 10%。2010 年底 20 cm 处土壤含水率在 12%左右，略高于 2010 年年初，但 2009 年冬季降雪很多，地表积雪在春季能较好地补给土壤，但 2010 年 10 月之后连续 3 个月无任何降雪出现，可以预见若 2011 年年初仍无有效降雨，则会出现比 2010 年年初更为严重的春旱。

(2)雨季森林土壤水分消退

土壤中水分的消退是在它的上、下界面上进行的，其中土壤蒸发和植物蒸腾是造成上层水分消退的主导因素，水分下渗则是水分通过下界面消退的主要方式，两相比较，水分消退过程主要是通过上界面进行的。

土壤消退类型分为蒸渗型和蒸散型两种：蒸散型是只存在向上的土壤蒸发和植物蒸腾水分损失的消退类型；而蒸渗型在一段时间内上土层水分减少，而下土层由于受到上层水分入渗补给在一定时段内水分含量有所增加。

蒸渗型出现在降水或灌溉事件稍后一段时间内，这时上土层湿润或充分湿润，它既能提供土壤表层强烈蒸发，同时对下层入渗补给，随着上土层水分含量减少，蒸渗过程均呈减弱趋势，并逐渐向单一的蒸散型过渡(朱志龙，1994)。图 4-18 反映了 8 月 3 日降雨后连续 3 日的土壤各层次水分含量变化规律。从图 4-18 可以看出，在 8 月 3 日较大规模降雨后，4 种林分的土壤水分消退都体现出了蒸渗型的特征。侧柏林 0~30 cm 为水分消退层，30~50 cm 为水分补给层，50 cm 以下为水分稳定层；刺槐林 0~20 cm 为水分消退层，20~50 cm 为水分补给层，50 cm 以下为水分稳定层；油松林 0~35 cm 为水分消退层，35~60 cm 为水分补给层，60 cm 以下为水分稳定层；栓皮栎林 0~

35 cm 为水分消退层，35~60 cm 为水分补给层，60 cm 以下为水分稳定层。

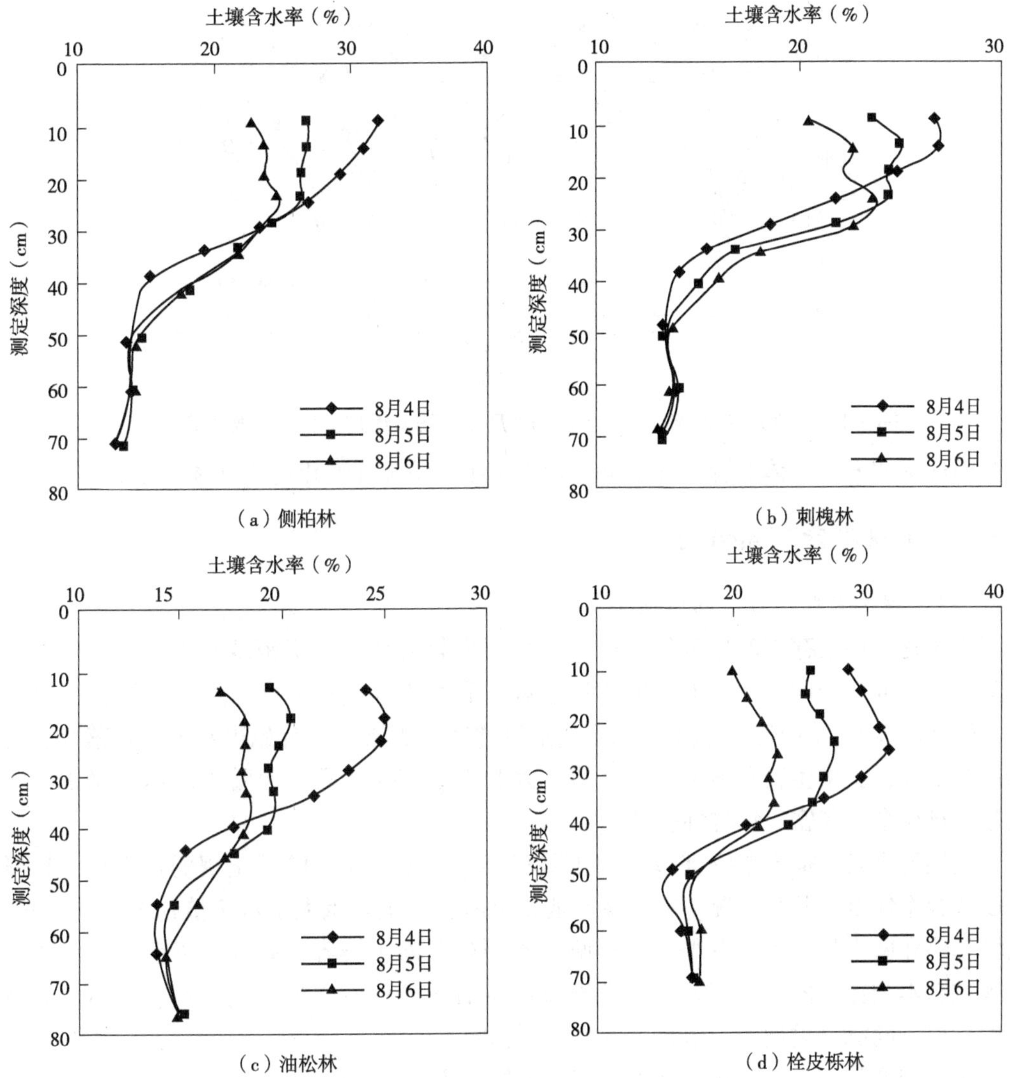
土壤含水率（%）
测定深度（cm）
8月4日
8月5日
8月6日
（a）侧柏林
（b）刺槐林
（c）油松林
（d）栓皮栎林

图 4-18　各树种林土壤各层次水分消退过程

(3) 土壤水分年际变化

孙培良等(2009)利用山东聊城 1996—2006 年土壤湿度固定观测地段的土壤水分资料，采用统计图表法对土壤湿度的年际变化进行分析，发现土壤湿度的年内季节间变化呈现一定的规律性，即 0~50 cm 各层的土壤湿度变化趋势基本一致，均呈“V”字形，且谷底一般出现在 6 月上旬前后，波峰则出现在 10 月前后(图 4-19)。

各层次土壤重量含水率年内变化幅度相对较小，10 月至翌年 3 月上、中旬为土壤湿度相对稳定期，土壤水分经过雨季后得到较好的恢复，土壤重量含水率比较稳定；3 月中旬至 6 月上旬为土壤水分迅速下降期，主要是气温逐渐升高，蒸发增多，且此期降雨较少，导致土壤重量含水率快速降低，各层最低值基本处在该期，10 cm 和 20 cm 土层在 3 月和 5 月中下旬至 6 月上旬相对较低，40 cm 和 50 cm 土层在 5 月中下旬至 6 月上旬存在一个低值时段；6 月中旬至 9 月下旬为土壤水分恢复阶段，土壤重量含水率随着降雨的

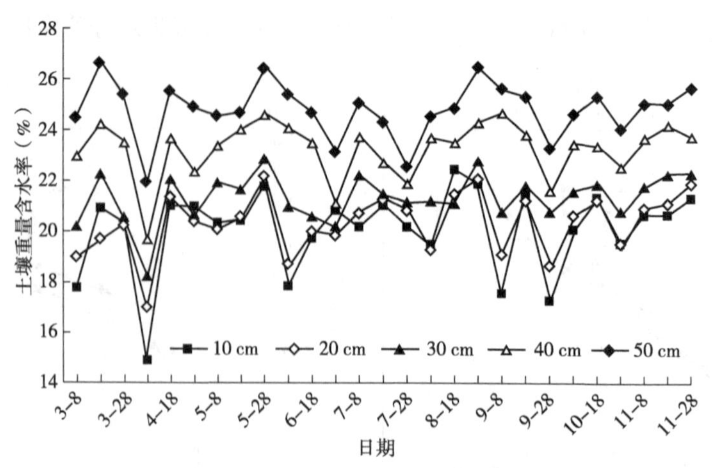

图 4-19　1996—2006 年 3 月上旬至 11 月山东聊城逐旬土壤重量含水率变化

增多而逐渐回升。总体上看，各层重量含水率年内季节间变化趋势基本一致。

4.5.2　土壤水分空间格局

(1) 土壤水文物理性质的空间格局

土壤物理性质存在着显著的土壤剖面垂直变化规律：土壤密度和土壤石砾体积含量随土层深度增加而递增；土壤饱和持水量、毛管持水量和土壤孔隙度(毛管孔隙度、非毛管孔隙度和总孔隙度)随土层深度增加则递减。表层土壤首先得到大量枯落物，有机质含量高，土壤生物和根系活动旺盛，因此土壤疏松多孔，但随土层深度增加，土壤颗粒排列渐趋紧密，结构性变差。

土壤容重是表征土壤物理性质的重要指标，容重大小反映了土壤的透水性、松紧程度和根系伸展的阻力状况。在土壤质地相近时，土壤容重大小对于植物根系的生长、土壤动物和微生物的活动有很大的影响。不同林分间土壤容重差异不显著，表层土壤的容重基本维持在同一水平。土壤孔隙度决定着土壤的透水性、透气性、导热性和紧实度，而不同林分类型的土壤孔隙度也各不相同。

土壤密度除与土壤质地、结构密切相关外，还与植被生长(林分组成、年龄、经营状况等)有关，是在一定程度上反映土壤储水能力的综合指标。不同植被类型的土壤密度差异明显。

随着各林分土层的深入，土壤自然含水量的值会显著降低，自然含水量的多少与土壤的孔隙性有关，随着土层的深入，自然含水量降低，土壤的孔隙性变差。土壤物理性质较好，根系形成的外生菌根和根系分泌的有机物质能够消除有害物质积累，促进了养分吸收和物理性质的改善，使根系发育良好，扩大了根系在土层的穿插空间，使土壤紧实度变小，物理性质得到有效改善。

(2) 土壤内部的水分空间格局

由于土壤水文物理性质的空间差异，以及土地和覆盖土地利用的影响，不同土壤的水分表现出差异性。蒋小金(2015)以晋西北地区广泛分布的荒地、苜蓿地、常规耕作地和保护性耕作地作为试验样地，进行了相关染色示踪实验和常规物理实验。结果表明：在 4 种管理模式的浅层土壤中(0~10 cm)，水流行为以基质流为主；而在 10 cm 以下的土壤中水流行为以优先流为主，但引起优先流的原因在4种管理模式中不尽相同。荒地土壤中湿润锋的不稳定性引起优先流；分布良好的直根系在苜蓿地中引起连通性较好的大孔隙流；常规耕作地中土壤剖面分层明显，结构疏松的大孔隙引起水分环绕压实土壤流向深层，且大孔隙流的区域以板块分布为主；保护性耕作措施加强大孔隙系统的连通和连续性，优先流分布区域呈倒三角形状。结合土壤物理性质，大孔隙系统连通和连续性从高到低依次为：苜蓿地、保护性耕作地、荒地和常规耕作地。因此，不同管理措施明显改变了水流行为、水流路径，并极大地影响了水分在土壤中的分配格局。

坡面土壤水分随土层深度加深，时间稳定性逐渐增强。影响不同土层土壤水分时间稳定性的主要因素是土壤质地。通过对样点不同土壤深度的土壤水分进行时间稳定性分析发现，能够代表样点剖面平均含水量时间稳定性的最佳深度一般在160 cm以内。在黄土高原的半干旱区，浅层水分剖面的最佳深度是0~40 cm；但在黄土高原的半湿润区，最佳深度为0~30 cm。该方法经检验适用于黄土高原地区。若将该方法应用于湿润区，时间稳定性样点的最佳数量和浅层水分剖面的最佳深度需要重新确定。

图4-20是云南哈尼梯田水源区不同深度土壤水分空间分布，可见不同深度土壤水分分布有很大差异。图4-20(a)表明，0~20 cm范围内土壤平均含水率表现为：坡耕地>灌木地>乔木林地。这是因为乔木林地和灌木地的植被对降水都具有再分配作用，直接影响地表径流量，而坡耕地裸露的土壤较多，故降水量对表层土壤的影响比乔木林地和灌木地大。进一步分析可见，从雨季(5月)开始，植物的生长速率及蒸散发量逐渐增大，但土壤水分的收入项(降水量)远大于其支出项(蒸散发量)，使得土壤水分得到一定的积累，所以乔木林地和灌木地土壤含水率在5~10月总体呈增加趋势；而在旱季(11月至翌年4月)，植物生长代谢减弱，降水量明显减少，乔木林地和灌木地上的植被对水分的消耗大于降水的补给，土壤水分的变化主要是各层次间的相互转化，坡耕地水分的减少则主要源于土壤蒸发。

由图4-20(b)可知，20~40 cm范围内土壤平均含水率总体表现为：灌木地>坡耕地>乔木林地。该层的土壤平均含水率主要与植物根系的吸水作用有关。灌木的根系浅且密集，根系向四周伸展的比较远，因此在该范围内形成了一层“隔水层”，水分在该层被阻挡并聚集，故土壤平均含水率表现为灌木地最大。同时，灌木地和乔木林地的土壤含水率于10月以后逐渐下降，而坡耕地的土壤平均含水率反而上升，这种现象可能是因为坡耕地土壤结构不良，不能保水，表层接受降水补给后很容易渗透到下层所致。

由图4-20(c)可见，40~60 cm土壤含水率的变化范围比较集中(0.143~0.193 cm^3/cm^3)，变化幅度较小，说明外界条件即降水对其影响明显减弱。土壤平均含水率的总体表现为：乔木林地>灌木地>坡耕地。

图4-20(d)表明，深层(60~100 cm)土层的土壤水分变化受外界环境的影响更小，变化更缓和。土壤平均含水率的总体表现为：乔木林地>坡耕地>灌木地。由于灌木地的植被根系较浅，水分的下渗能力受到限制，因此灌木地的土壤平均含水率在该层最小。

由方差分析结果可知，4个层次不同立地类型之间的土壤平均含水率差异显著；同时，对浅层土壤而言[图4-20(a)(b)]，相同土地利用类型的土壤平均含水率随时间变化差异显著，而越往深层变化差异越不显著[图4-20(c)(d)]。

综上可知，越往深层，乔木林地的土壤含水率越高，各月之间的变化差异越不显

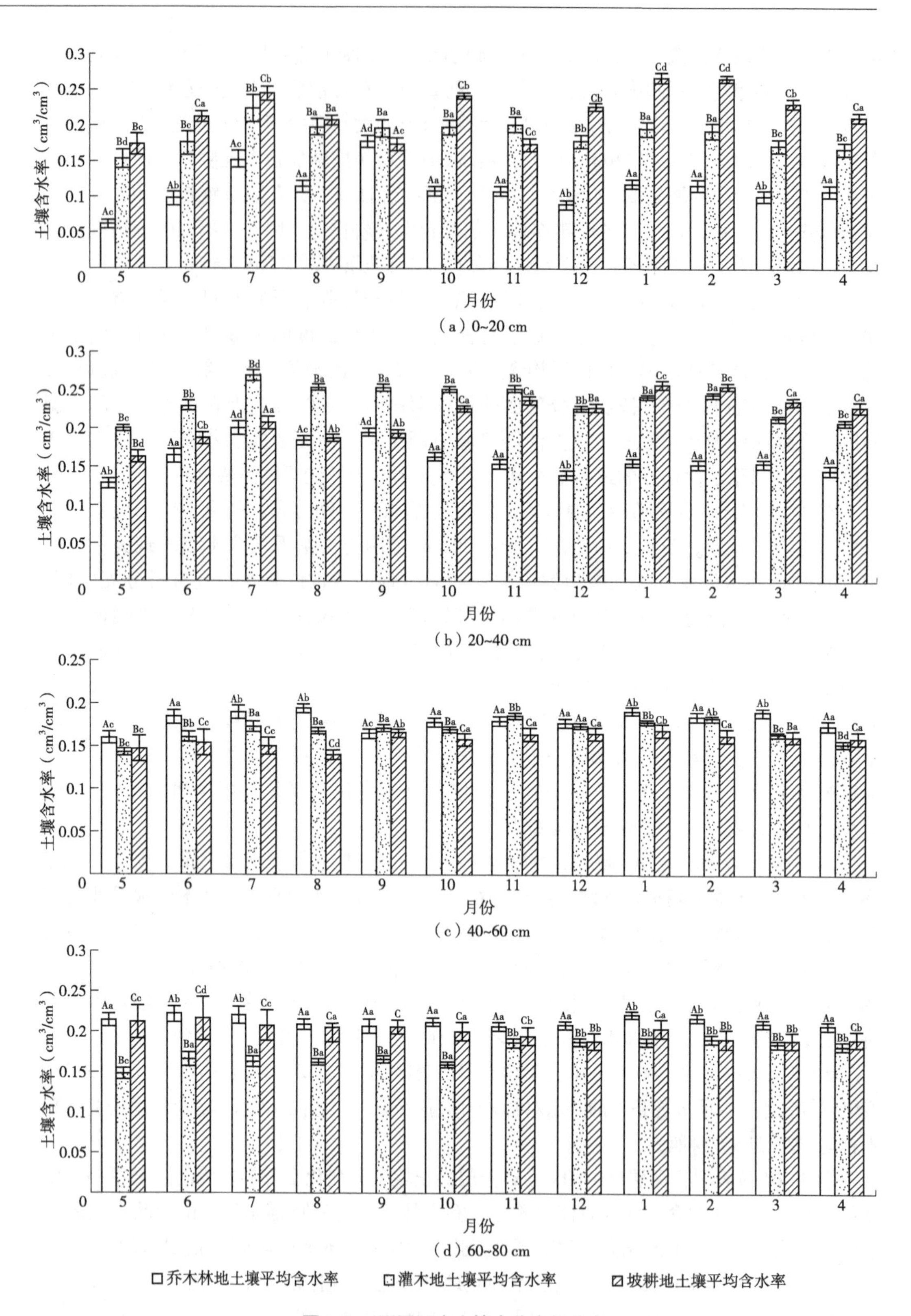

图 4-20　不同深度土壤水分空间分布

（马菁等，2016）

著，土壤所能保持水分的作用越能够体现，从而反映森林保持水土、涵养水源的作用。

(3)流域水平上的水文格局

流域作为一个完整的产流产沙水文单元，相较于坡面或小区尺度，流域内部一般地形复杂、土地利用方式多样。因此，近些年关于流域尺度土壤水文性质时空变异影响因素的研究主要从土地利用类型、地形等方面展开。流域内土地利用类型一般分为农地、林地、草地和裸地。胡健等(2016)研究了祁连山排露沟流域不同植被类型土壤水文性质和涵养水源的差异，发现林地和灌丛土壤的有机质、粉粒、砂粒、田间持水量、饱和导水率和孔隙度均高于草地，而林地涵养水源的功能高于灌丛和草地。流域内地形主要通过坡位、坡向、坡度、微地貌等方式引起流域内土壤水文性质的空间变异。连纲等(2006)在黄土高原朱家沟小流域采集了82个样点的土样，以土壤容重和土壤水为研究对象，发现在不同景观位置上土壤容重表现为：坡顶>沟平地>坡下>坡上>坡中；土壤质量含水率表现为：沟平地>坡中>坡下>坡上>坡顶；土壤容重与复合地形指数呈正相关，土壤质量含水率与海拔呈负相关关系。高晓东等(2015)对小流域土壤有效水的时空变异性的研究充分考虑了沟道的影响，结果表明沟道有效水的均值和变异程度明显高于坡面，而沟道和坡面有效水的正态性高于流域。

由于土壤入渗性能原位测定费时费力，在大尺度上的开展高密度的测量极为不易，而且流域尺度的测定一般局限于土壤的表层，因而，流域尺度入渗性能在垂直方向的研究亟待开展。付同刚等(2015)对喀斯特小流域饱和导水率的垂直分布特征及其主要因素进行分析，发现饱和导水率随深度增加而减少，并可用指数函数模拟，影响饱和导水率垂直分布的主要因素是坡位。土壤水文性质的时空变异性是尺度的函数。一些流域尺度空间变异性的研究，往往和流域内较小尺度的研究进行对比。高晓东等(2015)在黄土高原丘陵区的小流域比较了沟道、坡面和流域3个尺度的土壤有效水的时空变异性，发现沟道和坡面土壤有效水的正态性优于流域；流域尺度夏季土壤有效水和海拔的相关性明显高于春秋季节，而坡面则相反。赵明月等(2015)在黄土沟壑区选择流域和集水区尺度，研究其土壤颗粒的空间分布特征，结果发现，流域尺度土壤粒径和分形维数值均明显高于集水区尺度。

复习思考题

1. 简述土壤物理性质对土壤水文功能的影响。
2. 试述森林土壤的水文功能。

推荐阅读

1. 余新晓，史宇，王贺年，等．森林生态系统水文过程与功能[M]．北京：中国林业出版社，2013.

2. 刘世荣，温远光，王兵，等．中国森林生态系统水文生态功能规律[M]．北京：中国林业出版社，1996.

3. 芮孝芳．水文学原理[M]．北京：高等教育出版社，2013.

第5章
森林蒸散发

[**本章提要**]对于森林植被来说，森林蒸散发就是林木、林下植被和地面这一整体向大气输送的水汽总通量，所以森林蒸散发包括森林植物群落中的全部蒸发和蒸腾。蒸发包括土壤蒸发、叶片和植物体上截留的水分蒸发；蒸腾包括通过叶片气孔和皮孔散发的水分。确定森林蒸散发量对探求区域乃至全球水分循环规律、正确认识陆地生态系统的结构与功能和森林的水文功能等方面都有重要意义。如何准确定量森林蒸散发，目前人们已研发出多种实测方法和模型估算方法，但由于蒸散发是一个复杂的物理过程和生理过程，影响因素较多，这些方法仍需要不断改进。

自然界区域水循环包括大气降水、地表径流、土壤下渗、蒸散发、水汽输送等过程。陆地蒸散发量(evapotranspiration，ET)是从陆地表面转移到大气中的水量，这种水交换通常涉及水的相变——从液体(或固体)转化为气体。水分蒸发时吸收能量并冷却陆地表面，蒸散发过程属于自然界中能量循环和水循环中很重要的一部分，地面上的降水约有60%通过蒸散发过程又回到大气圈参与水汽输送，这个过程是一个吸热过程，吸收的能量大约占地表吸收太阳净辐射总量的55%，也就是说地表吸收能量的绝大部分都用于蒸散发，可见蒸散发的重要性。此外，蒸散发还影响水分在土壤中的运移过程，直接决定了土壤中的径流与渗漏比例，从而大大改变了水循环。最后，下渗到土壤中的水分一部分被土壤中的植物吸收用于植物的生长与呼吸，植物在吸水的同时也从土壤中吸取必要的矿质元素以及营养物，因此，植物的生长也与蒸散发过程有着千丝万缕的联系。

目前，对于蒸散发的研究内容主要分为潜在蒸散发(potential evapotranspiration，PET)和实际蒸散发(actual evapotranspiration，AET)两种。潜在蒸散发的概念最早是由Thornthwaite在1948年提出，是指在同种植被覆盖的、根系土壤水分充足的地表蒸发和植被蒸腾耗水之和。此后，随着学者们对水循环以及蒸散发过程认识的不断深入，潜在蒸散发被认为是在一定的气象条件下水分供应不受限制时，某一下垫面可能达到的最大蒸发量。在潜在蒸散发测定过程中，基于地表的植被种类、组成、盖度、分布特征等对土壤水分需求差异，通过增加修正系数，即得到实际蒸散发量。实际蒸散发是研究植被水分利用效率的重要参数，从一定程度上也可以反映某植被的生产力水平。在整个水循环过程中，实际蒸散发约占降水总量的60%，在干旱区可以高达90%，可见蒸散发过程在陆面水文循环过程中占有极其重要的比重；此外，整个蒸散发过程可以将约50%的太阳辐射进行对流交换，因此，蒸散发也是全球能量循环中的重要环节。蒸散发过程涉及大气边界层中的湍流扩散机制，大量的理论和实践证明，蒸散发过程与气象状况、土壤水分、植被等因素紧密相关，传统基于实测方法所估算的蒸散发大都基于局地尺度，而对于较大空间尺度上陆面特征和水热传输的非均匀性，用传统方法难以获取。随着光谱量子激光技术的逐渐成熟，使利用微气象学理论中的涡度相关法等高频、高精度的测定蒸散发成为可能；并且随着数字模拟技术的逐渐普及，研究者们尝试利用数字模型模拟蒸散发量，这些新技术新手段的应用为区域蒸散发研究工作提供了很大助力。

森林蒸散发是森林热量平衡和水量平衡研究中的重要因子，同时它也是划分森林生态类型的重要指标。自然界中的植被都可以看作下垫面的某一种类型。从下垫面或植被层向大气的水汽输送通量称为下垫面或植被层的蒸散发。对于森林植被来说，蒸散发就是林木、林下植被和地面这一整体向大气输送的水汽总通量，所以森林蒸散发包括森林植物群落中的全部蒸发和蒸腾。蒸发包括土壤蒸发、叶片和植物体上截留的水分蒸发；蒸腾包括通过叶片气孔和皮孔散发出的水分。确定森林蒸散发量对探求区域乃至全球水分循环规律、正确认识陆地生态系统的结构与功能和森林水文功能等方面都有重要意义。

总之，对蒸散发的研究始于水面蒸发，后来逐步向裸露地面蒸发转移，直至目前的以确定农田蒸散发量为重点的蒸散发研究。对森林蒸散发研究明显滞后于对农田蒸散发的研究，并且目前森林蒸散发研究的大多数理论与方法都直接来源于农田蒸散发研究。森林作为顶极生态群落与受人类活动影响较大的农田生态群落相比，在结构和功能上存在显著差异，很多关于农田方面的研究假设并不能完全应用于森林，因此，在森林蒸散发研究中仍没有相对标准的定量研究方法。

5.1 林木蒸腾

林木蒸腾又称林木散发，其过程大致是：林木根系从土壤中吸收水后，经由根、茎、叶柄和叶脉输送到叶面，并为叶肉细胞所吸收，其中除一小部分留在林木体内之外，90%以上的水分在叶片的气腔中汽化后向大气散逸。林木蒸腾作用实际上就是水分通过植物体的蒸发过程。蒸腾作用是一个生理过程，其与水分通过自由液面蒸发这一物理过程并不完全相同，因蒸腾作用受到植物本身的控制和调节，所以林木蒸腾不仅是物理过程，也是一种生理过程，比水面蒸发和土壤蒸发都要复杂。

5.1.1 蒸腾作用方式

当林木幼小的时候，暴露在地面上的全部表面都能蒸腾。林木长大后，茎枝形成木栓，这时茎枝上的皮孔可以蒸腾，这种通过皮孔的蒸腾称为皮孔蒸腾(lenticular transpiration)。木本植物具有皮孔蒸腾能力，但是皮孔蒸腾的量非常微小，约占全部蒸腾的0.1%，一般可以忽略不计。所以，木本植物主要还是靠叶片来蒸腾。

叶片的蒸腾作用有两种方式：①通过角质层的蒸腾，称为角质蒸腾(cuticular transpiration)；②通过气孔的蒸腾，称为气孔蒸腾(stomatal transpiration)。角质本身不易使水通过，但角质层中间杂有吸水能力较强的果胶质，同时，角质层也有孔隙，可使水分通过。角质蒸腾和气孔蒸腾在叶片蒸腾中所占的比重与角质层厚薄有关。幼叶的角质蒸腾可占总蒸腾量的 1/3～1/2，草本耐阴植物叶子的角质层蒸腾可占总蒸腾量的 1/3，但是植物成熟叶片的角质蒸腾一般仅占总蒸腾量的 5%～10%。在中生和旱生植物中，通过气孔蒸腾丧失的水分一般占总蒸腾量的 90%以上，因此，气孔蒸腾是植物蒸腾作用的主要形式。水是在叶肉细胞间隙表面，特别是在气孔附近表皮细胞的内表面进行蒸发，水蒸气再通过气孔扩散到外界大气中(图 5-1)。

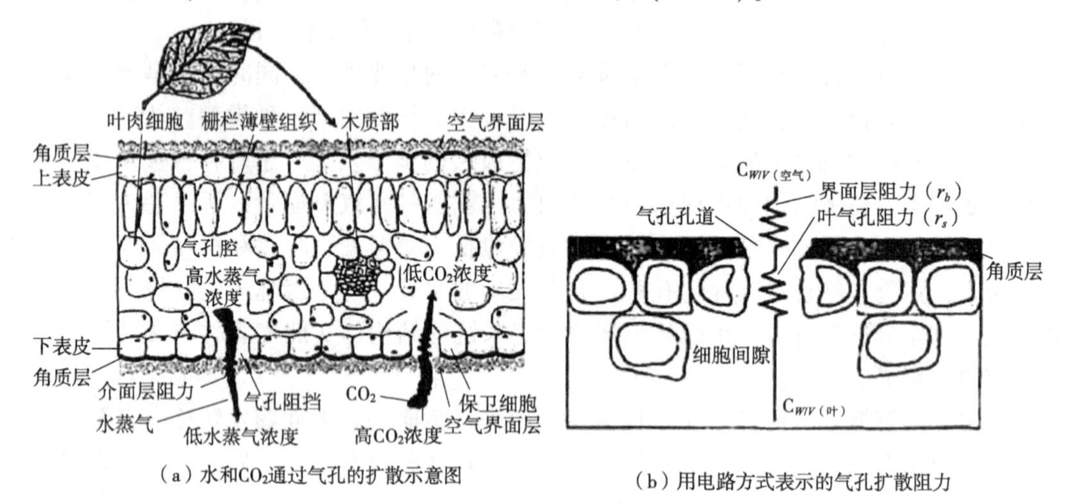

(a) 水和CO_2通过气孔的扩散示意图　　(b) 用电路方式表示的气孔扩散阻力

图 5-1 叶片中水的蒸腾途径

(Taiz et al.，1998；武维华，2003)

5.1.2 影响蒸腾的因素

叶内(即气孔下腔)和外界之间的蒸汽压差(即蒸汽压梯度)决定蒸腾速率。蒸汽压差大时，水蒸气向外扩散力量大，蒸腾速率快，反之就慢。气孔阻力(即内部阻力)包括气孔下腔和气孔的形状和体积，也包括气孔开度，其中以气孔开度为主。气孔阻力大，蒸腾速率慢；气孔阻力小，蒸腾速率快。气体通过小孔扩散出去，形成一个半球形的扩散层，扩散层厚薄不同，扩散层阻力(即外部阻力)就不同，扩散层厚，阻力大；扩散层薄，阻力小。

5.1.2.1 影响蒸腾速率的外界条件

蒸腾速率的快慢取决于叶内外蒸汽压差的大小，所以凡是影响叶内外蒸汽压差的外界条件，都会影响蒸腾作用。

(1) 光照

光照是影响蒸腾速率的最主要外界条件。它不仅可以提高气温，同时也可以提高叶温，一般叶温比气温高 2～10 ℃。气温的升高增强水分蒸发速率，叶片温度高于气温，使叶内外的蒸汽压差增大，蒸腾速率加快。此外，光照促使气孔开放，减少内部阻力，从而加快蒸腾速率。

(2) 气温

气温对蒸腾速率影响也很大。当大气相对湿度相同时，气温越高，蒸汽压越大，蒸腾速率越快(图5-2)。叶片气孔下腔的相对湿度总是大于大气相对湿度，叶片温度一般比气温高一些，厚叶表现更为显著。因此，当气温增高时，气孔下腔蒸汽压的增加大于空气蒸汽压的增加，所以叶内外的蒸汽压差加大，有利于水分从叶内逸出，蒸腾速率加快。

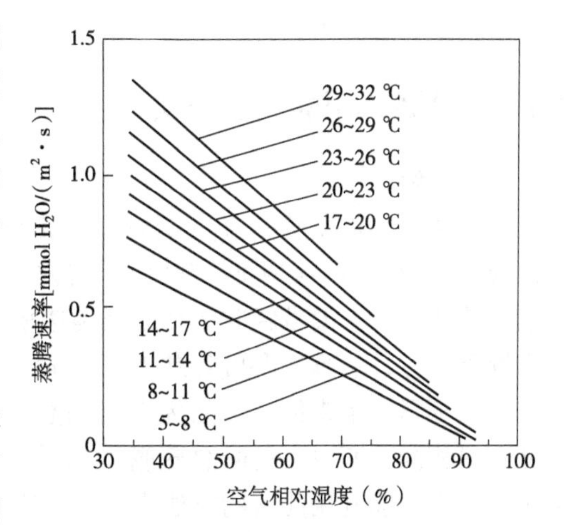

图5-2 芦苇叶片蒸腾速率与气温以及相对湿度的关系
(引自蒋高明，2004)

(3)大气相对湿度

大气相对湿度与蒸腾速率有密切的关系。由于植物不断蒸腾，气孔下腔的相对湿度是不会达到100%的，但是叶肉细胞细胞壁的水分不断转变为水蒸气，源源补充，所以气孔下腔的相对湿度并不低，保证了蒸腾作用顺利进行。但当大气相对湿度增大时，空气蒸汽压也增大，叶内外蒸汽压差就变小，蒸腾速率变慢。所以大气相对湿度直接影响蒸腾速率。

(4)风

风对蒸腾速率的影响比较复杂。微风促进蒸腾，因为风能将气孔外的水蒸气吹走，补充一些相对湿度较低的空气，扩散层变薄或消失，外部扩散阻力减小，蒸腾速率就加快。但是强风反而不如微风，因为强风可能引起气孔关闭，内部阻力加大，蒸腾速率就会慢一些。

(5)昼夜变化

蒸腾速率的昼夜变化是由外界条件所决定的。在天气晴朗、气温不太高、水分供应充分的条件下，随着太阳的升起，气孔渐渐张大，同时，气温增高，叶内外蒸汽压差变大，蒸腾速率渐快，在12:00~14:00达到高峰，然后随太阳的西落蒸腾速率下降，以至接近停止。在云量变化造成光照变化无常的天气下，蒸腾速率变化则无规律，受外界条件综合影响，其中光照为主要影响因素。

5.1.2.2 影响蒸腾速率的内部因素

内部阻力是影响蒸腾作用的内部因素，凡是能减少内部阻力的因素，都会促进蒸腾速率。

①气孔频度。气孔频度指1 cm^2叶片上的气孔数，气孔频度大有利于蒸腾的进行。

②气孔大小。气孔孔径较大，内部阻力小，蒸腾速率快。

③气孔下腔。气孔下腔容积大，叶内外蒸汽压差大，蒸腾速率快。

④气孔开度。气孔开度大，蒸腾速率快，反之，蒸腾速率慢。

⑤气孔构造。气孔构造不同也会影响蒸腾速率。气孔下陷的，扩散层相对加厚，阻力大，蒸腾速率较慢。例如，苏铁和印度橡胶树的气孔陷在表皮层之下，扩散层相对加厚，蒸汽压梯度小，阻力大，蒸腾速率慢。有一些植物的气孔构造特殊，也会影响蒸腾速率。

⑥叶片内部面积。叶片内部面积也影响蒸腾速率。因为叶片内部面积(指内部暴露的面积，即细胞间隙的面积)增大，细胞壁的水分变成水蒸气的蒸发面积增大，细胞间

隙充满水蒸气，叶内外蒸汽压差大，有利于蒸腾。

5.1.3 蒸腾作用的表示方法

(1)蒸腾速率

蒸腾速率也称蒸腾强度或蒸腾率，指植物在单位时间内单位叶面积散失的水量，单位为 g/(m² · h)。如果测定叶面积有困难，也可用叶重(干重或鲜重)代替。在有利于蒸腾的条件下，温带阔叶树种的蒸腾速率通常为 50~250 g/(m² · h)；在夜间、低温或土壤干旱时，蒸腾速率可降到 10 g/(m² · h)以下。大树的总蒸腾量可根据总叶量和样本叶的蒸腾速率来估计。因为大树的总叶量很难精确测定，树冠上各叶片的蒸腾速率又不尽相同，所以大树的总蒸腾量只是一个估计值。计算一个林分的蒸腾量就更复杂了，通常只能利用间接的方法来估计。表 5-1 列举了一些林分的蒸腾数据，从表 5-1 可知，针叶树种的蒸腾速率显著低于阔叶树种，但是针叶林分的叶量比阔叶林分多好几倍，所以二者的林分总蒸腾差异不显著。

表 5-1 若干树种的林分蒸腾

树　种	叶量 (kg)	叶片平均每日蒸腾量 ($g_{水}/g_{叶}$)	林分蒸腾量(mm/hm²)	
			每日	每年
疣皮桦 *Betula verrucosa*	4.9	8.1	4.0	430~480
欧洲水青冈 *Fagus sylvatica*	7.9	3.9	3.1	320~370
欧洲落叶松 *Larix decidua*	12.1	3.8	4.6	460~580
欧洲赤松 *Pinus sylvestris*	10.7	2.0	2.1	240~300
挪威云杉 *Picea abies*	26.1	1.4	3.7	390~450
北美黄杉 *Pseudotsuga menziesii*	33.9	1.3	4.7	480~580

注：林分年龄为 40~50 年；叶量指第二产量级的林分的平均叶量；生长期为 120 d；引自王沙生，1991。

(2)蒸腾效率

也称蒸腾比率，是植物每蒸腾 1 kg 水分所产生干物质的质量。一般植物的蒸腾效率为 1~8 g，而大部分作物的蒸腾效率为 2~10 g。

(3)蒸腾系数

蒸腾系数也称需水量，是植物每产生 1 g 干物质所消耗的水分质量。蒸腾系数越大，水分利用效率越低。一般野生植物的蒸腾系数是 125~1000 g，大部分作物的蒸腾系数为 100~500 g。蒸腾系数是蒸腾效率的倒数。

5.1.4 植物体内水分运输机制

5.1.4.1 根系吸水动力

根系从土壤中吸收的水分和矿物质进入植物体后形成连续不断的液流，在土壤—植物—大气连续体中，水分运输的具体途径是：土壤→根毛→皮层→内皮层→中柱鞘→根的导管或管胞→茎的导管→叶柄导管→叶脉导管→叶肉细胞→叶细胞间隙→气孔下腔→气孔→大气(王忠，2000)。根系吸水有两种动力：根压和蒸腾拉力。

根压是根系的生理活动使液流从根部上升的压力，由此产生的吸水现象是一种主动吸水。根部导管周围的活细胞进行代谢活动，不断向导管分泌无机盐和有机酸，引起导管溶液的水势下降，所以水分不断地流入导管；较外层细胞的水分向内移动，最后土壤水分沿着根毛、皮层流入导管，进一步向地上部运送。

蒸腾拉力是指蒸腾失水所产生的使液流向上移动的拉力。叶片蒸腾时，气孔下腔附近的叶肉细胞因蒸腾失水而引起水势下降，于是从相邻的细胞取得水分，邻的细胞又从另一个细胞取水，继而下去就从导管取水，最后导致根系从土壤中吸水。所以靠蒸腾拉力吸水是一种由叶、枝形成的吸水力传到根部而引起的被动吸水。在根压和蒸腾拉力两者之间，通常后者的作用更为重要，只有在春季植物叶片尚未展开、蒸腾效率很低时，根压才成为吸水的主要动力。

5.1.4.2 水分传输机制

19世纪末20世纪初，部分学者(如Dixon等)提出了植物体内液流上升的内聚力学说，也称蒸腾-内聚力-张力学说，是目前学术界最为广泛接受的能够解释液流上升机制的理论。内聚力学说认为：木质部液流中水分子之间相互吸引，可产生内聚力，叶片蒸腾失水时从导管(或管胞)吸水形成向上的蒸腾拉力，而液流本身又受重力的作用具备向下运动的势能，这两种力相互作用就使得导管的水柱产生张力；由于水分子的内聚力大于水柱张力，所以保证了水柱的连续性从而使水分沿导管/管胞不断上升。内聚力学说把水分吸收与蒸腾作用很好地联系起来。从根到叶的连续水柱在整株植物的水分吸收与丧失之间形成一种负反馈，通过它调节蒸腾速率和吸水速率，达到植物体内水分的相对平衡。在早期，能够支持内聚力学说的为数不多的实验证据是通过一些间接方法得到的，到20世纪60年代发明了压力室技术之后，这一学说的主导地位得到确立。

过去几十年中，解释水分在植物体内长距离运输的理论被不断提出，但都没有引起大的反响，其原因在于采用压力室技术获得的大量数据依然是支持内聚力学说的(Meinzer，2001)。从1990年前后开始，对内聚力学说的挑战再度引发了一场激烈的争论。这场争论由于木质部压力探针(xylem pressure probe，XPP)的发明而变得更加激烈。利用XPP可以直接测得一个完整植株中某一根导管的压力或张力，其结果虽然证实了处于蒸腾过程中的植株的木质部内的确有张力存在，但这种张力往往太小，不足以说明水分在木质部中的长距离运输完全是由张力所驱使的，并且测定结果通常比采用压力室技术测算出的张力值要小得多。采用XPP技术测得的结果以及早期一些与内聚力学说相抵触的观察结果促使有些研究者提出解释水分长距离运输机制的新学说，Canny提出的"补偿压学说"就是其中的一个，该学说认为，木质部张力通过补偿压维持在一个稳定的范围内，这种补偿压是由围绕木质部膨胀的活组织所施加的。按照这个学说，补偿压的存在有助于填充导管内出现的空泡，原因是补偿压可将组织内的水分挤入空泡中。补偿压学说发表不久就又有人提出质疑，问题的焦点是木质部外围的组织压力是暂时性的，它能否持续地维持木质部的压力而使稳定的水分运输得以进行。

5.1.4.3 液流与空穴化/栓塞化作用

研究表明，有两个因素会促使木质部中水分子的内聚力增加：一是当水进入根的时候就已经过有效过滤，除去了一些微细的颗粒，而这些颗粒往往能成为形成气泡的核；二是水流处于十分微细的导管或管胞之中，有充分的证据表明，气泡能在导管或管胞中形成，这就是空穴化作用，也称空化作用、空穴现象、成腔或气泡形成等。在许多乔木中这种情形存在比较普遍，甚至在草本植物中也可能发生。空穴化作用形成的气泡或空腔被水蒸气或空气所填充，形成栓塞，可能导致导管中水柱的中断，因而它会降低导管的输水能力，严重的时候还会影响植株的生长。空穴化和栓塞化是紧密相关的两个概念，有关它们的形成机理目前存在两种不同的观点：一是以 Tyree et al.(1989)为代表的学者基于内聚力学说的观点，认为空穴化和栓塞化是同一个过程的两个阶段，从前者转为后者需要几分钟到几个小时；二是近年来诸多学者以“空气充散假说”为基础的观点，认为空穴化和栓塞化是同时发生的。

任何使木质部张力增加的因素都可能引起空穴化/栓塞化，目前了解较多的诱因包括水分胁迫、冬季木质部管道内树液结冰、植物维管病害等，具体表现为：①水分胁迫直接引起木质部水势下降、张力增加，当水势下降超过一定阈值后，水柱就会断裂，外来的微气泡就可能进入原本充水的管道，形成栓塞，阻滞水分的运输。②木质部管道内树液结冰引起木质部空穴和栓塞化可能涉及两种机理：一是溶解在树液中的空气在树液结冰时会从溶液中逸出，由于张力增加气泡会扩大，进而栓塞化，此为冻融交替机理；二是栓塞的形成起因于结冰木质部管道内冰的升华作用。③因维管病害引起的木质部栓塞有多种解释，如真菌侵染导致木质部导水率下降、病原体干扰根部吸水并使气泡扩散的临界压力降低等。

不同植物之间对空穴化作用的敏感性差异很大。一般来说，较难发生空穴化的种类是相对耐脱水的。例如，杨树的茎干在水势为-1.6 MPa 时其导管的水柱就出现完全空穴化，而柳树、槭树、冷杉和刺柏发生空穴化的阈值分别是在-1.4 MPa、-1.9 MPa、-3.1 MPa和-3.5 MPa 的水势下。同一种植物同一基因型的不同表现型之间，对空穴化作用的敏感性变化也很大，其差别可能同种间差别一样显著。此外，一些环境因子(如水分、光照等)也会对植物空穴化作用产生影响，如槭树生长在湿润生境中时其根部的木质部更容易发生空穴化；水青冈暴露在阳光下的枝条比遮阴条件下的枝条更容易发生空穴化，因为木质部导管只能在较长时间尺度上得到锻炼(驯化)以适应新的环境条件，所以当水青冈突然暴露于全光照之下(如间伐)时，假如蒸腾速率不能被有效调节，木质部就可能发生空穴化或栓塞化现象。

5.1.5　林木耗水规律

林木一方面通过根系从土壤中吸收水分，另一方面又通过叶的气孔和叶、干等的表皮角质层把吸收的水分大部分以水蒸气的形态散放到大气中。气孔蒸腾占绝对主导地位，一般角质层的蒸腾量还不到气孔蒸腾量的 1/10。气孔蒸腾受到各种条件的影响，首先随气孔开度而变化，气孔开度与光照强度有关。在弱日照下，气孔常常关闭，在树荫下的耐阴植物其气孔开度不大；由于日照存在季节性变化，因而林木蒸腾也呈现日变化和季节变化的规律。气温与蒸腾的关系是通过气体分子扩散系数的影响来反映的，当其他条件不变时，蒸腾量将随气温的升高而升高，随着气温的下降，带来地温的下降，根的吸收能力减弱，而蒸腾也减少。总之，林木蒸腾量是受植物表面温度与表面接触的空气蒸汽压的影响，而植物的温度、空气蒸汽压又受到日照、气温、大气相对湿度、风速等环境条件的影响，这些环境条件又随时间、季节、场地而变化。此外，蒸腾量还随着根的水分吸收、植物的蒸腾面(主要是叶的形状、性质、位置)并由于植物的种类、年龄、生长速率而有所不同。

5.1.5.1 林木蒸腾速率的时间格局

(1)林木蒸腾速率日变化

林木蒸腾速率随时间的昼夜周期性交替而变化。早晨蒸腾作用微弱，随着太阳的升起，蒸腾速率逐渐加快。从各树种叶片蒸腾速率和气孔导度的日周期变化进程看，二者的变化进程是一致的。但是，不同树种蒸腾速率的变化日进程差异较大，常见的有两种形式：单峰曲线型和双峰曲线型。杨新兵(2007)在北京密云水库水源保护林试验站采用光和测定仪 Li-6400 测定了 23 种植物的蒸腾耗水量(图 5-3)，结果表明，上午随着光照强度和气温的上升，侧柏、油松蒸腾速率和气孔导度迅速上升，并很快达到峰值，13:00 开始下降，呈单峰曲线。杨新兵(2007)采用小型蒸渗仪测定了不同月份油松和侧柏昼夜耗水量(图 5-4)，结果显示油松白天耗水比例总平均为 74.7%，侧柏为 82.8%，5~9 月晴天、半晴天和阴天的耗水比例差别不显著。

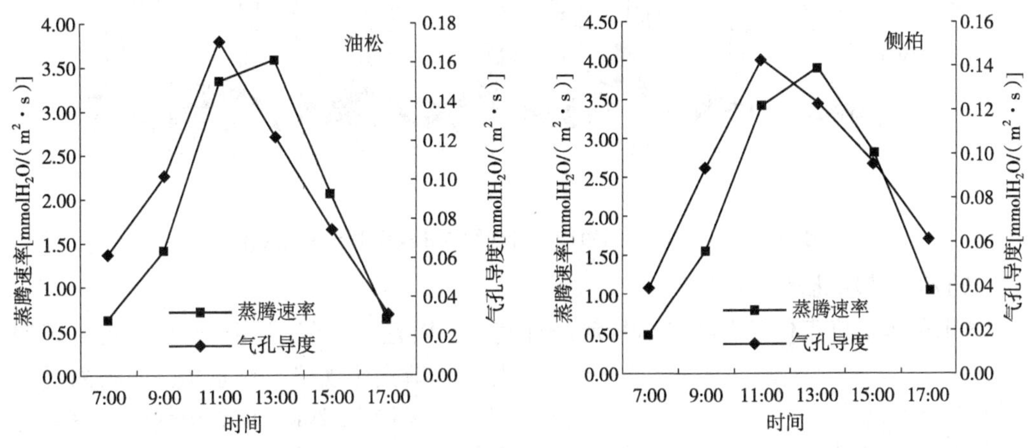

图 5-3 不同树种蒸腾速率与气孔导度日变化

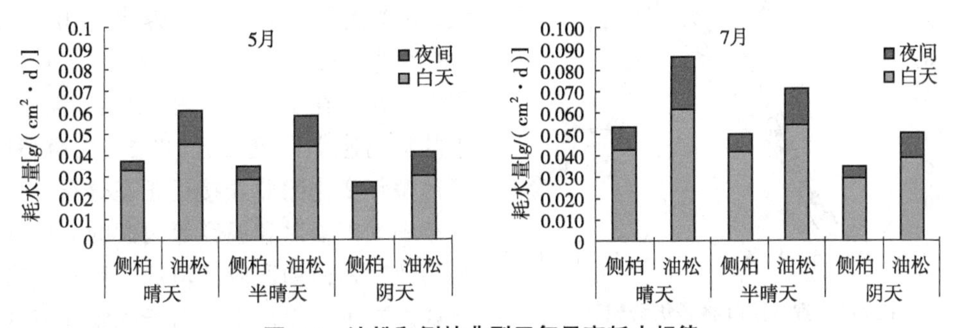

图 5-4 油松和侧柏典型天气昼夜耗水规律

贾剑波(2016)在北京山区首都圈森林生态系统定位站，利用 SF-L 热扩散式液流计连续测定了 2014 年 7 月典型晴天侧柏、油松和栓皮栎的树干液流变化，由图 5-5 可以看出，7 月典型晴天树干液流速率变化趋势呈单峰曲线，不同树种液流速率达到峰值的时间和液流速率峰值均不同，其中侧柏和栓皮栎液流峰值约出现在 12:00，而油松约出现在 16:00，3 个树种日液流速率最大值分别为栓皮栎[0.0049 g/(cm^2·s)]>侧柏[0.0032 g/(cm^2·s)]>油松[0.0007 g/(cm^2·s)]，日液流速率最小值均为 0。栓皮栎的每日液流波动幅度最大，波峰和波谷之间的差值达0.0048 g/(cm^2·s)，而油松的变化幅度最小，最大值和最小值之间的差异为0.0007 g/(cm^2/s)。7月典型晴天的平均树干液流速率大小表现为：栓皮栎[0.0026 g/(cm^2·s)]>侧柏[0.001 g/(cm^2·s)]>油松[0.0003 g/(cm^2·s)]。三者之间树干液流速率的差异性显著，$F_{126}=15.36$，$P<0.05$。从液流变化趋势来看，温度和辐射对其影响较大。

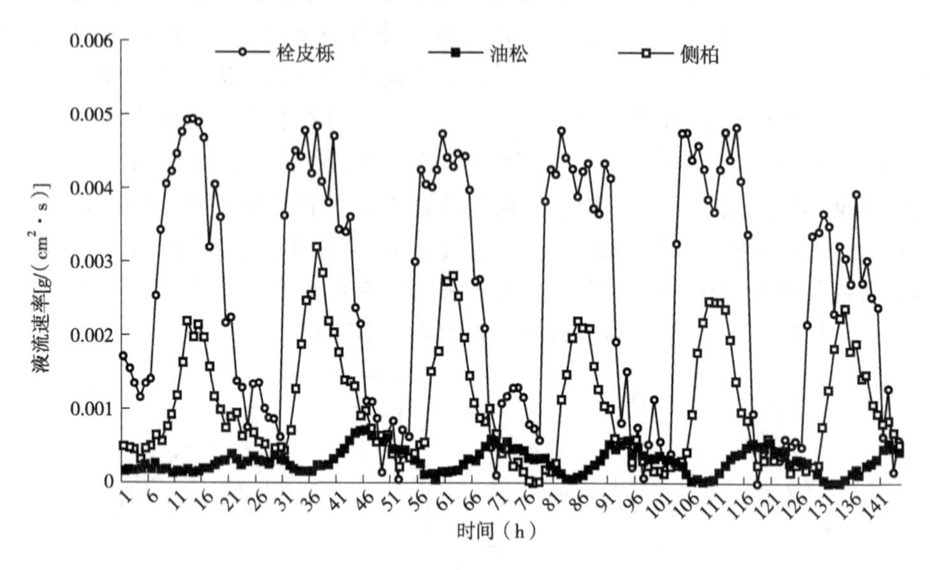

图5-5 北京山区不同树种7月连续5 d典型晴天液流变化

(2)林木蒸腾速度季节变化

林木蒸腾速度不仅具有随日出日落的日变化，而且随季节(月份)的更替也呈现明显的季节变化规律。李旭光(1988)对重庆缙云山天然常绿阔叶林6个优势种蒸腾速率的研究表明，一年中蒸腾速度以夏季最大，6个优势种最高蒸腾速率都出现在7月；冬季(12月至翌年2月)的蒸腾作用很弱，甚至在1~2月无法测出；春、秋两季的蒸腾速率比较接近(图5-6)，树种蒸腾速率年变化的曲线接近正态分布，这与一年中太阳辐射和温度等因素的变化规律相一致，是植物适应环境的一种必然表现形式。在不同年份中，由于气候环境的波动，植物的蒸腾速率也呈现相应的波动。

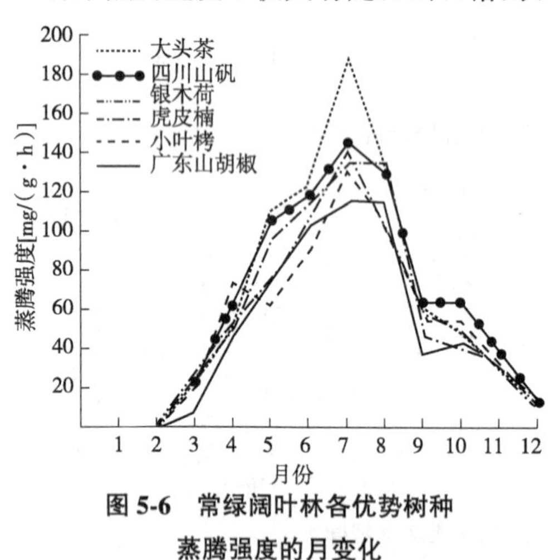

图5-6 常绿阔叶林各优势树种蒸腾强度的月变化

5.1.5.2 林木蒸腾速率与树种的关系

(1)林木蒸腾速率与树种的关系

林木的蒸腾速率因树种不同而不同。以每克干叶重24 h吸收的水量比较：冷杉为5.1 cm^3，落叶松为22.6 cm^3，桦树为45.1 cm^3，欧洲山杨为35.5 cm^3，黑杨为50.1 cm^3。牛丽等(2006年)测得内蒙古科尔沁沙地樟子松人工林的日均蒸散量0.81 mm/d，小叶锦鸡的日均蒸散量1.98 mm/d。赵明等(1997)在我国西北地区利用蒸渗仪测得3年生梭梭的单株年蒸腾量和年蒸散发量分别为105 mm和515 mm，3年生柠条的单株年蒸腾量和年蒸散发量分别为120 mm和499 mm。张宝忠等(2015)利用波文比能量平衡法实测了干旱荒漠绿洲葡萄园的日均蒸散发量2.26 mm/d，总蒸散发量371.12 mm。从表5-1列举的一些林分蒸腾资料可知：针叶树的蒸腾速率显著低于阔叶树，但是针叶树林的叶量比阔叶树林多好几倍，所以在林分总蒸腾量方面二者的差异不显著。

(2)林冠不同层次对蒸腾速率的影响

由于林木个体高大，不同的层次，其光照、温度、湿度及通风条件也不相同，多种气象因子协同影响气孔运动，无疑会导致各层蒸腾速率的差异，影响林冠各层叶片的短期水分利用效率。北京西山侧柏林冠层不同高度叶片的瞬时水分利用效率随冠层高度的变化表现为：上层>中层>下层(张永娥等，2017)。落叶松树冠蒸腾速率也表现为：上层[329 mg/(g·h)]>中层[270 mg/(g·h)]>下层[265 mg/(g·h)]，其上层与中、下层差异较大，而中层与下层的差异不明显。原因在于越往上层，光照、温度、湿度及通风条件越有利于蒸腾，再加上上层的枝条1年生、2年生的比较多，其生理功能旺盛，蒸腾也较强，而下层则老枝较多，生理活性差，蒸腾作用减弱；虽然中层比下层在光照、温度、湿度等方面好一些，但二者环境条件差异不显著，因而两层的蒸腾速率差异也不大(刘世荣等，1996)。红松针叶的蒸腾速率受到冠层部位和叶龄的显著影响，表现为蒸腾速率随着冠层部位的下降而减小，1年生针叶的平均蒸腾速率最快，造成这种格局的原因主要是光合有效辐射随冠层部位和叶龄的变化而变化，虽然光合有效辐射可以通过增加叶面温度、促进水分蒸发来提高蒸腾速率，但是该研究中将叶室温度控制在25 ℃恒温条件下，因此，光合有效辐射可能通过增加气孔导度，促进树体气体交换，加速蒸腾(霍宏等，2007)。

5.2 林地土壤蒸发

土壤水分蒸发是土壤水分整个运动过程中的一种特殊形式。水分从土壤表面蒸发需要两个条件：一是太阳辐射能(蒸发1 g水需要580 cal热量)；二是土壤中从下向上的水流(以保证表土层有水分用于蒸发)。第一个条件是由气象因素决定的，一般指太阳辐射、大气相对湿度、气温和风速等，这些因子综合在一起，统称为潜在蒸发力或大气蒸发力，是指表土层水源充足条件下能被大气夺走的最大水量；第二个条件由土壤性质决定，主要指土壤的导水率。由此可见，土面蒸发的强度实质上受潜在蒸发力和土壤导水率两个方面所制约。当能满足第二个条件时，蒸发强度就由潜在蒸发力所决定；反之，如果土壤没有足够的水分供给蒸发或者导水率很低，再强的潜在蒸发力也无济于事，这时的蒸发强度主要由土壤性质所决定。

在缺少植被覆盖的土壤上，开始阶段蒸发速率很高，但首先蒸发掉的是土壤大孔隙中的水分，当大孔隙中的水分被蒸发完后，再蒸发的水分则来自小孔隙。由于毛管水运动较慢，当蒸发速率很快时，表土层与底土层的连续水柱就会中断，毛管水向上运动基本停止。质地较粗的土壤比质地较细的土壤更容易发生这种现象。因此，在质地粗到中等粗细的土壤中，夏季蒸发速率最初很快，但一旦表土层变干，蒸发速率就降至很低水平，此时表土以下的土壤却仍可能处于田间持水量水平；而在质地较细的土壤上，毛管水柱可长时间保持，因而底层土壤也会逐渐变干。在植被盖度较高的条件下，太阳辐射能只有小部分可以到达土壤表面引起蒸发。如果地表有机质积累较多，则土壤的蒸发还会进一步减少，因为从土壤到地被物表面之间缺乏连续的孔隙。由于胶体的保水性能好，分解完全的地被物可以减少水分的蒸发损失。即使是干燥的地被物也是一个水汽屏障，它能有效地防止土壤水分的散失。由于森林林木个体高大、林冠郁闭，导致林下光线很弱，加之下层植被和枯落物层的掩盖，从而使林地的蒸发量很小。

5.2.1　林地土壤蒸发时间格局

5.2.1.1　林地土壤蒸发日变化

由于受气温、光照日变化的影响，土壤蒸发也呈现一定的日变化规律。北京山区 7 月晴天土壤蒸发结果如图 5-7 所示：从 8:00 开始，随着时间的增加气温不断升高，土壤蒸发量不断增加，到 12:00~14:00 点达到峰值。阳坡针阔混交林 0~10 cm 土层林外土壤蒸发最大值为 0.4805 mm/h，林内土壤蒸发最大值为 0.1711 mm/h；阴坡油松林 0~10 cm 土层林外土壤蒸发最大值为 0.3747 mm/h，林内土壤蒸发最大值为 0.1947 mm/h。随着时间的延长，蒸发量开始下降，到 16:00~18:00 蒸发量降到最低，夜间的蒸发量也比较小。在湿度大的夜晚，土壤水分在夜间的蒸发还有可能出现“负平衡”，说明夜间凝结水数量大于同期的蒸发量。总体规律是，阳坡针阔混交林>阴坡油松林。由于阳坡光照时间长，光强度大，气温升高较快，促进了土壤的蒸发。

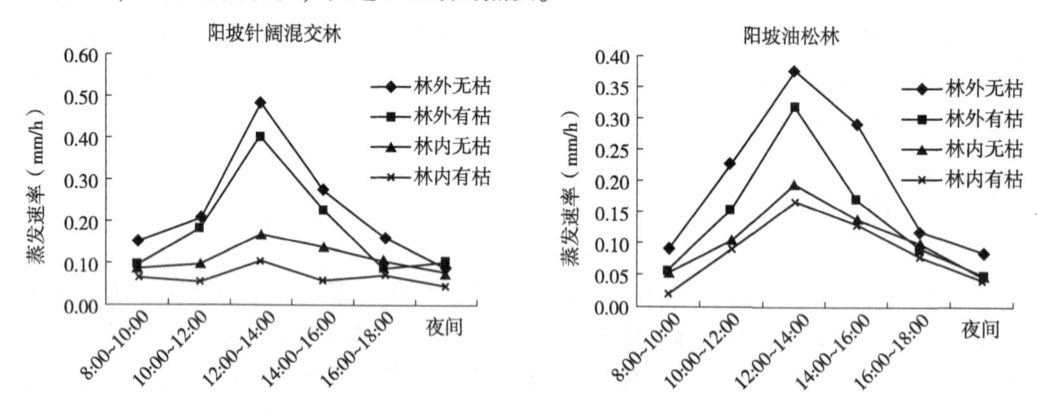

图 5-7　北京山区两种林分 0~10 cm 土层日蒸发变化

5.2.1.2　林地土壤蒸发年内变化

林地土壤蒸发也存在一定的变化规律。北京山区生长季土壤的蒸发变化呈双峰曲线，5 月以前由于土壤含水量低，土壤蒸发较低；6 月以后，随着气温和降水的增加，土壤蒸发量明显增加，达到土壤蒸发量的高峰；由于 7 月的阴雨天较多，蒸发量相对减少；9 月底以后，降雨明显减少，土壤表层的含水量也显著降低，导致土壤蒸发量降低；10 月底以后达到最低(表 5-2)。图 5-8 中出现的接近 0 的值是阴雨天的值，可以不考虑。

5.2.2　影响林地土壤蒸发的因素

温度对土壤蒸发影响很大。以北京山区 7 月晴天为例，随着时间的增加，气温的升高，土壤蒸发量不断增加，到 12:00~14:00 达到最大，随后呈下降趋势，即随气温的升高，土壤蒸发量逐渐增大(图 5-7)。

表 5-2　北京山区林地土壤月蒸发量　　　　单位：mm

月份	降水量	水面蒸发	油松林		柏栎林	
			林内	林外	林内	林外
5	69.3	231.3	31.03	36.80	35.36	48.20
6	132.0	216.0	23.65	52.30	36.28	55.40
7	116.6	130.2	11.48	26.30	18.63	30.65
8	151.8	139.6	14.63	32.64	22.44	38.48
9	12.0	169.0	23.15	31.26	26.59	36.69
10	17.4	121.7	10.47	18.40	14.36	18.36
合计	499.1	1007.8	114.41	197.70	153.66	227.78

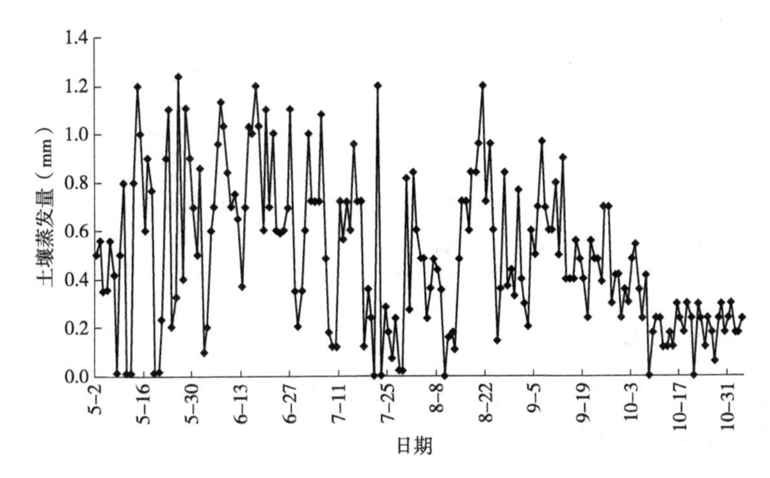

图 5-8　北京山区生长季林地土壤蒸发变化

（杨新兵，2007）

林下枯落物层对土壤蒸发具有明显的抑制作用。有枯落物层覆盖的地表蒸发量明显小于无枯落物层覆盖的地表蒸发量，并且随着枯落物层厚度的增加，其趋势更加明显。枯落物层可使土壤表面蒸发量平均减少 34.22%（林内）和 68.49%（林外）（图 5-7、表 5-3）。

表 5-3　环境因子对地表土壤蒸发的影响

郁闭度	枯落物层厚度（cm）	气温（℃）		大气相对湿度（%）		蒸发量（t/hm²）			有覆盖蒸发占无覆盖的比例（%）	有覆盖蒸发占空旷地的比例（%）
		林内	林外	林内	林外	林内		林外		
						有覆盖	无覆盖			
0.70	3.4	20.8	21.3	79	78	12.12	18.46	32.14	65.66	37.71
		15.2	15.6	85	84	9.41	14.47	26.93	65.03	34.94
		9.9	9.8	66	66	4.95	7.53	16.26	65.74	30.44
0.83	4.6	19.9	21.3	79	78	10.73	16.28	32.14	65.91	33.39
		14.7	15.6	86	84	8.74	13.30	26.93	65.72	32.45
		9.9	9.8	67	66	5.05	7.65	16.26	65.01	31.06

(续)

郁闭度	枯落物层厚度(cm)	气温(℃)		大气相对湿度(%)		蒸发量(t/hm²)			有覆盖蒸发占无覆盖的比例(%)	有覆盖蒸发占空旷地的比例(%)
		林内	林外	林内	林外	林内		林外		
						有覆盖	无覆盖			
0.74	3.8	20.5	21.3	79	78	11.63	17.73	32.14	65.60	36.19
		15.1	15.6	85	84	9.27	14.18	26.93	65.37	34.42
		9.9	9.8	67	66	5.02	7.61	16.26	65.97	30.87
0.87	5.7	19.3	21.3	81	78	10.55	15.92	32.14	66.27	32.83
		14.3	15.6	86	84	8.36	12.67	26.93	65.98	31.04
		10.0	9.8	68	66	4.88	7.35	16.26	66.39	30.01
0.89	6.5	19.3	21.3	81	78	9.82	14.74	32.14	66.62	30.55
		14.4	15.6	87	84	8.11	12.19	26.93	66.53	30.12
		10.0	9.8	68	66	4.87	7.23	16.26	67.36	29.95
0.96	7.4	19.1	21.3	82	78	9.02	13.42	32.14	67.21	28.06
		14.2	15.6	87	84	7.45	11.10	26.93	67.12	27.66
		10.1	9.8	68	66	4.15	6.97	16.26	59.54	25.52

5.2.3 土壤蒸发测定

确定土壤蒸发量的方法有器测法、经验公式法、水量平衡法、热量平衡法等。现就前两种常用方法简要介绍如下。

(1)器测法

常用的有ГГИ-500型土壤蒸发器、蒸渗仪、负压计。测定的基本原理是，通过直接称重或静水浮力称重的方法测得并分析土体重量的变化，据此计算土壤蒸发量的变化。小型蒸渗仪是一种用于直接测定裸露土壤及作物冠层下土壤蒸发的测定技术，由Boaet et al.(1982)首次使用并进行了评价，既可用于测定裸土土壤蒸发量，也可用于测定植物冠层下的土壤蒸发量，是一种无扰动的、封底的、可移动的安装于土壤中的原状土柱，以监测水分散失的小型观测器皿。另有一种负压计，又称张力计，是利用土壤含水量与土壤水吸力的关系来测定土壤含水量，通过分析土壤含水量变化，确定土壤的蒸发量。此外，还可应用γ射线和中子等核物理手段测定土壤含水量。我国安徽滁州径流实验站在应用γ射线和中子法测定土壤含水量方面取得了一定经验。

目前，器测法主要适用于单点土壤蒸发量的测定，对于大范围的土壤蒸发量的测定，由于受到复杂下垫面条件(包括植被、土壤自身条件)的影响，该方法的使用受到很大的限制。

(2)经验公式法

土壤蒸发经验公式的建立原理与水面蒸发相同，所以其公式的结构相似。

$$E_{土}=A_s(e'_0-e_a) \tag{5-1}$$

式中 $E_{土}$——土壤蒸发量；

A_s——反映气温、大气相对湿度、风等外界条件的质量交换系数；
e'_0——土壤表面水汽压，当表土饱和时，e'_0 等于饱和水汽压；
e_a——大气水汽压。

5.3 森林蒸散发及其规律

蒸散发是森林生态系统水分循环中最主要的输出项，由于在蒸散发过程中要消耗大量热能，因此，它又是森林生态系统热量平衡中最主要的过程，这也是森林能调节局域气温和大气相对湿度的机理所在。

蒸散发作为全球水分循环的重要分量和影响全球气候变化的主要因素，一直备受人们关注。早在 1802 年，Dalton 就基于饱和水汽压差建立了计算水面蒸发的公式，被公认为现代蒸发理论的开端。此后，Weilenmann、Reynolds、Black 等人在理论和实践方面又有了很大发展(王志安，2003)。1861 年，Maury 提出了能量平衡的概念，是很多理论模型构建的理论基础。此后，Stefan(1879)、Boltzmann(1884)、Schmidt(1915)和 Bowen(1926)等人的研究完善了能量平衡法。尤其是 Bowen 在 1926 年基于能量平衡法提出了一些假定，建立了目前广泛应用的波文比能量平衡法。1948 年，Thornthwaite 在研究气候分类时，提出了蒸散力的概念，同年，Penman 在提出蒸散力概念的同时导出了计算湿润表面蒸发的公式(Penman 公式，译为彭曼公式)，为潜在蒸散量和参考蒸散量的计算提供了依据，是目前广泛应用的 Penman-Montheith 公式的基础。1951 年，澳大利亚著名微气象学家 Swinbank 提出了涡动相关理论，为涡动相关法观测近地面层中物质与能量输送过程提供了理论基础。1963 年，Montheith 通过引入冠层阻力的概念，对彭曼公式进行了改进，导出了 Penman-Montheith 公式，主要用于平坦均一下垫面环境。在彭曼公式的基础上，1975 年，Priestley 和 Taylor 研究推导出了适用于土壤湿度较大地区的蒸散发计算公式，该公式被命名为 Priestley-Taylor 方程；在此之后，陆续出现了各种蒸散发的计算方法，Doorenboss 和 Gray 分别在 1975 和 1977 年给出了以地表能量平衡为理论基础的蒸散发估算方法。Allen 等于 1998 年在彭曼公式的基础之上做了一些假设与精简，从而得到了较为简单易用的 FAO-Penman-Monteith 公式，从而使原有的彭曼公式可以更好地用于不同的下垫面条件。这些新方法新手段丰富了蒸散发的研究工作，为此后的蒸散发研究奠定了扎实的理论基础。

国内蒸散发研究的历史较短，先驱性的研究应属马雪华(1963)应用水量平衡法对四川米亚罗冷杉林蒸散发量的测定和王正非等(1964)利用能量平衡法对甘肃子午岭山杨和辽东栎蒸散发量的测定。同期，王正非、崔启武等提出了林冠蒸散发的计算方法。20 世纪 80 年代以后，森林蒸散发在国内渐成研究热点。此后，研究者分别采用氚水示踪、经验公式、控制条件的单株平衡、分摊系数、热脉冲测定单株液流后尺度放大等方法，区分了林木蒸腾与土壤蒸发。由于森林生态系统结构复杂，对其蒸发、蒸腾过程极难直接测定，目前通常采用水量平衡法、能量平衡法和水热结合法间接测算。

5.3.1 森林蒸散发影响因素

森林生态系统蒸散发受一系列环境因子(如太阳辐射、空气温度、饱和水汽压差、土壤水分含量等)和生物过程(如展叶、叶片生长、气孔开闭等)交互作用的影响。例如，影响杨树生态系统蒸散发的主导因素随地域不同而有所差异，影响西北干旱、半干旱地区的杨树蒸散发的主导因素是土壤水分，影响暖温带半湿润气候区(如山东)的一些无性系杨树蒸散发变化的主要环境因子是太阳辐射，而对于亚热带湿润季风区(如安徽)的无性系杨树(如南林 895、I-69 杨树等)，气温是影响生长季蒸散发的主要因子。

(1)辐射

从辐射与蒸散发在林冠和林地两个层次的分布可知(表 5-4)，林冠表面由于获得大量的总辐射、净辐射，使蒸散发量较大，而林地表面只能获得较少的总辐射，加上林地不断进行有效辐射，致使林地的净辐射为负值，蒸散发量为-33. 1 mm。可见净辐射不同，蒸散发明显不同。从落叶松人工林生态系统的净辐射与蒸散发量日变化(图 5-9)可看出，总蒸散发量与总辐射的变化是一致的。因此，森林生态系统中的蒸散发状况取决于它所获得的辐射能量，辐射能量是驱动系统中水分运动的最终和最根本的动力。刘莹等(2016)研究表明，森林生态系统蒸散发驱动因子的贡献排序为：辐射>气温>水汽压>风速>土壤温度>大气相对湿度>日照时长，即辐射对蒸散发的影响最为显著。

表 5-4　林冠与林地表面的辐射及蒸散潜热量分配　　单位：MJ/m^2

月份	森林层					林地层			
	NR	*HSS*	*SH*	*LE*	*HSV*	*NR*	*HG*	*SH*	*LE*
5	274. 036	2. 439	72. 975	198. 622	0. 422	-11. 380	2. 017	-5. 229	-8. 168
6	359. 104	4. 356	85. 737	269. 011	0. 834	-74. 537	3. 522	-40. 864	-37. 195
7	333. 449	11. 049	85. 349	237. 051	3. 458	-45. 758	7. 591	-33. 181	-20. 163
8	218. 902	3. 411	50. 312	165. 179	0. 691	-22. 856	2. 720	-15. 543	-10. 033
9	224. 470	-17. 555	53. 018	189. 007	0. 256	-31. 066	-17. 811	-7. 578	-5. 677
总计	1409. 961	3. 700	347. 391	1058. 870	5. 661	-185. 597	-1. 961	-102. 400	-81. 236

注：*NR*—净辐射；*HSS*—系统贮热量；*SH*—显热；*LE*—潜热；*HSV*—植被贮热量；*HG*—土地贮热量。

图 5-10 是蒙古栎林生态系统蒸散发强度与总辐射强度的关系。相关分析表明，二者呈极显著正相关，即：

$$Y=-0.162+0.804X \qquad R^2=0.95 \tag{5-2}$$

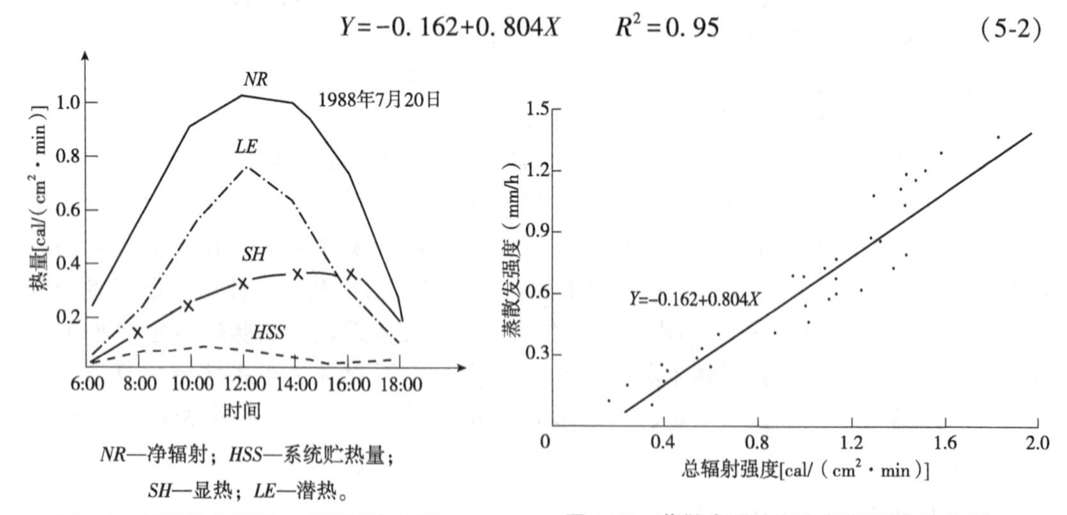

图 5-9　落叶松人工林生态系统净辐射与蒸散热量的日变化

图 5-10　蒸散发强度与总辐射强度的关系

式中　Y——蒸散发强度，mm/h；

X——总辐射强度，cal/(cm^2·min)。

森林蒸散发强度是随着总辐射强度的增加而增大，气温与林木蒸腾、森林蒸散的变化也是一致的(图5-10、图5-11)。当土壤中有足够的水分供应时，耗水率大，反之则小。太阳辐射强且土壤水分供应充足时，耗水率大；太阳辐射强而土壤供水不足时，由于气孔的关闭使耗水率下降。

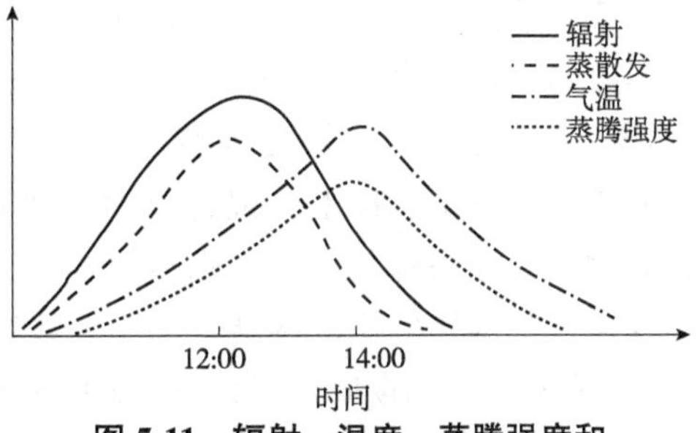

图5-11　辐射、温度、蒸腾强度和蒸散日变化的一般模式

(2)气温

通过对我国温带、暖温带、亚热带、热带各主要森林类型的测算，蒸散发量/降雨量比值多在40%~80%，最低的是冷杉林(30%~40%)。在高温地区，结构简单的森林群落其蒸散发量远低于裸地。如热带北缘广东小良地区的裸地，无植被覆盖，其热量输入是邻近的阔叶混交林和桉树林的1.6倍，其蒸散发量与降水量的比值高达75.1%，复层的混交林为69.6%，而单层结构的桉树林则只有46.6%，这与高温抑制了植物的蒸腾而使土壤蒸发增强有关，也因为林冠的遮蔽，使林内气温降低，从而减少了蒸散量。在年降水量仅340 mm的半干旱沙区，有植被覆盖的试验区蒸散发量要低于对照的裸沙地(周晓峰等，2001)。

蒸散发与季节有明显的相关性。曲迪等(2014)研究表明，塔河流域年总蒸散发量234.01 mm，夏季蒸散发量最高，日均蒸散发量1.56 mm，秋季、春季日均蒸散发量分别为0.30 mm、0.29 mm，冬季蒸散发量最低。地表覆盖类型对蒸散发量影响明显，阔叶林的蒸散发量高于针阔混交林，再次为针叶林。

(3)降水量

降水量直接影响树木的耗水量。康满春等(2016)基于涡度相关(EC)系统和微气象系统，对2006—2009年北京市大兴杨树人工林生态系统与大气间水分交换的连续监测表明，干旱年份杨树人工林的日平均蒸腾量(2.23±1.30) mm/d比湿润年份约低17%。

在潮湿地区，实际蒸散发与蒸散潜力很接近，但是在较干旱的地区，二者的关系却很难建立起来。在降雨后的很短时间内，实际蒸散发量会很高，而由于空气饱和差变小，蒸散发潜力会变得很小。通常由于森林高大，其冠层有很大的储水能力，所以当降水强度和降水量不同时，林冠截留量有很大差别，研究表明，林冠的储水能力或最大截留量，对于阔叶树种约为1~3 mm，针叶树种为0.2~0.8 mm，热带雨林为2.2~8.3 mm，而低矮植物的储水能力是可以忽略不计的。曾有报道指出，潮湿林冠的蒸散发速率为干燥林冠的蒸散发速率的3倍以上。森林蒸散发的水分主要来自土壤，但由于森林能吸收深层的土壤水或地下水，所以表层的土壤湿度与森林蒸散发的关系很微弱。

如果用蒸散发量占降水量的比例来进行比较，情况也很复杂。在暴雨频繁的地区，由于降水强度大，大部分雨水通过地面径流而流失，而森林蒸散发能力是有限的，所以森林蒸散发量占降水量的比例就会下降。而在降水强度小的地区，或在降水强度小的年份，由于雨水是均匀缓和地降下的，所以地面径流很小，森林蒸散发量占降水量的比例可能会很高。所以，即使对于完全相同的林分，在降雨特性有很大差别的不同年份来测定它的蒸散发值，其占降水量的比例也可能有很大的不同。把年蒸散发率(蒸散发量与降水量的比值，又称蒸散率)和年降水量点绘在图中，则可发现比较明显的规律。图 5-12 是根据中野秀章和 Bruijnzeel 收集的世界 97 个点的森林蒸散发量与降水量的数据点绘的图。其中“热带云雾林”(cloud forests)的观测数据被删除了，因为这些“云雾林”全年生长在云雾的环境中，蒸散发值较普通森林少几倍。此外，还把其中某些偏离较大的点也删掉了，拟合出两条比较好的曲线，分别代表温带和热带的森林蒸散发规律，即如果降水量小，则蒸散发量占降水量的比例高，随着降水逐渐增加，则蒸散发量与降水量的比例逐渐下降，曲线渐趋平缓。由表 5-5 可以看出：森林相对蒸散发率(蒸散发量占同期降水量之比)变化范围在 40%~90%，热带森林地区降水量较大，但其相对蒸散发率却较低，变化范围在 40%~60%(刘世荣，1996)。在降水的测定中和用水量平衡法计算蒸散发量时都可能包含很大的误差，尤其是地下渗漏会使蒸散发量计算误差偏大。

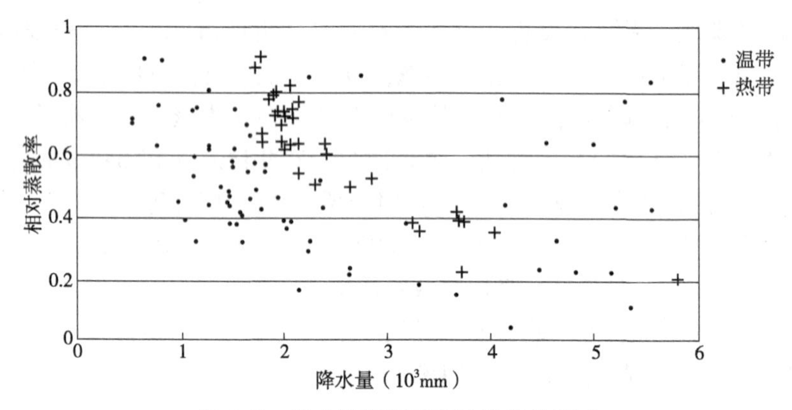

图 5-12 降水量与相对蒸散发率的关系

表 5-5 不同类型森林生态系统蒸散发量比较

类型	地区	纬度	经度	林龄(年)	海拔(m)	年均温度(℃)	降水量(mm)	蒸发散量(mm)	占降水量比例(%)	占净辐射比例(%)	资料来源
红松林	小兴安岭	47°51′	129°52′			1.0	716	602	84		朱劲伟等，1982
白桦林	帽儿山	45°24′	129°28′	40	373	2.6	700	554	89	80	任青山等，1991
柞树林	帽儿山	45°24′	129°28′		373	2.6	700	504	77	74	魏晓华等，1992
落叶松林	帽儿山	54°16′	129°34′	21	350	2.8	666	426	64	75	刘世荣，1992
油松林	河北隆化	41°7′	117°5′	26			500	465	93	52	方长明，1988
油松林	北京西山	39°54′	116°28′	33	375	11.8	630	315	50	59	贺庆棠，1992
华山松林	秦岭南坡	34°10′	106°28′		1710~2000		672~757	398~530	54~74		张仰渠等，1989
杉木林	湖南会同	26°50′	109°45′			16.8	1158	896	77	73	田大伦等，1993
季雨林	海南	18°40′	108°49′			24.5		721~728	41~58		徐德应等，1989
季雨林	海南	18°40′	108°49′			24.5	1590	677	42.6		曾庆波，1994

(4)树种

树种差异是影响森林生态系统的蒸散发的直接原因。树种需水性也是决定森林蒸散发量的重要因子。以每克干叶重 24 h 吸收的水量(cm^3)比较：冷杉为 5.1，落叶松为 22.6，桦树为 45.1，欧洲山杨为 35.5，黑杨为 50.1，冷杉最低，杨树最高(周晓峰等，

表 5-6 不同林分的叶量、日和年蒸腾量

树种	叶生物量 (kg/hm^2)	叶日蒸腾量 (gH_2O/每克鲜叶重)	区域日蒸腾量 ($\times 10^4 m^3/km^2$)	不同林分的年蒸腾量 (mmH_2O)
桦	4940	9.5	0.47	170
山毛榉	7900	4.8	0.38	140
落叶松	13 950	3.2	0.45	170
松	12 550	1.9	0.24	86
云杉	31 000	1.4	0.43	160
黄杉	40 000	1.3	0.52	190

注：引自邹文安等，2005。

2001)。表 5-6 列出了几种树种的蒸腾量。

同类树种在不同区域蒸散发量差异较大。不同站点杨树生态系统的蒸散发量也因各自环境条件和品种的不同而差异大(康满春，2016)。如意大利中心北部的杨树蒸散发量为 2.40~5.40 mm/d，美国新墨西哥州平均直径为 2.57 cm 的杨树蒸散发量为 3.69 mm/d，美国犹他州的杨树蒸散发量为 3.60 mm/d，加拿大萨斯喀彻温省的杨树蒸散发量为 1.15~1.41 mm/d；我国内蒙古浑善达克地区杨树人工林的蒸散发量为 2.58 mm/d，北京延庆的小叶杨(*Populus simouii*)蒸散发量为 1.33 mm/d，北京大兴欧美 107 杨人工林的干旱年份日平均蒸散发量为(2.23±1.30)mm/d。

林木蒸腾还和林木的年龄有关。生长旺盛的林木其蒸腾作用远远高于生长缓慢的成熟林。一般来说，当森林处于幼林阶段，由于生长旺盛，新叶比例大，光合作用强，所以耗水率大，而成熟林或过熟林耗水率小(马雪华，1993)。

(5)叶面积

森林的蒸散发量与叶面积密切相关。叶面积指数越大、蒸散发量越大，相反越小，这表明冠层较大的叶面积能够显著增加林冠的截留降水，同时增大林木叶片气孔水分蒸腾量(表 5-7)。

通常森林群落的蒸散量与降水量比值高于灌丛和草地。如山西吉县试验区的测算结果为：油松林 67.3%、刺槐林 64.5%、虎榛子林 53.1%、沙棘林 52.8%、草地 42.8%、荒地 34.4%。森林采伐后，庞大林冠消失，蒸散发量也随之下降。小兴安岭原始红松林蒸散发量与降水量的比值为 84.1%，相邻采伐迹地灌丛草地及杨桦幼林为 71.4%(周晓峰等，2001)。

随着植物群落的发育其叶面积指数会在一定范围内呈先增加后稳定的趋势，这一

表 5-7 华山松林蒸发散量与海拔和叶面积的关系

海拔(m)	叶面积指数	降水量(mm)	蒸散发量(mm)	蒸散发率(%)
2000~2300	9.46	757.0	407.44	54
1750~2000	14.52	713.6	529.52	74
1710	12.28	672.6	507.52	75
1670	8.70	672.6	398.36	59
1710	7.72	672.6	405.57	60

时期群落的蒸腾速率也会出现增加—稳定的现象，但单位叶面积的蒸腾量会逐渐减少，这一点对于人工植物群落尤其如此(图 5-13)，原因是随着群落郁闭度增大，群落内部形成风力小、大气相对湿度大的小气候，限制了单个叶片的蒸腾作用。群落因蒸腾而发生的水分消耗也随着群落积累的生物量的增加而增大，已有资料表明，二者之间存在线性关系(图 5-14)。

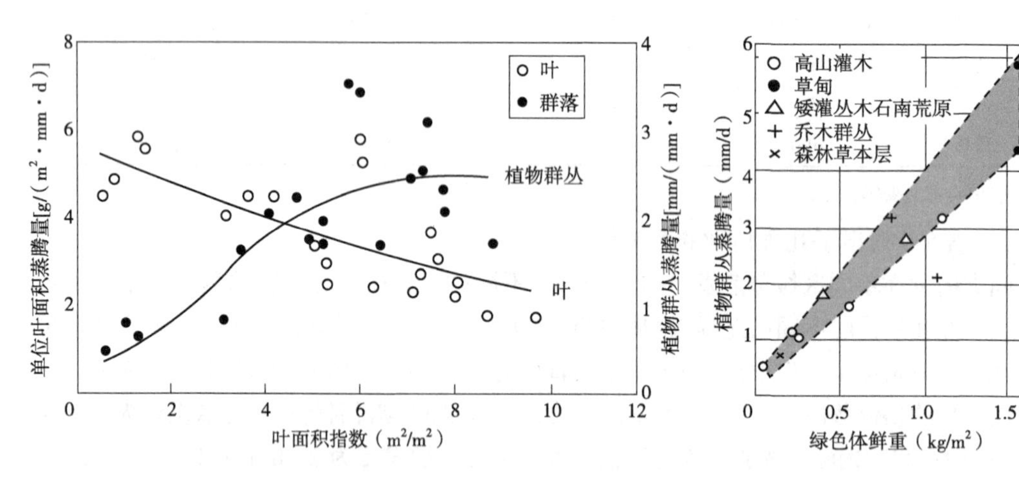

图 5-13 水稻叶面积指数和群丛与蒸腾量的关系（引自 Larcher，1997）

图 5-14 不同植物群落的日平均蒸腾量随地上绿色部分生物量增加的变化(引自 Larcher，1997)

(6) 干扰

①森林火灾对蒸散发量的影响。森林流域蒸散发的变化跟火烧的严重程度和当地的气候条件等密切相关。火烧越严重，植被受损面积越大，流域蒸散发量的变化越剧烈。森林火灾烧毁地表植被，影响流域蒸散发的时空分布。森林火灾导致当年流域平均叶面积指数和地表反照率骤减，而后，伴随植被的恢复逐渐恢复。遥感地表反照率的变化反映了地表辐射平衡的变化，从而影响流域的蒸散发水平。周艳春(2013)在对比火灾前后流域蒸散发时空分布的变化后发现，森林火灾对流域蒸散发的影响与火烧的严重程度有关，火烧严重的区域，蒸散发量的减少幅度较大，反之，较小。伴随植被的恢复，流域的蒸散发量有增加的趋势。

②采伐对森林蒸散发量的影响。森林皆伐使蒸发散形式输出的水分所占比例减小，较对照减小 7%(图 5-15)，相对以径流形式输入的水分略为上升，但是无论蒸散发还是径流变化的幅度较小。皆伐森林虽蒸腾作用减少近 50%，而土壤蒸发作用却相应加强(王礼先，2005)。另外，当皆伐迹地土壤结构和活地被物不受破坏时，森林植物恢复生长很快、使森林蒸散发量迅速增加，恢复接近原来相对稳定的状态。

间伐能增加森林的蒸散发量，是因为间伐改变了林内的环境，林内光照增加和温度升高，有利于促进林木的生长，这些变化都能增加林分的蒸散发量。蒸散发率随人为干扰强度发生变化，皆伐显著降低蒸散发率，而间伐则大大提高蒸散发率。

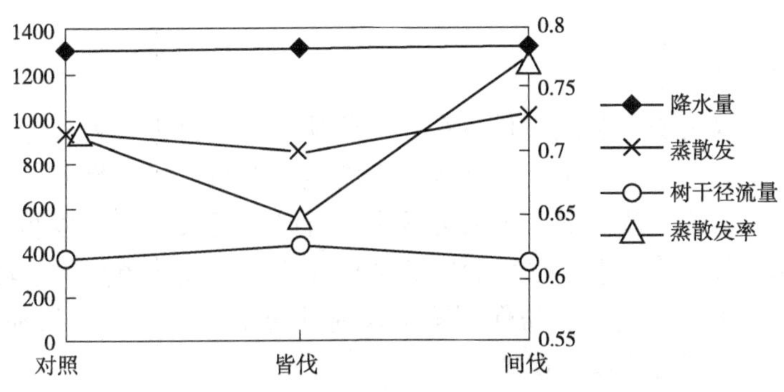

图 5-15 杉木人工林不同干扰状态下的森林蒸散变化

5.3.2 蒸散发量的测定

5.3.2.1 实测法

(1)液流法

利用液流法可以在短时间尺度上测定整株植物或者其分枝的蒸腾量。液流法的原理是将传感器垂直放入植物木质部内，用以测量植物木质部水分流量，从而测定蒸腾量。该方法不受环境条件、冠层结构和根系特征的影响，方法简单，是测定树木蒸腾较为常用的方法。在空间上，该法可以应用在各种复杂的地形和下垫面条件；在时间上，该法不仅可用以测定白天的植物蒸腾，同样可用以测定夜间的植物蒸腾。在测定效果上，由于液流法是用于测定个体植株，所以精度相对很高，是测定个体植株蒸散的好方法。但是利用液流法时需要注意，该方法局限于单株植物的测定，如果用于大面积尺度的蒸散测定，会带来很大的误差，通常不推荐使用。由于该方法无法测定土壤表面蒸发，从而在实际应用时很大程度上低估了研究区域的实际蒸散量；此外，还有个很重要的问题是，传感器放入植物内部会对植物的生长造成一定影响，从而直接干扰了植物的正常生长和体内的液流过程，进而影响测出的植物蒸散发量。Hanson et al.(2001)比较了涡动相关法和液流法测定森林地区的蒸散发量，结果表明，液流法在测定生理响应和探测异构环境方面具有独特的优势，液流法的估计值低于涡动相关法和水量平衡法。

(2)蒸渗仪法

蒸渗仪是一种用于模拟植物生长环境的大型仪器。仪器内的土壤质地以及植物类型与仪器外完全保持一致，仪器下面装有重量传感器，传感器连接远程控制电脑与数据采集器，通过重量的变化进而推求仪器内的蒸散发量。一般来说，蒸渗仪对于蒸散发量的测定精度很高，实测精度最高可达 0.01 mm，误差可以控制在 0.01 mm 以内。蒸渗仪不仅可用以测定蒸散发量，其应用还有以下两点：一是与其他监测仪器联合应用，测定土壤水分的水质(如含氮化合物浓度、农药含量等)；二是可以测定土壤中的垂向深层渗漏，进而推求土壤剩余水分、地下水位高度等。

利用蒸渗仪法测定农田蒸散发量的计算公式为：

$$\Delta S = P - Q - ET \tag{5-3}$$

式中 ΔS——土壤储存水量的变化量；

P——降水量；

Q——地下水流；

ET——蒸散发量。

但是利用蒸渗仪法测定蒸散发量也存在一些缺点，主要表现为：①尽管蒸渗仪法在一些地区已经得到应用，但是大型蒸渗仪系统造价较高，经济性差，并且需要专门的研究者进行实时监控，从而增大了人力成本，所以在很大程度上限制了蒸渗仪法的大规模推广应用；②利用蒸渗仪法所测定的结果仅代表小面积单点的土壤蒸发量和植物蒸腾量，当扩展到大尺度时，需保证蒸渗仪内外的土质类型和植物种类完全相同，而这在大部分研究区域是难以实现的。

(3) 风调室法

风调室法是指将研究范围内的小部分林地置于一个透明的风调室内，通过测定进出风调室气体的水汽含量差以及室内的水汽增量来获得蒸散发量。在国外，该法已被应用于森林蒸散发量的研究。但由于该法不能在大面积上应用，而且它不能很好地模拟自然小气候，使得通过该法所得到的结果只代表蒸散发量的绝对值，不能代表实际情况，所以极大地限制了该方法的应用。

(4) 波文比能量平衡法

波文比的概念为地表向外辐散能量（即显热通量 H）和水汽蒸发所吸收能量（即潜热通量 LE）的比值。波文比最初是由英国物理学家 Bowen 在 1926 年提出的，该方法是一种相较于传统蒸散发量实测方法理论性更强的方法。波文比能量平衡法实测蒸散发量的计算公式为：

$$\beta=\frac{H}{LE}=\frac{\rho_a C_p K_h[T_2-T_1+\Gamma(z_2-z_1)]}{\rho_a C_p/\gamma K_v(e_2-e_1)}=\gamma\frac{[T_2-T_1+\Gamma(z_2-z_1)]}{e_2-e_1} \tag{5-4}$$

$$LE=\frac{R_n-G}{1+\beta} \tag{5-5}$$

式中 β——潜在蒸散发量，mm；

ρ_a——空气密度，kg/m^3；

C_p——空气定压比热，J/(kg · K)；

K_h——热量的湍流交换系数，m/s；

γ——干湿常数，(kPa)/℃；

K_v——水汽的湍流交换系数，m/s；

Γ——绝热递减率，℃/m；

R_n——净辐射通量，W/m^2；

G——土壤热通量，W/m^2；

β——波文比。

波文比能量平衡方法要求测量地面以上两个高度之间(z_2-z_1)的空气温差(T_2-T_1)以及同样高度间的水汽压差(e_2-e_1)。

波文比能量平衡法广泛应用于农田、草地下垫面的地表通量、水循环监测与研究。其优点主要有：①测定精度较高，适用各种下垫面条件；②系统功耗低，可以适用于野外的连续测定并且无须专业技术人员，运营维护成本低。利用波文比能量平衡法测定蒸散发量的缺点主要有以下两个方面：首先是利用波文比法需要测定净辐射通量和土壤热通量两个关键变量，但是对于比较复杂的下垫面环境来说，土壤热通量的估算和测定存在一定困难，甚至对于有些下垫面情况都无法直接测定土壤热通量。此外，波文比能量平衡法最好应用于较为简单的下垫面条件(地形比较平坦，植被比较均匀)，否则利用波文比能量平衡法测定出的蒸散量误差很大，这也在一定程度上使波文比能量平衡法的应用范围大大受限。

(5)*涡度相关法*

涡度相关的概念取自于微气象学，指某种物质的垂直通量，是通过计算这种物质的高频浓度与高频的垂直风速并取协方差得到的，因此也称为涡度协方差法。这种方法最早出现于 1951 年，由澳大利亚微气象学家 Swinbank 提出。涡度相关法可以提供长时间、高分辨率的气体通量，可以普遍用于森林、农田、草地等生态系统的水、碳氧化物、氮氧化物、甲烷等气体通量的测定。

涡度相关法在应用时有一定复杂和技术性，到目前为止，还没有出现一套适合各种下垫面情况的通用涡度相关观测方法，并且在后期数据处理时运用了非常复杂的数学方法。比起之前的观测方法，涡度相关法的优势在于它具有深刻的物理学原理，它不是建立在经验关系基础上或者通过观测其他气象因子间接推论得到的，是一种直接测定蒸散发量的好方法。此方法观测精度很高，结果更可靠，适合用于长期开发观测工作。利用涡度相关法测定蒸散发量需满足 3 个条件：①湍流充分发展，各物理属性的垂直输送通量近似为常数，即稳态；②待测气体与观测仪器之间不存在吸收或排放的相互作用；③下垫面平坦，具有足够长的风浪区。

涡度相关法表示潜热通量的方程为：

$$F_C = \rho_a \overline{w'c'} \tag{5-6}$$

式中 F_C——气体的通量，g/(h · m²)；

ρ_a——空气密度，g/m³；

w'——垂直风速的脉动，即瞬时垂直风速测量值相对于一段时间内的滑动平均值脉动，m/s；

c'——气体浓度的脉动，即瞬时气体浓度测量值相对于一段时间内的滑动平均值脉动，μmol/mol。

上划线代表计算平均通量的时间(一般为 30 min，也可用 1 h)。风速可以通过三维超声风速仪测定。而高频气体浓度的测定较为复杂，随着激光技术的发展，先后出现了基于可调谐二极管激光(tunable diode laser，TDL)和光腔衰荡光谱仪(cavity ring down spectroscopy，CDRS)以及量子级联激光吸收光谱仪(quantum cascade laser absorption spectrometer，QCLAS)和量子级联激光光谱仪(quantum cascade laser，QCL)为代表的 H_2O中红外激光气体分析仪，对只有大气气体浓度的测量频率可以达到涡度相关法所要求的测量频率(≥10 Hz)。

涡度相关法具有快速响应、高灵敏度的特点，可以探测到极其微量的湍流通量[<0.005 mg/(m² · s)]。该法在时空尺度上适用性很广泛，在空间尺度上测定范围可以从几十平方米延伸到几千平方米，时间尺度上可以获得日、月、年的水汽通量过程信息，长期的观测误差不超过 30 g/(m² · 年)。因此经常将涡度相关法实测的蒸散发量作为标准值，其他方法的测定结果通常需要用涡度相关法的结果去对比验证。基于此，

一些欧美国家建立了完善的涡度相关观测塔，并布置了通量观测网，目前全球已经有超过了 500 个涡度相关观测站点。虽然涡度相关法是目前最完善、最可靠的测定实际蒸散发量的方法，但是涡度相关法也不可避免地存在一些缺点：①仪器布置与架设要求较高，高度要视通量贡献场的范围决定，朝向要垂直于主风向，如果设置不够精准，则测出的数据质量会大打折扣；②湍流要充分发展，如果湍流发展不充分(主要是在夜晚)，涡度相关仪的测定的结果是无法使用的；③涡度相关仪测定的结果在能量上有所损失，幅度大约为 20%；④涡度相关仪测定的是也是基于小范围地区的单点蒸散发量，要获得大面积的区域蒸散量则必须要布置通量观测网；⑤涡度相关法所用的量子级激光传感器十分精密昂贵，如果需要长期野外监测，则要有专业人员进行看守和维护。

5.3.2.2 蒸散发量模型估算法

传统的蒸散发量实测方法大多是基于小面积单点测定，若要获得大面积尺度的蒸散发量则需要布置观测网络，但是这需要耗费巨大的人力、物力、财力。于是研究者们希望找到蒸散发的内在规律，利用数学方法通过计算机去估测区域蒸散发量。最近几十年，随着卫星遥感技术的快速发展，大大推动了区域蒸散发量模型的研究进度，通过高分辨率的卫星遥感图片，可以反演计算蒸散发量所需要的各种下垫面参数，如土壤温度、叶面积指数、辐射通量、地表反照率等。此外，随着地理信息系统的广泛应用，获取土地利用信息也变得容易。自 20 世纪七八十年代以来，先后出现了各种各样针对不同下垫面的蒸散发量估算模型。下面选取几种比较有代表性的模型做简要介绍。

(1)水量平衡法

区域水平衡法的原理基础是地表水量收支平衡理论，该方法通过测定一段时间内的降水量、入境水量和出境水量，从而反推蒸散量。该方法的计算公式为：

$$ET=P+I-O \tag{5-7}$$

式中 ET——区域蒸散发量，mm；

P——降水量，mm；

I——入境水量，mm；

O——出境水量，mm。

尽管此方法原理简单，但是在实际应用时却困难重重，主要原因在于方程中所需测定的几个变量除了降水量较容易获取，其他几项一般很难直接获取，大多数采用估测，导致误差较大。所以实际应用时多用于长时间尺度，如季度蒸散发量或者年蒸散发量，当用于估算短时间尺度时，误差会达 40%以上。最后，只有应用在大面积区域时，水量平衡方程才能成立，无法应用于小范围尺度的蒸散发量估算。综合以上几点，水量平衡法在实际应用中大大局限，导致应用不够广泛。

(2)Penman-Monteith 公式(彭曼公式)

彭曼公式最早由英国人 H. L. Penman 于 1948 年提出，是计算开阔自由水面蒸发能力的半理论半经验公式。该公式结合了能量平衡理论和空气动力学相关理论，最初主要用于较为湿润的下垫面条件。1965 年，Monteith 在彭曼公式的基础之上，将水汽扩散方程理论叶片表面阻抗的概念融入彭曼公式中，从而使该公式可以用于计算非饱和下垫面的植物蒸散发量，诞生了著名的 Penman-Monteith 公式(P-M 方程)。Penman-Monteith 公式是蒸散发研究中最为重要的公式之一，自从出现以来就得到了研究蒸散发学术界的广泛认可，在全世界各个地区的应用都证明了该公式的合理性。该公式在1998年曾被联合国粮食及农业组织推荐为计算蒸散发量的首选方法。Penman-Monteith公式可表达如下：

$$LE=\frac{\Delta(R_n-G)+\rho_a C_p[e_s(T_a)-e_a]/\gamma}{\Delta+\frac{r_s+r_a}{r_a}} \tag{5-8}$$

式中 LE——潜热通量，可换算为蒸散发量；

Δ——饱和水汽压与温度关系曲线的斜率；

R_n——到达地球表面的净辐射通量；

G——土壤热通量；

ρ_a——空气密度；

C_p——空气定压比热；

T_a——空气温度；

γ——干湿常数；

r_a——空气动力学阻抗；

r_s——冠层表面阻抗。

日蒸散发量可采用下式计算：

$$ET_r=\frac{0.408\Delta(R_n-G)+\gamma\frac{900}{T+273}u(E-e)}{\Delta+\gamma(1+0.34u)} \tag{5-9}$$

式中 ET_r——参考日蒸散发量；

T——气温；

u——风速；

E——饱和水汽压；

e——实际水汽压；

其他参数含义同式(5-8)。

Penman-Monteith公式中的净辐射通量、土壤热通量以及气温等特征参数均可由遥感卫星反演获得，难点在于如何获取冠层阻抗 r。由于冠层阻抗是公式中较为敏感的参数，一旦不能准确获取，将大大影响计算精度。目前，将冠层阻抗分为冠层表面阻抗 r_s 和空气动力学阻抗 r_a。冠层表面阻抗是指水汽从植物体内到达蒸发面时通过植物表面气孔以及植物表皮所遇到的阻力；而空气动力学阻抗是指水汽从植物体内出来后由蒸发面到达参考面所遇到的各种阻力。由于冠层表面阻抗在较为干燥缺水的条件下非常复杂，所以目前还难以获取植被较为稀疏的复杂下垫面冠层表面阻抗，因此彭曼公式多用于较为平坦均一的下垫面条件。

为了解决以上问题，许多学者对于Penman-Monteith公式进行了改进，其中，被广泛应用的是Mu等修改后的Penman-Monteith公式。Mu et al.(2007)首次对Penman-Monteith公式进行了修改，并对全球实际蒸散发量进行了模拟，其模拟精度达86%；2011年，Mu等又将PM-Mu(2007)做了进一步完善，其模拟精度较PM-Mu(2007)提高了3%。PM-Mu(2011)不仅将实际蒸散发量分为白天和黑夜实际蒸散发量之和，还将湿润和干燥下垫面的实际蒸散发量分开，并且增加了土壤热通量的模拟，同时还优化了气孔导度、空气动力学阻抗和冠层边界层阻抗的模拟方法等，是一种比较理想的模拟实际蒸散发的方法。

(3) Priestley-Taylor 模型

Priestley et al. (2009) 在 1972 年以蒸发水量平衡为基础，在假设不存在平流的前提下，提出了适用于饱和下垫面的计算模型，并命名为 Priestley-Taylor 模型。该模型的计算公式如下：

$$LE = \alpha \frac{\Delta}{\Delta + \gamma}(R_n - G) \tag{5-10}$$

式中 α——Priestley-Taylor 系数；

其他参数含义同式(5-8)。

该模型系数 α 的确定是此模型应用的难点所在，Priestley(2009) 研究了不同下垫面情况下各个站点的实测数据后指出，在湿润条件下 Priestley-Taylor 系数取 1.26 是最合适的；而在干旱条件下取 1.74 更为精确。此后，许多研究者根据不同的下垫面情况得出了不同的 α 值，并发现该值有明显的日变化和季节性变化。这从侧面证明了 α 实际上存在一定的物理意义，它表证了整个水平流的变化情况，如果 α 值发生了变化，说明水平流也发生了变化。

Priestley-Taylor 公式主要是用于计算饱和下垫面情况，但由于该公式计算简单，所需参数较少有利于实际应用，因此越来越多的研究者将该公式用在非饱和下垫面情况。Barton(2010) 在 Priestley-Taylor 公式的基础之上，将地表干湿度融入该模型，使该模型适用性更广泛，并且理论更加完善。Jiang et al. (1999、2011) 将 α 值的定义扩展，从而可以表征不同因素对蒸散发量的共同影响，提出了温度-植被指数特征多边形法，通过拟合插值函数得到适用于各种下垫面情况的准确 α 值。Fisher 等基于生态物理学理论的最新进展，开发了一种生物气象方法，用于将潜在蒸散量的 Priestley-Taylor 估计值转换为实际蒸散率。模型需要输入 5 个变量：净辐射量 R_n、归一化植被指数 $NDVI$、土壤调整植被指数 $SAVI$、最大空气温度 T_{max} 和水汽压力 E。该模型不需要校准，应用范围包括草原、落叶阔叶林、常绿阔叶林和常绿针叶林。他们利用全球 16 个站点的涡动相关网络进行了模型验证，得到模型结果的判定系数 r^2 为 0.90(RMS = 16 mm/月或 28%)，确定了全球区域空间分辨率为 1°尺度上 1986—1993 年每月的蒸散发量并展示了全球蒸散发的时空差异。

(4) 能量平衡法

在自然生态系统中，所参与循环的能量全部来自太阳辐射。太阳辐射经过大气折射及损失之后到达陆面，到达陆面的能量一部分反射回大气中，另一部分则被地表吸收。被地表吸收的能量为净辐射通量 R_n，这部分能量被地表吸收之后，主要有 3 个去向：一部分被土壤储存起来同于加热土壤，称作土壤热通量 G；另一部分用于加热空气，称作显热通量 H；还有一部分能量则是潜热通量，即实际蒸散发量 AET。

$$R_n = H + LE + G \tag{5-11}$$

$$H = \rho_a C_p \frac{T_0 - T_a}{r_a} \tag{5-12}$$

式中 R_n——净辐射通量；

H——显热通量；

G——土壤热通量；

L——蒸发汽化潜热，其值为 2.47×10^9 J/m^3，是一个常数；

E——铅直方向水汽通量；

LE——潜热通量，也称蒸散耗热；

ρ_a——空气密度，kg/m^3；

C_p——空气定压比热；

T_0——空气动力学温度，K；

T_a——一定高度处的气温，K；

r_a——空气动力学阻抗。

其中净辐射通量 R_n 和土壤热通量 G 较容易获取，可以用仪器直接测定或者用一些比较成熟的计算方法直接求得，然而显热通量却较为复杂，估算起来有一定困难。估算显热通量最大的难点在于无法直接获得空气动力学温度，通常的解决办法是用校正后的地表温度 T_s 来替代空气动力学温度。但是，这种替代也存在很大的误差，对于全植被覆盖地区，两者相差只有 1～2 ℃，但是对于植被覆盖稀疏地区，两者之差可达 10 ℃，甚至更大(Ohmura，1982)。因此，先后出现了各种基于能量平衡的蒸散发量估算模型，这些模型各具特色。比较有代表性的有地表能量平衡模型(SEBS)、地表能量平衡指数模型(SEBI)、简化的地表能量平衡指数模型(S-SEBI)、陆面平衡单层模型(SEBAL)和陆地交换反演模型(ALEXI)等(Su，2002；Menenti，1993；Roerink，2000；Bastiaanssen，1998；Anderson，1997)。

同水量平衡法类似，能量平衡法也面临相同的缺点，即能量并不能完全闭合。这是由于能量平衡方程中没有计入来自干燥空气或风力较大天气时大气提供给陆面的能量，并且很多时候这种能量是不能忽略的。例如，当净辐射通量为零时，理论上实际蒸散发量也应该为零，但是根据实验站的监测结果，净辐射通量为零时，实际蒸散发量很多时候都会存在，此时显热通量值为负值(Baldocchi，1992)；此外，当净辐射通量值不为零，而空气湿度达到相对饱和时，理论上应该存在蒸散发，但是却没有监测到实际蒸散发量。最后，在能量平衡法实际应用中，很难准确估算土壤热通量和显热通量；而将能量平衡法应用于低温下垫面，模型模拟效果会大打折扣，这是由于过低的温度会使陆面能量大大减弱(Stewart，1994)，但在能量平衡方程中这个现象却无法体现。因此，当利用能量平衡法估算实际蒸散发量时，经常会出现模拟精度较低的情况。

(5)*单层模型*

单层模型的核心思想是将下垫面看作为一层，不区分土壤层与植被层，因而又被称作大叶模型。这样简化的优势在于不需要分别获取土壤层与植被层的各种特征参数，操作起来相对容易。根据单层模型理论，地面与空气发生水汽和热通量交换的只有这片“叶子”而不存在其他交换过程。而这个大片“叶子”的各项特征参数就代表了整个下垫面的特征参数。单层模型目前已经得到了广泛应用，其应用前提是下垫面一定要单一、均匀并且平坦(辛晓洲，2003)。

单层模型中较有代表性的为 SEBAL(surface energy balance algorithm for land)模型，该模型是由 Bastiaanssen(1998)发展而来，经过多次演变后发展成为遥感反演地表蒸散发量的常用方法。SEBAL 模型适合用于两类比较极端的研究区域(高彦春，2008)：①地表温度极低、植被覆盖率很高的“极冷”区域，此类区域显热通量 $H=0$；②地表温度很高、几乎没有植被覆盖的“极热”区域，此类区域潜热通量 $LE=0$。SEBAL 模型只需要少量参数即可确定区域蒸散发量，因此在国内外得到了广泛应用。国内周彦昭等(2014)利用 SEBAL 模型和改进的 M-SEBAL 模型估算了黑河流域戈壁和绿洲的蒸散发量，证明了模型在干旱和半干旱地区的适用性；李宝富等(2011)利用 1985 年、2000 年和 2010 年的实测资料，根据 SEBAL 模型估算了塔里木河干流区蒸散发量，计算出该区域蒸散发量为 0~5.11 mm/d，并分析了 1985—2010 年不同土地的蒸散发量变化趋势；Singh et al. (2008)将 SEBAL 模型应用于美国中西部内布拉斯加州的蒸散发量估算，并将 SEBAL 模型的预测与波文比能量平衡法(BREBS)测定的通量进行比较，结果表现出良好的相关性。

另一种比较著名的单层模型为 SEBS(surface energy balance system)模型，该模型是由 Su et al. (2002)研究出的一种新模型。相较于 SEBAL 模型，SEBS 模型的优势在于最大程度消除了气象数据不够精确带来的误差。该模型的创新点是作为一种新的物理模型可以用来表征能量平衡中的一个极为关键的参数——热传输粗糙度长度。在此之前，研究者通常使用固定值来描述这种过程，但是热传输粗糙度长度概念的出现使模拟的精度得到更进一步提升。何磊等(2013)利用 SEBS 模型估算了黑河流域干旱区的蒸散发量，估算出黑河流域蒸散发量平均值 428.7 mm；在此基础之上，他们还做了关于 SEBS 模型的参数敏感度分析，发现敏感度从大到小依次为地表温度、气温、风速、归一化植被指数和大气相对湿度；吴雪娇等(2014)采用 MODIS 遥感数据和 WRF 气候模式输出的高分辨率气候驱动数据，利用 SEBS 模型估算黑河中游地区的地表通量和日蒸散发量，并利用涡度相关实测数据进行了验证，结果表明，SEBS 模型在不同的下垫面都有着良好的模拟效果，决定系数达 0.96，模拟植物生长期间蒸腾量和实测值相对误差为 12.5%，效果令人满意。

(6)*双层模型*

相较于单层模型，双层模型的改进主要是在能量平衡方程中考虑了土壤热通量的影响。双层模型最早是由 Shuttleworth et al. (1985 年)提出，本质上双层模型是由单层模型不断发展演变而来的。双层模型的基本理论是：水汽和热量是共生的，两者之间是互相耦合的关系，并且水和热量只能由底层并通过顶层离开；同样，只能通过顶层进入并到达底层，所以整个显热通量可以用每层显热通量之和来计算，正是由于这个原因，双层模型也被称作串联模型。双层模型反映了在理想状态下土壤和每个植被冠层之间的内在联系，具体来说，根据双层模型理论，整个蒸散发可以分为土壤表面蒸发和植物叶片蒸腾。这个观点的提出是整个蒸散发研究理论上的一大进步，因为它解决了一个关键的问题——如何区分两种热力学温度，即热红外表面温度和空气动力学温度。得益于此，在植被较少的下垫面区域，双层模型的蒸散发量模拟精度要远远优于单层模型。辛晓洲(2003)分别利用单层模型和双层模型模拟蒸散发量，并与涡动相关法实测结果进行了对比验证，对比验证的结果表明，在植被覆盖相对较多的研究区域，利用单层模型的模拟效果较好，模拟输出可以提供与地面观测比较接近的水汽通量，其他各项热通量模拟精度也相对较高；但是在植被覆盖相对较少的区域，利用双层模型可以模拟出与地面观测比较相符的水汽通量，在这种情况下，双层模型明显要比单层模型更加精确，模拟精度也相对较高。

利用双层模型计算蒸散发量的计算公式如下：

$$LE = C_S LE_S + C_V LE_V \tag{5-13}$$

式中 LE——总蒸散发量；

LE_S——参考面以下土壤蒸散；

LE_V——参考面以上植被蒸腾；

C_S、C_V——分别为 LE_S 和 LE_V 的分配系数，用一个函数来描述，这个函数是大气相对湿度和空气动力学阻抗对气温的斜率。

在实际应用双层模型时，需要计算每个冠层的温度，导致实际操作起来有一定的困难。目前，国内研究者对于双层模型的应用还是局限于小范围尺度。例如，贾红等(2008)利用双层模型模拟了玉米地的蒸散发量，并用模拟结果与彭曼模型进行了比较，该模型模拟的结果与实测值的吻合度更高。此外，她还对双层模型计算中所需要的各种阻抗参数进行了敏感度分析，找出了影响计算精度的关键阻抗参数。在国外，Norman et al.(1995)在经典双层模型的理论基础上，提出利用 Priestley-Taylor 公式计算植被蒸腾部分，将土壤表面与植被冠层分开，它们与大气之间的湍流源(汇)相互独立且互不干扰，两者独立与大气进行热量如水汽交换。根据这个理论，分别针对土壤表面和植被冠层建立了能量平衡方程，并提出了平行模型，也被称作 N95 模型，主要在区域遥感应用，该模型对经典双层模型进行了适当简化，方便了求解过程。Anderson et al.(1997)在 N95 模型的基础之上，将大气边界层模型耦合进去，演变成了一种新模型并命名为 TSTIM 模型。TSTIM 模型的优势在于完全不需要对气温进行测定，并且该模型对气温的误差敏感性也不强。除了上述的 N95 模型和 TSTIM 模型外，Blyth et al.(1995)又提出了一种模型——补丁模型，即将植被蒸腾和土壤蒸发分开计算。各层通量源(或汇)与空气只存在垂直交换，而无水平交换或其他交换，此时总蒸散发量即为各个冠层通量乘以所占的百分比并相加。

双层模型在实际应用中也存在很多问题，主要表现在以下几个方面：①根据双层模型理论计算蒸散发量需要同时获取两组气温和植被覆盖率数据，并利用得到的两组气温和植被覆盖率数据建立一元二次方程组，分别求解植被表面温度 T_V 和土壤温度 T_S，但利用现有的热红外技术，还很难获取两个温度信息；②无法获得准确的土壤含水量从而导致蒸散发量的计算出现较大误差；③如何利用多角度遥感反演混合像元辐射温度的详细操作过程缺乏规范的论述，这使双层模型在应用上大大受限。Kstas et al.(1998)提出一种利用微波获取土壤湿度的方法导入双层模型，但是该方法还存在许多问题，目前还很难在实际中得到应用，主要原因是通过遥感影像所获得的图像分辨率较低，精度只有几十千米甚至几百千米，这种精度无法达到模型的要求，并且无法与可见光和热红外数据相匹配。

我国学者张仁华等(2005)在经典双层模型的基础上耦合了地表温度-植被指数特征空间模型，提出了一种比较容易操作的双层模型，即像元排序对比法(PCACA 模型)。张仁华在 PCACA 模型的基础上，削弱了除了土壤含水量之外其他因素对地表温度的影响，克服了以往利用朗伯-比尔定律分解净辐射通量所导致的不确定性，从而使 PCACA

模型在理论上更加完善。

综上所述，双层模型理论基础较为完善，但是操作起来较为复杂，不仅需要遥感反演数据，也需要近地表实验观测数据。现在大部分气象观测数据都是小范围的单点监测，没有形成完善的观测网。但是遥感数据却可以代表大尺度的区域下垫面情况，如何将二者有效结合在一起是目前应用的难点。虽然目前出现了各种时间和空间上的插值方法，但是插值效果与精度还有待评估。此外，双层模型中还涉及一系列复杂的边界层和空气动力学参数，现在大多获取这些参数的方法只能采用经验估测而没有形成一套系统的计算方法，这也是双层模型需要进一步发展和完善的方向。

(7)温度-植被指数特征空间法

在众多蒸散发量估测模型中，温度和归一化植被指数是对蒸散发量估算影响比较明显的两个关键变量。当把地表温度和归一化植被指数绘制成一张散点图，这些图形竟呈现各种多边形状，这或许与某个区域的植被覆盖率和土壤湿度有着内在的联系。1990 年，Moran 在不同覆盖率并具有不同受胁迫状态的 19 块菜地上展开了野外观测试验，试验时长为蔬菜的整个生长期，研究结果表明，通过改变地表植被覆盖率，把每种覆盖率所对应的地表温度与植被覆盖率联在一起可以组合成梯形的形状，通过对梯形的干湿边插值，可以定量估算蔬菜的蒸散发量。

利用植被指数空间特征法估算蒸散发量的理论基础在于，当植被覆盖率(或植被指数)升高时，地表温度随之呈现下降趋势，并且这种趋势在植被覆盖率低的区域更为敏感；此外，地表温度在植被覆盖率低的区域对土壤湿度变化的影响更为显著，这一现象也解释了地表温度-植被指数(植被覆盖率)散点图的形状为多边形的原因。

基于植被指数空间特征法反演区域蒸散发量的核心在于如何确定特征空间轮廓线。Moran 等人利用 Penman-Monteith 公式根据地面气象站点的实际观测气象资料从而推导出了梯形 4 个端点的地表温度，此外他们还参考了 Jackson 等人关于地表阻抗的计算方法，然后根据平面几何原理来确定整个区域蒸散发量的上下边界，进而反演出遥感影像中每个像元的实际蒸散发量。此外，美国国家极轨环境卫星系统(NPOESS)扩展了地表温度-植被指数特征空间模型的应用范围，NPOESS 用此方法成功反演地表土壤含水率，这证明了植被指数空间特征法的广泛适用性。

植被指数空间特征法模型的优点主要有以下方面：①只需要气象站点观测的气象数据而不需要地表观测数据就可以完整反演地表蒸散发量；②由于不需要估算地表或植被层与空气层之间的空气动力学阻抗，从而可以避免校正复杂的空气动力学阻抗所带来的误差。该方法也存在一些缺点：①研究区域需要含有各种土壤温度的变化和植被覆盖率变化的像元，从而保证同时存在干像元和湿像元；②干边和湿边的确定存在很大的主观因素，从而带来人为误差。

5.3.2.3 实测法与模型估算法优劣分析

蒸散发是一个复杂的物理过程，虽然人们对于自由水面蒸发机制了解得比较透彻，并且可以把部分结果推广应用到饱和土壤表面或湿润茂密的植被表面，然而，对于非饱和表面的自然蒸发和植被的蒸腾部分，还需要进行深入研究。目前，蒸散发量的测定方法分为两类，即实测法和模型法，虽然它们在不同的研究中占有重要地位，但是这两种方法仍需要不断改进。

采用实测法直接或间接测量实际蒸散发量虽然方便简单，但其缺陷在于：①所测量的实际蒸散发量仅适用于仪器所能覆盖的有限区域，无法对大区域尺度或全球尺度进行测量；②由于不同地区的测量手段以及搜集数据的标准不同，利用不同测量方法所获得的实际蒸散发量是无法直接进行比较的；③在仪器布设和维修方面通常需要耗费较大的人力和物力。尽管用实测法获得的实际蒸散发量存在一定的缺陷，但是对于以遥感方法为主模拟较大时间和空间尺度上的实际蒸散发量来说，实测法是检验模型模拟效果的最佳途径。

以卫星遥感影像数据为基础的模型法为较大时间和空间尺度的蒸散发研究提供了便利，克服了地面监测方法中定点观测难以推广到大尺度的限制，但是利用遥感参数模型模拟的实际蒸散发量值在时间和空间尺度上仍然存在不确定性。以时间尺度来说，遥感影像表达的是一种瞬时信息，如反演的地表反照率、地表温度和降雨等只代表某时间的瞬时值，而这种获取数据的方式很容易遗失或者错误估算实际参数状况。此外，基于遥感信息模拟获得的实际蒸散发量值也是一个瞬时值，而在实际应用中需要的时间尺度至少是日蒸发量，那么能不能将瞬时值信息尺度上推至日平均值，什么条件才能进行尺度转化？如何准确转换？这些问题还有待于解决。在空间尺度上，模型法估算效果的可靠性取决于其估算结果与实测值之间的差距。目前对于实际蒸散发量模拟结果的检验多利用实测方法，如蒸渗仪法和涡度相关法等，但是利用模型模拟计算所得的是每个像元的平均通量值，而传统的通量观测方法是在点上进行的，并不是严格意义上的验证，其代表性在均一下垫面上的效果也许没有问题，但在比较复杂的下垫面上就会出现模型模拟效果与观测值相差很大的问题。无法进行精度检验就无法对模型作出准确评价，模型在实际应用中就得不到准确的误差反馈信息，这就意味着模型将失掉很多的改进和完善的机会。

在以遥感卫星影像数据和 GIS 手段为基础的估算实际蒸散发量工作中，除了以上不确定性因素外，在实际应用中还有许多技术问题尚未解决。例如，在土壤-植被-大气系统中与能量和水汽传输密切相关的是空气动力学温度，它与地表温度存在很大区别，空气动力学温度与地表温度在浓密的植被中相差 1~2 ℃，在稀疏植被中的差距更大，为此出现了很多修正方法，试图用地表温度替代空气动力学温度，但至今仍无说服力；陆地表层面积较小或者比较狭长的生态系统(如耕地和河岸带)与其他较大的生态系统有交叠时，遥感反演的生态系统地表温度参数是不准确的，往往会混杂面积较大的生态系统特性。此外，不同卫星其观测角度的不同也会影响反照率和地表温度等参数的精度。

目前，蒸散发量的估算方法种类繁多，对于蒸散发量的模拟工作也已经开展了很多，那么在面对众多模型估算方法时，如何针对研究区域选择适宜的模型呢？一般而言，选择模型时需要考虑两个因素，即精确的计算结果和模型的复杂程度。模拟效果的精确度越高其驱动参数越复杂，但在研究某一特定区域时，是不需要过于复杂的参数驱动的，也就是说，不同的研究区域的实际蒸散发量有其独特的敏感性因子，因此，在选定研究区域后，选择模型时应首先依据输入数据的质量和可获得性以及实际蒸散发量对于限制因子的敏感性进行选择；其次，选定的模型方法应能够较全面地反映研究区域蒸散发过程中的各个要素。例如，对于植被冠层截留降水所产生的蒸发部分对于实际蒸散发量的精细模拟是不可缺少的一部分。研究表明，浓密的植被冠层可以截留 10%～40%的降水，产生的蒸发量可以占到总蒸发量的 25%左右，不同植被类型截留率不同，其蒸发量也会有所不同。除了要估算冠层截留降水所产生的蒸发外，许多模型还忽略了蒸散发过程中的一个重要成分，即来自积雪覆盖表面所产生的蒸发，尤其是在高海拔或者高纬度地区。尽管积雪所产生的蒸发量较植被和土壤的蒸散发量小(冬季每天约 0.1～0.3 mm)，但是积雪作为水资源和水循环的重要组成，在长时间尺度上(月或年)应作为气候响应研究的重要方面加以重视。

综合以上分析，蒸散发研究的未来趋势应该向蒸散发物理机制、生理机制的深层次研究综合发展，这需要有更高精度的蒸散发量测量仪器和高定量化的遥感方法，而且不同地区、不同下垫面所得到的蒸散发量应具有可比性。因此，深入研究和完善现有的理论方法，探讨新方法、新思路是蒸散发研究的必由之路。

5.3.3　不同植被型的蒸散发量

不同植被型下植物群落的蒸散发既与群落所在区域的气候、土壤及水文条件有密切关系，又受不同群落所积累生物量的影响，因此，不同植被型或植被型组之间的蒸散发量的比较常能发现很大的差异(表 5-8)。在同一植被型或植被亚型之内进行不同群系之间群落蒸散发量的比较，或者在同一群丛内部进行不同群落片段蒸散发量的比较，对于研究水分平衡虽然是必要的，但由于两个群落之间的比较需要做出环境背景值相同或者至少十分相似的假设，而这种假设往往在野外实际工作中难以成立。群落所在生境的土壤含水量往往不一致，就使群落蒸散发量的相互比较难以取得一般性规律。

表 5-8　不同植被型下群落的年蒸散发总量和日蒸散发量

植被类型		年蒸散总量(mm)	日蒸散量(mm)
木本植被	热带树木种植园	2000～3000	
	热带雨林	1500～2000	
	温带落叶林	500～800	4～5
	常绿针叶林	300～600	2.5～4.5
	硬叶木本群落	400～500	
	干草原	200～400	
	石南型植被	100～200	
草本植被	莎草与芦苇	1300～1600	6～12(20)
	高秆宽叶草本	800～1500	
	低湿草甸	1100	8～15
	谷类农作物	400～500	
	北美草原与稀树干草原	4～6	
	草甸与放牧草地	300～400	3～6
	干草原	200 左右	0.5～2.5
极端环境植被	盐生植物群落	2～5	
	山地岩屑稀疏植被	10～20	0.3～0.4
	地衣冻原	80～100	
	干旱荒漠		0.01～0.4

注：引自蒋高明，2004。

森林植物群落的水分平衡基本上决定其所在森林生态系统的水分平衡，进而成为景观乃至区域水分平衡的基础。由于各气候区、森林植被区降水量、蒸散发强弱不同，地球上森林群落的水分平衡状况存在显著差异(表5-9)。在水分平衡方程中，与森林植物群落特征直接相关的输出项是蒸散发量，它是群落内土壤蒸发量与群落本身蒸腾量之和。二者之间的比例或者蒸腾量与蒸散发量的比例代表着重要的生态学意义。不同植被类型的植物群落之间，蒸散发量差异的存在与各群落所在生境的水热条件密切相关，可以通过计算植物蒸腾量与蒸散发量的比值来了解群落本身的生物学过程(蒸腾作用)对水分散失的贡献。

表5-9 不同植被类型下群落的水分平衡

植被类型	地区	年降水量(mm)	蒸散发占降水量的百分比(%)	径流和下渗占降水量的百分比(%)
热带雨林	北澳大利亚	3900	38	62
	非洲、东南亚	2000~3600	50~70	30~50
热带落叶林	东南亚	2500	70	30
竹林	肯尼亚	2500	43	57
低地落叶林	中欧	600	67	33
	亚洲东北部	700	72	28
低地针叶林	中欧	730	60	40
	东北欧洲	800	65	35
高山森林	南安第斯山	2000	25	75
	阿尔卑斯山	1640	52	48
	中欧	1000	43	57
	北美	1300	38	62
稀树干草原	热带	700~1800	77~85	15~23
芦苇丛	中欧	800	>150	—
牧场	中欧	700	62	38
干草原	东欧	500	95	5
半荒漠	亚热带	200	95	5
干旱荒漠	亚热带	50	>100	0
冻原	北美	180	55	45
干旱山地草原	阿根廷北部	370	70~80	20~30

注：引自蒋高明，2004。

复习思考题

1. 试述影响林木蒸腾耗水的内因和外因。
2. 耐旱、低耗树种如何选择？
3. 影响林地土壤蒸发的因素有哪些？
4. 试比较不同蒸散发量测定方法的优缺点。

5. 不同类型森林的蒸散发量有哪些差异？

推荐阅读

1. 马雪华. 森林水文学[M]. 北京：中国林业出版社，1993.

2. 刘世荣，温远光，王兵，等. 中国森林生态系统水文生态功能规律[M]. 北京：中国林业出版社，1996.

3. 贺庆棠. 中国森林气象学[M]. 北京：中国林业出版社，2000.

4. 黄洪峰. 土壤—植物—大气相互作用原理及模拟研究[M]. 北京：气象出版社，1997.

第6章 森林流域径流与产沙

[**本章提要**]森林流域是指那些森林植被占主体的天然流域。森林与水的相互作用关系是水文学研究领域极为重要的内容，森林流域与无林或少林流域径流量随时间动态变化的研究，对于合理调节和利用水资源，确定合理的森林经营措施有指导性作用。由于森林植被对水文循环和泥沙的影响具有尺度依赖性，森林植被不同的分布格局对水文循环和泥沙的影响往往表现出不同的特征并产生相异的结果。因此，了解森林与径流关系、正确评价森林对径流的影响，首要任务是分析森林流域径流的形成机制及其影响因素。

6.1 森林流域径流概述

6.1.1 森林流域分类

森林流域在地形与地质构造上与无林流域一致，按包气带厚度、土壤、岩石、植被等特性和地下水位的高低、有无，大体上可把森林流域划分为4种类型：石质山区森林流域、土石山区森林流域、厚土丘陵区森林流域和平原区森林流域。每一类森林流域均具有自身的产流特点。

(1)*石质山区森林流域*

石质山区森林流域土壤覆盖浅薄，土壤下层为岩石；森林植被茂密，土质疏松，地形较陡(图6-1)。其产流量为饱和地面径流与壤中水径流中能汇集至流域出口断面的部分之和。当降水强度小、不超过地面下渗能力，但历时较长时，不仅能使包气带上层达到饱和含水量，而且能使下层至少达到田间持水量时地下水径流中能汇集至流域出口的部分，其产流量还包含地下水径流中能汇集至流域出口的部分。

(2)*土石山区森林流域*

土石山区森林流域包气带厚度中等，由非均质土壤组成，存在地下水位；森林植被良好，坡度中等(图6-2)。其产流量一般属于超渗地面径流、壤中水径流中能汇集至流域出口断面的部分与地下水径流中能汇集至流域出口的部分之和。

(3)*厚土丘陵区森林流域*

厚土丘陵区森林流域包气带很厚，由均质土壤组成；地下水埋深很大，在数十米以上(图6-3)。从气候学观点看，这类森林流域主要出现在干旱地区，森林植被相对较差，例如，我国陕北黄土高原地区的森林流域均属此类。这些森林流域一般属于超渗产流。

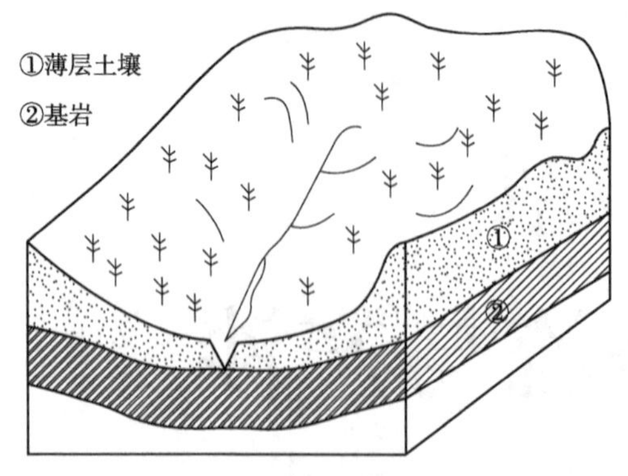

图 6-1　石质山区森林流域

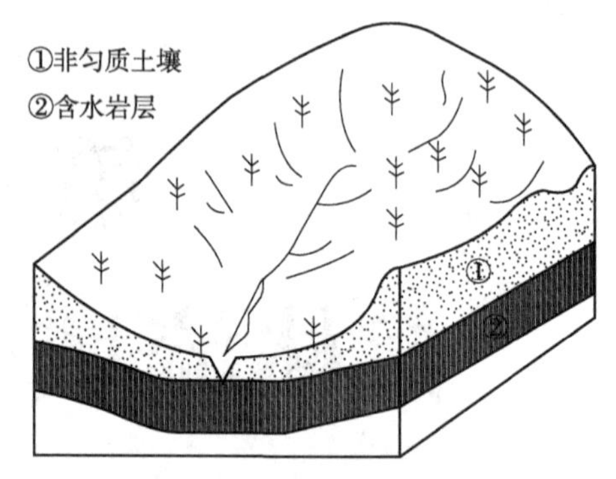

图 6-2　土石山区森林流域

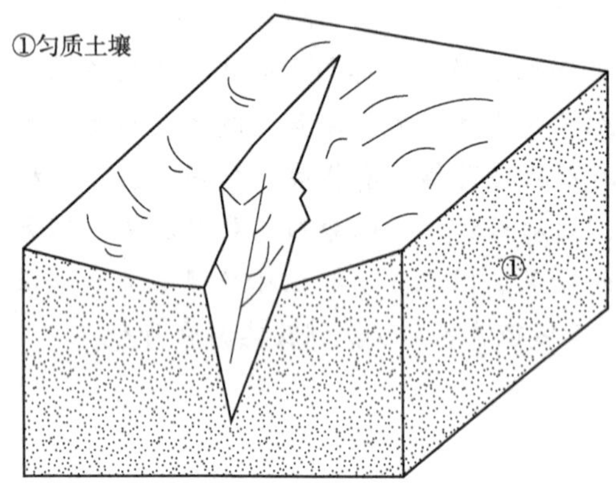

图 6-3　厚土丘陵区森林流域

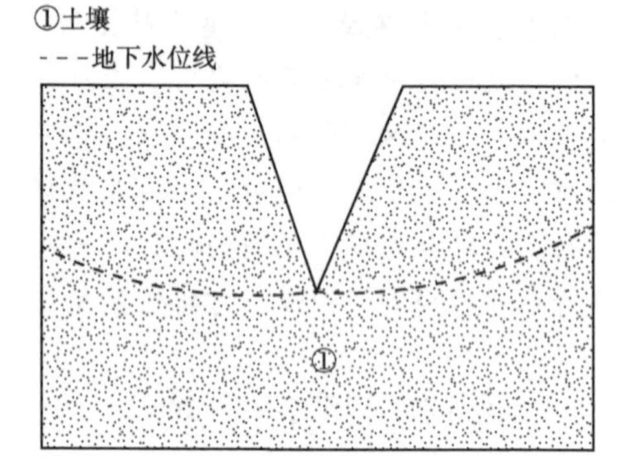

图 6-4　平原区森林流域

(4)平原区森林流域

平原区森林流域主要位于冲积平原地区，地势平坦，地下水位高，土壤透水性较好(图 6-4)。其产流量为地下水径流中能汇集至流域出口的部分、饱和地面径流和壤中水径流中能汇集至流域出口断面的部分之和。

上述关于森林流域的分类是初步的。事实上，由于自然界地质、地貌、土壤、植被分布的复杂性，要对森林流域进行严格的分类是困难的。

6.1.2　流域产流特征分析

流域产流是指流域中各种径流成分的生成过程，是降水转化为径流的过程，其实质是水分在下垫面垂直运动中，在各种因素综合作用下对降水的再分配过程。流域产流主要取决于非饱和带地下水运动的机理、特性和运动规律。降水开始前，河流中的水量主要来自流域中下游地区中包气带较厚的地下水补给。降水开始后，流域中易产流的地区先产流，因此河流中的水量主要来自易产流地区，这些易产流地区主要是土层浅薄的地区、河沟附近土壤含水量较大的地区或降水强度大的地区。这时河沟开始逐渐向上游延伸，河网密度开始增加。随着降水的持续，产流面积不断扩大，河网密度不断增加，从而组成了不同时刻的出口断面流量过程线。降水过程中，流域上产生径流的部分称为产流区，产流区所包围的面积称为产流面积。流域产流面积在降水过程中是变化的，这是流域产流的一个重要特点。

流域产流特征通常可以从以下几方面进行分析论证：

①根据流域所处的气候条件。

②根据其中典型山坡流域的包气带结构和水文动态。

③根据出口断面流量过程线的形状，尤其是它的退水规律。

④根据流域中地下水动态观测资料。

⑤根据影响次降雨-径流关系的因素。

由于一个流域的径流形成特点取决于流域的降水特征和下垫面特征，而流域出口断面流量过程线则是两方面特征的综合产物。因此，通过对流量过程线的多方面分析，一般可获得关于流域径流形成的一些重要信息。

以北京市密云水库的两个天然坡面径流场的试验为例，两个坡面径流场的自然条件非常相似，将其中一个径流场的刺槐林采伐掉作为对比。在每年的早春季节，采用人工割灌的办法阻止刺槐林的萌蘖。为避免试验设施的系统误差，两个对比径流场都采用相同的薄壁三角堰和自计水位计进行流量过程的测定。两个天然坡面径流场的基本情况与观测设施的布设如图 6-5 所示。

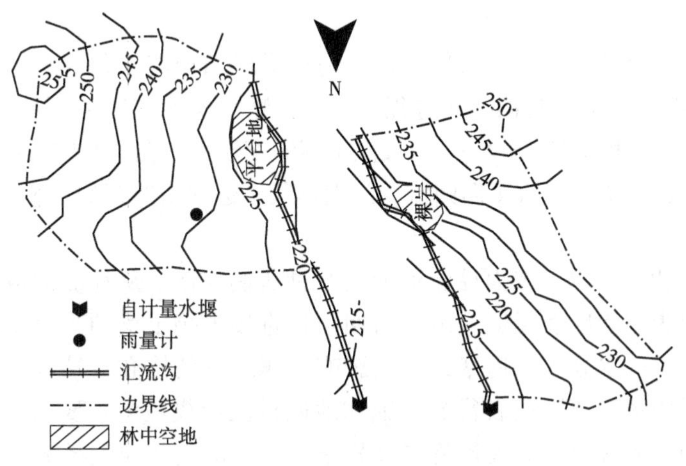

图 6-5 天然坡面径流场试验布设图

（引自余新晓，2004）

将几场实测天然坡面径流场典型降雨径流过程线绘于图 6-6 至图 6-8 中。从这些图中可以看出，本例无论是有林地，还是无林地，降雨径流过程具有以下特点：

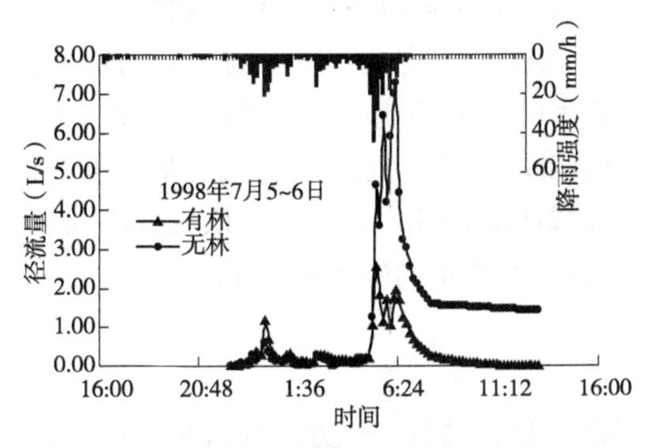

图 6-6 径流场降雨径流过程(1)

（引自余新晓，2004）

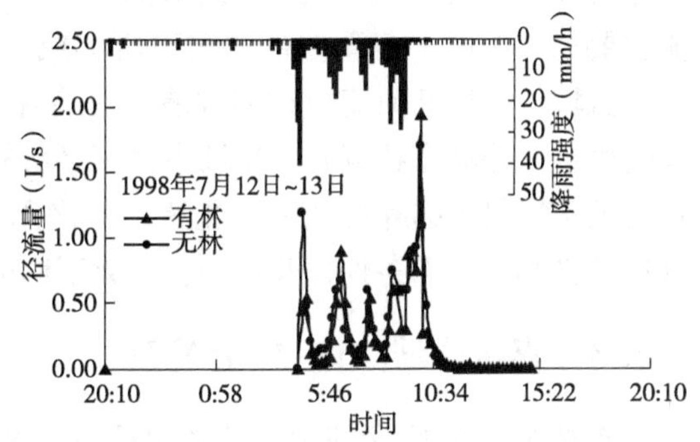

图 6-7 径流场降雨径流过程(2)

（引自余新晓，2004）

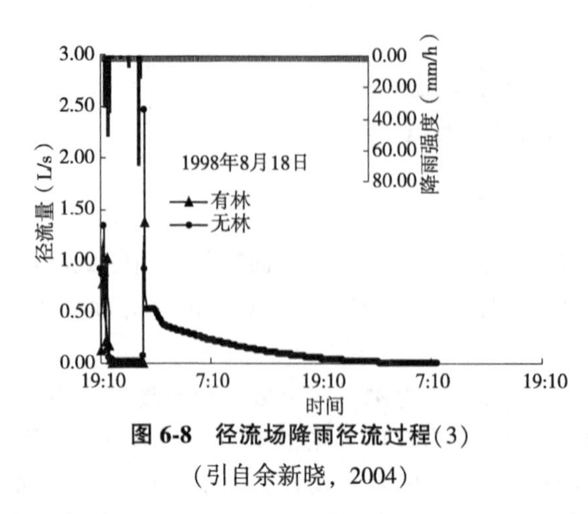

图 6-8 径流场降雨径流过程(3)
(引自余新晓，2004)

①径流峰值与降雨强度峰值几乎呈一一对应关系。

②径流过程陡涨陡落。从 1998 年 8 月 18 日的降雨径流过程来看，即使是持续时间非常短的高强度暴雨，也可以形成陡涨陡落的径流过程线。

③降雨时程长，主峰偏后，对径流流量峰值的出现极为有利。这种情况出现在 1998 年 7 月 5 日的降雨径流过程，主峰值降雨强度为 43.8 mm/h，出现在次雨峰之后，主峰值流量有林径流场为 2.54 L/s，1998 年 7 月 12~13 日的降雨径流过程，主雨峰在前，降雨强度为 40.2 mm/h，主峰值流量有林径流场为 1.93 L/s，相比之下，偏后雨峰可以形成较大的峰值径流量。

④遇有较为充分的前期降雨条件，较大雨量形成的径流过程退水过程线持续时间较长。从 1998 年 7 月 5~6 日的径流过程来看，在峰值流量结束后，径流退水曲线持续了 43 h。前期 7 d 累积雨量为 44 mm，致使土壤湿度较大，在遇有较长历时和较大雨量的情况下，在坡面坡脚处形成了回归流，从而延长了退水历时(该研究的测流设施未测到基流)。

从以上几个特点来看，坡面径流形成受几种机制控制，从径流形成的角度看，该区径流形成主要为超渗地表径流。由于前期雨量直接影响土壤的水分状况，土壤水分状况不仅影响土壤的水分入渗速率，而且影响土壤水分的饱和亏缺程度。这两方面又是地表径流形成中霍顿超渗地表径流和饱和地表径流形成最为重要的因素。因此，从降雨主峰偏后引起较大流量地表径流的过程来看，该例饱和地表径流在径流形成过程中也起到了一定的作用。

流域产流特征的分析应力求综合，相辅相成，不宜孤立地、静止地看问题。如某一流域从气候条件来看几乎不可能产生地下水径流，但却不能因此就认为这个流域以产生超渗地面径流为主。因为根据多年降水资料分析，并没有发现足以形成超渗地面径流的降水强度。事实上，对流域的情况进一步调查分析可以发现，该流域的降雨径流主要来自流域中沼泽地带和水面所形成的直接径流。当然也可能遇到另外的情况，如某流域从出口断面流量过程线看，具有比较丰富的地下径流；但从气候、植被条件和包气带水分动态特点看，流域中并不是所有地方都具备产生地下水径流的基本条件，这时就不能仅根据存在地下径流这一点来判断流域产流特征。事实上，该流域所处的气候条件和下垫面条件并非单一，因此不同的地方存在着不同的产流特征。

6.1.3 森林流域降雨-径流关系

森林对于降雨-径流关系的影响是一个多层次的复合过程：一方面通过林冠层、枯落物层对大气降雨进行截留，减小了进入林地的雨量和雨强，从而直接影响地表径流的形成及其数量；另一方面，森林的存在能改良土壤，增加土壤的有机质，森林中的植物根系和土壤动物能够促使土壤孔隙度和入渗率增加，森林使土壤的结构变得更加疏松，因而能够吸收、渗透更多的水分，使更多的地表径流下渗转为地下径流。

举一典型森林流域实例，位于甘肃天水罗玉沟流域内的桥子东沟、桥子西沟是紧邻的两个对照流域，两个流域的自然条件基本一致，只是作为治理和未治理流域进行对照。桥子东沟流域面积 1.36 km^2，是治理流域，林地面积较大，占流域总面积的40%以上；桥子西沟流域面积 1.09 km^2，为未治理流域，林地面积极小，占流域总面积的3%以下。两流域沟道全部为季节性干沟，旱季无径流，雨季常有洪水出现。根据两流域同期降雨-径流关系的对比分析，可直观地了解流域森林植被对降雨-径流的影响。

选择 1991 年、1993 年、2003 年 3 个典型年份对桥子东沟、桥子西沟流域降雨-径流关系进行对比分析(图 6-9)。

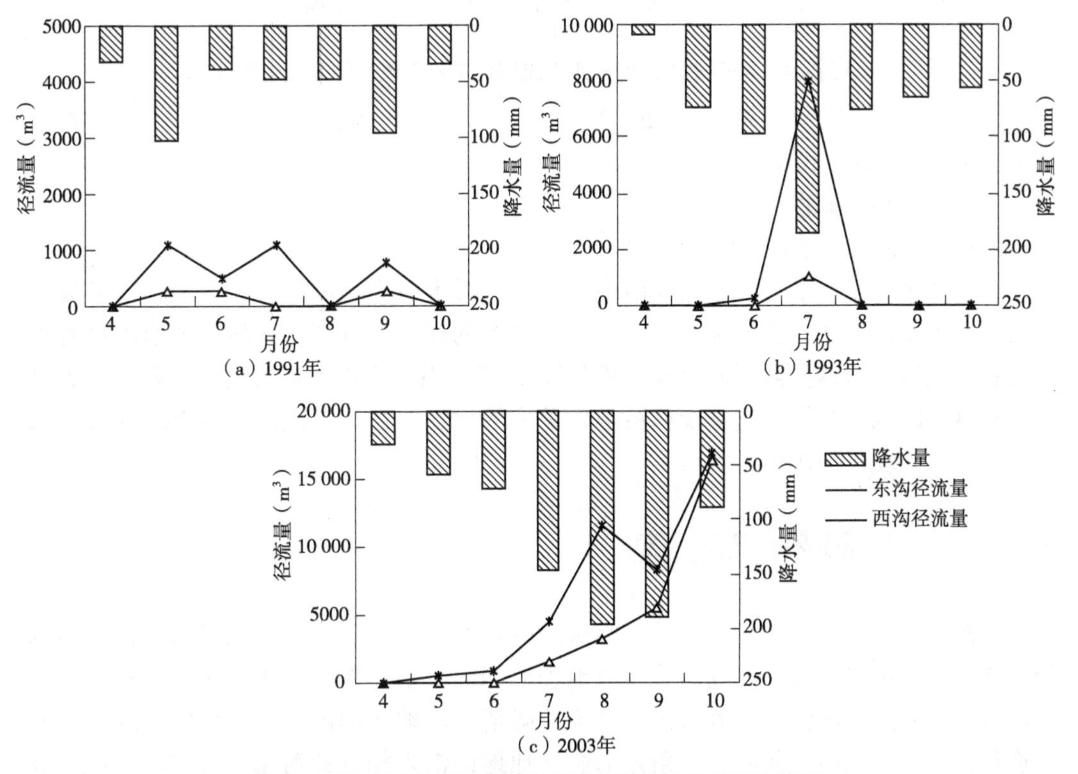

图 6-9　桥子东沟、桥子西沟流域典型年份各月径流量图

1991 年，桥子沟流域降雨量为 482.6 mm，属贫水年份。东沟流域年径流量为 786.24 m^3，径流模数为 578.11 m^3/km^2，而西沟流域年径流量高达 2729.14 m^3，径流模数为 3154.78 m^3/km^2，超出东沟的 4 倍以上。1993 年为降雨中等年份。东沟流域仅在 7 月有径流，为 1071.36 m^3，但西沟流域在 6、7 两月均有径流，分别为 259.2 m^3和 8035.2 m^3，均明显高于东沟流域。2003 年为丰水年，7~9 月为降雨集中期。径流也从 7 月开始逐月增加，10 月径流量达到最大值，这是连续降雨导致土壤入渗能力下降所致。桥子东沟流域全年径流量 $2.66\times10^4 m^3$，径流模数为 19 560.71m^3/km^2，桥子西沟流域全年径流量为 4.26×10^4 m^3，径流模数为 39 038.53m^3/km^2，比桥子东沟流域增加了 99.57%。

根据桥子东沟、桥子西沟流域内雨量站实测资料，流域内多年平均降雨量 529.7 mm。

从图 6-10 可以看到，流域年径流量与降雨量关系密切，降雨量大则径流量大，但桥子西沟流域的径流模数均大于桥子东沟流域。利用桥子东沟流域 1987—2004 年降雨、径流资料及森林植被变化资料建立了桥子沟流域径流模数与年降雨量和森林植被覆盖度的回归关系。

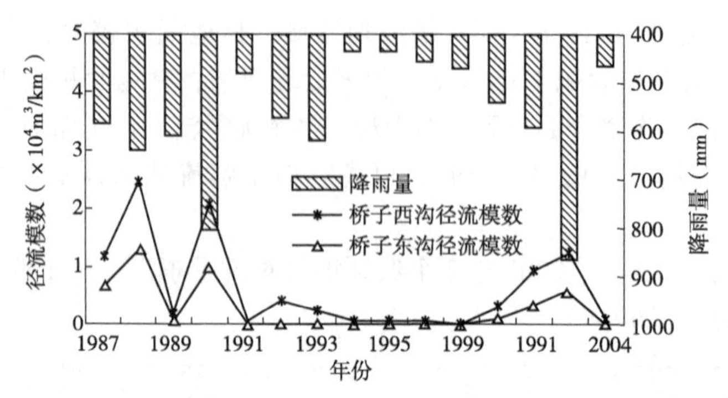

图 6-10　桥子东沟、桥子西沟流域各年降雨量、径流模数图

$$W = 13.9294e^{0.01P-0.047L} \qquad R^2 = 0.946 \tag{6-1}$$

式中　W——流域年径流模数，$m^3/(km^2 \cdot 年)$；

P——年降雨量，mm；

L——林地占流域面积比例，%。

不管是丰水年、枯水年还是降雨中等年份，桥子西沟流域的月径流量和年径流量均大于桥子东沟流域，这与流域内水土保持措施的配置，特别是森林植被的增加有直接关系。从以上森林植被覆盖度与流域降雨-径流关系的实例可以看出，森林对地表径流具有良好的调节功能，随着森林植被覆盖率的增加，在一定范围内可以起到截留降雨、减少地表径流的作用。

6.2　森林流域径流汇集

降落在流域上的雨水，扣除损失后从流域各处向流域出口断面汇集的过程称为流域汇流。通常可以将森林流域划分为坡地和河网两个基本部分。降落在河流槽面上的雨水将直接通过河网汇集到流域出口断面。降落在坡地上的雨水，一般要从两条不同的途径汇集至流域出口断面：一条是沿着坡地地面汇入相近的河流，接着汇入更高级的河流，最后汇集至流域出口断面；另一条是下渗到坡地地面以下，在满足一定的条件后，通过土层中各种孔隙汇集至流域出口断面。值得一提的是，以上两条汇流途径有时可能交替进行，出现串流现象。森林流域汇流过程由坡面汇流、土壤汇流、地下汇流和河道汇流 4 部分组成，是一种比单纯的明渠水流和地下水流更为复杂的水流现象。

6.2.1　坡面汇流

坡面汇流是指地表径流在坡地斜面流动并向河道汇集的过程。流域水文模拟计算时，沟壑溪流的汇流也常用等价坡面汇流近似计算。分布式坡面汇流计算一般按下列运动波模型计算。

$$\frac{\partial A}{\partial t}+\frac{\partial Q}{\partial x}=qL \qquad （连续方程） \tag{6-2}$$

$$S_f=S_0 \qquad （运动方程） \tag{6-3}$$

$$Q=\frac{A}{n}R^{2/3}\cdot S_0^{1/2} \qquad （Mannig公式） \tag{6-4}$$

式中 A——流水断面积；

Q——流量；

qL——网格单元或河道的单宽流入量，包含网格内的有效降雨量、来自周边网格及支流的水量；

n——Manning 粗糙系数；

R——水力半径；

S_0——网格单元表面坡降或河道的纵向坡降；

S_f——摩擦坡降。

如前所述，坡面汇流(坡面漫流)的研究就是求解圣维南方程组，求解法很多，现仅介绍维里卡诺夫解法。

以坡面水量平衡方程代替连续方程得：

$$q_x-q_s=A_p\left(\frac{h}{\partial t}+P_q-P_f\right) \tag{6-5}$$

式中 q_s——上断面流量；

q_x——下断面流量；

A_p——坡面面积；

h——漫流水深；

P_q——坡面有效降雨量；

P_f——损失强度。

以坡面漫流流速经验公式代替动力方程得：

$$v_P=10q_d^{2/3}i^{1/3} \tag{6-6}$$

式中 v_P——坡面漫流速度；

q_d——单宽流量；

i——坡面比降。

对任一断面则有：

$$q=b_pv_ph \tag{6-7}$$

式中 q——坡面任一断面流量；

b_p——坡面宽度；

v_p——坡面漫流速度；

h——漫流水深。

将式(6-6)代入式(6-7)并以下标 s 表示上断面的值，则有：

$$h_s=\frac{q_s}{b_{ps}v_{ps}}=\frac{q_s}{10b_{ps}q_{ds}^{2/3}i_s^{1/3}} \tag{6-8}$$

因为 $q_{ds}=\dfrac{q_s}{b_{ps}}$，代入式(6-8)得：

$$h_s=\frac{1}{10}\left(\frac{q_s}{b_s i_s}\right)^{1/3} \tag{6-9}$$

以下标 x 表示下断面的值，同理可得：

$$h_x=\frac{1}{10}\left(\frac{q_x}{b_{px} i_x}\right)^{1/3} \tag{6-10}$$

由于式(5-7)中的 h，P_q，P_f 均为坡面均值，则有：

$$h=\frac{h_s+h_x}{2}=\frac{1}{20}\left[\left(\frac{q_s}{b_{ps} i_s}\right)^{1/3}+\left(\frac{q_x}{b_{px} i_x}\right)^{1/3}\right] \tag{6-11}$$

令

$$P_f=kh \tag{6-12}$$

式中　k——系数。

在稳定流时$\frac{\partial_h}{\partial_t}$可忽略不计，此时将式(6-11)、式(6-12)代入式(6-5)得：

$$q_x-q_s=A_p\left\{P_q-\frac{k}{20}\left[\left(\frac{q_s}{b_{ps} i_s}\right)^{1/3}+\left(\frac{q_x}{b_{px} i_x}\right)^{1/3}\right]\right\} \tag{6-13}$$

根据式(6-13)，便可以从分水岭处($q_s=0$)逐段计算到河网求得河网总入流，并可以求得坡面漫流历时。

坡面汇流和河网汇流是两个先后衔接的过程，前者是降落在坡面上的降水在注入河网之前的必经之地，后者则是坡面出流在河网中继续运动的过程。不同径流成分由于汇集至流域出口断面所经历的时间不同，因此在出口断面洪水过程线的退水段上表现不同的终止时刻：槽面降水形成的出流终止时间最早，坡地地面径流的终止时间次之，再次是壤中水径流，终止时间最迟的是坡地地下水径流。

6.2.2　土壤汇流

土壤汇流是指在土壤表层或分层土层内的界面上侧向流动的水流，又称表层流，是径流的组成部分。土壤汇流主要发生在不同层次土壤或有机质的不连续界面上，界面以下土层是透水性较差的相对不透水层。下渗水流在不连续界面上受阻积蓄形成暂时饱和带，产生壤中流。在森林覆盖率较高的山坡、与河沟紧连的坡脚和凹坡的坡底，在有较厚且疏松的土层覆盖在不透水基岩上的情况下，容易产生壤中流。随着雨水继续向下渗透，水分会在深层形成永久饱和带，在永久饱和带中的侧向水流运动则属于地下径流。

壤中流和地下径流数学分析一般取单位宽度进行，无论饱和还是非饱和土壤水分运动都可以用 Richards 方程进行描述：

$$c(\psi)\frac{\partial\psi}{\partial t}=\frac{\partial}{\partial z}\left[k(\psi)\frac{\partial\psi}{\partial z}\right]+\frac{\partial k(\psi)}{\partial z} \tag{6-14}$$

式中　ψ——总水势；

c——比水容量；

t——时间；

k——土壤导水率；

z——垂向坐标。

$c(\psi)=\mathrm{d}\psi/\mathrm{d}\theta$，此处 θ 为土壤含水量。

采用 ψ 为自变量的方程为了便于研究饱和与非饱和流同时存在的情况，相应的初始条件为：

$$\psi(z,\ 0)=\psi_0 \tag{6-15}$$

坡面的上部边界条件可根据雨强 i 和土壤的下渗能力 f_p 的关系分为两种情况处理：

$$\psi(0,\ t)=0 \quad (i>f_p)$$

$$f_p=-i \quad (i<f_p) \tag{6-16}$$

一般情况下，下部边界条件可取在适当深度处。

$$\psi(z,\ t)=\psi_0 \tag{6-17}$$

从理论上讲，在合理初始边界条件下求解方程，即可得到森林流域内土壤含水量、土水势分布随时间变化的规律，进而可以求出各层次径流量。当然，具体应用时还需要确定各土层导水率以及初始与边界条件，我国目前尚缺少这方面的实际观测资料。

6.2.3 地下汇流

经由地下途径注入河网的水流称为地下汇流，历时可长达几天或几十天。地下汇流是以地下径流的形式，通过岩土孔隙向出口断面汇集的过程。

在湿润地区的洪水过程中，地下径流的占比一般可达总径流量的30%，甚至更多。地下径流的汇流速度远慢于较地面径流，因此地下径流的过程较为平缓。

地下径流过程的推求可以采用线性水库法。下渗的雨水有一部分渗透到地下潜水面，然后沿水力坡度最大的方向流入河网，最后汇至流域出口断面，形成地下径流过程。许多资料分析表明，地下水的储水结构可视为一个线性水库。单一水源地下水，其退水规律与线性水库近似。由于地下水的比降等水力要素变化缓慢，可认为涨落水的槽蓄关系是一致的，可用线性水库的演算方法计算地下汇流。即地下水库的蓄水量 W 与其出流量 Q_g 的关系为线性函数，下渗的净雨量为其入流量，经地下水库调节后的出流量就是流域出口断面的地下径流出流量。因此，联立求解地下水库蓄泄方程与地下水库的水量平衡方程，就可求出地下径流的汇流过程。

地下水库蓄泄方程与地下水库的水量平衡方程：

$$\frac{\mathrm{d}W_g}{\mathrm{d}t}=I_g-Q_g \tag{6-18}$$

$$W_g=K_g\cdot Q_g \tag{6-19}$$

式中 I_g——地下水库的入流量；

W_g——地下水库的蓄水量；

Q_g——地下水库的出流量；

K_g——地下水库的蓄泄系数。

写成有限差形式：

$$\frac{I_{g1}+I_{g2}}{2}\Delta t-\frac{Q_{g1}+Q_{g2}}{2}\Delta t=W_{g2}-W_{g1} \tag{6-20}$$

$$W_g=K_gQ_g \tag{6-21}$$

6.2.4 河道汇流

河道汇流过程是洪水波运动过程，而洪水波是一种波长远大于水深的浅水波，具有流线曲率很小且相互平行、动水压力分布与静水压力分布基本相同的特征。洪水波运动中的展开和扭曲也是河道汇流的研究内容，可从河槽内蓄水变化来研究对洪水波运动的影响。

在河道汇流研究中，引入了特征河长概念，具体解释为，假设有一个特殊的河段，它在涨落水过程中，因水位变化引起流量变化和因比降变化引起流量变化，这两者的绝对值正好相等，于是可以推断河段出流量与河段槽蓄量必为线性关系，这样的河段其长度称为特征河长。

如果取一个河段的长度正好与特征河长相等，对于该河段而言，如果其中蓄水量不断增大，那么其下游的出流量 D 一定小于上游的入流量 I，即：

$$D_2-D_1=(\bar{I}-D_1)(1-e^{\frac{\Delta t}{K}}) \tag{6-22}$$

式中 D_1、D_2——出流过程中 Δt 时段初、末的出流量；

$\bar{I}$——入流过程中 Δt 时段内的平均入流量；

K——槽蓄系数。

如果入流过程是一个历时极短的单位瞬时入流，并设河段槽蓄关系为 $S=KD$ 的线性关系，则这一理想的瞬时入流经过第 1 河段汇流后的出流当然已经变形，而成为一个随时间 t 而变的过程 U 了，导出的关系式为：

$$U=\frac{1}{K}e^{\frac{-t}{K}} \tag{6-23}$$

河道汇流是水流在一系列河段中汇流的连续过程。如果将整个河道划分成一些连续的单元河段，每一河段的汇流规律如上述。于是，一个入流就经过这些河段逐段变形，而最后成为出流实际上是第 1 河段的出流当作第 2 河段的入流，它的出流又作为第 3 河段的入流，依次类推。这些单元河段当然可按特征河长划分为 n 段，如果各段 K 值相等则整个河道为 n 个河段串联，也可认为是 n 个水库串联。由于每个河段(水库)的槽蓄关系为线性，于是这一河道就概化为 n 级串联的所谓线性等值水库。洪水波好像是通过这些水库调蓄而变形，如最初入流即为上节所述的理想单位瞬时入流则经第 1 个河段汇流后的出流过程 U_1，即上式，以 U_1 为第 2 段入流，第 2 段出流为：

$$U_2=\frac{t}{K_2}e^{\frac{-t}{K}} \tag{6-24}$$

依次类推，第 n 段出流为：

$$U_n=\frac{1}{K(n-1)_1}\left(\frac{t}{K}\right)^{n-1}e^{\frac{-t}{K}} \tag{6-25}$$

上式即入流 I 经 n 个河段，不断变形的最后出流。这表明了该河道的汇流特性，所以也称河槽瞬时汇流曲线。当河段槽蓄特性(K 值)不同时，那么同样的瞬时入流和相同数量的河段，最后的出流过程将明显不同，K 值越大表示河段调蓄作用越大。

6.3 森林植被对汇流的影响

森林植被对流域汇流的影响主要表现为林地不同层次对降雨的再分配过程。森林植被冠层及地被物的截留，减小了产生径流的净雨量，同时削弱雨滴动能，减少雨滴击溅侵蚀；地被物层对汇流有延长作用，使地表径流速率减小，增加了径流下渗的时间，使地表径流量减小，地下径流和地表径流的比例变大，径流的侵蚀能量降低，从本质上削弱了径流的冲刷挟沙能力；植物根系改良土壤结构，提高土壤的抗冲性和抗蚀性，增加土壤的下渗能力。

森林植被对汇流的影响是比较复杂的水文过程，尚有待从机理上进行深入研究。本节以甘肃省天水市吕二沟流域典型样地为例，结合实测径流资料，分析森林植被对坡面径流汇集时间的影响。

表 6-1 为吕二沟流域刺槐林地与裸地实测的 3 次降雨过程产生的径流。刺槐林地林下草本盖度为 80%，枯落物厚度 2~4 mm。从表 6-1 中可见，3 次降雨中，林地径流产生时间均晚于裸地，其径流总量和径流流速均小于裸地，这充分体现了森林植被对汇流的影响。

表 6-1　林地与裸地径流量、流速对比

降雨场次	降雨量(mm)	植被类型	产流时间(min)	最大流量(L/min)	出现时间(min)	径流总量(mm)	平均流速(m/s)	占裸地的比例
1	71.4	刺槐林	170	0.1062	300	16.19	0.0397	0.75
		裸地	130	0.3102	201	24.9	0.0528	
2	21.6	刺槐林	130	0.0002		0.01	0.0046	0.07
		裸地	90	0.3113	118	18.98	0.0689	
3	40.7	刺槐林	10	0.6683	31	11.64	0.2498	0.69
		裸地	10	1.2240	23	20.44	0.3630	

在本书的第 3 章和第 5 章已经系统阐述了林冠层和枯落物层的水文功能和阻水效应，在此不作赘述，同样植被对汇流的影响也以通过其对径流和洪水的削减作用而得到直观的体现，下面结合两个小流域的对比试验实例进行分析。

密云水库东侧北庄镇林业站大南沟设置了两个对比试验小流域(图 6-11)。两个小流域的自然条件非常相似，将其中一个小流域的刺槐林采伐掉作为对比。在每年的早春季节，采用人工割灌的办法阻止刺槐林的萌蘖。为消除测流设施的系统误差两个对比小流域都采用相同的薄壁三角堰和自计水位计进行流量过程的测定。

此流域地表径流的产生同样以霍顿超渗地表径流为主，当土壤前期湿度较大或遇有降雨过程相对均匀、无大雨强的长历时降雨，坡面径流也可由饱和地表径流和回归流形成。

从图 6-11 可以看出，当有林流域无地表径流产生时，森林对地表径流的削减率为 100%，而当两个试验流域都产生地表径流时，刺槐人工林对地表径流的削减率为 10.63%~83.04%。当降雨量达 140.85 mm 的大暴雨条件下，林地径流削减率仍可达

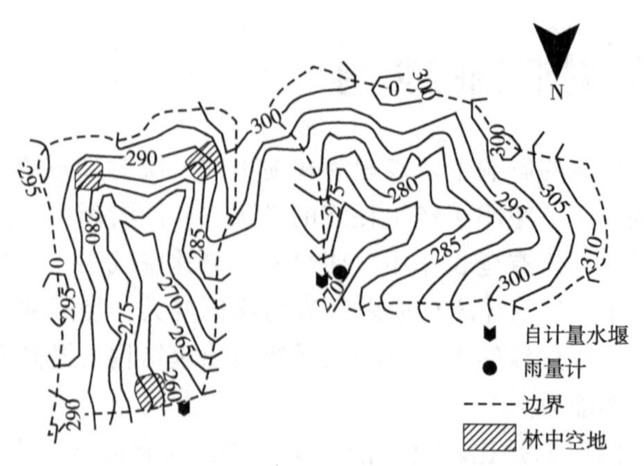

图 6-11 大南沟对比小流域试验布设图

(引自余新晓, 2004)

34.47%, 表明由于森林植被的存在, 使小流域的地表径流减少, 促进了小流域的水分贮存, 增加了可以向地下补给的水量。

当降雨量小于 80 mm 时, 林地对地表径流的削减率呈上升趋势, 而当降雨量超过 80 mm 后削减率呈下降趋势。据 1994 年 7 月 12 日的实测数据, 当降雨量为 215.60 mm 时, 林地地表径流削减率为 19.6%。这表明森林植被对地表径流的影响与降雨量的关系较为密切, 森林对特大暴雨径流的消减率较大。

在小流域尺度上, 刺槐林对洪峰流量的削减率在降雨量小于 70 mm 时随降雨量的增加而增加, 当场降雨量大于 70 mm 时, 削减率随降雨量的增加而减少(图 6-12)。其中, 重现期为 50 年, 24 h 降雨量为 215.6 mm 的径流过程, 刺槐林对地表径流的削减率可达 29.91%。可见, 森林对密云水库上游小流域暴雨洪峰流量具有较大的削减作用, 但对不同重现期暴雨洪峰的削减率存在变化。

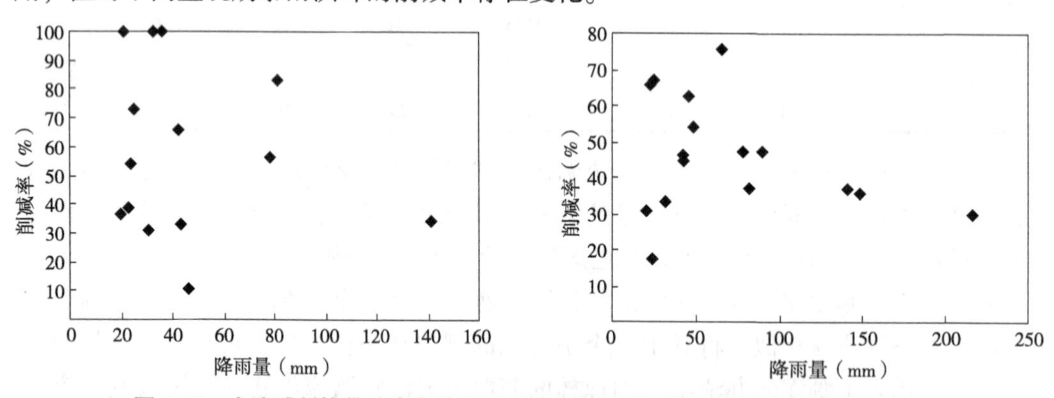

图 6-12 小流域刺槐林地表径流(左)/洪峰流量(右)削减率随降雨量的变化图

(引自余新晓, 2004)

从两个研究流域来看, 在降雨强度、流域平均坡度、流域面积方面差别不显著, 有林流域的地表有效糙率和土壤水分入渗能力、蓄水能力较无林流域大是造成刺槐林流域洪峰流量小的根本原因。刺槐林在小流域尺度上在多数情况下对洪峰流量具有较大的削减作用, 对不同重现期的降雨过程, 消减率为 29.91%~75.29%。消减率随降雨量的变化而变化, 当场降雨小于 70 mm 时, 削减率随降雨量的增加而增大, 当降雨率超过 70 mm 时，消减率随降雨量的增加而减小。

该研究表明，森林植被能够增大汇流面阻力，延长汇流时间，并层层截留减少径流量以削减洪峰流量，但这种延缓和削减作用是有一定限度的。由于流域地形地貌复杂，地形坡度的空间差异性较大，森林种类及森林覆盖率等由于受所处海拔、季节变化、人工干预等影响，其所发挥的功能在时间和空间上存在较大差异。

6.4 小流域森林植被对洪水径流的影响

森林植被对流域水文生态功能有着重要的调节作用，可促进降雨再分配、影响土壤水分运动、改变产汇流条件，进而在一定程度上起到削洪减洪、控制土壤侵蚀、改善流域水质的作用。流域森林植被变化对径流的效应表现为由于流域森林植被的结构和格局变化对流域产水量、径流泥沙含量的影响。研究表明，由于影响森林植被生态功能的环境异质性普遍存在，不同地区、不同尺度流域森林植被变化对径流及洪水过程的影响程度相差较大，特别是在干旱和半干旱地区，部分流域内沟系均属季节性干沟，旱季无径流，只在雨季有径流，森林植被对洪水径流的影响尤为明显。

洪水过程包括洪水总量、洪峰流量、涨水历时、退水历时等，且洪水过程与降雨量、降雨强度，以及流域形状、面积、地形、植被、土壤等因素都有关系。为系统阐述森林植被对单次降雨-洪水产流的关系，仍以甘肃天水桥子沟流域为例。本例选取了径流系数、径流深、洪峰流量模数几个指标进行分析。其中径流系数反映了洪水径流量与降雨总量的关系，径流深反映一次洪水总量，洪峰流量模数反映流域单位面积对洪峰流量的贡献值。

洪水径流系数即流域内等时段内洪水径流深与产生这一径流深的流域暴雨量之比，即：

$$\varphi=\frac{H}{P} \tag{6-26}$$

式中 φ——径流系数；

H——洪水径流深；

P——降雨量。

φ 又可写为：

$$\varphi=\frac{1-\mu}{i} \tag{6-27}$$

式中 i——平均降雨强度；

μ——单位时间内因入渗等原因损失的雨量，称损失率。

黄土高原地区以超渗产流为主，有下述公式：

$$\mu=Ri^{\gamma} \tag{6-28}$$

式中 R——损失系数，与土壤性质有关；

γ——损失指数。

$$R=1-Ri^{\gamma-1} \tag{6-29}$$

由式(6-29)可见，径流系数与损失系数、损失指数、降雨强度等因素有关。其中在损失系数、损失指数一定的情况下，降雨强度越小，径流系数也越小。损失系数与损失指数与土壤种类、地被类型、前期土壤含水量等因素有关。一般来说，流域中土壤孔隙度越大，水土保持治理程度越高，前期土壤含水率越低，那么 R 和 γ 的值越大，而 φ 值则越小。流域中的森林植被可增加土壤的孔隙度，特别是粗大孔隙，且林冠截留使林内实际降雨强度下降，因而使径流系数降低。

从图 6-13 可见，降雨强度大则径流系数也大。从 3 个时期径流系数的变化来看，前期径流系数都偏大，而后期偏小，说明流域内森林植被变化对径流系数有一定的影响。桥子东、西沟作为紧临的两个对照流域，其降雨量和降雨强度一样。但桥子西沟出现了 29 次洪水过程，而桥子东沟只有 18 次，即有 11 次降雨在桥子西沟产流而桥子东沟未产流。在已经产流的 18 次中，其径流系数也明显低于桥子西沟。

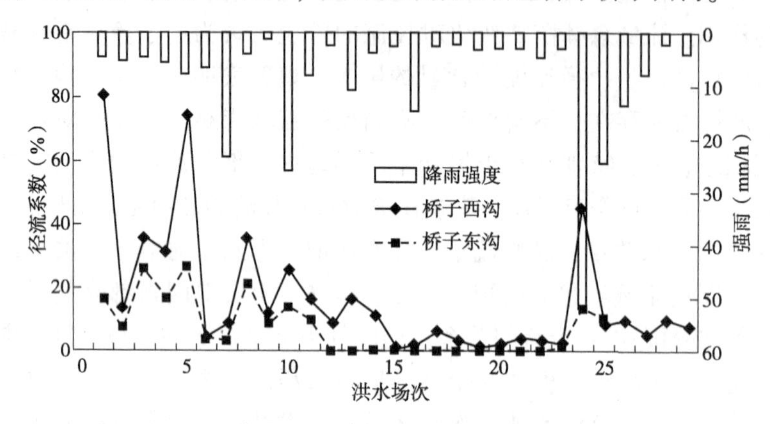

图 6-13 桥子东沟、桥子西沟流域历次暴雨洪水径流系数

径流深反映了一次降雨的洪水径流总量。桥子东、西沟两个流域洪水是以坡面流和冲沟急流形式出现的，在梯田和林草地内，由于水流流速减缓，有泥沙落淤。由表 6-2 可见，桥子东沟由于有林地、草地和梯田存在，具有较好的滞洪能力；而桥子西沟内径流量均大于桥子东沟，桥子东沟的径流模数较桥子西沟减少 38. 31%。

洪峰流量是反映一次洪水过程的最大流量，一般在洪峰流量出现时径流输沙率最

表 6-2 桥子东、西沟流域典型洪水径流对比分析对比

序号	降雨量（mm）	径流模数		
		桥子东沟（m^3/hm^2）	桥子西沟（m^3/hm^2）	东沟较西沟减少（%）
1	27. 6	11. 00	20. 78	46. 59
2	17. 1	1. 34	2. 53	47. 10
3	80. 0	163. 21	247. 87	34. 15
4	12. 8	23. 23	26. 68	12. 93
5	29. 0	29. 27	41. 41	29. 33
6	28. 8	6. 10	8. 22	25. 85
7	13. 0	1. 56	2. 26	30. 85
8	29. 4	5. 40	26. 61	79. 71
平均				38. 31

大。洪峰流量一般与一次降雨的降雨强度有关。从图 6-14 中可见，降雨强度的增加，洪峰流量模数也呈增大的趋势。与前述的降雨量与径流深关系点阵分布一样，第一时段的点阵位于上部，第三时段的点阵位于下部。桥子西沟的点阵在上部，桥子东沟的点阵在下部。进一步说明随森林植被具有调节洪峰流量的作用。

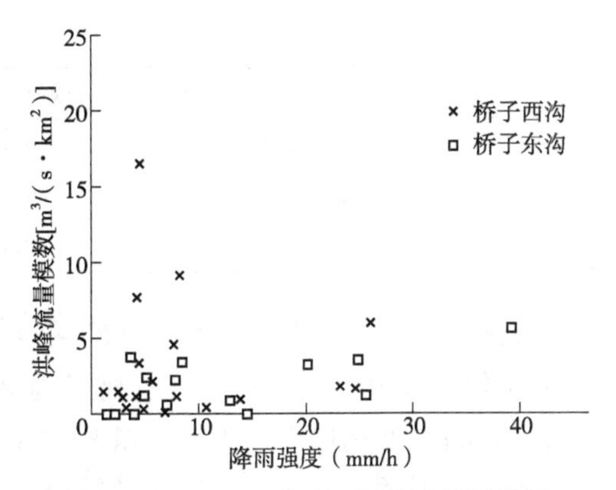

图 6-14 研究流域降雨与洪峰流量模数关系点阵图

流域洪水径流量除受降雨条件、地形条件影响外，流域森林植被格局也对其有很大影响作用。在降雨条件、地形条件不变的情况下，随林地占流域面积比例增加，流域内的洪水径流量减小。因此，在流域森林植被建设时，不仅要考虑流域森林植被覆盖率，还要注意森林植被格局的合理性。

6.5 小流域森林植被对产沙的影响

流域森林植被调控土壤侵蚀的功能主要体现在其不同层次对雨滴和径流侵蚀力的耗散方面。在流域景观结构中，各种植被要素(群丛级别或者群系级别)都发挥着重要的水土保持作用。就植被而言，单纯以植被覆盖率大小评价流域水土保持作用的强弱并不准确，因为同样的植被覆盖率其植被防蚀作用并不完全相同。对黄土高原大多数流域而言，景观基质为农地，植被的防蚀作用还取决于基质中或包括农地在内的广义上的各种植被斑块的形状、大小、数量、类型及其空间分布格局，还有未列入植被覆盖率计算的一些植被斑块(如牧荒坡或疏林地等)也有一定的水土保持作用，只不过作用不显著而已。一般而言，流域中集中连片或均匀分布的森林植被防蚀效果要比小斑块分散分布的好，带状植被斑块即廊道或大型斑块无疑也起着十分重要的防蚀作用。

6.5.1 小流域森林植被对典型暴雨-侵蚀产沙过程的影响

土壤侵蚀产沙过程主要是由一年中的几次暴雨造成的。在流域中，受流域森林植被格局的影响，土壤侵蚀在空间上呈现明显的差异性。不同的地类、土壤、地形、植被等条件下，侵蚀产沙过程也不同。下面通过对桥子东沟、桥子西沟几次典型降雨侵蚀产沙过程不同地类调查，分析流域侵蚀产沙的空间差异性。

在两沟沟口各设一处径流站并共设一处雨量站，另设 3 个雨量站和单项径流场，雨量站基本情况见表 6-3。

表 6-3 桥子东沟、桥子西沟流域雨量站基本情况表

站名	位置	场地周围情况	仪器形式	观测时段
能干	上游分水岭	院内开阔	普通、自记	1988—1993 年
营房梁	上游分水岭	院内开阔	普通、SL 遥测	1987—2004 年

（续）

站名	位置	场地周围情况	仪器形式	观测时段
试验场	中游山腰	院内开阔	普通、自记	1987—2004 年
马兰	中游分水岭	院内开阔	普通、SL 遥测	1988—2004 年
桥子沟口	流域出口	院内开阔	普通、SL 遥测	1987—2004 年

(1)桥子东沟、桥子西沟流域 1987 年 4 月 19 日暴雨侵蚀产沙分析

1987 年 4 月 19 日下午 17:00，桥子沟流域突降暴雨，至 23:00 结束。流域平均降雨量 53.6 mm，暴雨中心最大点雨量 84.1 mm，最大 1 h 降雨量 58.1 mm。此次暴雨发生在春季，历时短、强度大、覆盖范围小。

根据桥子东沟、桥子西沟出口处的洪水痕迹，可推算出桥子东沟、桥子西沟洪峰流量(表 6-4)。本次暴雨径流系数偏高，所形成的洪水历时短(约 1.5 h)、峰值大。

表 6-4 桥子东沟、桥子西沟流域 1987 年 4 月 19 日暴雨洪水主要特征值

流域名称	集水面积 (km^2)	洪峰流量 (m^3/s)	总径流量 (10^4m^3)	径流模数 (m^3/km^2)	径流系数
桥子东沟	1.36	15.2	4.104	30 180	0.615
桥子西沟	1.09	12.2	3.294	30 220	0.615

流域内坡面侵蚀以细沟侵蚀和浅沟冲蚀为主，细沟侵蚀几乎在所有坡面部位都有发生，而浅沟侵蚀一般发生在坡面汇水槽和坡脚处，流域内所有梯田基本完整无损。因此，在流域内选择 20 余处坡耕地、植被覆盖地块，对细沟和浅沟进行了详细测量、调查。本次暴雨造成的坡面侵蚀有如下特点：

①坡面侵蚀量随坡度变陡而增大。

②坡面侵蚀量随坡面植被和水保措施不同而变化。

桥子东沟流域坡面侵蚀模数较西沟大，主要原因在于桥子东沟流域内坡耕地春播面积较大，约是桥子西沟的 1.3 倍，暴雨正好发生在春播后不久，表层土壤干燥、疏松(表 6-5)。

表 6-5 桥子东沟、桥子西沟流域坡面侵蚀分布

类型	级别	坡度	坡长(m)	土质	作物措施	平均侵蚀量(t/hm^2)
农耕地	≤10°	8°	22	黄土	胡麻	43.5
		10°	19	杂土	麦地	
	10°～20°	12°	10	黄土	麦地	112.9
		14°	20	黄土	玉米	
		17°	50	杂土	麦地	
		18°	17	黄土	玉米	
		20°	21	黄土	麦地	
	20°～30°	22°	24	黄土	春播地	200.5
		27°	17	黄板土	裸露地	
		28°	15	杂土	麦地	

（续）

类型	级别	坡度	坡长(m)	土质	作物措施	平均侵蚀量(t/hm²)
草地	10°~20°	12° 15°	21	黄土 红黄土	小冠花 红豆草	43.3
	20°~30°	20° 23°	14 10	杂土 黄土	野牛草 小冠花	92.4
林地	20°~30°	20° 28° 30°	15 19 16	杂土 杂土 杂土	刺槐更新林地 3年生刺槐 5年生紫穗槐	0
	>30°	45°	15	杂土	7年生林地	156.0

沟道侵蚀以重力侵蚀为主，沟壁发生严重崩塌、滑塌和泻溜现象，沟床下切侵蚀轻微。沟道重力侵蚀总量为7087 t，其中，东、西沟分别为1174 t和5913 t，沟道侵蚀模数为50 860 t/km²。桥子西沟沟道侵蚀模数与桥子东沟侵蚀模数之比约是2∶1，说明桥子西沟沟蚀强度大于桥子东沟(表6-6)。

表6-6 桥子东沟、桥子西沟流域重力侵蚀量

流域名称	泻溜			崩塌		滑塌		侵蚀总量(t)
	面积(m²)	侵蚀深度(m)	侵蚀量(m³)	数量(处)	侵蚀量(m³)	数量(处)	侵蚀量(m³)	
桥子东沟	23 500	0.015	352.5	13	286.6	2	144	1174
桥子西沟	38 000	0.015	570.0	7	301.5	3	3070	5913
全流域	61 500	0.015	922.5	20	588.1	5	3214	7087

这次暴雨造成该流域土壤总侵蚀量(即流域产沙量)27 280 t，其中东、西沟流域分别为13 730 t和13 550 t；坡面和沟道侵蚀量所占比例分别为74.0%和26.0%，其中东、西沟流域分别为91.5%和8.5%、56.4%和43.6%；土壤侵蚀模数为11 130 t/km²，其中东、西沟分别为10 090 t/km²和12 430 t/km²。

(2)桥子东沟、桥子西沟流域1988年8月7日暴雨侵蚀产沙分析

1988年8月7日20:00，暴雨由北向南进入桥子沟流域。最大降雨强度出现在20:00至21:00，此后逐渐减弱，翌日13:00降雨结束，降雨量随流域高程的降低呈递减趋势。

本次暴雨来势迅猛、强度大、降雨量集中，流域平均重现期为260年一遇。暴雨走向与流域汇流方向一致，加之流域内沟道比降大，使汇流源短流急，在沟口站测流断面形成了峰形尖瘦的洪水过程。另外，暴雨最大雨强出现在降雨开始，流域坡面和沟道的疏松表土及堆积物在雨水和汇集水流的作用下，随洪水冲泻而下，在沟口站测流断面形成尖瘦沙峰(图6-15、图6-16)。

桥子东沟沟口站8月7日20:05来水(降雨开始后5 min)，20:46达最大洪峰，流量为16.8 m³/s；21:45洪水量明显减少，洪峰历时1.5 h，8月9日8:00暴雨汇水全部退尽。洪水总历时35.9 h，其中涨水历时仅45 min，退水历时35.1 h，含沙量过程线随雨强变化呈锯齿形急剧变化，最大沙峰出现在20:25(降雨开始后25 min)，其含沙量为790 kg/m³。

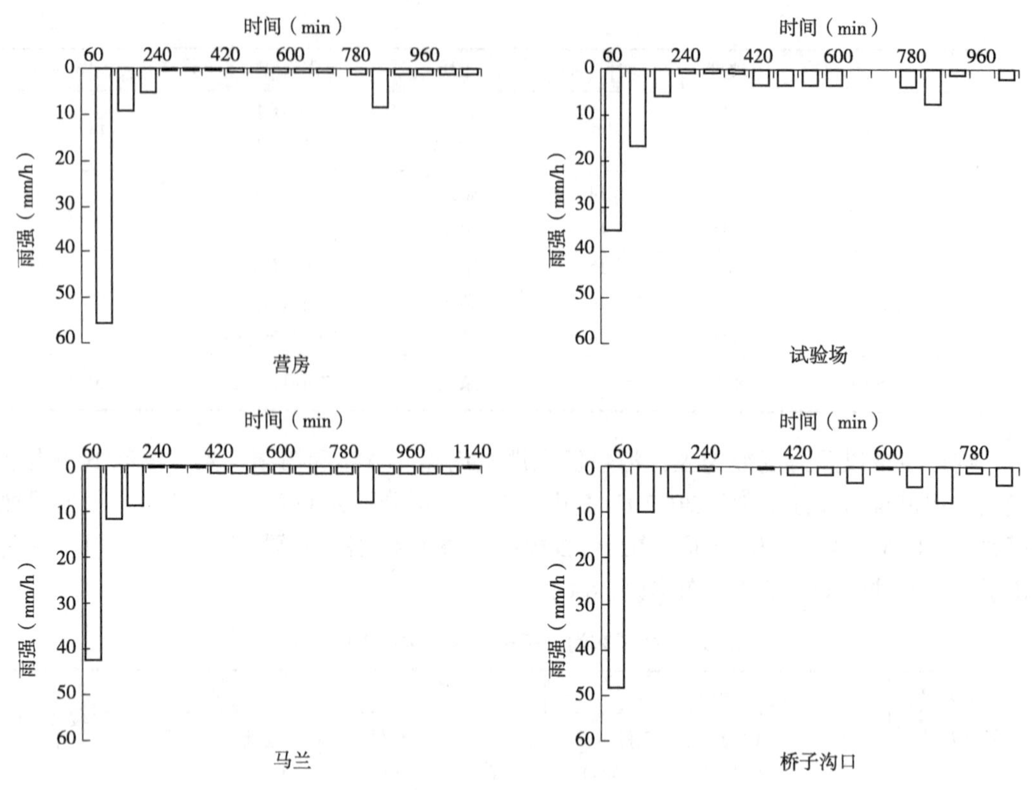

图 6-15　桥子东沟、桥子西沟流域 1988 年 8 月 7 日暴雨过程

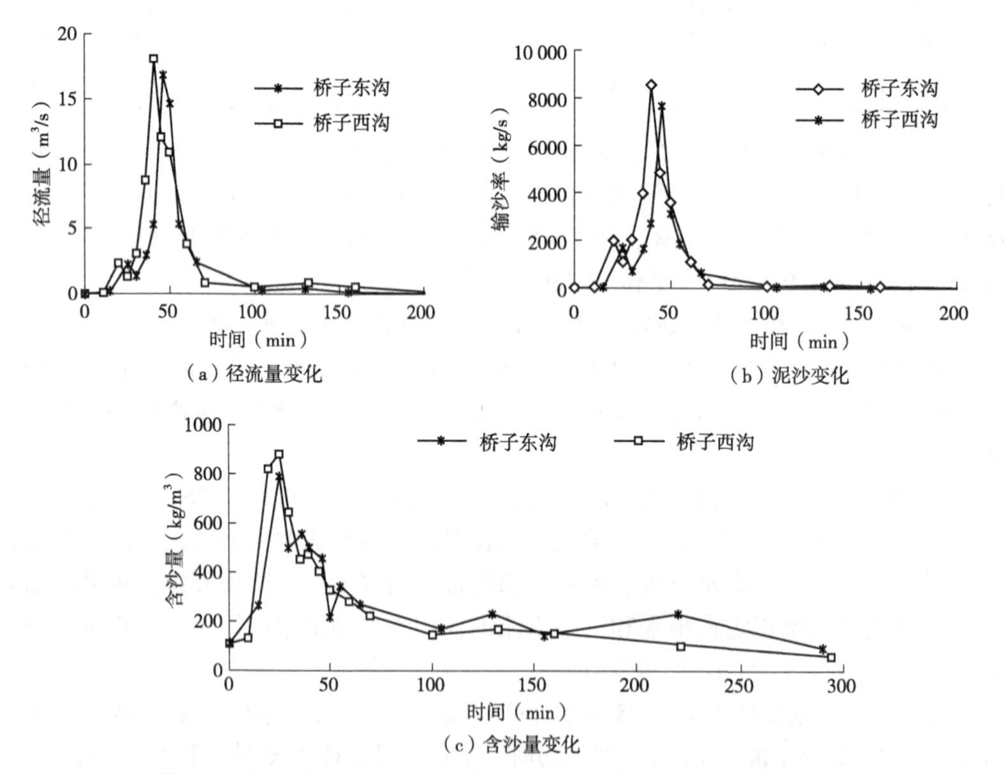

图 6-16　桥子东沟和桥子西沟流域 1988 年 8 月 7 日洪水、输沙过程

桥子西沟沟口在 20:10 时(降雨 10 min 后)开始涨水，30 min 后达到最大峰值(流量 18 m^3/s)，其后洪水明显回落，洪峰历时 1 h，8 月 9 日 8:00 洪水全部退尽。洪水总历时 40.4 h，涨水历时 30 min，含沙量过程变幅比东沟大，最大含沙量 883 kg/m^3。

本次暴雨坡面侵蚀主要是细沟和浅沟侵蚀。细沟侵蚀几乎在坡面所有部位发生，是坡面侵蚀的主要形式。浅沟侵蚀在坡脚发生，其侵蚀量仅次于细沟侵蚀。坡面溅蚀与细沟、浅沟侵蚀相比，其侵蚀量较小。

本次暴雨正值植被生长茂盛、郁闭度较好时期，故减小了对地表的冲刷，植被覆盖地土壤侵蚀轻微，其土壤流失量为 1.35 m^3/hm^2。植被覆盖地虽然土壤侵蚀量小，但汇集水流对下游坡面和沟道的冲刷仍较严重。

6.5.2　小流域森林植被对侵蚀产沙的影响

选择桥子东沟、桥子西沟流域 3 个典型年份进行对比分析，1988 年，桥子沟降雨量 637.6 mm，属平水年份，桥子东沟流域在 1988 年处于治理初期，森林植被还没有充分发挥其作用。1991 年，桥子沟流域年降雨量 482.6 mm，属降雨偏少年份。2003 年，桥子沟流域年降雨量 867.2 mm，属降雨丰水年份。将研究流域各典型年份输沙模数与年降雨量对照关系绘制成图。从图 6-17 看到，桥子东沟、桥子西沟流域在 3 个典型年份(1988 年、1991 年和 2003 年)，桥子东沟流域输沙模数分别较桥子西沟减少了 33.70%、75.64%、70.41%。对各流域各时段的降雨量和输沙模数对比分析显示了因森林植被变化而呈现的输沙模数减少的趋势，说明森林植被格局变化在调节流域侵蚀产沙中发挥了作用。

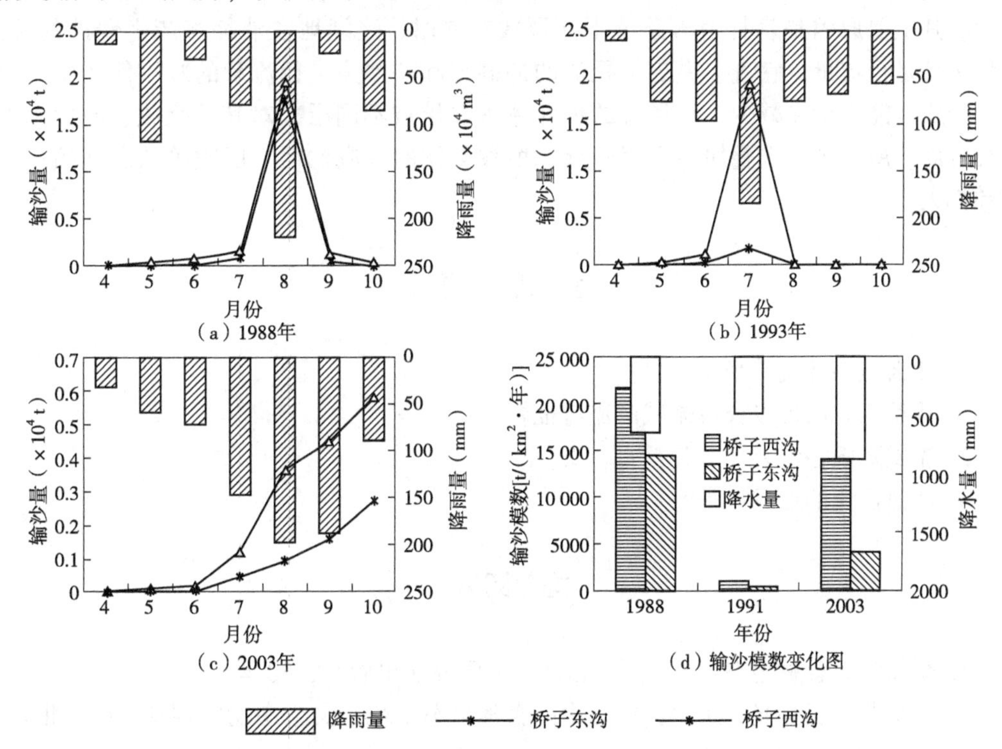

图 6-17　桥子东沟、桥子西沟流域典型年份降雨、输沙量及输沙模数对比

根据流域多年降雨、径流泥沙和森林植被变化情况，建立了流域输沙模数与年降雨量、流域森林植被覆被率的回归关系：

$$M = 15.0293e^{0.01P-0.048L} \tag{6-30}$$

式中 M——输沙模数；

P——年降雨量，mm；

L——流域内森林植被覆盖率，%。

从式(6-30)可见，流域输沙模数与年降雨量和流域森林植被覆被率均呈指数关系，其大小随年降雨量增大而增加，随森林植被覆被率的增加而减少。将上式可归纳为：

$$M = ae^{bP-cL} \tag{6-31}$$

式中 a，b，c——系数；

其他参数含义同式(6-30)。

利用式(6-31)，假设年降雨为多年平均降雨量时，桥子沟流域在 529.7 mm，变化流域森林植被覆盖率，得到图 6-18 的流域输沙模数与森林植被覆被率的关系图。当流域森林覆被率低于 30% 时，随林地面积增加，输沙模数绝对值减小明显，林地面积越大，其绝对值增加越小。同时根据上式可推算出随林地面积增加输沙模数减小的比例。

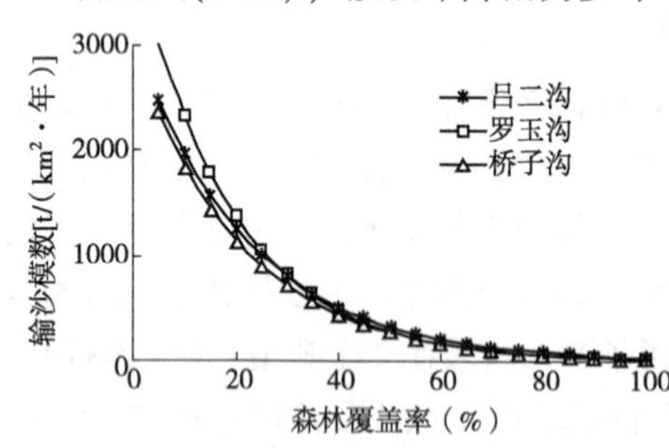

图 6-18 流域森林植被覆被率与输沙模数关系

综合前面分析可知，流域侵蚀产沙是一个受降雨过程、流域地形、植被等多个因素影响的过程。林草植被调节径流、控制侵蚀产沙的其主要原因是森林植被系统不同层次在同时、连续地在消耗着产生侵蚀的源，这种源就是径流量，它直接决定了径流的冲刷力和挟沙力，径流量的减小使产生水土流失的所有能量均在减少；对径流的消耗体现在植被不同层次对其的吸收、截留和阻滞等方面。所有各层次叠加的作用使森林植被整体的效应比任一层次单独发挥的作用之和都大。

复习思考题

1. 什么是森林流域径流？
2. 从哪几方面可以分析流域产流特征？
3. 流域降雨径流有什么关系？
4. 坡面径流的形成过程？

推荐阅读

1. 余新晓．森林生态水文[M]．北京：中国林业出版社，2004.

2. 刘世荣，温远光，王兵，等．中国森林生态系统水文生态功能规律[M]．北京：中国林业出版社，1996.

第7章 森林与水质

[**本章提要**]森林生态系统中的化学元素既丰富又活跃，在降水通过森林植被系统时，降水量得到重新分配，化学元素种类和浓度也必然发生改变。这种变化是元素生物地球化学循环的重要构成，也是森林生态系统养分循环及养分平衡的基础。降水进入森林生态系统在形成地表径流的过程中，森林冠层及林内大气是大气降水携带各种物质进入森林生态系统的第一个作用面，林地枯落物层是第二个作用面，林地土壤层是最后一个作用面，此后便以径流的形式从生态系统输出。森林植被对水质的影响是指森林生态系统对降雨和地表径流化学物质具有物理的、化学的及生物的吸附、调节和滤贮能力：一方面降水或径流淋溶与吸附林内大气、枝叶表面或组织、地表枯落物、土壤等中的各种物质，水分中的物质量增加；另一方面，受到接触物的生理吸收、物理吸收和化学反应等作用，使水中的其他物质量减少，对于某一物质而言，其量的增减与该物质的物理化学特性、冠层的结构特点及其在植物中的存在形态和溶解性有关。

总体上，森林对水质的影响可以分为森林对降雨的直接影响和对林内径流的影响两个部分。

7.1 森林植被对降水水质的影响

7.1.1 大气降水物质来源及水质

大气降水不但是森林生态系统营养物质的主要来源之一，也是森林生态系统养分循环及养分平衡的基础。只有对大气降水水质特征进行深入分析，才能更加清楚地研究森林植被对大气降水进行了哪些改变。

大气降水的化学元素的输入涉及雨水在进入林地前所含有的化学物质，即林冠上层雨水中所携带的来自大气中的化学元素，它一般被称为大气降水中的元素沉降(输入)。森林生态系统接收到的大气降水中的化学元素量就是林地降水化学元素输入。大气降水中不仅具有不同的化学元素含量，同时还具有不同的温度、pH值、导电率、颗粒物含量等理化特征。

(1)大气降水物质及其来源

大气降水中的物质一部分来自水汽源地携带物质，这部分以海相物质为主，如 Cl^- 和 Na^+；另一部分来自水汽运移和降水发生地大气物质，以陆相物质为主，如 Ca^{2+}、SO_4^{2-} 等。大气降水物质的具体来源与降水发生地的水汽来源、下垫面特性以及人类活动关系极为密切。根据 C · B · 多布罗克朗斯基和 L · B · 瓦维洛夫的统计，每 50 mg 的雨滴从距离 1 km 的高空落下将"洗涤" 16.3 L 的空气，考虑到下降雨滴有很大的表面积，可以计算出 1 L 的雨水在其下落的过程中将"洗涤" 3.26×10^5 L 的空气。随着雨滴在大气降水过程中对空气的"洗涤"，大气降水的化学成分越来越复杂，各种成分的含量也随着增加。因此大气降水的主要物质来源可理解为以降水发生区域的大气物质成分为主要来源。

受到大气污染源、云水系统物理作用、云下洗脱过程中的化学转换等过程，以及地域、季节、降水量、自身污染源和持续时间等因素的影响，大气降水的物理化学特征存在较大的差异，即使同一地点同一场降水，在降水过程的不同时间段，其化学组成也是显著不同的。目前，对大气降水化学性质的研究大部分是对整场降水累积采集的样品分析后得出的结果，而分时段采样的精细研究较少。累积样品分析得到的结论往往与实际情况偏差较大，有时甚至会得出相反的结论，尤其是对雨水酸碱度的判断。大多数情况下，O_2、CO_2、N_2 及惰性气体等为大气降水中的固定成分，在通常情况下其含量近于饱和。大气降水中阴离子主要为 SO_4^{2-}、NO_3^-、Cl^-、HCO_3^-，阳离子主要为 NH_4^+、Ca^{2+}、Na^+、K^+、Mg^{2+} 和 H^+，但各离子浓度的区域差异和季节差异很大。

武瑶等(2017)根据兰州、北京、天津、池州、贵阳和杭州 6 个典型城市大气降水的离子化学组分特征判定了降水中物质的来源，认为大气降水中绝大部分 SO_4^{2-} 和 NO_3^- 来自人为源输入，与化石燃料的燃烧密切相关；几乎全部的 K^+、Ca^{2+}、Mg^{2+} 都为陆相来源，主要来自岩石和土壤风化；NH_4^+ 则主要来自农业活动、生物质燃烧和动物粪便等；利用硫同位素数据进一步计算得出硫元素的人为来源在北京、天津、池州、贵阳和杭州大气降水中的平均贡献率分别为 92%、86%、74%、72% 和 77%；降水中锶的同位素组成特征和化学组分数据表明，兰州降水中的锶主要来自周围黄土沙尘，同时该市西北部和北部沙漠沙尘也有一定贡献；贵阳降水中的锶主要受碳酸盐岩控制，同时人为活动输入也有一定贡献；北京和天津降水中的锶受海洋、北部沙漠和黄土沙尘，以及人为活动排放的共同影响；杭州降水中的锶主要来自海水和人为排放；池州降水中的锶则主要为人为活动输入。典型的沿海城市上海 2006—2010 年间降雨中 Mg^{2+}、Na^+ 和 Cl^- 主要来源于海洋，NH_4^+ 和 Ca^{2+} 主要来自生物质腐败和当地土壤，SO_4^{2-} 和 NO_3^- 主要来自人为活动。乌鲁木齐降水中 SO_4^{2-} 和 NO_3^- 仍主要受人为源的控制，K^+ 主要存在于土壤扬尘或生物质燃烧产生的细颗粒物中；Mg^{2+} 主要来自陆源的土壤扬尘等；Cl^- 主要来自海相输入，生物质燃烧、人类生活污水排放以及化工厂排放对 Cl^- 也有很大贡献。

许炳雄(1991)对 1982—1987 年广州东郊的大气降水监测表明，大气降水最低 pH 值范围为 4.10～3.63，最高范围为 7.50～6.55，大气降水酸度呈现逐年上升的趋势。离子浓度 5 年平均值，阴离子中以 SO_4^{2-} 最大，达到 65.01 ueq/L，NO_3^- 浓度只有 9.43 ueq/L，比氯离子浓度还低；阳离子中(H^+除外)以 NH_4^+ 浓度最大，5 年平均浓度为 77.55 ueq/L，Ca^{2+}浓度居第二位，SO_4^{2-} 浓度最高，与广州地区煤耗的 SO_2 排放量直接有关。湖南省的大气降水中，同样以 SO_4^{2-} 所占的比重最大，占总离子量 31%，其次是 NH_4^+，占总离子量的 20%，Ca^{2+}约占总离子量的 19%，而 NO_3^-在降水主要离子中所占比重最小为 12%，这与湖南土壤钙含量高、煤炭及氮肥使用量大有直接关系。另据研究，重庆、佛山、抚顺大气降水化学组分及浓度关系与上述 3 个地区相似，而乌鲁木齐大气降水中 SO_4^{2-}、Ca^{2+}含量较高，其他离子含量较低，主要由于乌鲁木齐河源区地处欧亚大陆腹地，水汽来源主要为依靠纬向西风环流携带而来的大西洋水汽，受人为干扰较小。贵州中部喀斯特森林生态系统地区大气降水中的离子以 SO_4^{2-} 和 Ca^{2+}为主，两种离子在阔叶林降水中的含量分别为 67.2 mg/L、13.0 mg/L，灌草地分别为 89.9 mg/L 和 25.3 mg/L；其次分别为 K^+(14.4 mg/L)、HCO_3^-(10.6 mg/L)、Na^+(4.1 mg/L)、Cl^-(3.64 mg/L)、Mg^{2+}(1.8 mg/L)、NO_3^-(0.37 mg/L)、NH_4^+(0.247 mg/L)、PO_4^{3-}(0.0026 mg/L)和 HCO_3^-(23.8 mg/L)、K^+(14.7 mg/L)、Mg^{2+}(5.1 mg/L)、NH_4^+(0.381 mg/L)、Cl^-(3.08 mg/L)、NO_3^-(2.13 mg/L)、Na^+(1.3 mg/L)和 PO_4^{3-}(0.0014 mg/L)。阔叶林和草地大气降水的 pH 值分别为 7.69、7.79。另据徐彩丽等(2016)研究表明，山东降水中 DOC、DIC、DN 陆生降水高于海洋生成的降水，总体平均值高于世界上其他国家的研究值，其来源主要是化石燃料燃烧排放、大气中含碳酸盐颗粒的溶解等，降水对大气中的碳氮污染物具有较好的淋洗作用。可见大气降水不仅受到水汽来源的影响，也受到下垫面的一定影响。

东亚地区大气降水化学成分表现出明显的地域特征，日本滨海地区降水中 Na^+和 Cl^-含量分别为 219 μmol/L、208 μmol/L，居东亚地区之首，而中国西北内陆地区 Ca^{2+}、NO_3^-、NH_4^+、SO_4^{2-}、Mg^{2+}和 K^+含量比较高。东亚地区降水化学成分季节变化明显，除部分源自人为或工业排放源影响外(如北方地区冬季取暖)，气候也是影响降水化学成分季节变化的主要因子之一。春季沙尘源区沙尘、扬沙频繁，其上空存在较强的西风带，在天气系统冷锋影响下，沙尘粒子易随大风扬起而由锋前强烈抬升气流输送到对流层中层，在高空西风急流作用下输送到下游地区；东亚地区酸雨区降雨与以往主要以硫酸型酸雨为主的降水性质不同，除我国西南地区仍为硫酸型外，其他酸雨区均为硫酸和硝酸混合型。

(2)大气降水水质

大气降水水质受地区差异的影响比较明显，难以统一进行评价，且降水在不同的季节和不同雨型下其水质变化也比较明显。春冬季降雨酸化显著，夏秋季以中性降雨为主。季风性气候区季风雨前后降水中的污染物大多来源于陆相且含量相对较高，反之来源于海相，Na^+、Cl^-等离子含量增加，水质相对偏好。降雨初期雨水中的离子浓度高、水质污染状况严重，随着降雨的持续，水质变好。

对北京密云水库林区的大气降水研究表明，大气降水中溶解氧含量大于 6 mg/L，达到《地表水环境质量标准》(GB 3838—2002)规定的Ⅱ类水标准；pH 值满足《地表水环境质量标准》规定的 6.5~8.5 的要求，多数情况 pH 值大于 7，偏碱性；

总盐度较低，浑浊度较高，NH_4^+ 含量高，超出《地表水环境质量标准》规定的Ⅲ类水标准；NO_3^- 的含量较高，有 2 个月达到《地表水环境质量标准》规定的Ⅲ类水，电导率和氧化还原电位较低；总体上大气降水水质超出《地表水环境质量标准》的Ⅲ类水，属于轻度污染水。河北张家口崇礼山杨林林外降雨中 COD、TN 和 TP 含量相对较低，达到国家规定地表水环境的Ⅲ类及以上标准，说明该地区降水化学性质处于良好状态。南京梅雨季节降水以中性雨水为主，在重金属含量方面均达到《地表水环境质量标准》的Ⅰ类水及以上标准。山西的降水监测表明，酸性降水发生频率约为 3.3%，但是太原、临汾等地超过 20%，降水中的氟化物大多超出了清洁水的标准，属于高污染雨水。可以明确地看出，大气污染程度直接决定当地的降水水质。

7.1.2 森林植被内降水水质

大气降水通过森林植被的地上部分，一部分降水被树冠的枝叶和树干截留，另一部分降水通过枝叶、树干滴落或由林间空隙直接降落到林地，形成林内降水。这是森林生态系统对大气降水的一次重新分配。在这个分配过程中降水与林内空气和冠层枝叶、树干等相互作用，使降水水质发生了改变：一是树木本身对与其接触降水中化学元素进行了吸附截留，这种吸附截留过程伴随着一定元素和热量的交换，但是比较微弱；二是降水对植被表面以及林内空气物质的淋洗作用，引起降水较显著的理化性质变化。森林植被对降水的理化性质的影响可以表现为水温、pH 值、电导率，以及悬浮杂质、各离子的种类和浓度等方面。

目前，我国的研究大部分都是陈述了降水通过林冠，其化学元素发生变化的事实，而没有深入研究这些养分、矿质元素的增减引起的原因，是雨水对未降水期间林冠上沉积物的冲洗，还是雨水对枝叶组织渗出物的淋溶。国外则更注重对冠层淋溶机制的研究。此外，降水是森林生态系统养分输入的一个重要途径，这部分元素输入属于湿沉降，也是大气元素沉降的主要途径，大气湿沉降过程和数量特征被广泛研究，却很少有人研究植被对林内降水养分、矿质元素输入的依赖程度，以及林内降水中养分，矿质元素的植被吸收利用率。今后有必要加强降水经林冠层后元素发生变化的内部机理研究和其对森林生态系统的贡献研究。

国内外对林内降水的研究主要集中于降雨方面，下面重点阐述林内降雨的有关内容。

(1)林内降雨性质影响因子

研究表明，影响林内降雨性质的因素多而复杂，一般包括降雨(雨强，降雨量、林外降雨酸度、降雨历时、降雨间隔期等)、林分(林种、郁闭度、枝叶量、林木自身生理活动等)、大气污染、人为活动等。

降雨间隔期长、历时短、林分郁闭度高、枝叶量多、大气污染严重、人类聚集区附近等，林内降雨性质改变明显。同一场降雨中，降雨初期林内降雨性质变化明显，随着降雨的持续变化减小。不同树种及不同林龄阶段的植被对于降雨性质的改变具有一定差异，生长旺盛的植被更容易引起林内降雨性质的改变，主要归因于该阶段枝叶表面的分泌物更多。

(2)林内降雨化学性质

森林生态系统内，白天气温一般比林外空旷地区低，夜间林内暖于林外，夏季林内温度总体低于林外，冬季高于林外，总体说来，森林地区年平均气温略低于空旷地区。林内穿透降雨温度虽受林内空气影响但影响程度较小，树干径流温度变化比较明显，但尚没有进行充分的研究。根据北京密云水库不同林分的林内降雨研究成果，该区7~8月林内降雨受到林内湿热空气的影响，表现为林内降雨温度略高于大气降雨温度；在刺槐林、油松林、板栗林3种不同林分间，林内降雨温度增幅差异不显著，一般在2℃以内。

森林植被可以对林内降雨的离子种类和浓度产生显著影响，一般情况下林内降雨离子浓度和种类均显著高于大气降雨，大部分离子出现富集现象，也有少部分离子浓度降低。林冠层除通过截留降雨和蒸散发作用使大气降雨浓缩，而使溶解物质浓度升高外，还可以截蓄大量的大气沉降物质和树干分泌的大量代谢产物，这些物质受到大气降雨的冲刷和淋溶作用，因此穿透雨和树干径流的离子浓度显著升高，进而引起其他变化。穿透雨和树干径流化学物质的输入保障了林分对养分的需求，淋溶出来的养分都是水溶性的，无须经过复杂的分解过程便可被植物直接吸收。

降雨通过林冠层，元素输入量以增加为主要趋势，但具体到某一种元素浓度的变化则差异较大，还不能得出普遍性规律。不同元素在同一林分中的离释程度是不同的；同时在穿透雨中，改变后的元素浓度大小顺序在不同林分中不相同；不同月份不同季节林分对降雨元素及其化学性质的影响也不尽相同；同一场降雨在不同雨段化学性质都会出现差异。

降雨通过林冠层后，净淋溶量普遍较高的离子有SO_4^{2+}、NO_3^-、K^+、Na^+、Zn^{2+}、Mg^{2+}、Mn^{2+}等，而林冠对Cu^{2+}等多表现为不同程度的吸收吸附作用；pH值则以降低为主，尤其是在大气酸性离子沉降量较多地区的森林内，但也有部分研究表明，穿透雨pH值也会出现提高的情况。冯正文等对北京蟒山国家森林公园研究表明，大气降雨经过林冠层形成林内雨和树干径流后，溶解物质的浓度都有所提高，树干径流与大气降雨相比，溶解物质浓度升高的幅度更大，而pH值总体变化不显著。福建南平杉木林内穿透雨，大部分离子(K^+、Na^+、Ca^{2+}、Mg^{2+}、SO_4^{2-}等)都出现了明显的富集，而树干径流中各离子浓度则是降雨中的1.92~202.06倍，增加最多的是H^+，穿透雨中的NH_4^+和NO_3^-浓度则低于降雨。青藏高原贡嘎山森林生态系统，大气降雨经过林冠层后pH值降低；离子方面，除Na^+外，各种离子浓度都呈现出增大趋势，但是增幅不同。湖南韶山森林生态系统，大气降雨与森林降雨中的阴离子均以SO_4^{2-}为主，阳离子以Ca^{2+}为主，森林穿透水中的离子浓度明显升高，升高倍数最高达9.7倍。穿透雨pH值比大气降雨增加了2.24个pH值单位，这可能归因于韶山是落叶阔叶林、针叶林与灌木林相间生长的林地，而且阔叶林面积大于针叶林，由于阔叶林林冠对酸性降雨的缓冲作用使森林穿透水的pH值有所上升。广州市1998—1999年的穿透雨，白云山地区和龙洞地区的马尾松林穿透雨同大气降雨相比，碱基离子、SO_4^{2-}和NH_4^+浓度明显升高，H^-浓度明显降低，而NO_3^-和Al^{3+}的浓度变化不大；在污染比较严重的白云山地区，穿透雨离子浓度明显高于龙洞地区，说明穿透雨中的离子很大一部分来源于附着于林冠层的大气干沉降物质。舟山群岛的沿海防护地区，大气降雨的 pH 值为 6.6，各树种树干径流的 pH 值都有一定幅度的下降，其中黑松、马尾松等针叶树的下降幅度尤为明显，而电导率的变化与 pH 值刚好相反，针叶树树干径流的电导率明显高于阔叶树种和大气降雨，树干径流中各离子浓度均高于大气降雨，其中 Cl^-、NO_3^-、SO_2^-、Na^+、Ca^{2+}、Mg^{2+} 主要来源于降雨的淋洗作用，K^+ 则更多来源于枝叶的淋溶作用；从不同树种看，阔叶树种除 K^+ 高于针叶树种外，其余离子含量都是针叶树种高于阔叶树种。

(3)林内降雨水质评价

以《地表水环境质量标准》为参考，水化学性质综合污染指数采用《中国环境状况公报(2015 年)》规定的标准：合格，$P<0.8$；基本合格，$0.8\leqslant P<1.0$；污染，$1.0\leqslant P<2.0$；重污染，$P\geqslant 2.0$。

单因子指数的计算方法：

$$P_i=\frac{C_i}{C_{i0}} \tag{7-1}$$

式中 P_i——第 i 个指标的污染指数；

C_i——某种污染物的实测统计值，mg/L；

C_{i0}——某种污染物的评价标准浓度，mg/L，此处以《地表水环境质量标准》规定的Ⅲ类标准值为基准值。

综合因子指数的计算方法：

$$P=\frac{1}{n}\sum_{i-1}^{1}\frac{C_i}{C_{i0}} \tag{7-2}$$

式中 P——综合污染指数；

n——评价指标个数；

其他参数含义同式(7-1)。

大气降雨经过林冠层后水分各离子浓度以增加为主，这种情况在干沉降量大、树木枝叶分泌物多的地区表现明显。因此林内降雨的水质总体上相较于大气降雨，污染程度增加，水质变差，其中以树干径流的水质变化最为显著。但是由于大气降雨化学背景、林分等的时空差异大，林内穿透雨相较于大气降雨也有水质状况变好的研究案例。

国内部分林内水分的化学性质及水质评价总结为表 7-1。

根据表 7-1 已有数据指标，结合水环境质量标准所列指标，林内降雨包括穿透雨和树干径流，使用单指标评价，TN、NH_4^+、COD、BOD_5 四个指标属于重污染水，DO 属于污染水质，金属离子指标均属于合格水质。综合污染指数降雨为 0.73，穿透雨为 1.87，树干径流为 1.18。说明林内降雨总体上比大气降雨水质差，属于污染水质。上述评价受地表水环境质量标准指标限制，从离子浓度和 *TDS* 方面，树干径流是穿透雨的 2 倍左右，比大气降雨升高更多。

表 7-1 林内外降水化学性质及水质评价

水分类型	TN (mg/L)	TP (mg/L)	K^+ (mg/L)	Na^+ (mg/L)	F^- (mg/L)	Cl^- (mg/L)	Ca^{2+} (mg/L)	Mg^{2+} (mg/L)	Al^{3+} (mg/L)	Fe^{3+} (mg/L)	Pb^{2+} (mg/L)	Zn^{2+} (mg/L)	Cd^{2+} (mg/L)	Mn^{2+} (mg/L)	Cu^{2+} (mg/L)	Cr^{3+} (mg/L)	As^+ (mg/L)
大气降水	2.4910	0.1830	0.9817	0.7454	0.2257	2.9411	2.7007	0.2401	0.0960	0.1218	0.0174	0.4451	0.0289	0.0258	0.2512	0.5402	1.0550
林内降水	2.7447	0.1502	4.0003	1.0114	1.1548	3.4512	5.2555	0.7120	0.0496	0.1005	0.0081	0.7574	0.0244	0.1414	0.3538	0.3351	0.5710
树干径流	5.6336	0.0977	8.9508	3.6307	1.5526	23.9243	6.7761	2.2312		0.1966		0.0982		0.2692	0.0217		
地表径流	2.5914	0.2725	8.2121	2.8940	1.0700	7.5267	12.8877	2.4533	0.0862	0.3386	0.0068	0.0770	0.0013	0.0781	0.0123	0.0005	
土壤水	1.4132	0.2309	3.2944	1.9740		11.5000	17.4168	1.8639	0.9867	0.7956	0.0065	1.4457	0.0008	0.0400	0.0366	0.0005	
地下水		0.0660	2.0947				0.0230	0.5740									

水分类型	NH_4^+ (mg/L)	NO_3^- (mg/L)	SO_4^{2-} (mg/L)	PO_4^{3-} (mg/L)	NO_2^- (mg/L)	Org-C (mg/L)	SiO_2 (mg/L)	pH 值	COD (mg/L)	DO (mg/L)	BOD_5 (mg/L)	总离子浓度 (mg/L)	浊度 (NTU)	电导率 (mS/m)	TDS (mg/L)	氧化还原电位(mV)
大气降水	1.0234	1.7303	9.1671	0.1868	0.0418	0.0659	2.3515	5.9328	10.5000	9.2679	<5	48.7800	3.0070	13.2357	3.3300	246.1350
林内降水	2.2688	4.0291	39.0943	0.4171	0.0238	0.2269	2.9543	5.8537	76.9200	7.7738	43.1458	191.8450	12.1045	5.6745	44.5850	224.4230
树干径流	2.8569	9.2623	60.3676	0.7682			2.2980	5.3765	58.0000	8.9300		352.2050	16.3245	13.9470	92.0000	225.1480
地表径流	1.3368	15.0968	83.0585	2.1425	0.0420			6.5438	165.0833	9.9419	84.6875	247.4500	14.5623	46.4034	79.1200	215.8113
土壤水	1.0124	2.7894	16.6548	0.6952	0.0753			5.7575					60.0000			
地下水	0.1754	4.3179						6.7900	<5	10.7	<2					

注：表 7-1 数据为整理国内 30 篇文章，超过 300 场降雨观测值的数据平均值，其中林外降水 30 篇，林内 29 篇，树干径流 20 篇，土壤水 12 篇，地表径流 23 篇，地下水 5 篇。

7.2　森林植被对径流水质的影响

降水到达地表形成地表径流或进入土壤层进一步补给地下水，这一过程是森林生态系统养分输出的主要渠道。此时水分与地表物质(枯枝落叶、微生物、动物残体等)、土壤物质的接触更加紧密，受地表物质以及土壤理化性质的影响，水分的理化性质也进一步改变，这个改变表现在两个方面：一方面森林生态系统对地表径流、壤中流(土内径流)和地下径流中污染物质的消除或使其含量的降低，使流域出流的水质得到改善；另一方面径流的淋溶等作用也会增加水中物质的种类和含量。

森林植被通过生物小循环将大量的有机质及矿物元素富集在地表枯落物和森林土壤中，成熟森林的表层中枯落物堆积较多，据刘士玲等(2017)统计，我国温带森林枯落物现存量为 0.35～246.00 t/hm^2，亚热带森林为 0.27～246.94 t/hm^2，热带森林为 1.93～15.90 t/hm^2，大部分成熟森林枯落物厚度都超过了 5.0 cm。城市人工森林由于高强度的管理，使得枯落物贮量几乎为零。森林丰富的枯落物和活跃的土壤层提供了丰富的有机质和矿物元素。森林枯落物几乎全部是生物有机残体，含有丰富的氮、磷、钾、钙、铁、镁、钠等元素，同时含有锌、铜、锰、钼、硼等微量元素。城市周边森林由于受到城市污水灌溉、大气沉降等影响，部分林地表层会含有较多的铜、铅、铬、锌、镉等元素。各类有机质及矿质元素在水分作用下，可以进入水体、深层淋溶等，并可与水体中的原有离子发生作用，进一步改变各类水体中的离子种类、含量及水质特征。

无论森林生态系统如何影响径流水质，径流中溶解和颗粒物质的携带都可能是生态系统营养损失的最明显的途径。这一损失过程还伴随着大量的碳损失，在溪流较慢的情况下，有机物质的流失占优势。在未受干扰的生态系统里，有机物质的年损失是很小的，通常占净生产力的 1%。在发生森林火烧和退化以后，各种形式的颗粒损失和养分损失将增加。对于溶解物和颗粒物质的径流浓度及浓度格局取决于系统特征，尤其是下垫面反应。浓度值以及格局能够反映季节性的变化，如 NO_3^-和 K^+在生长季节一般变低；又如在温带生态系统里，营养损失在春季融雪和冬季最大，因为这一期间的蒸散发很小。整个阳离子损失量通常存在下列的顺序：$Ca^{2+}>Na^+>Mg^{2+}>K^+$。阳离子损失总量也取决于生态系统内能获得的阴离子量。在许多地区还存在着地下水引起的离子损失。

7.2.1　森林植被对地表径流水质的影响

森林植被通过减少地表径流及其泥沙含量、改变化学元素种类和数量、减少水流病原菌，以及改变 pH 值、水温、溶解氧等指标进一步改变从森林生态系统流出的水质。

森林植被不仅可以有效保护地表土壤不被侵蚀，也可以有效降低地表径流中的泥沙含量，促进泥沙颗粒附着化学物质的沉降。在地表物质的阻延作用下，森林地表径流流路分散、流速下降、流量减少，促使泥沙沉积，研究表明，有林地地表径流泥沙含量普遍低于同区域的耕地。黄振奋(2015)对闽东北鹫峰山不同对植被恢复地的径流泥沙研究表明，各种林地地表径流泥沙含量显著低于农耕地。长江上游云南松林可以有效降低土壤侵蚀模数，当松林发生退化时，侵蚀模数可增加50倍以上。海南岛热带雨林，1950年至2000年之间，由于不断乱砍盗伐、毁林植胶，森林覆盖率由25.3%下降到12.3%，年平均河流含沙量增加1~2倍。森林植被可以有效过滤、截留径流中的泥沙、悬浮物等，使河流保持较低的泥沙悬移质含量。在北方黄土区，流经油松林带水的含沙量能降到原来含沙量的20%，流经榆树林水的含沙量能够降到15%。黄土高原沟道植被恢复会停留大量的淤泥，3~6年生的林木，单株挂淤量为1.5~180 kg，留下了大量的养分。White et al.(2007)在美国皮埃蒙特地区的模拟实验表明，泥沙含量为5.0 g/L的浑水经过坡度不大于22%的10 m的森林植被带可以将浑水中粒径大于20 μm的泥沙全部拦截，但是对粒径小于2 μm胶体颗粒的吸附拦截量却很少，平均泥沙去除率为72%。

在流域尺度上，径流含沙量与流域内植被覆盖率密切相关，随着流域植被的增加，地表径流的含沙量下降，大中流域也表现出相似的特征。例如，山西省部分小流域的研究表明，流域内植被面积占比50%的小流域土壤侵蚀模数约为植被面积占比90%的10倍；长江三峡地区雾渡河流域内，森林覆盖率每减少1个百分点，年径流深增加3.55 mm，年输沙模数增加67.5 t/(km^2·年)；张建军等(2005)在日本森林小流域的实验表明，对于覆盖率为90%的森林，其全年径流悬移质泥沙含量仅为0.027 g/L，这些泥沙几乎全部来自流域裸露地表。

森林植被对地表径流的化学成分存在显著的影响。从森林流出的水通过对森林生态系统表面各种有机物、矿物质的冲刷、淋溶、交换等作用，同时通过土壤及枝叶表面的吸附、交换等作用，改变了水流的化学成分及其含量，加速了这些物质在森林生态系统中的循环，径流含有成分及数量随着林种、土壤、地质等条件的不同而呈现差异。森林植被改变径流的化学成分，远比上述内容更为复杂，相对于大气降水和林内降雨，地表径流中的离子种类和数量、总溶解固体含量以增加为主要表现，少部分离子呈现减少的趋势。根据表7-1统计，地表径流相较于林外降雨只有Al^{3+}、Pb^{2+}、Zn^{2+}、Cd^{2+}、Cs^{+}这几种金属离子含量降低，其余指标均有不同程度增加，综合污染指数为2.94，属于重污染水，在各类水体中最高。

森林生态系统坡面流首先受到枯落物层和表层土壤的影响，地表径流流离子物质总量显著增加，水质相较于大气降水有污染趋势。胡静霞等(2018)在张家口市崇礼区东沟和平林场的研究表明，地表径流COD、TN超出《地表水环境质量标准》规定的Ⅴ类水标准，较林外雨分别增加了6600%、127%，NH_3—N达到了Ⅲ类水标准，较林外雨减少了62%；TP达到了Ⅲ类水标准，较林外雨增加了42%；地表径流化学性质综合污染指数为1.35，水质标准为污染，研究表明林外雨、穿透雨、树干径流、地表径流综合污染指数呈上升趋势。广州白云山地区和龙洞地区马尾松林的坡面流相较于穿透雨和大气降水，大部分离子的浓度均有大幅度的增高，其中SO_4^{2-}、NH_4^+、Al^{3+}、Ca^{2+}和Mg^{2+}的浓度均是穿透雨的两倍上，SO_4^{2-}的富集倍数可达4~8倍。

坡面流离子浓度上升，但是经过汇集进入沟溪，离子物质进一步发生改变，水质变好。赵雨森等(2008)对哈尔滨35年的落叶松人工林的输出径流做了研究，大气降水经过落叶松人工林生态系统后，地表径流对林分水质酸化有很好的缓冲作用，pH值接近大气降雨，高于树干径流；电导率显著高于大气降水和穿透雨，分别达 2.6 倍和 5.1 倍，说明地表径流中的离子浓度升高显著。地表径流中 K、Na、Ca、Mg、Zn、Mn、Fe、Cu 元素含量高于大气降水和穿透雨，其中 Mn、Fe 在 6 月、7 月，Cu 元素在 6 月、7 月、8 月、10 月大气降雨中没有检出；林地坡面地表径流中的浊度和总溶解固体含量明显增加，溶解氧含量略有降低。但是林地汇集到沟道里的溪水，浊度和总溶固体含量明显降低，溶解氧含量升高，水质变好，说明降雨到达林地地表，初期各种物质以增加为主，但是经过森林生态系统整体的作用后，水质好转。

相对于污染水质，森林生态系统均能很好的改善水质。周义彪等(2014)在赣江上游对竹林河岸缓冲带的净化水质研究表明，相对于集水区上游，各月消减地表水 TN、TP 能力大小依次均为退耕还林河岸缓冲带(24 m)>农田河岸缓冲带>退耕还林河岸缓冲带(宽度 12 m)，经过缓冲带的水质均基本达到了饮用水标准。苏联在莫斯科和高尔基省的联合集水区进行森林净化径流作用的研究表明，在农田集水区下部的森林有助于从本质上净化径流水，滞留效果最好的是磷肥的残余物(森林可以滞留进入农田数量的 58.5%~80%)，其次是氨的化合物(22%~78%)，可有效地滞留固体径流(27%~45%)。只要林分面积占大田面积的 0.6%~5.3%，就可完全净化径流中的磷。由此可见，森林对防治水资源的非点源污染有极其重要的作用。刘兴誉等(2017)通过含沙水流试验，以沙棘为主的 7 m 长灌草带，当入流浓度分别为 0.3 mg/L、0.6 mg/L、0.9 mg/L 时，灌草地过滤带对高效氯氟氰菊酯的拦截率平均达 52%、69%、74%。

相对于坡耕地等裸露地表，森林植被地表径流的养分及元素流失量更少。海南岛尖峰岭半落叶季雨林，林外径流的化学流失量比林内的大 260~340 倍，森林对径流具有一定的物理过滤作用和化学调节作用，所以一般化学物质的浓度是林内低于林外，也就是说森林可以减少地表径流的化学侵蚀。崔鸿侠(2008)在丹江口森林生态系统的研究表明，森林有助于减少土壤侵蚀和养分流失，栎类阔叶林、马尾松林、松柏混交林、柑橘园、灌木林和坡耕地(对照)上，坡耕地的径流量、土壤侵蚀量与养分流失量均高于另外 5 种森林类型，与对照相比，5 种森林类型地表径流量可以削减 15.21%~61.4%，土壤侵蚀量可以削减 54.30%~96.32%。各种林分与坡耕地相比较，径流中 TN、TK、TP 有机质含量分别少 0.174 mg/L、0.854 mg/L、0.662 mg/L、9.73 mg/L；泥沙中分别少 1.042 g/L，6.674 g/L，0.384 g/L，29.696 g/L。

也有研究表明，森林植被坡面流水质优于大气降水。田大伦等(2003)在湖南会同生态定位研究站，经过多年对杉木林生态系统净化功能的研究表明，大气降水中有 85 种以上有机化合物，且大多数为环境污染物，其中二氯丁烷、苯等为首要污染物，还有重金属元素如铅、镉等，经过林冠层地被物和土壤层的过滤、截留作用，这些污染物质不仅种类减少，而且浓度大为降低，可使上述有害物质的浓度低于 1 μg/L，铅和镉的浓度远低于生活饮用水标准中的限制浓度。王会利(2019)对广西小娘山林场马尾松、杉木、巨尾桉人工林区地表水监测结果表明，不同林分林区地表水 pH 值、COD_N、DO、COD_{Mn}、COD_{Cr}、BOD_5 其平均值低于大气降水，降低幅度为 0.98%~223.65%，水化学元素总含量变化规律为大气降雨>马尾松>巨尾桉>杉木；不同林分林区地表水 pH 值、DO、COD_{Cr}、BOD_5、NH_3—N、Cu^{2+} 和 Zn^{2+} 含量均达到Ⅰ类；TP 和 TN 达到Ⅱ类；杉木林区地表水 COD、Mn^{2+} 含量达到Ⅰ类，而马尾松和巨尾桉均达到Ⅱ类。马尾松、杉木和巨尾桉林区地表水综合评价结果均属于Ⅱ类水质，林区地表水主要污染物为TP和TN。欧阳学军(2002)对鼎湖山保护区的研究表明：森林植被内集水水流，地表水总体水质较好，符合地面水环境质量标准的Ⅰ类水源水质标准；地表水水体pH值较低，Al^{3+}含量较高，总有机碳测定表现出整个水体受到一定程度的有机污染；水体中有害金属离子Mn^{2+}和Pb^{2+}含量略高，但都远低于饮用水卫生标准；地表水pH值最低，达到4.09。酸雨和土壤表层酸化是该区地表水pH值偏低的主要原因。地表水中的Al^{3+}浓度是大气降雨的5倍，地表水中的Al^{3+}主要来源于酸雨对土壤的淋溶。地表水中的Na^{+}含量最高，但不到大气降雨的2倍，说明大气降雨是地表水Na^{+}的主要来源。大气降雨Pb^{2+}浓度是地表水的17倍，林冠吸收富集和土壤固定吸附使地表水中的Pb^{2+}浓度大幅度降低。穿透雨和土壤溶液中的Mn^{2+}、K^{+}、Ca^{2+}、Mg^{2+}、Sr^{2+}浓度比大气降雨和地表水高，这说明鼎湖山森林生态系统地表水高Al^{3+}含量是酸沉降的结果，其他重金属离子如Mn^{2+}在地表水中含量也可能与酸沉降有关，各类水体特征反映了元素被酸雨淋溶、活化和被植物、土壤吸收吸附的过程。从长远看，尽管在森林保存完好的地区，区域环境的恶化及酸雨对地表水水质的影响仍不容忽视。

在远离人类活动的区域，森林地表水水质总体较好，青藏高原东缘山地暖温带性植被——针叶阔叶混交林，大气降雨和地表水水质接近于地表水水质标准Ⅰ类水源标准(TP≤0.02 mg/L，TN≤0.2 mg/L)，远低于地表水水质标准Ⅱ类水源标准(TP≤0.1 mg/L，TN≤0.5 mg/L)，水质状况良好。其中pH值都在6.0~9.0，符合《地表水环境质量标准》；氯化物、硫酸盐、碳酸盐及碳酸氢盐含量均远低于我国生活饮用水水质标准；Cu^{2+}和Zn^{2+}含量较低，在国家标准范围内(Cu^{2+}≤0.01 mg/L，Zn^{2+}≤0.05 mg/L)，总体上，贡嘎山保护区地表水总体水质较好，水质清澈，达到《地表水环境质量标准》Ⅰ类水源标准。喀斯特地区由于特殊的碳酸岩环境，地表水离子含量有所差异，贵州中部喀斯特森林生态系统地表径流中：HCO_3^-(113.1 mg/L)、Ca^{2+}(49.15 mg/L)、SO_4^{2-}(30.2 mg/L)、Cl^-(6.85 mg/L)、Mg^{2+}(4.2 mg/L)、NO_3^-(2.085 mg/L)、K^+(0.75 mg/L)、Na^+(0.5 mg/L)、NH_4^+(0.093 mg/L)、PO_4^{3-}(0.0097 mg/L)，pH值为7.75；与降雨相比较，降雨通过林冠层、枯落物层后其化学特性发生改变，增加倍数由大到小的是：HCO_3^-(5.58倍)、PO_4^{3-}(3.86倍)、Ca^{2+}(1.57倍)、Cl^-(1.04倍)、NO_3^-(0.67倍)、Mg^{2+}(0.22倍)；减少百分比由大到小依次是：K^+(94.85%)、Na^+(81.48%)、NH_4^+(70.38%)、SO_4^{2-}(61.56%)。数量上SO_4^{2-}减少最多，达48.35 mg/L，其次是K^+，减少13.8 mg/L；HCO_3^-增加最多，达95.9 mg/L，其次是Ca^{2+}，为30 mg/L。阔叶林和灌草带降雨和地表径流的化学组成一致，但是离子含量仍有一定差异。

森林植被对地表径流水温、溶解氧、病原体含量均有一定的影响。从森林流域流出的水是清凉的，且溶解氧丰富。因为森林溪流的主要热源是直射在溪流表面的太阳能，由于森林的荫蔽作用，致使直射到溪流表面的阳光较少、水温较低、溶解氧含量较高。由于森林中的溪流远离人们居住的区域，受到的污染较少，且水温较低，因而水质纯净，溪流中的病原体较少。同时，森林能防止淡水免受细菌污染。许多研究表明，经过森林地区的水，它的细菌指标比流经裸地、农田的水的细菌指标低得多。测试表明，流经松树林的每1 L水的细菌含量是流经农田水的2%，流经橡树林、榆树林的是其含量的1%，流经相思树和榆树林的水细菌含量是其含量的10%。Seidler在美国俄勒冈州西部进行了研究，流域上游是森林，下游有农民居住，发现溪流穿过居民区后，总杆菌量增加了 10 倍；同时测定了水样中沙门氏菌含量，发现这些生物体仅在林区水样中出现一次，但却在林区以外地带水样中占 75%~100%，说明，森林植被能有效减少病原体数量。

在森林小溪流表面，由传导、对流或蒸发引起的热交换很少。Brown(1969)的研究表明，由于森林的荫蔽作用，致使直射到溪流表面的阳光较少，水温较低。在美国俄勒冈州海岸地带的 Alsea 流域研究中记录了皆伐引起溪流水温的最大变情况，皆伐使温度最多可提高 15.56 ℃，未采伐或择伐(水流边缘预留 15~30 m 的植被带)流域未造成溪流水温明显上升。Bourque(2001)对 4 个森林流域采伐后的水温进行了测定，结果发现即使保持了河岸植被缓冲带，河流水温仍稍有升高，他们认为水温升高的原因是砍伐地带温度较高的亚表层水流进入了河流。Mellina et al. (2002)发现即使将所研究河流的河岸植被覆盖率降低 1/2，下游方向的水温仍较低，他们认为是由于河流上游存在的小湖使得上游的水温高于中下游河段的水温；Curry et al. (2002)发现没有植被缓冲带时秋季水温更高，但当缓冲带达 20 m 宽时，不能观测到采伐措施对水温的影响。

7.2.2 森林植被对壤中流(土壤水)水质的影响

土壤水是土中最活跃且易于变化的组成，它对土壤发生、肥力，特别是现代成土过程有着重大的作用。有机质的转化与矿化、原生矿物的风化与次生矿物的合成都是在土壤水的直接参与下完成的，其产物又随土壤渗透水沿土壤剖面迁移。森林植被内地表有机质丰富，入渗水分将大量有机物向土壤深层淋溶，进一步影响土壤阳离子调节、金属溶解、矿物风化、土壤微生物活动，以及其他土壤化学、物理和生物学过程。随着土壤深度的改变，土壤中水及其理化性质也进一步发生改变。根据表 7-1 的统计，土壤水相较于大气降水、林内降水和地表径流，Cl^-、NO_2^-、Ca^{2+}、Al^{3+}、Fe^{3+}、Zn^{2+}、Cu^{2+}全部增加，其他离子则有增有减，综合污染指数为 0.41，属于合格水质。

森林生态系统的土壤水少部分直接来自大气降水的补给，大部分是穿透雨经过林地枯落物后入渗形成土壤水，因此直接受到穿透雨和枯落物化学物质的影响，土壤水有机碳含量比较丰富。土壤水有机碳中最为活跃的是可溶性有机碳(dissolved organic carbon，DOC)，在福建杉木林土壤渗滤水的 DOC 含量范围为 6.08~21.05 mg/L，平均含量为 12.76 mg/L，可占到有机碳总量的 1/2 左右，可溶性有机碳提高了土壤有机碳的有效性，但也容易引起有机碳的淋溶损失。土壤水有机碳及可溶性有机碳含量均表现为成林地比幼林地高，夏秋季高于冬春季；在不同深度上，随着深度的增加而降低，在 0~40 cm 深度内减少较慢，40 cm 以下土壤水有机碳和可溶性有机碳含量迅速降低，60~80 cm 范围内减少为表层(20 cm)的 20%以下。鼎湖山森林内 30 cm 土壤渗出水、80 cm 土壤渗出水平均 pH 值分别为 4.29 cm、4.89 cm，30 cm 土壤水酸性比大气降水和穿透水有所加强，但比枯落物表层水流略高，这是土壤 pH 值降低的直接结果，这可能与森林植物的根系对土壤溶液离子的强烈吸收有关，因为植物的交换吸收会替换出大量的 H^+，30 cm 层土壤溶液 K^+、Ca^{2+}、Mg^{2+}等离子的含量比穿透水低也说明这一现象。80 cm 土壤水 pH 值略有升高，说明深层土壤对 pH 值具有一定的缓冲作用。30 cm 和 80 cm 土壤水水质均达到地表水Ⅰ类水源水质标准，但除 Na^+以外的金属元素含量显著高于大气降水。

广州白云山地区和龙洞地区马尾松林 80 cm 内的土壤渗透水，其土壤渗透水的化学结构与大气降水一致，都以 SO_4^{2-} 和 Ca^{2+} 为最主要的阳离子，但其组成特征更受林冠和枯落物层淋溶的贡献以及土壤水相互作用的影响，同大气降水相比，土壤水中的离子总量明显增高，总量是降雨的 3 倍。土壤水中 NO_3^- 在阴离子总量中所占的比例也显著增大(由 3%~4%变为 9%~40%)。在阳离子中，Al^{3+} 和 H^+ 含量分别是降雨中相应含量的 15 倍和 4 倍，不同深度土壤渗透水离子浓度也有变化，0~20 cm 到 20~40 cm，土壤水中离子浓度均有很大的变化，H^+ 显著下降，NO_3^-、Al^{3+} 变化不显著，其余离子显著增加。40 cm 到 80 cm 以下，变化幅度不显著(NO_3^- 增加除外)，同 0~20 cm 土壤水相比，土壤水中 SO_4^{2-} 浓度明显下降。不同监测点的土壤水中的 SO_4^{2-} 浓度相差较大，白云山土壤水中 SO_4^{2-} 浓度为 600~890 ueq/L，龙洞为 130~280 ueq/L，除个别例外，土壤水中 SO_4^{2-}、Ca^{2+} 和 Mg^{2+} 浓度随土壤深度有下降的趋势，20 cm 层土壤水中只有 NO_3^- 和 Al^{3+} 的浓度比 0~20 cm 水中的浓度高，说明表层土壤(<20 cm)释放过这两个组分。大气降水、穿透雨和 0~20 cm 层渗透水的 NH_4^+/NO_3^- 比值为 8~30，也就是说，进入土壤前的水中氮元素的形式主要是铵态氮。相反，大多数土壤水的 NH_4^+/NO_3^- 值小于 1/3，说明在进入土壤后的水中硝态氮是氮元素的主要形式，表明森林土壤水在浅层得到枯落物层离子的补充，离子量比大气降雨更为丰富，尤其是金属离子增加明显，随着渗滤深度增加，离子种类变化不明显，但是各离子含量发生明显变化，活跃离子增多。

7.2.3 森林植被对地下水水质的影响

森林植被区域降水及其地表水可以补给地下水，森林生态系统改变着到达系统内的水分理化性质，其中也必然影响区域地下水的理化性质。根据表 7-1 统计，地下水的水质总体上是合格的，综合污染指数只有 0.48。

森林地表水穿过土壤层进入地下蓄水区域，受到土壤的交换吸附以及缓冲作用，pH 值较地表水更为缓和，例如，青藏高原东缘山地针叶阔叶混交林地下水的 pH 值为 6.23，均比大气降水的 pH 值高，比地表水的 pH 值(均超过 7.0)低，说明保护区土壤对碱性溶液具有一定的缓冲作用。闫文德(2003)等研究表明，湖南会同第二代杉木林集水区地下水 pH 值高于大气降水、穿透雨、树干径流，地下水受到土壤的缓冲作用从而略低于地表水，pH 值为 7.13 更接近弱碱水。在贵州中部的喀斯特森林地区，地下水 pH 值为 7.57，但比大气降水、穿透雨、地表水都低，也表明地下水的 pH 值受到森林土壤的缓冲作用的影响。在云南小江流域，土地利用变为耕地后 11 个监测点的地下水 pH 值均有所升高，唯一的一次 pH 值无变动是未利用土地转变为林地后的旱季，增加最大值出现在无利用土地转变为林地的雨季，这也说明林地对地下水 pH 值产生了更为显著的作用。

森林区地下水除了受到流域外地下水的补给外，更多的是直接接受来自通过森林生态系统后的入渗水分，地下水的化学组成与坡面流比较一致，但是离子总量和组成比例发生了一定的变化。例如，青藏高原东缘山地针叶阔叶混交林，地下水中 Ca^{2+}、Mg^{2+}、K^+、Na^+ 含量高于大气降水和雪水，但均低于其他地表水，其中，Ca^{2+} 含量由大气降雨的平均质量浓度 1.1 mg/L 经林冠过滤后升高到地表水平均质量浓度 24.314 mg/L，升高了 22 倍，再经土壤吸附后下降到 8. 984 mg/L，为地表水质量浓度的 3/8，显示了元素在雨水淋溶条件下的活化及土壤对其的吸附过程。微量元素离子 Cu^{2+} 和 Zn^{2+}，地下水比其他水体均有增加，如其中，Cu^{2+} 地表水平均含量(3. 248 μg/L)约是大气降水(2. 317 μg/L)的 1. 4 倍，地下水含量(12. 044 μg/L)约是地表水平均值的 3. 7 倍，表明森林植被对 Cu^{2+} 的影响不显著，而土壤经淋溶后对 Cu^{2+} 的吸附能力明显下降。微量元素离子 Fe^{3+} 和 Mn^{2+}，地下水含量比冰川河水含量明显增加，与其他地表水差别不明显，表明在冰川水的采样点的冬瓜杨林林冠经淋溶后对 Fe^{3+} 有明显的释放作用，而土壤对 Fe^{3+} 的吸附作用较弱。Lowranee et al. (2001)在美国佐治亚大学东海岸平原试验农场的研究表明，宽 8 m 的草地带和 15 m 宽的松林带岸边缓冲林，都可有效提高农业用水的水质，地下水中氮元素质量浓度由近大田处的 1122 mg/L 下降到近松林处的 2 mg/L。草被过滤带地下水中氮元素质量浓度的下降与林地相似，缓冲系统中氯元素质量浓度升高，表明氮元素质量浓度的降低是由于生物作用(如植物吸收和脱氮作用)，而不是由于稀释作用造成。其他的污染物质量浓度变化很小，没有统一的空间模式。在喀斯特地区，地下水的水质与地表土壤和植被的关系表现得更为紧密，随着植被的退化和土壤层的变薄，大量的地表物质更易被直接携带进入地下水。贵州中部喀斯特森林群落岩溶地下水离子组成与径流总体相似，但岩溶地下水中 HCO_3^-、Ca^{2+} 和 Mg^{2+} 的含量及电导率明显增加，高于地表径流，分别达到 149. 45 mg/L、65. 05 mg/L 和 15. 4 mg/L。地下水离子还与地表植被类型有直接关系，随着喀斯特森林群落从阔叶林群落向灌木林群落灌草群落方向演替，其岩溶地下水中 HCO_3^-、Ca^{2+} 比例明显减少，而 SO_4^{2-} 比例明显增加。岩溶地下水的 HCO_3^-、Ca^{2+} 含量与森林覆盖率之间存在显著的正相关关系，而 K^+、NH_4^+ 含量与森林覆盖率之间则存在显著的负相关关系。云南小江流域的研究表明，林地和未利用地转变为耕地后，地下水的总硬度、总碱度、pH 值、SO_4^{2-}、NO_3^-、Ca^{2+} 等指标明显升高，形成明显的高值区。

复习思考题

1. 简述森林植被对降水水质的影响。
2. 简述森林植被对径流水质的影响。

推荐阅读

1. 余新晓. 森林生态水文[M]. 北京：中国林业出版社，2004.
2. 乔治 W · 布朗. 森林与水质[M]. 李昌哲，张理宏，译. 北京：中国林业出版社，1994.

第8章
森林流域水文过程与模型模拟

[**本章提要**]森林水文学是揭示森林生态系统对水分循环和环境影响的科学，森林流域水文过程是以流域为基本时空单元，生态过程、水文过程和人类活动的相互影响、相应作用、共同耦合演进过程。森林流域水文过程模拟是应用水文学的理论、方法和系统科学的方法，以探求水文机理、气候变化和下垫面变化对森林流域水文过程的影响。本章主要介绍流域水文模型，包括集总式水文模型和分布式水文模型。

8.1 流域水文模型的分类及特点

同任何其他科学领域的数学模型一样，流域水文模拟模型是使用数学符号对自然界流域尺度的水文过程的简化和抽象。简单地讲，水文模型就是根据生态系统质量、动量、能量守恒原理，或根据经验观测，采用数学公式表达整个水分循环过程，包括从大气降雨至流出流域的时空动态过程。随着现代系统理论和计算机技术的发展，两者的结合与开发，使一些生产上行之有效的或传统的预报方法逐渐向水文系统模拟的方向发展，建立了流域水文模型。

单一水文过程的数学模型较为简单。如经典的描述植被蒸散发的 Penman-Monteith 方程，描述降水入渗、土壤水分再分布的 Richards 方程及描述地下水运动的 Darcy 定律都属早期开发的在很大程度上具有物理意义的水文模型。一个完整的流域水文模型就是把这些单一过程模型整合起来，综合表达大气降水在植被、土壤、岩石层中的动态传输过程及各种状态水分在流域中的时空分布。水文模型模拟中最主要的水文变量包括：林冠降水截留量、林木蒸腾量、土壤含水量、地下水位深度、河流断面径流流量。这些变量比较容易观测，因此也常用于模型校正和模型验证。模型校正是指通过调整不随时间而变化的模型参数而使模型模拟的变量结果与观测数据匹配达到最佳；而模型验证是指采用另外一组新的独立观测数据对已经校正好，参数已优化的模型进行检验来确定模型的精度和可靠性。模型敏感性检验就是检查输入变量和模型参数对模型输出结果的相对影响力。敏感的模型输入变量或参数在模拟资料准备工作中最为重要。

从 20 世纪 60 年代中期以来，随着计算机在水文科学领域的应用及普及，世界各地开发了多种类型的流域模型。了解流域模型分类方法有助于对各种不同类型的模型进行比较，从而正确选择和使用模型(表 8-1)。

表 8-1　流域水文模型类型及特点

分类方法	模型类型		特点
按主要研究领域	森林水文模型		森林占土地利用的主体，考虑林冠截留、林地土壤大孔隙、管流等林地特殊水文过程；Hortonian 地表径流非主要产流机理，模型多基于 Hewlett“变水源概念”
	农业水文模型		农地占土地利用的主体；Hortonian 地表径流多为主要产流机理
	城市水文模型		透水性差的城市用地占土地利用的主体；Hortonian 地表径流为暴雨洪水产流机理，包括城市排水系统汇流过程
	水质(泥沙，养分)模型		比单纯水量模型更复杂；主要目的是模拟径流污染物浓度，排放总量；这类模型同样需要正确模拟水文过程
	生态系统模型		主要目的是模拟生态系统生产力，C、N 循环及蒸散发；流域产水量多定义为径流流出根系层的水分总量，不考虑地下水和沟道汇合过程
按模拟空间、时间尺度	空间	集总式	假定流域空间性质均一；所需模型参数较少，但必须校正
		分布式	考虑流域空间异质性，将流域网格化处理
	时间	日或更短时段	用于模拟洪峰或日水量平衡；需要日或更短时段气象数据
		月	主要用于区域或全球长时间水量平衡计算
		年	用于长时间区域或全球水资源计算
按模拟手段	基于自然规律和水文过程机理的理论模型		构建较复杂，有物理意义，有利于揭示影响大气-土壤-水文要素之间的因果关系
	经验性，基于历史资料		较简单、需要流域参数少、预测结果较好，但是不能反映变化条件下的水文规律
按模型参数	确定性		模型输入、输出结果确定；这类模型可以基于物理过程，也可是经验性的，如回归模型
	随机，非确定性		模型输入、输出结果具有随机性，包含概率论分布

一个流域的水文过程是十分复杂的，迄今尚难用准确的物理定律完善而精确地解释自然界的宏观水文现象。借助现代系统理论和计算机技术，用系统模拟方法可在一定精度范围内对这种宏观水文现象进行定量描述。按系统输入-输出变量之间的数学关系，水文系统可归纳为 3 类：确定性的、拟随机的和随机的。目前，在短期水文预报工作中使用最多的是确定性概念模型，即把预报对象的自然水文过程抽象为一个系统，根据对系统行为物理过程的概化，用一系列数学方程式来描述，进而由系统的输入做出对输出的数字模拟，这就是流域水文模型。

降水径流流域水文模型是以流域为系统，模拟流域上降水径流的形成过程。系统的输入是降水量和蒸发量，输出为流域出口断面的流量。一个水文系统可包括若干个子系统，各有相应的输入及输出，分别模拟各个子过程。常用的流域模型有产流和汇流两个子系统，可以看作前述产、汇流模型的组合。两个子系统又可分为多个下一级的子系统，如产流模型模拟流域坡面上(水平向及垂直向)各种水分的活动与交换；以水量平衡为基础，又分为蒸散发、土壤水、地表流、壤中流、地下水流等子系统，如流域汇流模型模拟净降水量汇集至出口断面的自然过程；以流域调蓄为核心，又分为各种水源的坡面汇流及河槽汇流等子系统。这些子系统都由相应的数学方程做出数字模拟。

系统数学模型表示为一套计算机程序及一组参数。程序是以数学方程式为核心，按照模型结构的内在联系组合起来，程序中特定的常数即模型参数，所以，一个模型是由系统的结构及参数构成。

系统模拟技术使模型相较过去的方法可以考虑更细更多的因素，使用与实际水文过程尽可能接近的数学函数、更短的计算时段，因此，加快了计算速度，提高了模拟精度。然而，模型的潜力还不止于此。由于模型的输出产生出流断面的流量过程，据此可取得日平均流量、一次洪水流量过程、年(月、次)产流量等基本资料，因此，可用于插补短缺资料。对于人类活动的水文效应，可以通过改变模型参数以模拟流域的未来情况，原则上属于无资料情况。对于无实测水文资料的流域，可根据对该流域水文物理过程的认识建立模型，当结构已定，关键是定参数值。概念性模型的参数大多具有物理意义，可由流域的水文特性以及气象与自然地理等资料分析确定，进而对无实测水文资料的流域开展预报。这是模型途径与经验相关法之间的根本区别。由于这个特点，模型还用于水文预报以外的其他学科中。

①在设计项目中作为计算的工具。如天然流域及进入水库的洪水分析、城市排水系统的设计等。

②在控制问题中作为检测的工具。如水库(群)、城市暴雨排水管理等。当系统已知，输出固定，要求模型的输入，用以作为决策控制运用的依据。

③在规划问题中作为识别的工具。如规划河川流域的开发与利用、都市化及土地利用等。此时，系统已定，改变参数，对比不同参数值下系统的输入与输出，作为方案选择的依据。

据上所述，一个概念性模型，为了最大限度地有效，应能满足：水文过程的重现(一定精度内)；大多数参数具有明确的物理概念；参数易于率定及与流域的地理因素相关联。

8.2 集总式水文模型

集总式水文模型将流域概化作一个整体，忽略流域内部地质、地貌、土壤、植被等要素局部不均性对水文循环的影响，该类模型结构简单明晰且易于通过计算机编程实现，在科学研究和工程应用领域受到广泛青睐。

8.2.1 集总式水文模型的建立和发展

集总式概念性水文模型的研究最早可追溯到20世纪50年代，比较有代表性的是由Linsley和Crawford提出的Stanford模型，该模型是水文模型研究领域具有里程碑意义的成果。随后，国内外水文学者相继提出了众多概念性水文模型，如美国的Sacrament模型、日本的TANK模型、爱尔兰的SMAR模型，以及我国的新安江模型。流域水文模型的研制和发展大体经历了黑箱模型—集总式水文模型—分布式水文模型3个阶段。黑箱模型是最早的水文模型，它把流域看作“黑箱”，不考虑其内部结构和过程，只考虑输入和输出。基于长期水文观测建立起的黑箱模型反映了特定流域地形、土壤、气候、植被等众多因素对径流的综合影响，但没有考虑流域内部的水文过程，很难应用于其他流域。随着对森林流域水分循环过程认识的深入，集总式水文模型开始逐步取代黑箱模型。

8.2.2　集总式水文模型的特点

集总式水文模型较黑箱模型进步的一点主要在于，其在模型的输入和输出之间加入了流域内的水文过程对流域水文的影响，对系统中植被截留、土壤入渗、水分在土壤中流动和以地表径流以及坡面汇流的过程进行计算，能够模拟流域的径流过程。但集总式水文模型的最大问题是其建立在假定系统内的植被、土壤、地形、地貌等在空间上完全均质的前提下，认为流域表面上各点的水力学特征是均匀分布的，对流域表面上的任何一点上的降雨，其下渗、渗漏等纵向水流运动都是相同和平行的，不存在水平运动。这就使集总式水文模型无法体现流域的空间异质性，无法模拟和预测流域内局部地区受到的人为活动干预(如造林、砍伐、兴建水利工程等)或自然变化(如火灾、虫害、气候变化等)对流域水资源情况的影响。

集总式水文模型的最基本特征是将流域作为一个整体来模拟其径流形成过程。不同的集总式水文模型尽管具有不同的模型结构和参数，但其本身都不具备从机理上考虑降雨和下垫面条件空间分布不均对流域径流形成影响的功能，模拟结果只追求符合流域出口断面实际发生的流量过程，而不一定追求中间过程的真实性。

就模型结构而言，现有集总式流域水文模型绝大多数都是由概念性元素按径流形成过程组合构成的。这些概念性元素可归纳为 6 类，即表示蒸散发作用的概念性元素、表示产流机制的概念性元素、表示下垫面特征不均匀性的概念性元素、表示坡面汇流的概念性元素、表示多孔介质水流汇集的概念性元素、表示河网汇流的概念性元素等。不同的概念性集总式水文模型在结构上的区别在于采用概念性元素及其组合方式的不同。

从确定总径流量及其组成成分看，现有集总式流域水文模型中概念性元素的组合方式只有两类：一是先确定总径流量，然后划分径流成分，并按不同径流成分进行汇流计算，通过叠加得到流域响应；二是划分径流成分与对不同径流成分的汇流计算同时进行，然后得到流域响应。对现有概念性集总式水文模型所包含的参数，可以按不同的观点进行分类。若按参数所具有的意义划分，可以分为几何参数、物理参数、经验参数等；若按参数在径流形成中所起的作用划分，可以分为蒸散发参数、产流参数、分水源参数、汇流参数等；若按对流域响应计算精度的影响程度划分，可分为敏感性参数和不敏感参数；若按确定参数的方法划分，可分为直接测量参数、试验分析参数和率定参数。现有概念性集总式水文模型所包含的参数具有明确物理意义的较少，通过物理方法确定的更少，大多数参数都要依靠率定方法确定。目前，率定参数的基本思想是：要求所确定的参数必须使计算的流域响应误差最小或与实测的流域响应拟合最佳。

由上述不难看出，现有概念性集总式流域水文模型隐含着下列缺陷：

①构成模型的概念性元素一般只能模拟水文现象的宏观表现，而不能涉及水文现

象的本质或物理机制。因此，现有概念性集总式流域水文模型的结构对径流形成过程的描述是近似的，甚至是粗略的，所包含的参数大多数缺乏明确的物理意义。

②将事实上呈空间分布状态的降雨输入当作模型的集总输入，这显然与流域径流形成是分散输入、集总输出的实际情况不符。

③有些模型虽然设法考虑下垫面条件空间分布不均对径流形成过程的影响，但由于采用的是统计分布曲线，因而无法同时考虑降雨空间分布所产生的影响。

④模型包含的参数中一般都有多于2个，甚至10多个要通过率定方法确定，即由实测水文气象资料反求。这种称为"反问题"的数学问题，在理论上完全依赖于目标函数、约束条件的拟定和实测水文气象资料条件，会出现"异参同效"现象，因此，很难保证解的唯一性和合理性。

8.2.3 常用的集总式水文模型

8.2.3.1 SVAT 模型

陆面过程模型(也称陆面模型，land surface models，LSM；陆面方案，land surface schemes，LSS)是地球物理学和气象学领域用来研究陆地-大气之间物质、能量交换过程的模型。概括地讲，陆面过程模型有"水桶"模型、土壤-植被-大气传输模型(soil vegetation atmosphere transfer，SVAT 模型)和砖块马赛克模型(Mosaic of tiles)3 种。考虑植被在土壤-植被-大气系统各界面之间能量、物质传输和交换过程中重要作用的物理-化学-生物联合模型统称为 SVAT 模型，目前一般所说的陆面模型广义上就指 SVAT 模型。随着人们对土壤-植被-大气系统生物、物理和化学过程认识的不断深入、遥感技术在陆面过程参数化中的应用，以及模型在生产实践中的检验、完善和模拟预报，气象、气候、水文、生态、植物和水土保持等学科的专家、学者对 SVAT 模型越来越感兴趣，并将其应用到各自的研究领域。用 SVAT 模型来研究土壤-植被-大气系统中大气、植物、地表、土壤和地下水层中的水及其相互作用和相互关系(即五水转化关系)，是一个很有效的方法。模型对植物耗水过程与生态需水、生态系统与局地气候间的反馈机制、土壤水分与植被的相互作用机制、区域植被演替规律等方面的研究，以及生态环境的恢复与重建都具有十分重要的价值，是进行广义水资源评价的基础。

1)SVAT 模型的建立和发展

为了给气候模型提供更恰当的大气底层边界条件，陆面过程参数化方案引入大气模型，提出和建立了多种形式的 SVAT 模型，用来描述土壤-植被-大气系统各界面能量、动量和物质的相互作用。模型的复杂程度也从最早的"水桶"方案发展到含有几个土壤层和植被层，涉及生物、物理和化学过程，考虑水平方向不均匀性，能够全面描述土壤-植被-大气相互作用的综合方案。SVAT 模型的建立和发展可分为以下 3 个阶段。

(1)"水桶"模型阶段(1956—1978 年)

M. I. Budyko 首先提出了孤立物理过程模型"水桶"模型(也称"水箱"模型)。S. Manabe 首次用"水桶"模型描述陆面水文过程，并应用于陆地大气环流模型(land circulation model，LCM)。Deardorff 用"水桶"模型将表层土壤分成两层，采用强迫-恢复法(force restore method，FRM)模拟土壤中热通量的日内及季节性分量。"水桶"模型没有或仅简单考虑植被的作用(严格地讲，这阶段的模型还不是真正意义上的 SVAT 模型)，使用简单指定的参数，未能考虑不同地区土壤质地和植被种类差异，以及土壤内部的水分传输，对蒸散过程描述的真实性较差；但由于其所需的陆面特征和物理参数少且易于确定，至今仍有使用。

(2)生物物理学模型阶段(1978—1996 年)

J. W. Deardorff 提出了“大叶”的概念，在陆面模型中加入一层植被，开始考虑植被的生态水文过程，从而形成了 SVAT 模型的雏形。“大叶”通常指具有单个敏感的“大气孔”，对周围环境条件十分敏感，不仅能控制蒸散发，而且能重新分配植物所吸收的能量。反过来，环境条件也对叶面气孔生理机制有影响。R. E. Dickinson 提出的生物圈-大气圈交换方案(biosphere atmosphere transfer scheme，BATS)、P. J. Sellers 等建立的简单生物圈模型(simple biosphere model，SiB)以及 1989 年 J. Noilhan 等提出的土壤、生物圈和大气圈之间的相互作用模型(interaction soil biosphere atmosphere，ISBA)等，都以“大叶”概念为基础。这些模型引入植被层，利用生物物理学理论计算陆面-大气之间的通量，对土壤-植被大气系统边界层物理过程的模拟比“水桶”模型更符合实际，通量计算也更为准确。

(3)生物化学模型阶段(1996 年至今)

P. J. Sellers 等综合应用了地球生物圈的植被物理学、物候学和辐射传输的最新研究成果，将一层植被模型与植被微气象学、土壤消融过程、生长和生物量的新陈代谢联系在一起，于 1996 年设计了 SiB2。R. E. Dickinson 于 1998 年提出 BATS2 模型，将光合作用、传导度相互结合起来描述植被叶子中的水与碳的交换，将光合作用与水汽传输相耦合，实现了通过估算群落光合作用来推算冠层的气孔阻力，发展了植物生理-生物化学耦合模式。这类模型在生物物理模型的基础上，通过耦合植物生理、生化过程，系统地模拟了植物界面的光合作用、呼吸作用发生过程，以及植物生理、生化过程对植被和生态系统水、热及其他物质循环的影响，为描述水、土、植物呼吸和生态系统与气候的耦合奠定了坚实的基础，较之生物物理学模式更加完善，但大部分模型对冠层辐射输送过程的微观处理还重视不够，而这正是保证其他通量计算精度的根本所在；所以，关于植被对大气边界层的影响、土壤-植被-大气系统辐射，以及对水分、热量、动量运移和贮存的模拟研究还有待进一步深化。

2)SVAT 模型结构

SVAT 模型的开发研究是随着全球大气环流模型(general circulation model，GCM)和区域大气环流模型(regional circulation model，RCM)等各类气候模型研究对陆面水循环、能量循环与其他物质循环过程模拟的要求而逐步发展完善起来的。按其对植被冠层的处理方式，大致可分为单层模型、双层模型和多层模型 3 种。对应不同的模式，需要对不同分层列出各自对应的能量平衡方程和水量平衡方程，分别求解其中的每一项，以此计算土壤-植被-大气系统的水热通量。单层模型和双层模型虽然对土壤和植被的通量进行了模拟，但对冠层内部过程的描述不够详尽，因此，在计算植被层的湍流交换系数和表面传导时比较困难。单层模型将下垫面看作一个整体，仅仅描述土壤-植被系统与大气圈的交换，不考虑土壤-植被系统内部能量及水分的相互作用过程，只能反映大气和下垫面间总的能量、动量和物质交换过程。这类模型忽略了植被冠层与土壤之间水热特性的差异，但因其计算简洁而被广泛采用，常用的模型是单层大叶面模型BATS。模型中将下垫面看作是一个大叶片，首先由空气动力学阻抗及表面温度与气温的差值确定显热通量，然后由能量平衡方程计算蒸散发量。双层模型将植被冠层与土壤分开，分别考虑各自的动量吸收、能量和物质转化传输过程，以及二者之间的相互作用，分别计算植被蒸腾量与土壤蒸发量，具有较清晰的物理含义，如SiB2模型。多层模型根据冠层微气候的差异将植被冠层分成若干层，高分辨地描述冠层小气候、辐射分布以及叶气界面水热交换过程，如多层大叶面模型SiB。

3)SVAT模型主要水热过程的参数化方案

(1)土壤中热量传输的参数化

①能量平衡法。根据地面能量平衡(热平衡)方程计算地表温度，通常采用Taylor展开式求其线性解。由于很难准确计算土壤热流量，可采用不同的处理方法，加土壤绝热法(假定土壤热通量 $G=0$)、感热相关法(建立土壤热通量 G 与感热通量 H 的经验关系，$G=CH$，其中 C 为经验常数)、辐射相关法(采用土壤热通量与地面净辐射通量 R_{net} 的经验关系 $G=CR_{net}$，其中 C 为经验常数，这种方法主要出现在早期的GCM中)。CLASS(canadian land surface scheme)模型采用能量平衡方程计算表面温度，采用热扩散方法计算土壤温度。

②求解热传导方程法。又称为土壤模式法或薄层法，采用Fick热扩散定理和有限差分方法进行求解。一维热传导方程为：

$$C_h \frac{\partial T}{\partial t} = \frac{\partial}{\partial z} \cdot \lambda \frac{\partial T}{\partial z} \tag{8-1}$$

$$C_h = f_q c_q + f_c c_c + f_o c_o + \theta_{cw} + f_a c_a \tag{8-2}$$

式中 C_h——土壤的热容，它依赖于组成土壤的各种成分；

T——土壤温度；

t——时间；

z——土层深度；

c_i、f_i——代表相应成分之热容与体积分数，下标q、c、o、w、a分别代表石英、黏土、有机质、水分、空气；

θ_{cw}——土壤体积含水量；

λ——土壤的热导率。

该方法考虑了土壤水分对土壤热容和热导率的影响，而且具有明确的物理意义，得到广泛应用，如CLASS、VIC-3L(variable infiltration capacity-3 layers)、LSM、MSiB(modified SiB)等，但忽略了土壤水分运动对热扩散的直接影响。

③强迫恢复法。由于热扩散方程是非线性的，直接求解计算量大且不稳定，为了提高计算效率，强迫恢复法经常被用来计算日内时间尺度下土壤中的热传导过程。该方法是基于热传导方程周期热源强迫情况下的解析解得到的，计算简单易行，在模型中使用较多，方程式如下：

$$n \frac{\partial T_s}{\partial t} = \frac{2G}{C_h d_0} - \omega (T_s - T_2) \tag{8-3}$$

$$\omega = 2\pi / 86\,400 \tag{8-4}$$

$$n=1+0.943(d/d_0)+0.223(d/d_0)^2+0.0168(d/d_0)^3-0.00527(d/d_0)^4 \tag{8-5}$$

式中　T_s——地表温度；

d_0——温度日变化影响土壤深度；

G——重力；

T_2——表层土壤底部的温度；

n、ω——参数；

$\frac{2G}{C_h d_0}$——热传导通量产生的"强迫项"；

$\omega(T_s-T_2)$——土层底部温度产生的恢复项(使地面温度向土层底部温度恢复)；

其他参数含义同式(8-1)。

(2)土壤水分的参数化

①"水桶"模型。也称水桶型 1 层方案。对于单层土壤，水量平衡方程式为：

$$\rho_w z\frac{\partial W}{\partial t}=P_r-E_a-R-D_r \tag{8-6}$$

$$E_a=E_p(w/w_c) \tag{8-7}$$

$$R=\begin{cases}0 & w<w_c\\ P_r-E-D_r & w\geqslant w_c\end{cases} \tag{8-8}$$

式中　ρ_w——水的密度；

z——土层深度，该方案中通常取 1 m；

W——土层的平均含水量；

P_r——降水量；

R——地表径流量；

D_r——排水量；

E_a——实际蒸发量；

E_p——潜在蒸发量；

w_c——田间持水量。

在"水桶"模型中，如果土壤含水量小于田间持水量，则不产生径流；当大于田间持水量时，径流等于表面水通量。土壤湿度和蒸发的关系是直接的，不存在土壤水的传导(包括扩散和渗透)过程；但模型中蒸发和土壤水之间的反馈是单向的，土层内部的水力扩散过程和地下水补给被忽略，因此不能充分描述表层土壤蒸发和水分的动态变化，只适用于较大的空间尺度。对植被的蒸腾过程考虑不够，势必影响对蒸发和土壤湿度关系的描述。

②强迫恢复型 2 层方案。VIC(variable infiltration capacity)、ISBA 等对土壤水的描述采用了此方法。双层方案更加细致的考虑了土壤中水分的渗透、底层水分的补给，考虑了土壤水分在垂直方向的传导(包括扩散和渗透)过程和植被的蒸腾作用，强化了对土壤湿度和蒸发反馈作用的描述，包括快速响应的强迫项和来自深层扩散过程的慢速恢复项。强迫-恢复法中，土壤共分为 2 层：较薄的上层 d_1 和深层 d_2，模型具体表达为：

$$\frac{\partial W_1}{\partial t}=C_1\frac{P_r-E_g}{\rho_w d_1}-C_2\frac{W_1-W_{geq}}{t} \tag{8-9}$$

$$\frac{\partial W_2}{\partial t}=\frac{P_r-E_g-E_{tr}}{\rho_w d_2} \tag{8-10}$$

式中 W_1——上层土壤体积含水量；

W_2——下层土壤的体积含水量；

P_r——降水量；

ρ_w——水的密度；

W_{geq}——重力和毛管力平衡时的土壤含水量；

E_g——裸地蒸发量；

E_{tr}——植被蒸腾量；

t——时间；

d_1——上层土壤厚度；

d_2——深层土壤厚度；

C_1、C_2——系数；

$C_1(P_r-E_g)/(\rho_w d_1)$——“强迫项”，描述 W_1 对降雨和蒸发的迅速反映；

$C_2(W_1-W_{geq})/t$——“恢复项”，反映深层土壤对水分的供应。

③Richards 扩散方程和 Darcy 定理。扩散型多层方案，通常用 Richards 方程来描述垂向一维土壤水运动，土壤各层间的水汽通量服从 Darcy 定律。扩散方程的应用以假定土壤均质为前提，在求解方程时不可避免地要选择模型的分辨率，也就是所分的土层数及土层厚度。大多数模式将土壤分为 3 层，如 BATS、CLASS 和 SSiB(simplified simple bio-sphere model)等。刘和平等发展的 MSiB 模型，土壤湿度采用了水汽扩散方程和 Darcy 水流方程同时求解得到。

$$\frac{\partial \theta}{\partial t}=\frac{\partial}{\partial z}\left[D(\theta)\frac{\partial \theta}{\partial z}\right]+\frac{\partial K(\theta)}{\partial z} \tag{8-11}$$

式中 $K(\theta)$——土壤导水率；

$D(\theta)$——土壤水扩散率；

θ——土壤含水率；

t——时间；

z——水流方向坐标。

Darcy 水流定理将垂直方向上土壤水流通量表示为：

$$q=-K\left[\frac{\partial(\psi+z)}{\partial z}\right]=-K\left[\frac{\partial \psi}{\partial z}+1\right]=-K\left[\frac{\partial \theta}{\partial \psi}\cdot\frac{\partial \psi}{\partial z}+1\right] \tag{8-12}$$

式中 K——土壤液态水传导率；

ψ——土壤水势。

多层扩散方案考虑了土壤湿度、植被根的分布和植被传输之间的耦合，深入地考虑了深层水的向上扩散，因此，多层扩散模型更能真实和详细地描述土壤内部的水文过程。

④Philip-de Vries 水热运动耦合方程。该方法考虑了均质土壤中液态水和气态水的

传输过程，没有考虑滞后现象和空间异质性的影响，但考虑液态水分传输和水蒸气扩散的影响。土壤水运动方程为：

$$\frac{\partial\theta}{\partial t}=\nabla\cdot[D(\theta)\nabla\theta]+\nabla\cdot(D_T\nabla T)+\frac{\partial K}{\partial z} \tag{8-13}$$

式中 D_T——土壤水在温度梯度下的扩散率。

除此之外，与土壤水传输密切相关的另一个问题是土壤液力传导率和土壤水势的计算。目前，土壤液力传输的模型主要有：Brooks-Corey、Clapp-Horn-berger、van Genuchten、Broad birdge-White 等，其中，Clapp-Hornberger 模型的应用最为广泛。

(3)土壤蒸发的参数化

①潜在蒸发量的计算。利用模型计算潜在蒸发量主要有 3 种方法：

a. 总体动力学方法。主要根据空气的紊动扩散理论来探讨潜在蒸发量，BATS、ISBA、SSiB 等模型采用此方法。

总体动力学方法计算公式如下：

$$E_{\mathrm{P}}=\frac{q_{\mathrm{s}}(T_{\mathrm{g1}})-q_{\mathrm{a}}}{r_{\mathrm{a}}}+\rho_{\mathrm{a}}\frac{q_{\mathrm{s}}(T_{\mathrm{g1}})-q_{\mathrm{r}}}{r_{\mathrm{s}}} \tag{8-14}$$

式中 E_{P}——潜在蒸发量；

ρ_{a}——空气密度；

$q_{\mathrm{s}}(T_{\mathrm{g1}})$——表面温度为 T_{g1} 时的饱和比湿；

q_{a}——空气的比湿；

q_{r}——参考层的空气比湿；

r_{a}——空气动力学阻抗；

r_{s}——表面阻抗。

这种方法的优点在于所需参数少，但对下垫面的粗糙度和大气的稳定度要求极为严格，在平流逆温的非均匀下垫面、粗糙度很大的植物覆盖，以及在植物冠层内部情况下不适用。

b. Penman-Monteith 方程。根据空气动力学原理和地表能量收支平衡方程综合得出，COUPMODEL(coupled heat and mass transfer model for soil-plant-atmosphere system)、VIC 等模型采用此方法。

Penman-Monteith 方程如下：

$$E_{\mathrm{P}}=\frac{\Delta R_{\mathrm{n}}+\rho_{\mathrm{a}}C_{\mathrm{p}}[(e_{\mathrm{s}}-e_{\mathrm{a}})/r_{\mathrm{a}}]}{L[\Delta+\gamma(1+r_{\mathrm{s}}/r_{\mathrm{a}})]} \tag{8-15}$$

式中 R_{n}——可用于蒸发的净辐射通量；

C_{p}——空气定压比热；

e_{s}——饱和水汽压；

e_{a}——实际水汽压；

L——蒸发潜热；

Δ——平均气温时的饱和水汽压曲线斜率；

γ——干湿常数。

Penman-Monteith 方程考虑了影响蒸散的大气因素和作物生理因素，在湿润或干旱半干旱地区都可以较准确地计算作物潜在蒸散量。这种方法的缺陷是需要的参数较多，参数取值直接制约结果的精度。

c. Priestley-Taylor 方程。该方程是 Penman-Monteith 方程的简化。

Priestley-Taylor 方程如下：

$$E_P = m\frac{\Delta(R_a - G)}{L(\Delta + \gamma)} \tag{8-16}$$

式中 R_a——太阳辐射通量；

m——经验常数，取值 1.26~1.29；

G——重力；

L——蒸发潜热；

γ——干湿常数。

该公式对 Penman-Monteith 方程中辐射项进行了修正，省略了空气动力学项，因而在干旱半干旱地区表现欠佳。

②实际蒸发量的确定。当土壤处于非充分供水状态时，土壤实际蒸发量的确定主要有 3 种方法，α 方法、β 方法和 γ 方法。

α 方法：

$$E_a = \rho a[\alpha \cdot q_{sat}(T_s) - q_a]/r_a \tag{8-17}$$

β 方法：

$$E_a = \beta E_p \tag{8-18}$$

γ 方法：

$$E_a = \min(E_p,\ E_c) \tag{8-19}$$

式中 $q_{sat}(T_s)$——地面温度 T_s 时的空气饱和比湿；

E_c——通过土壤表面的最大水分通量；

E_a——实际蒸发量；

α、β——土壤湿度的经验函数。

BATS 等采用了 γ 方法，VIC 等采用 β 方法，而 ISBA、SSiB 等采用 α 方法。

(4)植被蒸散的参数化

大多数模型在处理植被蒸散时都考虑了冠层截留蒸发和叶面蒸腾。冠层截留水分蒸发量表示为：

$$E_W = \delta\rho_a[q_{sat}(T_c) - q_a]/r_b \tag{8-20}$$

式中 E_W——植被冠层截留蒸发量；

δ——湿润叶面占整体叶丛的比例；

$q_{sat}(T_c)$——叶面温度 T_c 时的饱和比湿；

T_c——叶温；

q_a——空气的比湿；

r_b——叶丛表面边界层阻抗。

对蒸腾的参数化中引入了冠层阻抗来反映植物对水汽传输的效率，表达式为

$$E_{tr} = \rho_a[q_{sat}(T_c) - q_a]/(r_b + r_c) \tag{8-21}$$

式中 r_c——总体气孔阻抗(或总体冠层阻抗)，一般由单叶的气孔阻抗除以叶面指数而得到；

其他参数含义同式(8-20)。

8.2.3.2 新安江模型

(1)模型结构与计算方法

新安江模型是分散性模型，它把全流域分成若干单元流域，对每个单元流域分别作产汇流计算，得出各单元流域的出口流量过程，再分别进行出口以下的河道洪水演算至流域出流断面，把同时刻的流量相加即求得流域出口的流量过程。

设计分散性模型的主要原因是为了考虑降雨分布不均和下垫面条件不一致产生的影响，尤其是修建大中型水库等人类活动产生的影响。降雨分布不均对产流和汇流都产生明显的影响，特别是降雨分布很不均匀时，若采用集总式水文模型，用全流域平均雨量进行计算误差可能很大。

新安江模型通常以一个雨量站为中心，按泰森多边形法划分计算单元。这种方法主要考虑降雨分布不均，如有必要，也可以来用其他划分的方法。例如，大型水库，将水库的集水面积作一个计算单元。

每个单元流域的计算流图如图 8-1 所示。图中在方框内标明的是状态变量，方框外标明的是模型参数。

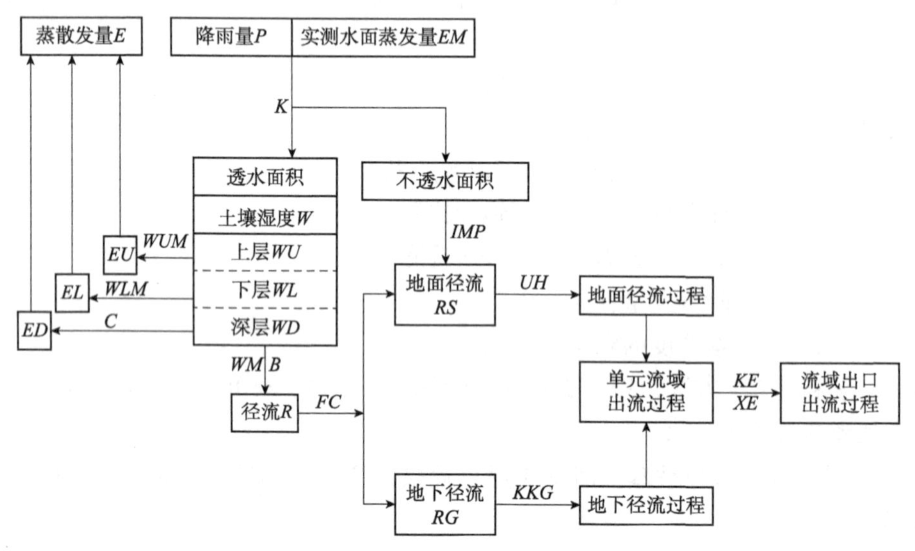

图 8-1 二水源新安江模型流程图

该模型的产流采用蓄满产流模型，增加了一个参数 *IMP*，是流域不透水面积占全流域面积之比。这个参数在湿润地区不重要，可不用；但在半湿润地区，由于经常干燥，此参数就有必要。增加这个参数后，二水源的新安江模型只需修改下列两式：

$$W'_{mm}=\frac{1+B}{1-IMP}\cdot WM \tag{8-22}$$

$$\left.\begin{aligned}&RG=FC\cdot(R-IMP\cdot PE)/PE\\&RS=R-RG\end{aligned}\right\} \tag{8-23}$$

模型的蒸散发部分采用 3 层蒸散发模型；河道洪水演算采用马斯京根法线性解。

在流域汇流中，地面径流采用经验单位线，并假定每个单元流域上的无因次单位线都相同，使结构比较简单。无因次单位线与地面径流深和流域面积相乘，就得单元流域的出流过程。

要使各个单元流域的无因次单位线相同，首先要求地形条件一致，其次要求流域面积相近。因此，在划分单元流域时，应尽可能使各单元的面积相差不要太大。

地下径流的汇流速度很慢，可按线性水库计算。河道汇流阶段可以忽略，降雨在面上分布不均的影响也可以忽略。

目前常用的是20世纪80年代初提出的三水源新安江模型，它克服了二水源新安江模型中对水源划分的不合理性；在地面径流中包含了不同大小的壤中流，从而单位线的非线性变化较大。

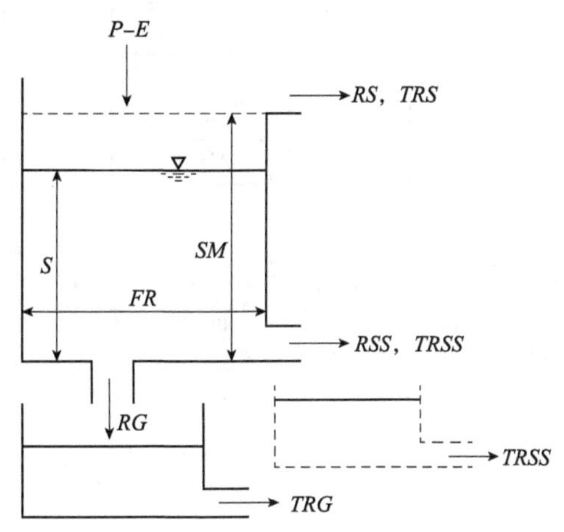

图 8-2 自由水蓄水库的结构

在二水源新安江模型中，稳定下渗量 *FC* 立即逝入地下水库，没有考虑包气带的调蓄作用，这与霍顿理论有关。霍顿理论是无积水的，时段降雨量或耗于下渗，或形成地面径流，土壤层中没有界面积水，故不可能产生壤中流，也就没有包气带的调蓄作用，这是欠合理的。在三水源模型中，设置了一个自由水蓄水库代替原先 FCB 的结构，以解决水源划分问题。

按蓄满产流模型求出的产流量 *R*，先进入自由水蓄水库，再划分水源，如图 8-2 所示。自由水蓄水库有两个出口，一个向下，形成地下径流及 *RG*；一个为旁侧出口，形成壤中流 *RSS*。由于新安江模型考虑了产流面积(用 *FR* 表示)问题，所以自由水蓄水库只发生在产流面积上，其底宽 *FR* 是变化的。产流量 *R* 是产流面积上的径流深 *PE*，也是自由水蓄水库所增加的蓄水深。

三水源新安江模型引入 3 个参数：地下水出流系数 *KG*，壤中流出流系数 *KSS*，自由水蓄水库容量深 *SM*，用作划分水源的计算，其公式为：

$$\left.\begin{array}{ll} RG=KG\cdot S\cdot FR & \\ RSS=KSS\cdot S\cdot FR & \\ \text{当 } S+PE\leqslant SM & RS=0 \\ \text{当 } S+PE>SM & RS=(S+PE-SM)\cdot FR \end{array}\right\} \tag{8-24}$$

式中 *S*——自由水蓄水深。

据式(8-24)求得的 *RG* 是进入地下水库的水量，再经过地下水库消退(用消退系数 *KKG* 计算)，即为地下水对河网的总入流 *TRG*。据式(8-24)求得的 *RSS* 是壤中流对河网的总入流 *TRSS*，图 8-2 上还设置了一个壤中流水库，适用于壤中流受调蓄作用大的流域，可再作一次调蓄计算，一般是不需要的，故用虚线表示。

地下水的河网汇流阶段可以忽略不计，所以地下水总入流 *TRG* 可认为与地下水出流流量 *QRG* 相同。

$$QRG(T)=QRG(T-1)\cdot KKG+RG(T)\cdot(1-KKG)\cdot U \tag{8-25}$$

式中 U——换算系数，即流域面积，$km^2/3.6\Delta t/(h)$。

地面径流的坡地汇流时间也可以忽略不计，地面径流产流量 RS 可认为与地面径流的总入流 TRS 相同。

这样，可列出三水源新安江模型的流程图(图8-3)。

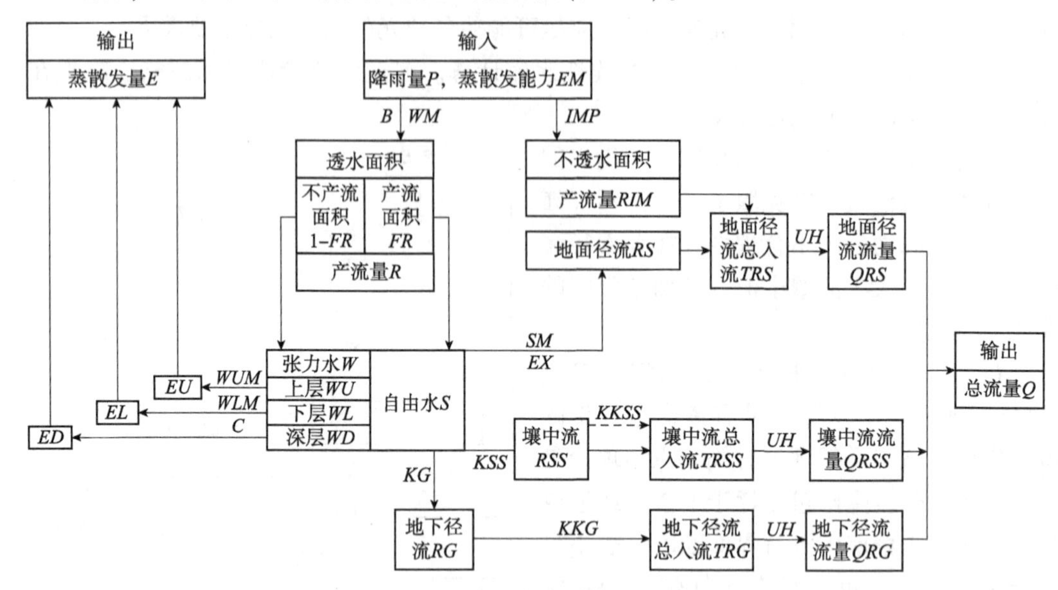

图8-3 三水源新安江模型流程图

在三水源模型中，蒸散发是从张力水中消耗，自由水是全部产流的。二水源新安江模型的蓄量是张力水蓄量，自由水包括在产流总量 R 之中。因此，二水源新安江模型中的产流总量计算部分与蒸散发量计算部分可用于三水源模型，只要把求得的 R 进入自由水蓄水库就可以了。汇流计算部分中，地面径流与地下径流的算法也完全不变，壤中流的河网汇流阶段不能忽视。

在产流面积 FR 上，要考虑自由水的蓄水容量在面积上的不均匀分布，即 SM 为常数不太合适，实际上是饱和坡面流的产流面积不断变化的问题。对此，采用抛物线来表示自由水蓄水容量曲线，即：

$$\frac{f}{F}=1-\left(1-\frac{SM'}{SMM}\right)^{EX} \tag{8-26}$$

求得

$$SMM=(1+EX)\cdot SM \tag{8-27}$$

$$AU=SMM\left[1-\left(1-\frac{S}{SM}\right)^{\frac{1}{1+EX}}\right] \tag{8-28}$$

当 $PE+AU<SMM$ 时：

$$RS=\{PE-SM+S+SM[1-(PE+AU)/SMM]^{1+EX}\}\cdot FR \tag{8-29}$$

当 $PE+AU\geq SMM$ 时：

$$RS=(PE+S-SM)\cdot FR \tag{8-30}$$

因此，与蓄满产流模型相似，不同之处是地面径流 RS 只产生在产流面积 FR 之上。在对自由水蓄水库作水量平衡计算中，有一个差分计算误差问题必须重视。即常用的计算程序把产流量放在时段初进入水库，而实际上它是在时段内产生的，因而有向前差分误差。这种误差有时很大，要设法消去。处理的办法之一是：每时段的入流量，按 5 mm 为一段(时间步长)分成 G 段并取整数，计算时段也扣应分成 G 段，以 G 个时间步长进行计算，这样，差分误差就很小了。各时段入流量不相等，G 值可不同。

三水源新安江模型中的出流系数、消退系数等参数都是以天(24 h)为时段长定义的。如将一天分为 D 个时段，则需转换成以时段长 D 定义的出流系数和消退系数。如一个时段内分成若干个计算步长，还需要转换成以步长定义的参数。这种转换要按线性水库的退水规律进行。

因为自由水蓄水库的两个出口是并联的，当时段长改变后，要符合两个条件：一是地下水与壤中流的出流系数之和要符合线性水库出流系数时段转换规律；二是两个出流系数之比值应当不变。

三水源新安江模型考虑了 3 个不均匀分布：①张力水蓄量的不均匀分布，用张力水蓄水容量曲线表示；②自由水蓄量的不均匀分布，用线性水库结构反映；③自由水容量的不均匀分布，用自由水蓄水容量曲线表示。

(2)参数确定

三水源新安江模型有 12 个参数，初值求法如下。

K：流域蒸散发能力与实测水面蒸发值之比。如使用 E601 蒸发器资料，可取 1.0 左右，根据日模型计算的年蒸发量结果再作适当调整。

IMP：不透水面积占全流域面积之比。一般流域在 0.01~0.05，也可用于旱期(久旱后)降小雨的资料分析求得。

B：透水面积上蓄水容量曲线的方次。它反映流域上蓄水容量分布的不均匀性，一般在 0.2~0.4。可通过对局部产流的小洪水计算误差情况进行调整。

C：深层蒸散发系数。它取决于深根植物面积占流域面积的比例，同时也与上土层、下土层张力水容量之和有关，此值越大，深层蒸发越困难，C 值就越小。反之亦然。一般在 0.1~0.2。

SM：自由水蓄水库容量，mm。通常由优选来确定。一般流域在 5~45 mm。

EX：自由水蓄水容量曲线的方次。常取 1.5 左右。

WM：流域平均蓄水容量，mm。这是流域干旱程度的指标。查找久旱后下大雨的资料，可认为雨前蓄水量为零，雨后已蓄满，则此次洪水的总损失量就是 WM。WM 分为 3 层：WUM(上土层蓄水容量)约 5~20 mm；WLM(下土层蓄水容量)可取 60~90 mm；WDM(深土层蓄水容量)，$WDM=WM-WUM-WLM$。

KG：自由水蓄水库补充地下水的出流系数。它反映流域地下水的丰富程度。

KSS：自由水蓄水库补充壤中流的出流系数。$KG+KSS$ 影响直接径流的退水天数，一般为 3 d 左右，则 $KG+KSS$ 之值就应在 0.7 左右。

KKG：地下水库消退系数。可以从久晴后的流量过程线分析得出。一般在 0.95~0.995。

$KKSS$：壤中流消退系数。一般在 0.3~0.8。

UH：单位线，通过优选确定。

以上参数是用于单元流域的，单元流域出口至全流域出口的河网汇流采用马斯京根分段流量演算。参数有每个单元流域出口至流域出口的演算段数(单元河段数)n，每个单元河段的马斯京根法系数χ_e与K_e。一般根据流域内水文站资料的分析或用水力学方法计算求得。

新安江模型一般有日模型与次洪模型两个软件。日模型以日(24 h)为时段长进行模拟，采用日雨量、日蒸发量和日平均流量资料，连续进行多年模拟。根据模拟的日径流、月径流和年径流与实测值比较，调整模型参数，直到满意为止。次洪模型是用于模拟一次洪水过程的，时段长根据流域面积的大小确定，一般在 1~6 h。由于时段较短，降雨的均化作用得以克服。可以根据模拟的流量过程与实测过程的误差调整模型参数，达到最优。次洪水模拟的初始值可以从日模型结果取得。

国内的新安江模型应用软件目前有多种版本，总的来讲基本原理是一致的，但在某些环节上有明显差别，使用者一定要仔细加以区分，尽量采用成熟可靠的软件。

8.2.3.3 萨克拉门托模型

由美国萨克拉门托河流预报中心提出，1973 年开始使用至今。该模型是在斯坦福Ⅳ号模型的基础上发展起来的，并声称主要环节都以物理实验结果为依据。模型结构如图 8-4 所示。流域分为不透水、透水和变动的不透水 3 部分，以透水面积为主体；径流来源于不透水面积的直接径流，透水面积上的地面径流、壤中流、浅层与深层地下水，变动的不透水面积上的直接径流与地面径流；模型还设置了流域不闭合结构。

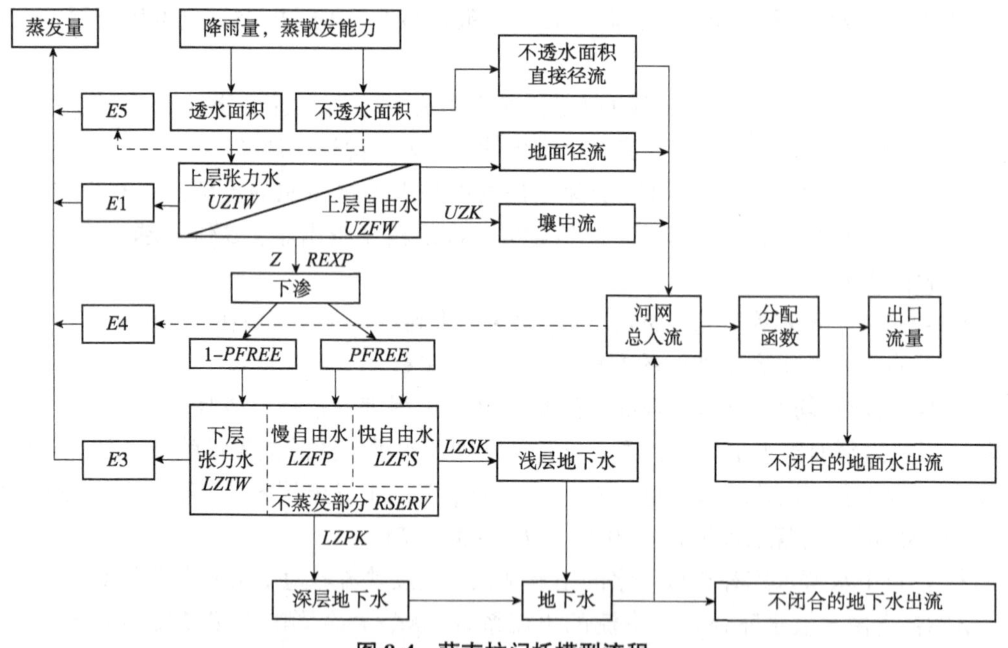

图 8-4 萨克拉门托模型流程

(1)产流结构及计算方法简述

将土层分为上下两层，每层蓄水量又分为张力水与自由水。降雨先补充均匀分布的上土层张力水，再补充上土层自由水。张力水的消退为蒸散发，自由水用于向下土层渗透及产生侧向的壤中流。

当上土层张力水及自由水全部蓄满，且降雨强度超过壤中流排出率及向下土层渗透率时，产生饱和坡面流(此时下土层张力水不一定蓄满)，即地面径流，因而模型可以模拟超渗产流。壤中流由上土层自由水横向排出，其蓄泄关系为线性水库。上土层自由水向下土层的渗透率由渗透曲线控制，是模型的核心部分。渗透水量以一定比例(*PFREE*)分配给下土层自由水，其余(1-*PFREE*)部分补充下土层张力水耗于蒸发。当下土层张力水蓄满后，渗透水量全部补充下土层自由水。补充下土层自由水的水层分别进入浅层地下水库和深层地下水库，两者的分配比例与它们的相对蓄水量呈反比。浅层地下水水库的消退产生浅层地下水(或称快速地下水)，深层地下水水库的消退产生深层地下水(或称慢速地下水)，二者蓄泄关系都采用线性水库的关系。久旱时，下土层自由水也可能因毛细管作用补充下土层张力水耗于蒸发。但不论如何干旱，下土层自由水总有一个固定比例(*RSERV*)的水量不被用于蒸发。

渗透曲线采用霍尔坦(Holtan)型，表示为渗透率与土层缺水量的关系，采用的计算公式为：

$$RATE=PBASE(1+Z\cdot DEFR^{REXP})\cdot\frac{UZFWC}{UZFWM} \tag{8-31}$$

式中 *RATE*——渗透率；

PBASE——稳定渗透率；

Z——系数，决定下土层最干旱时的最大渗透率；

REXP——指数，表示渗透率随土层蓄水量变化的函数形式，当 *REXP*=1.0 时，相当于线性函数；

UZFWC——上土层自由水蓄水量；

UZFWM——上土层自由水容量。

式(8-31)以 *DEFR* 表示下土层缺水程度，*UZFWC* 与 *UZFWM* 表示上土层供水能力，当上土层及下土层蓄水层都饱和时，*DEFR*=0，渗透率达稳定值 *PBASE*。如下土层有亏损，渗透率增加，且决定于下土层缺水量。当缺水量最大，即 *DEFR*=1.0 时，其可能的最大渗透率为稳定渗透率的 1+*Z* 倍，而实际渗透率还取决于上土层供水能力，由上土层自由水蓄水量占其容量的比值表示。

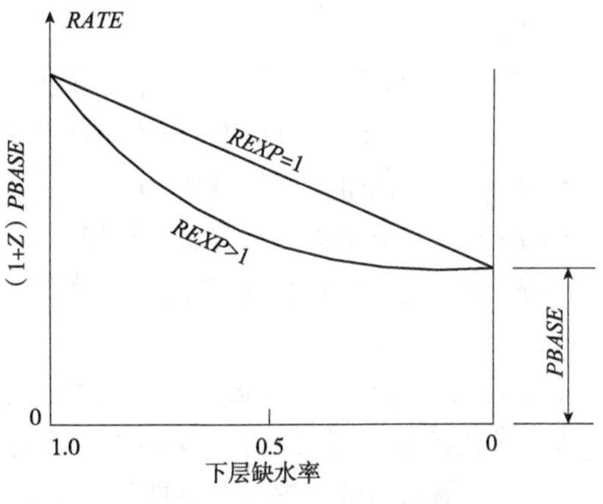

图 8-5 渗透率曲线示意图

确定渗透曲线的参数共有 3 个：*REXP*、*Z* 与 *PBASE*。*Z* 与 *REXP* 都需优选，主要与土壤类型及水源比例有关。其中 *REXP* 对渗透曲线的影响如图 8-5 所示。

PBASE 不是一个独立的参数，其值由式(8-32)决定。

$$PBASE=LZFPM\cdot LZPK+LZFSM\cdot LZSK \tag{8-32}$$

式中 *LZFPM*、*LZFSM*——深层地下水及浅层地下水的容量；

LZPK、*LZSK*——相应的日出流系数。

式(8-32)为两个线性水库出流量计算式，式中蓄水量都是容量，计算得出的流量为地下水出流最大值，其值应等于土层蓄水量饱和时上土层至下土层的稳定渗透率，即 *PBASE*。

壤中流也采用线性水库出流，其出流系数为 *UZK*，则出流量为：

$$Q = UZFWC \cdot UZK \tag{8-33}$$

(2)蒸散发量计算

共计算 5 种蒸散发量，分述如下。

①上土层张力水蒸发量 E_1：

$$E_1 = EM \frac{UZTWC}{UZTWM} \tag{8-34}$$

②上土层自由水蒸发量 E_2：早期版本有此一项，后期版本取消了。

③下土层张力水蒸发量 E_3：

$$E_3 = (EM - E_1) \frac{LZTWC}{UZTWM + LZTWM} \tag{8-35}$$

④水面蒸发量 E_4：流域内的水面积上的蒸发，按 *EM* 计。

⑤变动的不透水面积上的蒸发量 E_5：

$$E_5 = \left[E_1 + (EM - E_1) \frac{ADIMC - E_1 - UZTWC}{UZTWM + LZTWM} \right] \cdot ADIMP \tag{8-36}$$

式中 *UZFWC*、*LZTWC*——上、下土层张力水蓄水量；

UZTWM、*LZTWM*——分别为上、下土层张力水容量；

ADIMP——变动不透水面积占流域面积的比例；

ADIMC——流域蓄水量。

(3)参数确定

模型共有参数 15 个，大多数具有明确的物理含义，可根据流域有关资料确定。现分述如下。

PCTIM：河槽及其邻近的不透水面积占全流域面积的比例，常取 0.01。

ADIMP：变动不透水面积占全流域面积的比例，常取 0.01。

SARVA：水面积的比例，常取 0.01。

UZTWM：上土层张力水容量，相当于最大初损值，常取 10~30 mm。

UZFWM：上土层自由水容量，相当于三水源新安江的模型中的 *SM*，常取 10~45 mm。

UZK：壤中流日出流系数，难以估算，通过优选确定，常取 0.2~0.7。

Z：渗透参数，相当于最干旱时渗透率对稳渗率的倍数，常取 8~25。

REXP：渗透指数，决定渗透曲线的形状，通过优选确定，常取 1.4~3.0。

LZTWM：下土层张力水容量，常取 80~130 mm。

LZFSM：浅层地下水容量，由大洪水的流量过程线退水段分析求出，常取 10~30 mm。

LZFPM：深层地下水容量，从汛后期大洪水的流量过程线退水段分析求出，即把过程线点绘于半对数坐标纸上，将地下水退水段向上延长至洪峰，得最大深层地下水流量，用出流系数除之即得 *LZFPM* 值，常取 50~150 mm。

LZPK：深层地下水日出流系数，从流量过程线上分析得出，常取 0.05~0.005。

LZSK：浅层地下水日出流系数，常取 0.1~0.3。

PFREE：从上土层向下土层渗透水量中补给下土层自由水的比例，常取 0.2~0.4。

RSERV：下土层自由水中不蒸发部分的比例，常取 0.3。

8.2.3.4　BROOK90 模型

BROOK90 是 Federer 等人在 40 多年的水文研究基础上建立起来的一个确定性的、基于过程的集总式水文模型。它可以以日为单位模拟点或者小而均一的流域的水分平衡。模型要求输入日或更短时间间隔的降雨量、日气象条件(包括日最高和最低气温、日太阳辐射量、水汽压和风速等)。模型能模拟蒸散、土壤水分运动和径流等水文过程。

BROOK90 模型流程如图 8-6 所示。该模型将降雨和降雪分别考虑，降雨(*PREC*)首先被植被截持，截持部分直接蒸发到大气中(*ISVP*、*IRVP*)。穿透雨加上融雪构成净降雨落到地面，一部分形成地表径流(*SRFL*)，另一部分渗入土壤表层或通过土壤垂直孔隙直接渗入土壤深层(*SLFL*)。该模型将土壤层划分为不同的层，渗入各土层的水分一部分由孔隙排水形成快速壤中流(*BYFL*)，其余部分(*INFL*)为土层保持形成土壤含水量(*SWAT*)。土壤水分的支出包括各土层垂直方向和沿着坡方向的基质流(*VRFL*、*DSFL*)，根系层土壤还有植被蒸腾(*TRAN*)，表层还包括土壤蒸发(*SLVP*)。地下水(*GWAT*)由最底层土壤垂直方向的基质流进行补充。模型中将地下水看作一个线性水库，其排水分成地下径流(*GWFL*)和渗漏(*SEEP*)两部分。这样模型计算水分支出有：蒸散(*EVAP*)包括截持蒸发(*ISVP*、*IRVP*)、土壤蒸发(*SLVP*)、植物蒸腾(*TRAN*)；径流(*FLOW*)包括地表径流(*SRFL*)、快速壤中流(*BYFL*)、滞后流(*DSFL*、*GWFL*)；深层渗漏(*SEEP*)。

(1)植被截持

BROOK90 根据降雨捕获率、截持降雨的蒸发速率及冠层容量来计算冠层的降雨

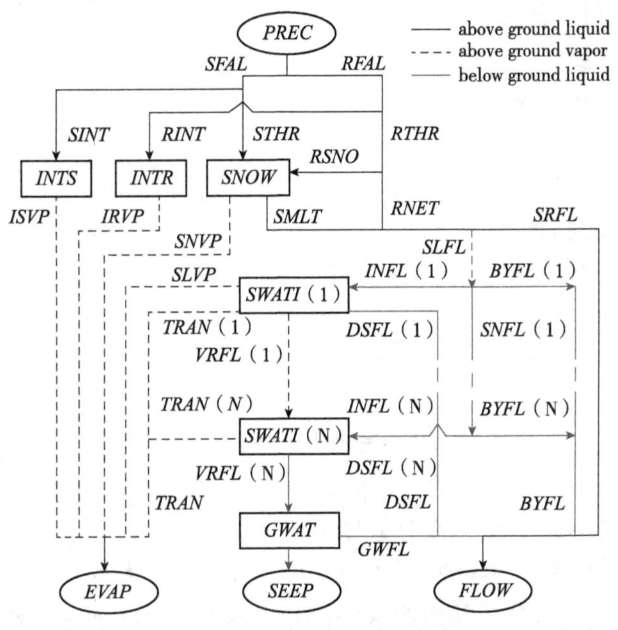

图 8-6　BROOK90 模型流程图

截持：

$$dINTR/dt = RINT - IRVP \tag{8-37}$$

式中 $INTR$——冠层蓄水量；

$RINT$——降雨捕获率；

$IRVP$——蒸发速率。

BROOK90 假定 $RINT$ 在冠层蓄水量达到冠层容量前是一个常数，并与叶面积指数(LAI)和单位林地面积上树干的投影面积(SAI)线性相关：

$$RINT = (FRINTL \cdot LAI + FRINTS \cdot SAI) \cdot RFAL \tag{8-38}$$

式中 $RFAL$——降雨强度；

$FRINTL$ 和 $FRINTS$——分别为单位 LAI 和 SAI 降雨的捕获率。

在 BROOK90 中，冠层容量 $INTRMX$ 是 LAI 和 SAI 的函数：

$$INTRMX = CINTRL \cdot LAI + CINTRS \cdot SAI \tag{8-39}$$

式中 $CINTRL$ 和 $CINTRS$——分别为单位 LAI 和 SAI 的降雨截持容量。

截持降雨的蒸发速率由忽略冠层阻力的 Shuttleworth-Wallace 公式计算得出。

(2)蒸散

Shuttleworth et al. (1985)对冠层和土壤表面分别应用 Penman-Monteith 公式来估算蒸腾和土壤蒸发。Ferderer et al. (1995)发展了 Shuttleworth-Wallace 方法来估算潜在蒸散。在 BROOK90 模型中，用 Shuttleworth-Wallace 方法计算的潜在蒸腾速率和供水能力两者的最小值来确定蒸腾速率。然后根据不同土层的根系分布和土壤含水量分配到根系层中。

潜在蒸腾计算公式如下：

$$L_v \rho_w E_c = \frac{\Delta(A - A_s) + C_p \rho D / r_{ac}}{\Delta + \gamma(1 + r_{sc}/r_{ac})} \tag{8-40}$$

式中 L_v——水的汽化潜热；

ρ_w——水的密度；

E_c——潜在蒸腾速率；

Δ——饱和水汽压斜率；

A——冠层接受的热量；

A_s——林地接受的热量；

C_p——空气定压比热；

ρ——空气密度；

D——饱和水汽压差；

γ——干湿常数；

r_{sc} 和 r_{ac}——分别是冠层阻力和空气动力学阻力。

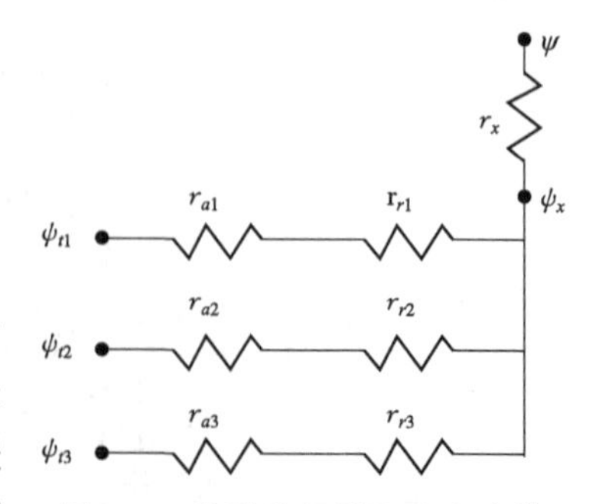

图 8-7 蒸腾途径的阻力和水势

(表示有 3 个根系层)

在 BROOK90 模型中，蒸腾的供水能力由根系层土壤水分、植物根系水势、地上水分输导组织水势决定。图 8-7 表示了蒸腾途径的各种阻力分布。图中 ψ 表示叶水势；ψ_x 表示地上水分输导组织水势；ψ_{ti} 表示不同根系层的土壤水势；r_x 表示地上水分输导组织阻力；

r_{ri}和r_{si}分别表示不同层的根系阻力和根系区土壤阻力。r_{ri}和r_{si}合起来就是吸收阻力r_{ti}。

蒸腾的供水能力由下式计算：

$$S=(\psi_t-\psi_c-\rho_w gd)/(r_t+r_x) \tag{8-41}$$

式中 ψ_t——各层土壤水势的加权平均值；

ψ_c——当气孔完全关闭时的叶水势；

ρ_w——水的密度；

g——重力加速度；

d——冠层蒸发的有效高度；

r_t——根系层的吸收阻力。

r_t和ψ_t的计算如下：

$$r_i = 1/\sum(1/r_{ti}) \tag{8-42}$$

$$\psi_i = r_i\sum(\psi_{ti}/r_{ti}) \tag{8-43}$$

不同根系层的蒸腾速率的分配按照下式进行计算：

$$T_i=(\psi_{ti}-\psi_t+r_tT)/r_{ti} \tag{8-44}$$

式中 T——总的蒸腾速率；

T_i——分配到土壤各层的蒸腾速率。

土壤的蒸发由下式计算：

$$L_v\rho_w E_s=\frac{\Delta A_s+C_p\rho D/r_{as}}{\Delta+\gamma(1+r_{ss}/r_{as})} \tag{8-45}$$

式中 E_s——土壤蒸发速率；

r_{as}——土壤水分运动到土壤表面时的阻力；

r_{ss}——土壤表层水汽向外扩散的阻力。

(3)径流及土壤水分运动

BROOK90 产生的径流包括地表径流(*SRFL*)、快速壤中流(*BYFL*)、滞后流(*DSFL*、*GWFL*)；深层渗漏(*SEEP*)。

模型假设 *SRFL* 是由源区产生，计算公式如下：

$$SRFL=(SAFRAC+IMPERV)\cdot RNET \tag{8-46}$$

式中 *RNET*——净降雨；

IMPERV——计算区域内固定的源区比例，即区域内地表不透水面积的比例；

SAFRAC——计算区域内变动的源区比例，它是模型指定层次的土壤含水量的指数函数：

$$SAFRAC=QFF^{[1-(1-QFPAR)\cdot(SUM-SWATQF)/(SWATQX-SWATQF)]} \tag{8-47}$$

式中 *SUM*——指定层次的土壤含水量；

SWATQF 和 *SWATQX*——分别是指定层次内土壤的田间持水量和饱和含水量；

QFF——土壤含水量等于田间持水量时的 *SAFRAC* 值；

QFPAR——参数。

净降雨减去地表径流量即为入渗量(*SLFL*)，模型指定水分入渗能够达到的深度 *ILAYER*，并且入渗水量是瞬间按一定比例分配到指定的土层内：

$$INFRAC_i=(THICKA_i/THICKT)^{INFEXP}-(THICKA_{i-1}/THICKT)^{INFEXP} \tag{8-48}$$

式中　$INFRAC_i$——分配到各层的入渗量的比例；

$THICKA_i$——从地表到该层底部的深度；

$THICKT$——指定土层的总深度；

$INFEXP$——参数。

则各层接受的入渗水量 $SLFL(i)$ 为：

$$SLFL(i)=(RNET-SRFL)\cdot INFRAC_i \tag{8-49}$$

BROOK90 假设入渗到各层的水分有一部分通过土壤孔隙形成快速壤中流($BYFL$)，入渗水分形成快速壤中流的比例($BYFRAC_i$)如下计算：

$$BYFRAC_i=QFF^{[1-(1/QFPAR)\cdot(WETNES_i-WETF_i)/(1-WETF_i)]} \tag{8-50}$$

式中　$WETNES_i$——土层的湿度，为土壤含水量与土壤饱和含水量的比值；

$WETF_i$——土壤含水量为田间含水量时的湿度；

QFF——土壤含水量为田间含水量时的 $BYFRAC_i$ 值；

$QFPAR$——参数。

进入到土层中的水分 $SLFL(i)$ 减去快速壤中流后就是进入土层土壤基质，成为土壤水分。BROOK90 采用 Darcy-Richards 方程来模拟相邻土层间的土壤水分运动($VRFL$)和各土层沿着坡方向的基质流($DSFL$)。应用 Darcy-Richards 方程模拟土壤水分运动首先需要知道土壤含水量、土壤水势及导水率之间的函数关系。BROOK90 通过改进 Clapp-Hornberger 公式来确定这些函数关系：

$$\psi=\psi_f(W/W_f)^{-b} \tag{8-51}$$

$$K=KF(W/W_f)^{2b-3} \tag{8-52}$$

式中　ψ——土壤基质势；

K——土壤导水率；

W——湿度；

ψ_f——导水率 KF 为 2 mm/d 时的土壤基质势；

W_f——导水率 KF 为 2 mm/d 时的土壤湿度，$W_f=\theta_f/\theta_s$。

W 由式(8-53)定义：

$$W=\theta/\theta_s \tag{8-53}$$

式中　θ——土壤体积含水量；

θ_s——土壤饱和体积含水量。

在土壤含水量接近饱和时，土壤基质势与含水量的关系由下式确定：

$$\psi=-m(W-n)(1-W) \tag{8-54}$$

$$m=\frac{-\psi_i}{(1-W_i)^2}+\frac{b\psi_i}{W_i(1-W_i)} \tag{8-55}$$

$$n=2W_i-1+(b\psi_i/mW_i) \tag{8-56}$$

式中　ψ_i——湿度为 W_i 时的土壤基质势，BROOK90 默认 W_i 为 0.92。

BROOK90 采用向前显式差分法来解 Darcy-Richards 方程，并考虑土壤中石砾含量的影响。

土壤垂直方向上的基质流($VRFL$)计算公式如下：

$$VRFL_i=GRAD_i\cdot KKMEAN_i/RHOWG\cdot[1-(STONE_i+STONE_{i+1})/2] \tag{8-57}$$

式中　$VRFL_i$——从土层流出的垂向水流(负值为流入)；

$RHOWG$——常数，等于水的密度与重力加速度的乘积；

$GRAD_i$——该层与其下一层的土壤水势梯度；

$KKMEAN_i$——该层与其下一层土壤导水率的平均值；

$STONE_i$和 $STONE_{i+1}$——该层与其下一层土壤石砾含量。

$GRAD_i$和 $KKMEAN_i$由下式计算：

$$GRAD_i=(PSIT_i-PSIT_{i+1})/[(IHICK_i+THICK_{i+1})/2] \tag{8-58}$$

$$KKMEAN_i=\exp[(THICK_{i1}\text{lin}KK_i+THICK_i\text{lin}KK_{i+1})/(THICK_i+THICK_{i+1})] \tag{8-59}$$

式中 $PSIT_i$，$PSIT_{i+1}$——第 i 层和第 $i+1$ 层的土壤总水势；

$THICK_i$和 $THICK_{i+1}$——第 i 层和第 $i+1$ 层的土壤厚度；

KK_i和 KK_{i+1}——第 i 层和第 $i+1$ 层的土壤导水率。

在计算最底层的 $VRFL$ 时，假设只有重力排水，$GRAD$ 等于重力势梯度，$VRFL$ 与用石砾含量校正后的最底层的土壤导水率呈正比。

每一土层沿坡方向上的基质流($DSFL$)与坡度($DSLOPE$)、坡长($LENGTH$)及土层的导水率有关，当 $DSLOPE$ 为 0 时，$DSFL$ 即为 0。模型中 $DSFL$ 的计算公式如下：

$$DSFL_i=KK_i\cdot(OAREA_i/MAREA)\cdot GRAD_i/RHOWG \tag{8-60}$$

式中 $GRAD_i$——水势梯度；

$OAREA_i$——垂直坡向的传导截面积；

$MAREA$——坡面面积。

$$GRAD_i=RHOWG\cdot\sin(DSLOPE)+(2\cdot PSIM_i/LENGTH)\cdot\cot(DSLOPE) \tag{8-61}$$

$$OAREA_i=W\cdot THICK_i\cdot(1-STONE_i)\cdot\cos(DSLOPE) \tag{8-62}$$

$$MAREA=W\cdot LENGTH \tag{8-63}$$

式中 $PSIM_i$——土层的土壤基质势；

W——坡面宽度，但在计算 $DSFL$ 过程中能被约去。

BROOK90 在对 Darcy-Richards 方程进行差分计算时，时间步长(DTI)采用变步长。要求在一个时间步长内各土层内的土壤含水量变化不能超过一定的值。

BROOK90 将地下水看作线性水库，其补充依靠最底土层的排水，等于最底层垂直方向上的基质流 $VRFL$ 乘以参数 $DRAIN$，当土壤下面为不透水层时同 $DRAIN$ 等于 0，这时，底层土壤将不排水。

模型假设地下水消退与地下水量($GWAT$)呈线性关系，在地下水的消退过程中渗漏($SEEP$)占了一定的比例，剩余部分就是地下径流($GWFL$)：

$$SEEP=GWAT\cdot GSC\cdot GSP \tag{8-64}$$

$$GWFL=GWAT\cdot GSC\cdot(1-GSP) \tag{8-65}$$

式中 GSC，GSP——常数。

(4)植被截持模型参数及输入、输出

BROOK90 为机理模型，它包括大量与植被、土壤、地形等有关的参数(表 8-2)，并且各参数都具有一定的物理意义。在模型中根据不同情况为各个参数提供了默认值。

模型要求的输入为气象数据，包括日辐射总量、日最高温度与最低温度、日平均水汽压、日平均风速和日降雨量，并有一定的格式要求。

如图 8-8 所示，数据文件是以空格或逗号间隔的文本文件，第一行为文件头，包括

表 8-2　BROOK90 的主要参数

参数类型	参数名称	参数符号	参数意义	单位
地形	坡度	*ESLOPE*	坡度	°
	坡向	*ASPECT*	坡向(为从正北方向往右偏转的角度)	°
	太阳反射率	*ALB*	太阳反射率	—
植被	植被最大高度	*MAXHT*	年内上层植被的最大平均高度	m
	高度比	*RELHT*	年内不同时间植被高度与 *MAXHT* 的比值，反映植被高度的季节变化	—
	最大叶面积指数	*MAXLAI*	年内最大叶面积指数	—
	叶面积比	*RELLA*	年内不同时间叶面积指数与 *MAXLAI* 的比值，反映叶面积指数的季节变化	—
	冠层密度	*DENSEF*	植被冠层密度	—
	最大根长	*MXRTLN*	冠层达到最大郁闭度和最大高度时的单位林地面积的细根总长度	m/m^2
	相对根系密度	*RELDEN*	各层土壤中的相对根系密度，控制每层的相对蒸腾分配量，一般指定表层的 *RELDEN* 为 1	—
	最大叶片导度	*GLMAX*	植物气孔完全开放时的最大叶片导度，是控制潜在蒸腾的重要参数	cm/s
	植被最大导水率	*MXKPL*	植被层水分传输的最大导度	mm/(d · MPa)
土壤	土壤层数	*NLAYER*	土壤分层数	层
	土层厚度	*THICK*	各土层的厚度	mm
	石砾含量	*STONEF*	各土层的砾石所占的体积比例	—
	pF 曲线系数	*BEXP*	各土层 Clapp-Hornberger 土壤水分特征曲线公式中的指数 *b*	—
	田间导水率	*KF*	各土层土壤含水量为田间持水量时的导水率，一般规定为 2 mm/d	mm/d
	田间持水量	*THETAF*	各土层导水率为 *KF* 时对应的土壤体积含水量	—
	田间水势	*PSIF*	各土层导水率为 *KF* 时对应的土壤水势	kPa
	饱和含水量	*THSAT*	各土层的土壤饱和体积含水量	—
水文	不透水面比例	*IMPERV*	地表不透水面面积所占的比例	—
	入渗系数	*INFEXP*	决定入渗水分随深度分布的无量纲参数	—
	土壤含水量大于田间持水量时的快速径流系数	*QFPAR*	控制快速径流(*SRFL*、*BYFL*)的参数	—
	田间持水量时的快速径流系数	*QFFC*	控制快速径流(*SRFL*、*BYFL*)的参数	—
	土壤底部排水系数	*DRAIN*	由最下层土壤补充给地下水的垂向基质流的比例	—
	地下水消退系数	*GSC*	转变成地下径流及渗漏量的地下水比例	—
	渗漏系数	*GSP*	地下水消退量中渗漏量所占的比例	—

的内容依次为年份(两位数字)、数据第一行在年内的天数、纬度、起始积雪量、起始地下水量、一天内的下雨次数(采用日降雨量时设为1)。

从第二行开始，文件中其他各行每行代表一天的气象数据，各列依次表示年份(两位数字)、月份(一或两位数字)、月份内的天数(一或两位数字)、日太阳总辐射(MJ/m^2，若为0用当地潜在太阳辐射的0.55倍代替)、日最高气温(℃)、日最低气温(℃)、日平均水汽压(kPa，若为0用最低气温下饱和水汽压代替)、日平均风速(m/s，若为0取3 m/s)、日降雨量(mm)、实测日径流量(mm，若没有实测值取0)。模型还要求输入初始时间各土层的土壤水势。

模型能以年、月、日为单位分别输出包括蒸散发量、径流量、土壤含水量在内的各个水分平衡分量。

文件(F) 编辑(E) 查看(V) 插入(I) 格式(O) 帮助(H)

04	141	38.96	0	0	1				
04	5	20	28.5	23.9	11.7	0.56	1.3	0	0
04	5	21	28.3	22.7	5.6	0.46	0.7	0	0
04	5	22	23.5	22.3	9.6	0.61	1.2	0	0
04	5	23	25.6	23	9.5	0.79	1.8	0	0
04	5	24	9.1	16.6	10.4	0.93	1.9	0	0
04	5	25	25.6	21.3	10.1	0.64	1	0	0
04	5	26	6.3	15.2	10.1	0.91	1.2	0	0
04	5	27	26.3	21.4	11.6	0.85	1.3	0	0
04	5	28	25.7	25.5	8	0.74	1.5	0	0
04	5	29	1.7	18.2	5.1	1.01	1.6	32	0
04	5	30	27.9	16.9	4.9	0.8	0.9	0	0
04	5	31	23.8	19.7	9.8	0.65	1.7	0	0
04	6	1	29.2	22.5	8.3	1.01	1.9	0	0
04	6	2	15.3	19.3	10.1	1.15	1.1	0	0
04	6	3	4.7	12.3	7.8	1.06	0.7	19	0
04	6	4	5.2	10.7	7.5	1.07	1.1	7	0
04	6	5	23.7	16.8	4.9	0.9	0.9	3	0

图 8-8 BROOK90 模型输入数据文件示例

8.3 分布式水文模型

分布式水文模型是在分析和解决水资源多目标决策和管理中出现的问题的过程中发展起来的，所有的分布式水文模型都有一个共同点：有利于深入探讨自然变化和人类活动影响下的水文循环与水资源演化规律。

8.3.1 分布式水文模型的特点

与传统模型相比，基于物理过程的分布式水文模型可以更加准确详细地描述流域内的水文物理过程，获取流域的信息更贴近实际(图8-9)。二者具体的区别在于处理研究区域内时间、空间异质性的方法不一样：分布式水文模型的参数具有明确的物理意义，它充分考虑了流域内空间的异质性。采用数学物理偏微分方程较全面地描述水文过程，通过连续方程和动力方程求解，计算得出其水量和能量流动。比如：用于坡面地表漫流和河道(明渠)流的圣维南(Saint Venant)方程组(通常是二维的)。

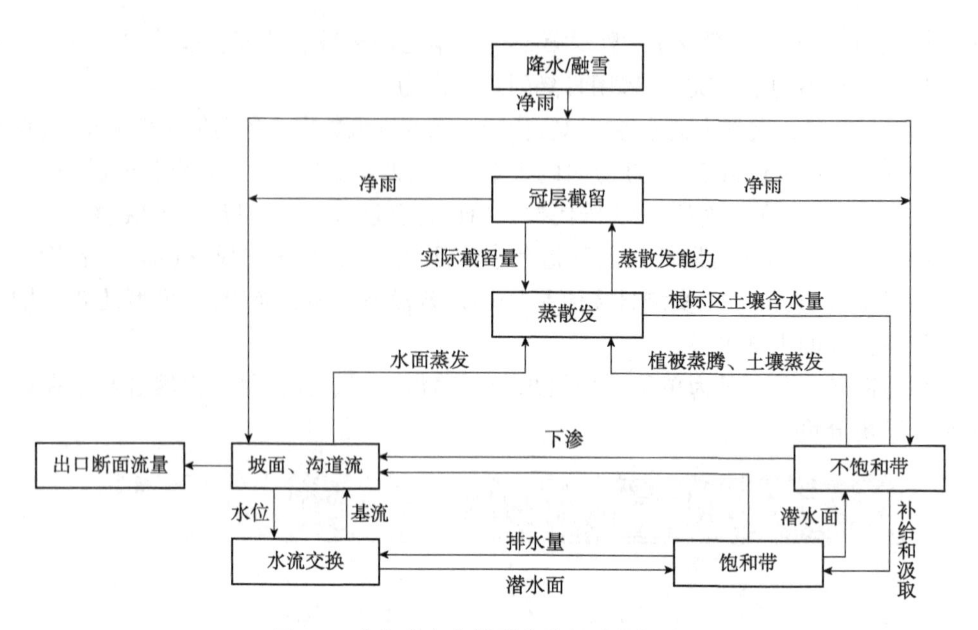

图 8-9　分布式水文模型水流运动数据流程

$$\begin{cases} \dfrac{\partial h}{\partial t}+\dfrac{\partial}{\partial x}uh+\dfrac{\partial}{\partial y}vh=i & (8\text{-}66) \\ S_{fx}=S_{ox}-\dfrac{\partial h}{\partial x}-\dfrac{u}{g}\dfrac{\partial u}{\partial x}-\dfrac{\partial u}{g\partial t}-\dfrac{qu}{gh} & (8\text{-}67) \\ S_{fy}=S_{oy}-\dfrac{\partial h}{\partial y}-\dfrac{v\partial v}{g\partial y}-\dfrac{\partial v}{g\partial t}-\dfrac{qv}{gh} & (8\text{-}68) \end{cases}$$

式中　S_f——摩阻比降；

S_o——坡度；

u——x 方向流速；

v——y 方向流速；

h——水深；

i——净流入量。

用于描述非饱和带水流运动的土壤水分运动方程如下：

$$c\frac{\partial\varphi}{\partial t}=\frac{\partial}{\partial z}\left(k_z\frac{\partial\varphi}{\partial z}\right)+\frac{\partial}{\partial x}\left(k_x\frac{\partial\varphi}{\partial x}\right)+\frac{\partial}{\partial y}\left(k_y\frac{\partial\varphi}{\partial y}\right)+\frac{\partial k(\theta)_z}{\partial z}-s \tag{8-69}$$

式中　c——比水容重；

φ——土壤基质势；

θ——土壤体积含水率；

k——非饱和导水率；

x、y、z——水分运动方向；

s——根系吸水项。

分布式水文模型的建立和发展已经有几十年的历史，随着各种相关科学和技术的进步和完善，分布式水文模型已成为流域水文模拟的重要发展趋势，是建设“数字流域”的重要工具。相对传统的水文模型而言，分布式水文模型是一种意识、理论上的创新和进步。当然，由于受到技术等原因的制约，分布式水文模型目前的应用还存在一定的问题，如尺度转换、空间参数率定，以及在实际流域模拟中的数值算法的有效性和稳定性等问题。这需要从事水文研究特别是水文模型研究的学者更加深入地学习和理解水文的过程机制，更细致完善进行水文的过程描述，更加主动地去学习与水文研究相关的科学和应用技术。

8.3.2 分布式水文模型的几个关键问题

(1)尺度问题、时空异质性及其整合

尺度问题指在进行不同尺度之间信息传递(尺度转换)时所遇到的问题。水文学研究的尺度包括过程尺度、水文观测尺度、水文模拟尺度。当3种尺度一致时，水文过程在测量和模型模拟中都可以得到比较理想的反应，但要使3种尺度一致是非常困难的。

尺度转换就是把不同的时空尺度联系起来，实现水文过程在不同尺度上的衔接与综合，以及水文过程和水文参数的耦合。所谓转换，包括尺度的放大和尺度的缩小两个方面，尺度放大就是在考虑水文参数异质性的前提下，把单位面积上所得的结果应用到更大的尺度范围的模拟上，尺度缩小是把较大尺度的模型的模拟输出结果转化为较小尺度信息。尺度转换容易导致时空数据信息的丢失，这一问题一直为科学家所重视，却一直未能得到真正解决，这也是当今水文学界研究的热点和难点。

尺度问题源于目前缺乏对高度非线性的水文学系统准确的表达式，于是对于一个高度非线性的，且没有表达式的系统，人们用分布式方法来克服它。然而事实上，无论是自然子流域单元(subwatersheds)还是栅格单元(grid cells)，其内部仍然是非线性的且没有表达式。但是，人们认为他们是均一的，于是就产生了尺度问题。例如，自然界中水文参数存在很大的时间、空间异质性，野外实验证明，传统上认为在均一单元且属于同一土壤类型的小尺度土地上，其水力传导度的变化范围差异可达几个数量级。

在分布式水文模型MIKESHE中，处理的最有代表性的尺度问题是模拟不饱和带的垂向水分运动，Richards方程采用的水力参数是由实验室对野外采集回来的少量未扰动的土壤样品测量而得，然而，对分辨率低(计算网格比较大)的单元格，用一个参数值来表示土壤的水力参数肯定是不够的，除非该网格内土壤质地绝对均一，而这显然是不大可能的。

解决尺度转换的问题还应该在以下几方面的深入研究：研究水文过程在不同尺度间的联系、影响与相互作用，以及不同尺度水文循环规律，用不同分辨率的空间数据表达各个尺度水循环的物理过程；改良水文数据的获取方式、处理方法，提高数据的精度；研究水文过程在不同尺度上的适用性及其不同的影响因素。

水文模型模拟的主要任务之一就是将小于模型计算空间尺度的水文异质性特征整合在计算单元格之中，以达到对水文物理过程的准确模拟。传统的集总式水文模型都是建立在水文环境不变这一基本假设之上，而在分布式水文模型中，空间异质性通过模型深入探讨，水文参数的空间分布尺度不确定等。在当今的分布式水文模型中，各种参数由实验得来，每个计算单元的水文异质性特征被不同程度地概化或单一化处理，所以其分布性不彻底，水文物理过程的描述也不是百分之百的详尽，因此并未从根本上解决尺度的转换问题。

但是，能够实时收集大容量面上信息的遥感技术和具有管理、分析、处理大容量空间属性数据的地理信息系统技术的发展，为找到适合不同尺度流域的分布式水文模型的模型结构及主要参数提供了可能，实现尺度转换也许只是时间问题。

(2)分布式水文模型计算域的离散(计算单元的划分)

分布式水文模型计算域的离散，即对流域内空间异质性描述方法，是为了更实际地反映影响流域整个水文循环的因素(地形、土壤类型、植被、降雨、气温、辐射、人类活动气候变化等)，方便与 GIS 技术集成，从而有效的利用遥感(RS)数据，分布式水文模型将研究流域划分成若干单元(单元也可进一步细分)，极大地方便了对水文过程数值模拟和计算。王中根、张志强、万洪涛从不同的角度介绍了流域离散的基本原理，以及目前流行的水文模型离散计算单元的方法。

目前，划分基本计算单元的方法主要有以下种：栅格单元、坡面单元(hill-slop discretization element)、自然子流域单元和响应单元(hydrological response unit)。

①基于栅格单元的划分。将研究流域划分为若干个大小相同的矩形网格，并将不同参数赋予各网格单元，这种方法在分布式水文模型里应用的比较普遍。网格的大小视情况而定，对于较小的实验流场或小流域直接用 DEM 网格划分，多为 20 m×20 m 或 50 m×50 m 等。该类方法在一些小尺度的基于物理过程的分布式参数水文模型(SHE 模型、MIKESHE 模型等)中比较流行。针对模拟几十万到几百万平方千米的大流域的一些大尺度分布式水文模型，通常将研究区域划分为 1 km×1 km 或更大的网格。每个网格单元根据 DEM 分辨率和模型精度要求，又可分为更小的网格(即亚网格)。以栅格单元划分流域，网格大小要符合流域实际(地形、地貌气候)以及要求输出结果的精度要求，如果单元格过小，单元格数量过多，就会增加计算机负荷，反之，如果单元格过大，分辨率降低，单元格上的代表值就不能够完全覆盖整个单元格的全部信息，导致部分属性数据丢失。事实上，加上水文尺度问题所述，各个尺度大小的网格都有异质性问题，而如果无限的划分亚网格会对资料、数据提出更高的要求，这显然是不现实的。在流域详细资料短缺时，对亚网格尺度的异质性描述可采用统计特征分布的方法。

②基于坡面单元。此法将一个矩形坡面作为分布式水文模型的最小计算单元。首先，根据 DEM 进行河网和子流域的提取。其次，基于等流时线的概念，将子流域分为若干条汇流网带。在每一个汇流网带上，围绕河道划分出若干个矩形坡面。在每个矩形坡面上，根据山坡水文学原理建立单元水文模型，进行坡面产汇流计算。最后，进行河网汇流演算。

③基于自然子流域的划分。将研究流域按自然子流域的形状进行离散，也是分布式水文模型中常用的做法之一。利用 GIS 软件能够自动、快速地从 DEM 中进行河网的提取和子流域的划分。将子流域作为分布式水文模型的计算单元，单元内和单元间的水文过程十分清晰，而且单元水文模型很容易引进传统水文模型，从而简化计算。依情况而定，子流域还可以根据需要进行更细的划分。

④水文响应单元方法。除了上述的 3 种最为常见的流域离散方法外，另外还有水文响应单元方法。SWAT 模型是一个典型代表，该模型将大的流域细分成性质相似的小

区域，然后分析各小区域与整体的相互作用和相互影响，用聚类方法从地图中消去小的或无关的地理特征，将详细的信息聚类成概化的值，使整个流域概化成性质相近的子流域。以及分组响应单元 GRU(grouped response unit)、聚集模拟单元 ASA(aggregated simulation area)以及水文相似单元 HSU(hydrological similar unit)等多种，当然，根据需要也可以是相互间多种的组合，如自然子流域和单元网格相结合的方法等。

8.3.3 分布式水文模型的参数率定

分布式水文模型的参数率定是在适当范围内，调整模型参数，使模型的预测结果更加接近观测数据。通常以流域出口断面流量为初步校准对象，通过调参，使出口断面流量模拟结果与实测数据接近，以期得到一套优化的参数。在此基础上，模拟计算流域内各个水文过程(如非饱和带土壤水分动态变化、地下水运动等)。

进行参数率定即通过率定校准模型的参数主要解决空间异质性问题，有效的观测尺度通常小于模型参数所在的尺度，如水力传导度(k)。过去关于参数校准的研究提出了许多关于最优参数的方法。参数率定的方法分为两种：①人工调试法，比较常见，适合参数较少、计算单元简单的分布式水文模型；②按照一定的规则机制，采用目标函数法。人工调试法是依靠用户人为方法或依靠某些计算最优法则，模型运行一次，参数值就调整一次，直到得到最优参数。在水文模拟参数校准过程中，目标函数法很常见，它是检测水文模型模拟结果与有效水文观测值相吻合程度的一种方法，其本质是由一个或多个目标函数共同构造的参数空间(超立方体、超椭球体)上寻求峰值，即各种目标函数的最佳交汇点。其中，多目标参数率定是用不同的目标函数衡量某个单独的水文过程描述。当然，由多个复杂目标函数构成多维参数空间很难可视化，但往往能从中寻找到最接近真实的参数值。

2003 年，Henrik 对分布式水文模型 MIKESHE 进行了多目标参数率定，建立一套通用的水文模型参数率定方法，即首先模型参数化，然后确定率定原则、选择合理的优化运算方法，再将多目标函数利用 Pareto 优化解分两步集成单目标函数，最后与人工经验率定参数模拟结果相比。对于径流模拟，这种优化解效果更好，而对地下水模拟，二者差别不大。

目前，伴随模型方法、自动微分理论以及 Kalman 滤波方法已经用于分布式水文模型的参数率定和实时更新。随着分布式水文模型被广泛地应用，参数校准成为一个必要课题，越来越受到研究者的重视。

模型的确认是将一套新输入数据输入参数率定后的模型进行模拟，更为确切的表达应该是模型的评价或模型试验。

8.3.4 常用的分布式水文模型

8.3.4.1 SWAT 模型

1)SWAT 模型介绍

SWAT 模型是具有物理基础的、流域尺度的动态模型，模型运行以日为时间单位，但可以进行连续多年的模拟计算。模拟结果可以选择以年、月或日为时间单位输出。模型主要模拟不同的土地利用以及多种农业管理措施对流域的长期影响，不能进行单一事件的细节模拟。

SWAT 模型模拟的流域水文生态过程被分为两部分：陆面部分(即产流和坡面汇流部分)和水面部分(即河道汇流部分)，具体包括地表径流、土壤水、地下水以及河道汇流。由于流域下垫面和气候因素具有时空变异性，为了便于模拟，SWAT 模型将流域细分为若干个子流域。各子流域有不同的水文、气象、泥沙运动、土壤、作物生长、养分状况等特征，每个子流域内再根据土地覆被、土壤类型、管理措施等因素划分为不同的水文响应单元。在结构上，每个子流域至少包括：1 个水文响应单元 HRU(HRU 指子流域内具有相同植被覆盖、土壤类型和管理条件的陆面面积的集总，HRU 之间不考虑交互作用)、1 个支流河道(用于计算子流域汇流时间)和 1 个主河道(或河段)。每个水文响应单元独立计算水分循环的各个部分及其定量的转化关系，然后进行汇总演算，最终求得流域的水量平衡关系。

SWAT 模型有很强的物理基础，基本上考虑了流域内所有与水分循环和转化有关的过程，如气象(降雨、蒸发、气温)、水文(地表径流、蒸散发、土壤水、地下水)、农业化学物质(N、P、农药)、土壤侵蚀、地表植被、管理措施、渠道等。它在水文模拟以及非点源污染的管理和控制过程中被广泛应用。SWAT 模型水文模拟流程结构如图 8-10 所示。

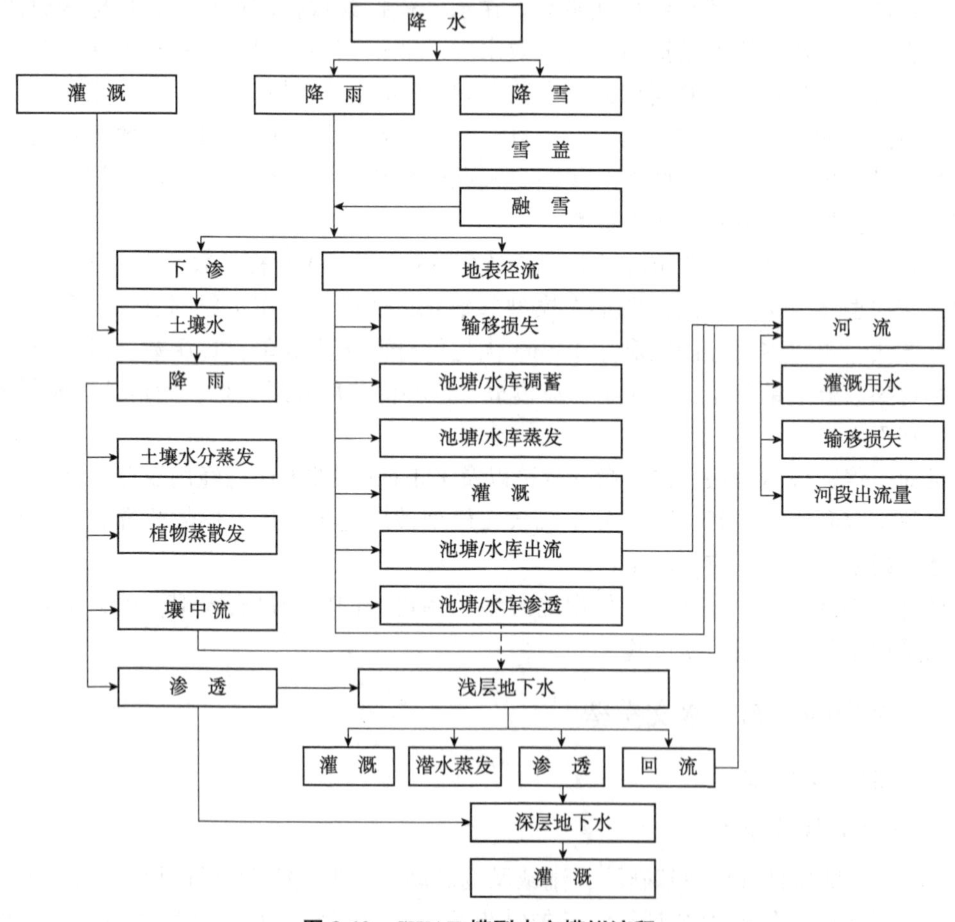

图 8-10　SWAT 模型水文模拟流程

SWAT 模型运行过程中有两种视图方式：Watershed View 和 SWAT View。Watershed View 相当于模型输入模块，用来对基础图件进行处理，生成研究流域的基础数据，称为输入模块。SWAT View 相当于输出模块，用来写入并修正流域的基础数据、运行 SWAT 模型并输出结果。模型运行流程如图 8-11 所示。

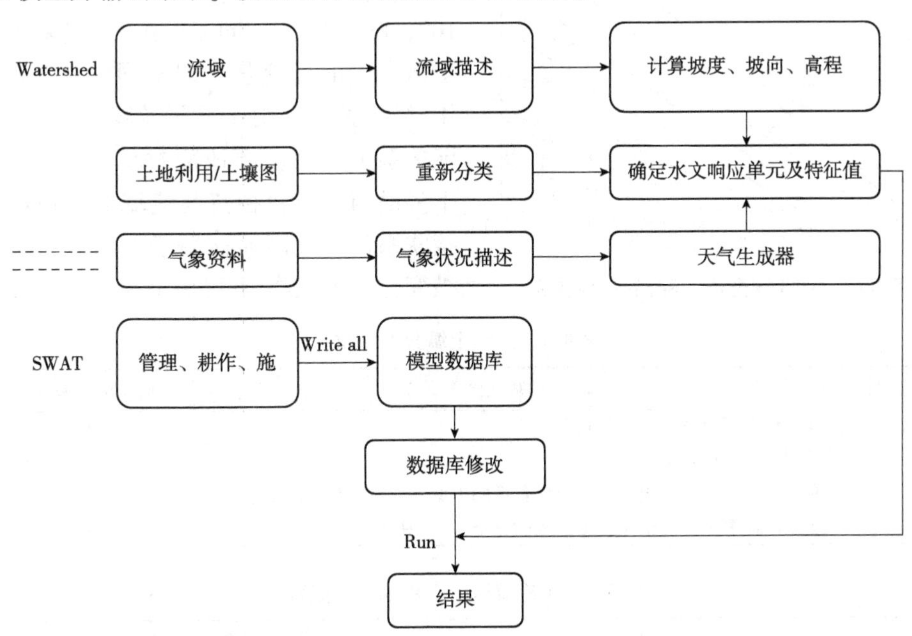

图 8-11 SWAT 模型运行流程

2) SWAT 模型水文计算原理

根据水文循环原理，SWAT 模型水文计算的水量平衡基本表达式如下：

$$SW_t = SW_0 + \sum_{i=1}^{t} (R_{day} - Q_{surf} - E_a - W_{seep} - Q_{gw}) \tag{8-70}$$

式中 SW_t——最终的土壤含水量，mm；

SW_0——土壤初始含水量，mm；

t——时间步长，d；

R_{day}——第 i 天的降水量，mm；

Q_{surf}——第 i 天的地表径流，mm；

E_a——第 i 天的蒸发量，mm；

W_{seep}——第 i 天存在于土壤剖面底层的渗透量和侧流量，mm；

Q_{gw}——第 i 天的地下水含量，mm。

(1) 地表径流

①产流计算。SWAT 模型采用 SCS 径流曲线数法对流域地表径流量进行模拟。SWAT 模型模拟每个水文响应单元的地表径流量和洪峰流量。地表径流量的计算可采用 SCS 曲线方法或 Green & Ampt 方法。洪峰流量的计算采用一个推理模型，它是子流域汇流期间的降雨量、地表径流量和子流域汇流时间的函数。

SCS 模型引入了无量纲参数 CN(Curve Number，曲线号码)，CN 值是根据美国一些地区的流域实测资料得出的，是反映降雨前流域特征的一个综合参数，它与流域前期

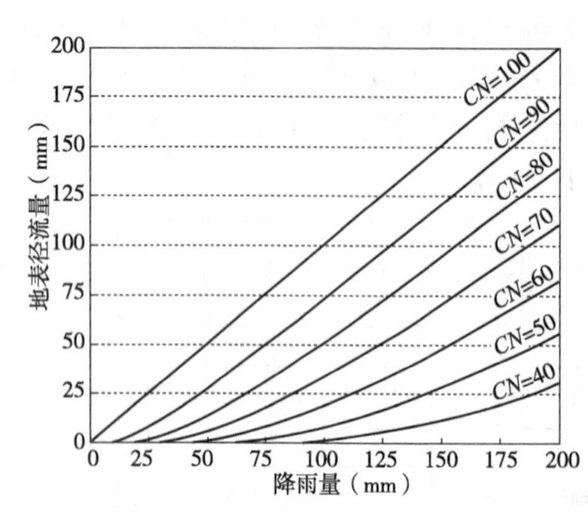

图 8-12 SCS 模型中的降雨–径流关系

土壤含水量、坡度、植被、土壤类型和土地利用现状等因素有关，因此，*CN* 值的确定要结合土地利用方式和土壤质地与类型（表 8-3、表 8-4）。*CN* 值的变化范围为 0~100，图 8-12 为不同 *CN* 值在不同降雨条件下所产生的径流量，即不同 *CN* 值下的降雨–径流关系。由于该经验模型在降雨–径流关系上考虑了土地覆被、土壤、坡度等下垫面因素，将径流与流域的土地覆被直接联系起来，因而被用于评估未来土地覆被变化对流域降雨–径流关系的可能影响。

表 8-3 SCS 土壤分类定义

土壤类型	土壤性质	最小下渗率(mm/h)
A	厚层沙，厚层黄土，团粒化粉沙土	7. 26~11. 23
B	薄层黄土，沙壤土	3. 81~7. 26
C	黏壤土，薄层沙黏土，有机质含量低的土壤，黏质含量高的土壤	1. 27~3. 81
D	吸水后显著膨胀的土壤，塑性大的黏土，某些盐渍土	0. 00~1. 27

表 8-4 SCS 模型中简单的 *CN* 值表

土地利用	水文土壤组			
	A	B	C	D
耕地：无保护措施	72	81	88	91
耕地：采取保护措施	62	71	78	81
草地：状况较差	68	79	86	89
草地：状况好	39	61	74	80
林地：稀疏、覆盖物少或无覆盖物	30	58	71	78
林地：覆盖状况好	25	55	70	77
商业贸易用地(85%的不透水面积)	89	92	94	95
工业街区(72%的不透水面积)	81	88	91	93
居民点：1/8 英亩*(65%的不透水面积)	77	85	90	92
居民点：1/4 英亩(38%的不透水面积)	61	75	83	87
居民点：1/3 英亩(30%的不透水面积)	57	72	81	86
居民点：1/2 英亩(25%的不透水面积)	54	70	80	85
居民点：1 英亩(20%的不透水面积)	51	68	79	84
居民点：2 英亩(12%的不透水面积)	46	65	77	82
无植被覆盖	77	86	91	94
柏油路面、停车场和屋顶	98	98	98	98

注：*1 英亩 = 0. 4 hm^2。

SCS 模型的产流计算公式为：

$$Q_{surf}=\frac{(R_{day}-I_a)^2}{R_{day}-I_a+S} \tag{8-71}$$

式中 Q_{surf}——地表径流量，mm；

R_{day}——降雨量，mm；

I_a——初损，mm；

S——流域当时的可能滞留量，mm。

其中 S 定义为：

$$S=25.4\left(\frac{1000}{CN}-10\right) \tag{8-72}$$

计算 I_a 常用的计算公式为 $I_a=0.2S$。因此，在引入 CN 值后产流计算公式变为：

$$Q_{surf}=\frac{(R_{day}-0.2S)^2}{R_{day}+0.8S} \tag{8-73}$$

从式(8-73)可以看出，当 $R_{day}>I_a$ 时才会产流。

此外，SCS 模型主要用于计算直接地表径流，因此仅能用于以地表径流为主的小流域，对于高地下水位或地表以下径流不能忽略的流域，还需考虑地表以下径流部分。

为了反映空间的差异性，SWAT 模型对 SCS 模型 CN 值的土壤水分校正和坡度进行校正。为反映土壤水分条件对 CN 值的影响，SCS 模型根据前期降雨量将前期水分条件分为干旱、正常和湿润 3 个等级，不同的前期土壤水分条件取不同的 CN 值。干旱、正常和湿润等级的 CN 值可由式(8-74)~式(8-76)计算。

$$CN_1=CN_2-\frac{20(100-CN_2)}{100-CN_2+\exp[2.533-0.0636\cdot(100-CN_2)]} \tag{8-74}$$

$$CN_3=CN_2\cdot\exp[0.00673\cdot(100-CN_2)] \tag{8-75}$$

式中　CN_1、CN_2 和 CN_3——干旱、正常和湿润等级的 CN 值。

SCS 模型提供的是坡度大约 5%的 CN 值，可用下式对 CN 进行坡度校正：

$$CN_{2S}=\frac{(CN_3-CN_2)}{3}\times[1-2\cdot\exp(-13.86\cdot SLP)]+CN_2 \tag{8-76}$$

式中　CN_{2S}——经坡度订正后的正常土壤水分条件下的 CN_2 值；

SLP——子流域平均坡度，m/m。

每天的土壤滞留量 S 随土壤水分变化可由下式计算：

$$S=S_{max}\left(1-\frac{SW}{[SW+\exp(w_1-w_2\cdot SW)]}\right)_{max} \tag{8-77}$$

式中　S_{max}——土壤干旱时的最大可能滞留量，即与 CN_1 相对应的 S 值；

SW——土壤有效水分；

w_1、w_2——第 1 和第 2 形状系数。

假定 CN_1 下的 S 值对应于凋萎点时的土壤水分，CN_3 下的 S 值对应于田间持水量，当土壤充分饱和时 CN 为 99($S=2.54$ mm)，形状系数为：

$$w_1=\ln\left[\frac{FC}{1-S_3\cdot S_{max}^{-1}}-FC\right]+w_2\cdot FC \tag{8-78}$$

$$w_2=\frac{\ln\left(\frac{FC}{1-S_3\cdot S_{max}^{-1}}-FC\right)-\ln\left(\frac{SAT}{1-2.54S_{max}^{-1}}-SAT\right)}{SAT-FC} \tag{8-79}$$

式中　FC——田间持水量，mm；

SAT——土壤饱和含水量；

S_3——与 CN_3 相对应的 S 值。

②汇流计算。SWAT 模型针对 HRU 计算汇流时间，包括河道汇流时间和坡面汇流时间。河道汇流时间用下式计算：

$$ct = \frac{0.62 \cdot L \cdot n^{0.75}}{A^{0.125} \cdot cs^{0.375}} \tag{8-80}$$

式中　ct——河道汇流时间，h；

L——河道长度，km；

n——河道曼宁系数；

A——子流域面积，km^2；

cs——河道坡度，m/m。

坡面汇流时间用下式计算：

$$ot = \frac{0.0556(sl \cdot n)^{0.6}}{S^{0.3}} \tag{8-81}$$

式中　ot——坡面汇流时间，h；

sl——亚流域平均坡长，m；

n——HRU 坡面曼宁系数；

S——坡面坡度，m/m。

(2) 蒸散发量

SWAT 模型的蒸散发指所有地表水转化成水蒸气的过程，包括水面蒸发、裸地蒸发及植被蒸散。正确评价流域蒸散发量是估算水资源量的关键，也是研究气候和土地利用变化对水资源影响的关键。在 SWAT 模型中，首先从植被冠层截留的蒸发开始计算，其次计算最大蒸腾量、最大升华量以及最大土壤水分蒸发量，然后计算实际的升华量和土壤水分蒸发量。土壤水蒸发和植物蒸腾被分开模拟。

蒸散发是水分转移出流域的主要途径，准确地评价蒸散发量是估算水资源量的关键，也是研究气候和土地覆被变化对河川径流影响的关键问题。

①潜在蒸散发。潜在蒸散发的计算是计算实际蒸散发的基础，模型提供了 Penman-Monteith、Priestley-Taylor 和 Hargreaves 3 种计算潜在蒸散发能力的方法，这 3 种方法对输入数据的要求也不一样。Penman-Monteith 方法需要太阳辐射、气温、大气相对湿度和风速作为输入；Priestley-Taylor 方法则需要太阳辐射、气温和大气相对湿度作为输入；Hargreaves 方法仅需要气温作为输入。另外，还可以使用实测资料或已经计算好的逐日潜在蒸散发资料。

②实际蒸散发。在潜在蒸散发的基础上计算实际蒸散发。在 SWAT 模型中，首先从植被冠层截留的蒸发开始计算，然后计算最大蒸腾量、最大升华量和最大土壤水分蒸发量，最后计算实际的升华量和土壤水分蒸发量。

③冠层截留蒸发量。SWAT 模型在计算实际蒸发时，假定尽可能蒸发冠层截留的水分，如果潜在蒸发 E_0 量小于冠层截留的自由水量 R_{INT}，则：

$$E_a = E_{can} = E_0 \tag{8-82}$$

$$E_{INT(f)} = E_{INT(i)} - E_{can} \tag{8-83}$$

式中 E_a——某日流域的实际蒸散量，mm；

E_{can}——某日冠层自由水蒸发量，mm；

E_0——某日的潜在蒸发量，mm；

$E_{INT(i)}$——某日植被冠层自由水初始含量，mm；

$E_{INT(f)}$——某日植被冠层自由水终止含量，mm。

如果潜在蒸发 E_0 大于冠层截留的自由水含量 E_{INT}，则：

$$E_{INT(i)} = E_{can} \tag{8-84}$$

$$E_{INT(f)} = 0 \tag{8-85}$$

当植被冠层截留的自由水被全部蒸发掉，继续蒸发所需要的水分就要从植被和土壤中得到。

④植物蒸腾。假设植被生长在一个理想的条件下，植物蒸腾可用以下表达式计算：

$$E_t = \frac{E_0' \cdot LAI}{3.0} \qquad 0 \leqslant LAI \leqslant 3.0 \tag{8-86}$$

$$E_t = E_0 \qquad LAI > 3.0 \tag{8-87}$$

式中 E_t——某日最大蒸腾量，mm；

E_0'——植被冠层自由水蒸发调整后的潜在蒸发，mm；

LAI——叶面积指数。

由此计算出的蒸腾量可能比实际蒸腾量要大一些。

⑤土壤水分蒸发。在计算土壤水分蒸发时，首先区分出不同深度土壤层需要的蒸发量，土壤层深度的划分决定土壤允许的最大蒸发量，可由下式计算：

$$E_{\mathrm{soil},z} = E_s'' \times \frac{z}{z + \exp(2.347 - 0.00713z)} \tag{8-88}$$

式中 $E_{\mathrm{soil},z}$——z 深度处蒸发需要的水量，mm；

z——地表以下土壤的深度，mm；

E_s''——最大可能土壤水蒸发量。

表达式中的系数是为了满足 50%的蒸发所需水分来自土壤表层 10 mm，以及 95%的蒸发所需的水分来自 0~100 mm 土壤深度范围内。

土壤水分蒸发所需要的水量是由土壤上层蒸发需水量与土壤下层蒸发需水量决定的：

$$E_{\mathrm{soil},ly} = E_{\mathrm{soil},zl} - E_{\mathrm{soil},zu} \tag{8-89}$$

式中 $E_{\mathrm{soil},ly}$——ly 层的蒸发需水量，mm；

$E_{\mathrm{soil},zl}$——土壤下层的蒸发需水量，mm；

$E_{\mathrm{soil},zu}$——土壤上层的蒸发需水量，mm。

上述表明，土壤深度的划分假设 50%的蒸发需水量由 0~10 mm 内土壤上层的含水量提供，因此 100 mm 的蒸发需水量中 50 mm 都要由 10 mm 的上层土壤提供，显然上层土壤无法满足需要，所以，SWAT 模型建立了一个系数来调整土壤层深度的划分，以满足蒸发需水量，调整后的公式可以表示为：

$$E_{\mathrm{soil},ly} = E_{\mathrm{soil},zl} - E_{\mathrm{soil},zu} \cdot esco \tag{8-90}$$

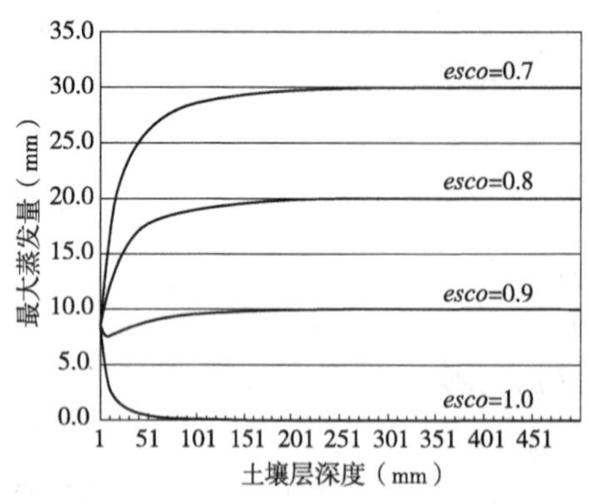

图 8-13 土壤层深度变化下的最大蒸发量

式中 *esco*——土壤蒸发调节系数。

土壤蒸发调节系数是 SWAT 模型为调整土壤因毛细作用和土壤裂隙等因素对不同土层蒸发量的影响提出的，对于不同的 *esco* 值对应着相应的土壤层划分深度，如图 8-13 所示。

随着 *esco* 值的减小，SWAT 模型能够从更深层的土壤获得水分供给蒸发。当土壤含水量低于田间持水量时，蒸发需水量也相应减少，蒸发需水量可由下式求得：

$$E'_{soil,ly}=E_{soil,ly}\cdot\exp\left[\frac{2.5(SW_{ly}-FC_{ly})}{FC_{ly}-WP_{ly}}\right]\qquad SW_{ly}<FC_{ly}\tag{8-91}$$

$$E'_{soil,ly}=E_{soil,ly}\qquad SW_{ly}\geqslant FC_{ly}\tag{8-92}$$

式中 $E'_{soil,ly}$——调整后的土壤 *ly* 层蒸发需水量，mm；

SW_{ly}——土壤 *ly* 层含水量，mm；

FC_{ly}——土壤 *ly* 层的田间持水量，mm；

WP_{ly}——土壤 *ly* 层的凋萎含水量，mm。

(3) 土壤水

下渗到土壤中的水以不同的方式运动着：土壤水可以被植物吸收或蒸腾而损耗，可以渗漏到土壤底层最终补给地下水，也可以在地下形成径流(壤中流)。由于 SWAT 模型主要考虑径流量的变化，因此对壤中流的计算简要概括。SWAT 模型采用动力储水方法计算壤中流。相对饱和区厚度 H_0的计算公式为：

$$H_0=\frac{2SW_{ly,excess}}{1000\cdot\varphi_d\cdot L_{hill}}\tag{8-93}$$

$$\varphi_d=\varphi_{soil}-\varphi_{fc}\tag{8-94}$$

式中 $SW_{ly,excess}$——土壤饱和区内可流出的水量，mm；

L_{hill}——山坡坡长，m；

φ_d——土壤有效孔隙度，即土壤层总孔隙度 φ_{soil}与土壤层水含量达到田间持水量的空隙度 φ_{fc}之差。

山坡出口断面的净水量为：

$$Q_{lat}=24\cdot H_0\cdot v_{lat}\tag{8-95}$$

$$v_{lat}=K_{sat}\cdot slp\tag{8-96}$$

式中 v_{lat}——出口断面处的流速，mm/h；

K_{sat}——土壤饱和导水率，mm/h；

slp——坡度，m/m。

SWAT 模型中壤中流最终计算公式为：

$$Q_{lat}=0.024\cdot\left(\frac{2SW_{ly,excess}\cdot K_{sat}\cdot slp}{\varphi_d\cdot L_{hill}}\right)\tag{8-97}$$

(4)地下水

SWAT 模型中地下水分为浅层地下水与深层地下水两个部分，其中浅层地下水最终流入河道，而深层地下水则流出模拟流域范围，认为是流域水量损失。SWAT 模型利用下面的水量平衡方程计算流域浅层地下水：

$$aq_{sh,i}=aq_{sh,i-1}+W_{rchrg}-Q_{gw}-W_{revap}-W_{deep}-W_{pump,sh} \quad (8\text{-}98)$$

式中 $aq_{sh,i}$——浅层地下水含量；

$aq_{sh,i-1}$——前一天浅层地下水含量；

W_{rchrg}——填充水量；

Q_{gw}——进入河道的地下水补给量；

W_{revap}——重新进入上层土壤的水量；

W_{deep}——下渗的深层地下水水量；

$W_{pump,sh}$——灌溉等作用损失的水量。

其中进入河道的地下水补给量由下式计算：

$$Q_{gw,i}=Q_{gw,i-1}\cdot\exp(-\alpha_{gw}\cdot\Delta t)+W_{rchrg,i}\cdot[1-\exp(-\alpha_{gw}\cdot\Delta t)] \quad (8\text{-}99)$$

式中 $Q_{gw,i}$——第 i 天进入河道的地下水补给量，mm；

$Q_{gw,i-1}$——第 $i-1$ 天进入河道的地下水补给量，mm；

α_{gw}——基流的退水系数，无量纲；

Δt——时间步长，d；

$W_{rchrg,i}$——第 i 天蓄水层的补给量。

补给流量由下式计算：

$$W_{rchrg,i}=[1-\exp(-1/\delta_{gw})]\cdot W_{seep}+\exp(-1/\delta_{gw})\cdot W_{rchrg,i-1} \quad (8\text{-}100)$$

式中 $W_{rchrg,i}$——第 i 天蓄水层补给量，mm；

δ_{gw}——补给滞后时间，d；

W_{seep}——第 i 天通过土壤剖面底部进入地下含水层的水分通量，mm/d。

地下径流(或基流)Q_{gw}的计算公式为：

$$Q_{gw}=\frac{8000\cdot K_{sat}}{L_{gw}^2}\cdot h_{wtbl} \quad (8\text{-}101)$$

式中 K_{sat}——土壤饱和导水率，mm/h；

L_{gw}——从地下水子流域边界到河道的距离，m；

h_{wtbl}——水尺高度，m。

实际土壤补给量 W_{revap}的计算步骤如下。

首先计算最大土壤补给量：

$$W_{revap,max}=\beta_{rev}\cdot E_0 \quad (8\text{-}102)$$

式中 $W_{revap,mx}$——最大土壤补给量，mm；

β_{rev}——土壤蒸发系数；

E_0——潜在蒸发量，mm。

其次计算实际土壤补给量：

$$W_{revap}=0 \quad \text{如果} \quad aq_{sh}\leqslant aq_{shthr,rvp} \quad (8\text{-}103)$$

$$W_{revap}=W_{revap,max}-aq_{shthr,rvp} \quad \text{如果} \quad aq_{shthr,rvp}<aq_{sh}<(aq_{shthr,rvp}+W_{revap,max}) \quad (8\text{-}104)$$

$$W_{revap}=W_{revap,max} \quad 如果 \quad aq_{sh}\geqslant(aq_{shthr,rvp}+W_{revap,max}) \tag{8-105}$$

式中 W_{revap}——实际土壤补给量，mm；

aq_{sh}——浅蓄水层中的储水量，mm；

$aq_{shthr,rvp}$——浅蓄水层中储水量临界值，mm。

实际深水层补给量 W_{deep} 的计算步骤如下。

首先计算最大补给量：

$$W_{deep,max}=\beta_{deep}\cdot W_{rchrg} \tag{8-106}$$

式中 $W_{deep,max}$——最大深水层补给量，mm；

β_{deep}——渗透系数；

W_{rchrg}——浅水层蓄水量，mm。

其次计算实际深水层补给量为：

$$W_{deep}=0 \quad 如果 \quad aq_{sh}\leqslant aq_{shthr,rvp} \tag{8-107}$$

$$W_{deep}=w_{revap,max}-aq_{shthr,rvp} \quad 如果 \quad aq_{shthr,rvp}<aq_{sh}<(aq_{shthr,rvp}+W_{revap,max}) \tag{8-108}$$

$$W_{deep}=W_{revap,max} \quad 如果 \quad aq_{sh}\geqslant(aq_{shthr,rvp}+W_{revap,max}) \tag{8-109}$$

式中 W_{deep}——实际深水层补给量，mm；

aq_{sh}——浅蓄水层中的储水量，mm；

$aq_{shthr,rvp}$——浅蓄水层中储水量临界值，mm。

深层地下水水量平衡方程式为：

$$aq_{dp,i}=aq_{dp,i-1}+W_{deep}-W_{pump,dp} \tag{8-110}$$

式中 $aq_{dp,i}$——第 i 天在深蓄水层中的储水量，mm；

$aq_{dp,i-1}$——第 i-1 天在深蓄水层中的储水量，mm；

W_{deep}——第 i 天从浅蓄水层进入深蓄水层的水量，mm；

$W_{pump,dp}$——第 i 天深蓄水层中被上层吸收的水量，mm。

(5)土壤侵蚀模型

SWAT 模型中的土壤侵蚀过程是用修正的通用土壤流失方程(modified universal soil loss equation, MUSLE)(Williams et al., 1977)来模拟计算的。

$$Y=11.8(Q\cdot pr)^{0.56}\cdot K\cdot C\cdot P\cdot LS \tag{8-111}$$

式中 Y——子流域产沙量，t；

Q——子流域地表径流量，m^3；

pr——子流域洪峰流速，m^3/s；

K——土壤可蚀因子；

C——作物经营因子；

P——侵蚀控制措施因子；

LS——地形因子。

①土壤侵蚀因子 K。当其他影响侵蚀的因子不变时，K 因子反映不同类型土壤抵抗侵蚀力的高低。它与土壤物理性质，如机械组成、有机质含量、结构、渗透性等性质有关。当土壤颗粒粗、渗透性大时，K 值就低，反之则高；一般情况下，K 值的变幅为 0.02~0.75。

②植被覆盖度因子 C。植被覆盖度因子又称作物经营管理因子。经验指出，植被覆

盖度与土壤侵蚀量关系极大。在其他地理环境因子相同的情况下，植被覆盖度越大，土壤流失量越小；反之，就越大。

当径流发生时用下式计算作物经营因子 C 全天的值。

$$C=\exp[(-1.2231-CVM)\exp(-0.00115CV)+CVM] \tag{8-112}$$

式中 CVM——C 的最小值；

CV——土壤覆盖度(地表生物量+残余量)，kg/hm^2。

CVM 用下式由 C 因子的年平均值求得：

$$CVM=1.463\ln(CVA)+0.1034 \tag{8-113}$$

③地形因子 LS。地形因子主要包括坡长(L)和坡度(S)两个因素，在其他地理环境因子相同的条件下，坡度越大，坡长越长，土壤侵蚀就越严重。坡长与坡度均可通过数字高程模型(DEM)获得。LS 因子用下式计算(Wischmeier et al.，1978)：

$$LS=\left(\frac{\lambda}{22.1}\right)^{\xi}(65.41S^2+4.565S+0.065) \tag{8-114}$$

指数 ξ 随坡度变化，在 SWRRB(Simulator for Water Resource in Rural Basins)中用下式计算：

$$\xi=0.6[1-\exp(-35.835S)] \tag{8-115}$$

式中 $\xi=\beta/(\beta+1)$，$\beta=(\sin\theta/0.0896)/(3.0\sin\hat{}0.8\theta+0.56)$。

坡长指数 ξ 取值如下，$\xi=0.2$，$\theta<0.5°$；$\xi=0.3$，$0.5°\leq\theta<1.5°$；$\xi=0.4$，$1.5°\leq\theta<3°$；$\xi=0.5$，$\theta\geq3$。

④水土保持措施因子 P。水土保持措施因子是采取水保措施后，土壤流失量与顺坡种植时的土壤流失量的比值。通常，包含于这一因子中的控制措施有包括等高耕作、等高带状种植、修梯田等。

3)SWAT 模型结构、运行控制以及与 GIS 的集成

从模型结构看，SWAT 模型在每一个网格单元(或子流域)上应用传统的概念性模型来推求净雨量，再进行汇流演算，最后求得出口断面流量。

从建模技术看，SWAT 模型采用先进的模块化设计思路，水循环的每一个环节对应一个子模块，十分方便模型的扩展和应用。模型采用类似于 HYMO 模型的命令结构来控制径流和泥沙的演算，通过子流域命令进行分布式产流计算，通过汇流命令，模拟河网与水库的汇流过程，模型中泥沙演算是由沉淀和降解两个组件组成，从子流域出口到整个流域的出口，河道内以及河漫滩上的泥沙沉淀可以通过泥沙颗粒的沉降速度来计算。

运行 SWAT 模型时，首先要求输入流域的 DEM，模型应用自带的 TOROAZ 软件包自动进行数字地形分析，定义流域范围。模型采用多种方式将流域离散化，划分出多个子流域，确定河网结构和计算子流域参数。在子流域划分的基础上，根据土地利用和土壤类型的组合，将每一个子流域进一步划分为多个水文响应单元。分别输入气象数据，逐步计算每个 HRU 的径流量，再通过汇流计算得到流域的总径流量。

GIS 是水文模型重要的辅助工具。GIS 技术应用于水文模型主要体现在数据管理、空间信息提取和分析以及模拟结果显示等方面，到目前为止，几乎所有的水文模型都自带或者使用了 GIS 功能。从使用者的角度来看，水文模型与 GIS 的集成，使水文模型的可视效果非常好，操作变得简单，在这一点上，SWAT 模型无疑是极为成功的。

SWAT模型开发者分别推出了基于ArcView平台和基于ArcGIS平台的SWAT模型版本，实现了SWAT模型与GIS软件的集成。AvSWAT2005是SWAT模型和ArcView软件的一种紧密结合，它采用现代Windows界面，模型安装后，作为一个扩展模块嵌入ArcView中。集成后的SWAT模型保持了自身的完整性，可以作为单独的可执行文件存在，同时它又具备了ArcView的许多重要功能模块和空间分析能力。输入数据的准备工作在户ArcView的界面下进行，数据准备工作完成后通过数据转化接口程序生成特定的模型输入文件，模型的运算结果可以通过ArcView的表、图形、视图加以显示和分析。

8.3.4.2 MIKESHE模型

随着计算机技术、系统科学和大量水文模型方法研究的深入，使对整个流域进行模拟成为可能。模拟流域整体水循环的分布式水文模型为整个流域水资源的开发管理和利用提供了更有效的工具。

MIKESHE模型是由丹麦水工试验所DHI(Danish Hydraulic Institute)在20世纪90年代初期开发的确定性、综合性的、基于物理过程的、分布式参数流域水文系统模型。该模型总体结构如图8-14所示。

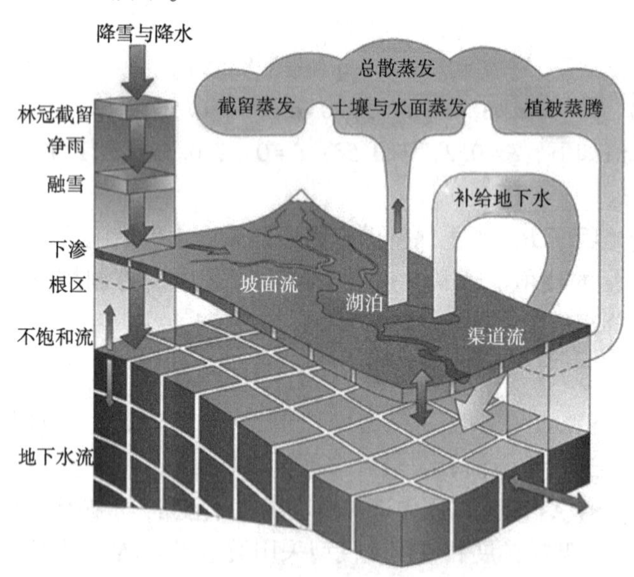

图8-14 MIKESHE模型结构示意图

MIKESHE模型应用的尺度范围很广泛，大到整个流域小到一个土壤剖面都能应用。考虑到空间异质的处理和整合问题，该模型特别适用于小流域水循环的模拟。由于流域下垫面和气候因素具有时空异质性，为了提高模拟的精度，通常MIKESHE模型将研究流域离散成若干网格，具体情况视流域面积大小、下垫面的状况以及要求模拟的精度而定。

MIKESHE模型应用数值分析的方法建立相邻网格单元之间的时空关系。在平面上，它把流域划分成许多正方形网格，这样便于处理模型参数、数据输入以及水文响应的空间分布性；在垂直面上，则划分成几个水平层，以便处理不同层次的土壤水运动问题。MIKESHE模型以模块化结构建立，其最基本的模块是用于地表水和地下水系统描述和模拟的水流运动模块(MIKESHE WM)。

(1)水流运动模拟原理以及模块结构介绍

水流运动模块包括6个独立的且相互联系的基于过程的子模块，每个子模块用于一个主要的水文过程的描述，根据不同的模拟和实验要求，这些模块可以互相分离也可以综合起来应用，分离开来可以分别描述水文循环的各个过程，综合起来，就可以描述整个流域的水文循环过程。主要包括：

①林冠截留模块。一般而言，冠层是陆地上各个水分循环过程同大气接触的第一个层面，它主要有截留和蒸散发的功能。冠层的截留能力和蒸散发能力与植被的种类和生长时段有关。目前，在水文模型模拟中，冠层水的平衡很少涉及内部水的水平传输，而只是考虑垂直方向水分的运动。MIKESHE 模型提供修正的 Rutter 模型和 Kristensen-Jensen 模型(Kristensen et al.，1975)两种方法模拟截留过程，计算截留量。Kristensen-Jensen 模型采用林冠截留蓄水容量公式求解截留量：

$$I_{max}=C_{int}\cdot LAI \tag{8-116}$$

式中 I_{max}——最大截留量，mm；

C_{int}——截留系数，mm；

LAI——叶面积指数。

C_{int}表示植被冠层的截留蓄水能力，通常取值 0.05，更精确的数值必须通过不断实验校准确定。

②蒸散发模块。在森林流域实际的蒸散发包括土壤、截留水面的蒸发以及植物的蒸腾。光合作用、土壤前期含水率、根系水分利用率、空气动力传输条件等影响流域的蒸散发能力。MIKESHE 模型提供以经验公式为基础的 Penman-Monteith 方程和 Kristensen-Jensen(Kristensen et al.，1975)模型方法计算实际蒸散发量。在用 Kristensen-Jensen 模型计算蒸散发时，需要先确定潜在蒸散发量 P_{ET}。关于 P_{ET}的计算，一般可以采用经验公式法(Penman-Monteith 公式)、微气象学方法(如能量平衡法，空气动力学法，能量平衡-空气动力学法和涡度相关技术等)和遥感法。

Kristensen-Jensen 模型方法计算蒸散发量分以下 3 个方面计算：

截留层蒸发：

$$E_{can}=\min(I_{max},\ P_{ET}\cdot\Delta T);\ I_{max}=C_{int}\cdot LAI \tag{8-117}$$

植物蒸腾：

$$E_{at}=f_1(LAI)\cdot f_2(\theta)\cdot RDF\cdot P_{ET} \tag{8-118}$$

$$f_1(LAI)=C_2+C_1LAI \tag{8-119}$$

$$f_2(\theta)=1-\left(\frac{\theta_{FC}-\theta}{\theta_{FC}-\theta_W}\right)^{C_3/P_{ET}} \tag{8-120}$$

$$RDF=\frac{\int_{z_1}^{z_2}R(z)\,\mathrm{d}z}{\int_0^{L_R}R(z)\,\mathrm{d}z}，\text{且 }\log R(z)=\log R_0-AROOT\cdot z \tag{8-121}$$

土壤蒸发：

$$E_S=P_{ET}\cdot f_3(\theta)+[P_{ET}-E_{at}-P_{ET}f_3(\theta)]\cdot f_4(\theta)\cdot[1-f_1(LAI)] \tag{8-122}$$

$$f_3(\theta)=\begin{cases}C_2 & \theta\geqslant\theta_W\\ C_2\dfrac{\theta}{\theta_W} & \theta_R\leqslant\theta\leqslant\theta_W\\ 0 & \theta\geqslant\theta_R\end{cases} \tag{8-123}$$

$$f_4(\theta)=\begin{cases}\dfrac{\theta-\dfrac{\theta_W+\theta_{FC}}{2}}{\theta_{FC}-\dfrac{\theta_W+\theta_{FC}}{2}} & \theta\geqslant\dfrac{\theta_W+\theta_{FC}}{2}\\ 0 & \theta\leqslant\dfrac{\theta_W+\theta_{FC}}{2}\end{cases}\tag{8-124}$$

式中　P_{ET}——潜在蒸发散；

ΔT——时间步长；

RDF——植物根分布函数；

θ——土壤含水率；

θ_{FC}——田间持水量；

θ_W——凋萎系数含水量；

θ_R——剩余含水量；

f——函数；

C_1，C_2，C_3——经验参数，一般取 0.3 mm/d、0.2 mm/d、20 mm/d；

$AROOT$——描述根主要分布的参数；

z——垂直空间坐标；

z_1、z_2——分别是所求土壤层垂直方向上的两端坐标；

R——根际吸水量；

L_R——最大根深。

不管利用哪种方法，土壤根际区的土壤(体积)含水率和持水量，都是必不可少的。根际吸水量与土壤作物和土壤物理特性(非饱和导水率、土壤水分特征曲线)有关。截留/蒸发散对整个水文循环过程影响非常显著，截留量和蒸发散量的预测在水文与水资源研究中占据重要地位，它们在 MIKESHE 模型之中决定了非饱和带模块中补给地表水和地表漫流产生的时间和强度。

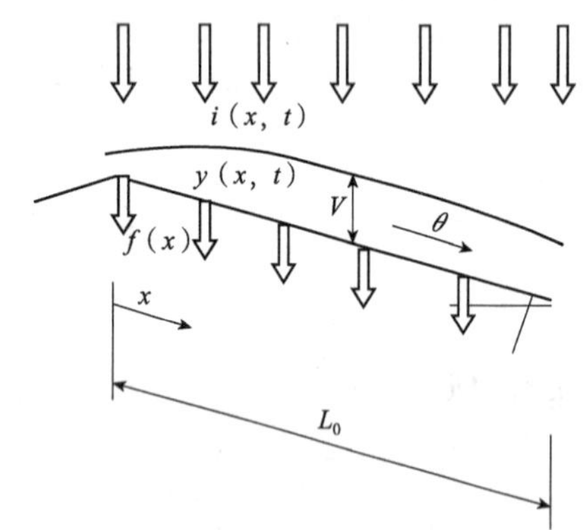

图 8-15　坡面流示意图

③坡面流模块。坡面流是在流域发生降雨的情况下，降雨量扣除植被冠层截留、填洼、下渗以及蒸发等损失后，到达地面并沿坡地地面流动的一种水流。图 8-15 为坡面流形成后某一时刻的情形。其中，$f(x)$为下渗强度，$y(x, t)$为水面高度(水深)，$i(x, t)$为净雨量，L_0 为坡长，θ 为坡度，V 为流速。

坡面流的解决方法有两种，解析解法和数值解法，其中数值解法比较常见。数值解是求解坡面上水平的两个互相垂直的方向上的水流运动连续方程和动量方程。求解数值解有限元法和有限差分法两种方法，其中以有限差分法最为常见，它可用于求解简单情况下的坡面流问题，特别适合求解变降雨强度及下渗率有时空变化情况下的坡面流问题。

当今的分布式水文模型大多用地表径流和河道(明渠)流的圣维南方程组(特别适合

缓坡时，二维)来描述坡面流。MIKESHE 模型采用圣维南方程的二维扩散波近似(忽略对流加速导致的动量损失以及旁侧入流的影响，即舍去式(8-67)和式(8-68)的后 3 项进行坡面漫流的描述。

$$\begin{cases}\dfrac{\partial h}{\partial t}+\dfrac{\partial}{\partial x}uh+\dfrac{\partial}{\partial y}vh=i & (8\text{-}125)\\ S_{fx}=S_{ox}-\dfrac{\partial h}{\partial x} & (8\text{-}126)\\ S_{fy}=S_{oy}-\dfrac{\partial h}{\partial y} & (8\text{-}127)\end{cases}$$

由 Strickler-Manning 公式可知：

$$\begin{cases}S_{fx}=\dfrac{u^2}{k_x^2h^{4/3}}\\ S_{fy}=\dfrac{v^2}{k_y^2h^{4/3}}\end{cases}\tag{8-128}$$

可以得到，坡面上水流速度和深度的关系式：

$$\begin{cases}uh=k_x\left(-\dfrac{\partial z}{\partial x}\right)^{1/2}h^{5/3}\\ vh=k_y\left(-\dfrac{\partial z}{\partial y}\right)^{1/2}h^{5/3}\end{cases}\tag{8-129}$$

式中　uh——x 方向单位面积的流量；

　　vh——y 方向单位面积的流量；

k_x、k_y——糙率系数。

MIKESHE 模型提供了改进的 Guass-Seidel 交替隐式有限差分法(ADI)求解上述方程的数值解。

④湖泊河道流模拟模块。MIKESHE 模型的重点在于模拟流域过程，它对河流过程的描述功能相对一般，而 MIKE11 对河道过程有比较复杂的描述，二者具有很强的互补性。MIKE 产品提供 MIKE11 与 MIKESHE 耦合进行沟道水流相关的产汇流计算，两个模型的模拟同步进行，二者之间的数据交换通过共享的存储空间实现。首先，MIKE11 计算出河道和洪积平原的水位，并传给 MIKESHE，通过对比计算的水位和存储在 MIKESHE 中的地表地形信息，绘制洪水深度和范围图。其次，MIKESHE 计算在水文循环剩余部分的水流。两个模型之间的水分交换由地表水的蒸发、下渗，以及地表径流和河流/含水土层交换而产生。最后，用 MIKESHE 计算的水流量通过 MIKE11 中圣维南方程组连续方程的汇(源)项与 MIKE11 进行交换。

二者的耦合考虑了两个主要的且不同地表水与含水土层的水分交换机制：一是单纯的河道/含水土层水分交换，适用于线形河道；二是有淹没面积的洪水，用面的办法处理，适用于较宽的河道、大面积洪水、湖泊等。

一般认为沟道、河流是固定在模型栅格之间的线，河道的宽度对于栅格而言相对较小。而河道与含水层的水分交换(渗透与补给)计算主要基于水头梯度。如果需要更精确的描述，就要考虑河道、洪积面积，蓄水土层和大气(表现为蒸发散)的关系，在这种情况下，对淹没面积、洪水动力的可靠描述就显得至关重要。

MIKE11 与 MIKESHE 耦合通过位于栅格单元之间的河道链接实现，在 MIKE11 河道模拟中定义用于与 MIKESHE 进行耦合的河道，MIKESHE 只与这些耦合的河道发生水分的交换(图 8-16)。

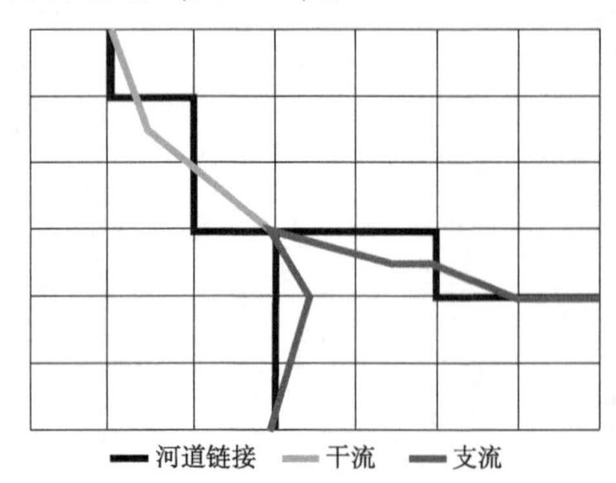

图 8-16　MIKESHE 栅格中的河道链接与 MIKE11 的河流

在 MIKESHE 模型中，河道模拟采用圣维南完全动力方程组(一维)描述一维渐变非恒定水流：

$$\begin{cases}\dfrac{\partial h}{\partial t}+\dfrac{\partial(uh)}{\partial x}=i\\ S_{fx}=S_{ox}-\dfrac{\partial h}{\partial x}-\dfrac{u\partial u}{g\partial x}-\dfrac{\partial u}{g\partial t}-\dfrac{qu}{gh}\end{cases}\tag{8-130}$$

应用隐式的有限差分法对该方程组计算求解。求解条件：初始条件是 x 轴上各个节点的流量或水位(水深)。上边界条件是 t 轴各节点的流量或水位(水深)而下边界条件为 $x=N$ 各个节点的流量或水位(水深)。

⑤不饱和带水分模块。不饱和带水流是包括 MIKESHE 模型在内的许多水文模型的核心模拟过程，通常不饱和带是非均质的，土壤的水分因为降雨、蒸散发，以及对地下水位的补给而变化，所以土壤不饱和带(包气带)的水分运动比较复杂。不饱和土壤含水量直接影响蒸发、下渗等过程，并决定降雨中产生径流(地表径流、壤中流和地下径流)的比例，在形成径流的过程中，不饱和带是联结降雨、下渗、蒸发和径流等水文环节的纽带。

MIKESHE 模型提供了 3 种方法进行不饱和带水分的模拟：完全理查兹方程(需要水分特征曲线和有效的水力传导度函数等)、简化的重力流模拟(假设一个固定的水力梯度，忽略毛管吸力)、简单的水量平衡方法。基于水流的水动力考虑，完全理查兹方程是计算强度最大，同时也是精度最高的方法。简化的重力流模拟适合模拟基于在降雨、蒸散发等条件下的不饱和带水分对地下水的补给，而非源自土壤的水动力原因。简单的水量平衡方法适合地下水埋深较浅、对地下水的补给主要受到根际区的蒸发散影响的不饱和带水分运动，如湿地。

由于重力作用，在下渗过程中水流主要是沿垂直方向运动。MIKESHE 用土壤水运动方程的简化形式，即用一维(垂直方向)的完全理查兹方程描述不饱和带水流运动：

$$c\frac{\partial\varphi}{\partial t}=\frac{\partial}{\partial z}\left(k\frac{\partial\varphi}{\partial z}\right)+\frac{\partial k}{\partial z}-s\tag{8-131}$$

并以隐含式有限差分方法对完全理查兹方程求解。

边界条件：上边界在一段时间内固定的通量条件即到达地表的净雨量，或固定的压力水头条件即地表的蓄水位。当下渗能力超过地表储水时，上边界由压力条件转变为通量条件。

$$k(\psi)\left(\frac{\partial\psi}{\partial Z}-1\right)_{z=0}=R(t)\quad T>t>0\tag{8-132}$$

$$k(\psi)\left(\frac{\partial\psi}{\partial Z}-1\right)_{z=0}=0 \qquad \psi=\Delta Z_{N+1}(x=0,t) \qquad t>T \tag{8-133}$$

式中 ψ——土水势；

$R(t)$——净雨量；

$k(\psi)$——水力传导度；

Z——垂直方向，向上为正。

下边界条件通常由地下水位高程决定。用处于水位处的计算节点的水势表示压力边界。计算节点在地下水位以上时，下边界是含水率条件：$\theta(H,t)=\theta_H^0$（θ_H^0 表示初始时刻 H 处的含水率）；计算节点在地下水位以下时，下边界是压力条件：$\psi=\psi_h$（h 表示节点到地下水位的距离）；当地下水位处于不透水层以下时（不饱和条件）边界变为零通量条件，直到土壤从底层开始饱和。

初始条件：MIKESHE 假设没有水流情况下的均一的土壤含水率/压力条件产生的土壤水势（含水量）条件：$\psi_z=\psi_0$ 或 $\theta(z,0)=\theta_0(z)$。

MIKESHE 模型还通过估算饱和带和不饱和带滞留水的交换量，对浅层地下水水位作相应的调整。MIKESHE 模型的不饱和带模拟包括了蒸腾、地表水和地下水交换、地下水排泄量等环节，将它和不饱和带子模块进行过程耦合，得到比较精确的深层土壤的含水量、地下水位的动态变化，不饱和带水分模块在 MIKESHE 模型模拟水流运动中是个非常重要的子模块。

⑥饱和地下水流动模拟模块。地下水流在水文循环中作用很大，干旱时期，饱和壤中流作为基流补给河水，而且是降雨产流、地下水位变化、地表产流大小的影响因素。在 MIKESHE 系统中，地下三维水运动由以下偏微分控制方程（非线性）描述：

$$\frac{\partial}{\partial x}k_{xx}\frac{\partial h}{\partial x}+\frac{\partial}{\partial y}k_{yy}\frac{\partial h}{\partial y}+\frac{\partial}{\partial z}k_{zz}\frac{\partial h}{\partial z}+Q+S=\frac{\partial h}{\partial t} \tag{8-134}$$

式中 k_{xx}、k_{yy}、k_{zz}——渗透系数在 x，y，z 方向上的分量；

h——水头，m；

S——孔隙介质的储水系数；

t——时间；

Q——流进或来自源的水量，$m^3/(s\cdot m^2)$，包括与不饱和层和河道的交换、地下水补给、直接蒸发等，是联系地下水和地表水的纽带。

利用 MIKESHE 模型模拟地下水时，地下水子模块需要包括式(8-134)中的 S、k_{xx}、k_{yy}、k_{zz} 在内的水文地质数据，这些数据需要经过前期处理。MIKESHE 模型提供改进 Guass-Seidel 交替隐式有限差分法和预处理共轭梯度（preconditioned conjugated gradients，PCG）法两种思路进行地下水流动的模拟求解，求得的解是数值解。在垂直方向上算法依据三维河网或是二维的地质分层（针对单层含水层）来进行，水分的补给和交换在河网计算单元中都有发生，整体的描述有助于流域内地上、地下水位的综合考虑和理解，它解决了地表水和地下水的结合问题，这是传统的地下水模型（如 MODFLOW）所不具备的。

模型应用与坡面流数值解法相同，用经改进的 Guass-Seidel 交替隐式有限差分法进行地下水的数值求解。

⑦融雪模块。在海拔较高的地带常年积雪，融雪也是河流补给的主要途径之一，因此有些流域在模拟径流量时，需要把积雪覆盖和融雪过程作为重要的因素加以考虑。在分布式水文模型中，融雪子模块的计算从输入积雪层总的热通量开始，然后依据热通量计算融雪量，最后进行融雪径流演算。在 MIKESHE 中，融雪模块作为降雨模块的一个选择项目出现，利用简单的度-日法，需要输入的数据为时变的温度，并进行设定雪层融化的临界温度参数。

(2) MIKESHE 模型其他模块简介及应用领域

MIKESHE 模型除了能应用最基本的模块——水流运动模块 MIKESHE WM 进行水流运动模拟之外，还增加了用于溶解质平移扩散模块 MIKESHE AD、土壤侵蚀模块 MIKESHE SE 和灌溉研究的模块 MIKESHE IR，作物生长和根系区氮的运移模块 MIKESHE CN 等，可以进行水质和泥沙输移以及土壤侵蚀、氮元素在不同尺度的输移与转化等模拟。

例如，用于模拟计算点源和非点源污染物的输移和扩散模块。该模块可以利用地表、壤中、地下水流的方程来描述各自水中溶质的输移和扩散。与 MIKESHE WM 相似，MIKESHE AD 也依据子模块建立，各子模块间通过耦合解决更深层次的问题。

20 世纪 90 年代以来，MIKESHE 模型已经被许多组织机构(大学、研究机构、技术工程咨询公司)广泛应用于工程和咨询项目，应用不同的模块进行不同类型的模拟，主要进行潜在蒸发散估算、地下水与农业污染、土壤侵蚀、人类活动对洪水的影响、工程建设对地下水位的影响、抽取与补给地下水对河流(湿地)的影响、灌溉区水流和盐分输移的过程模拟等。

复习思考题

1. 简述流域水文模型的作用。
2. 简述 SWAT 模型在森林水文研究中的应用原理与前景。

推荐阅读

1. 余新晓．生态水文学前沿[M]. 北京：科学出版社，2015.
2. 余新晓．流域生态水文过程与机制[M]. 北京：科学出版社，2018.

第9章 稳定同位素技术在森林水文研究中的应用

[本章提要]20世纪90年代以来，随着同位素分析技术的发展和提高，越来越多的学者将同位素相关理论应用于生态系统研究领域并取得了一些成果，同位素相关的研究方法已成为现代生态学研究的一种重要方法。本章从森林生态系统中大气降水、穿透水、土壤水、地表水、地下水及植物水等水体中稳定同位素特征分析入手，探讨了森林生态系统不同水体之间水分的迁移、转化与再分配过程中的同位素联系，阐述了森林水分利用来源和策略，计算了森林生态系统中森林蒸腾、土壤蒸发的比例和土壤水分平均滞留时间。事实证明，稳定同位素方法可以克服传统水文学方法的不足，可用以定量综合分析森林植被变化对水文过程的调节机理，探析森林生态系统中的水文过程与影响机制。

森林生态系统是面积最大的陆地生态系统，在涵养水源、净化水质、保持水土、减洪滞洪、调节气候等方面有着重要的作用，特别是对全球或区域尺度上的水分循环起着巨大的调节作用，影响着水量平衡的各个环节。森林以其林冠层、林下灌草层、枯落物层以及土壤层来截持和存蓄大气降水，将降水重新分配并进行有效调节。森林植被变化制约着生态系统内部水分分配和河川径流量。

当前，对森林生态水文过程的研究主要包括森林生态系统和流域两个尺度，即森林生态系统水分过程和森林流域水文过程(余新晓，2013)。对森林生态系统水分过程的研究是实现流域或区域森林水文过程研究的基础和关键，而对流域水文过程的研究可为流域水安全、生态安全以及经济的可持续发展提供了理论和科技支撑。

目前研究森林植被对水文过程的影响，主要手段包括传统的水文学测量方法、遥感和模型模拟等。这些方法或者是野外工作量大、条件艰苦、数据获取困难，或者是操作复杂烦琐、参数要求多、可选择的模型有限，只能定量描述各因子含量，不能较好的示踪水分来源、分配，而且不能敏感地反映环境变化对水文过程的影响。

自然界的物质普遍存在稳定同位素分馏现象。因此，同一元素不同的物质流、同一物质不同相之间的同位素值都存在差异，且这种差异非常灵敏。利用这种差异并结合适当的数学手段，就可以准确追踪自然界各种物质流的运动变化过程。20世纪50年代初，环境同位素技术开始应用于水科学领域并解决了水文学中的一些问题。此后，随着科技的发展尤其是同位素分析技术的发展，水的同位素分析逐渐成为水科学现代研究方法之一。研究者通过研究水体本身及某些溶解盐类的同位素组成，获得了传统方法不可能得到的一些重要信息。在生态学研究方面，碳($^{13}C/^{12}C$)、氧($^{18}O/^{16}O$)、氮($^{15}N/^{14}N$)和氢(D/H)的稳定同位素相对天然丰度分析已用于各种尺度，从细胞到种群和生态系统，对我们理解生物圈、土壤圈和大气层之间的相互作用提供了重要帮助。

20 世纪 90 年代以来，越来越多的学者将稳定同位素技术应用于生态系统水循环研究，环境同位素技术在生态学领域也受到重视并取得了一些成果，已成为现代生态学研究的一种重要方法。环境同位素技术在森林生态系统水文过程研究中的优势在于可将水循环过程，包括从大气降水、穿透水、地表水、土壤水、地下水和植物水等的迁移、转化与分配过程作为一个整体来研究，可较好地揭示大气降水再分配过程(穿透水、树干径流)环境因子的影响作用，并且可更清楚地追踪土壤水的整个迁移过程，阐明水文发生过程与影响机制，克服传统方法的不足，能定量综合地揭示森林植被变化对水文过程的调节机理(徐庆等，2007)。随着同位素观测和分析技术的发展及应用，使对土壤蒸发水汽、植物蒸腾水汽以及大气水汽稳定同位素组成的计算与原位观测成为可能，一些学者利用此项技术对森林生态系统中大气水汽稳定同位素组成的测定以及森林生态系统中地表蒸散发进行了分割。此外，在森林生态系统水文过程研究中，运用该技术可为森林生态效益的评估提供数据支持。在小流域尺度，可利用同位素技术划分径流不同水源贡献比例，为森林生态系统水资源管理提供理论指导。当前环境同位素技术从多尺度系统(包括林分尺度及小流域尺度)，将林内降雨分配过程与小流域水源分割相结合，研究森林生态对水文效益的影响。

由于氧($^{18}O/^{16}O$)和氢(D/H)的稳定同位素更多地应用于水文学研究中，因此本章以这两种同位素为主来说明稳定同位素在森林水文研究中的应用。

9.1　森林生态系统水体中的同位素特征

在全球气候变化条件下，将同位素地球化学与生态学相结合，氢氧稳定同位素技术已用来研究森林生态系统水文过程，包括从大气降水、林冠穿透水、地表水、土壤水，以及地下水和植物水的来源、混合比和运移规律，森林生态系统内水分的转化关系，结合森林植被结构、土壤结构特征和林内外环境因子，定量地揭示森林植被结构对水文过程的调控机理，并创新和发展了水循环模式。下面阐述大气降水、林冠穿透水、地表水、土壤水、地下水和植物水等水体中的稳定同位素特征。

9.1.1　森林生态系统水汽来源及大气降水

大气降水作为生态系统水循环过程中的重要输入项，其稳定同位素值可较好地指示大气水汽来源、气团运动路径及地区气候，是进一步研究特定区域的同位素水文过程的必要前提。陆地及海洋表面的水分蒸发时，优先进入大气的同位素较轻，而水汽在随气团运移过程中，重同位素较易降落形成雨滴，使较先降落的雨水中富集重同位素。因此，自然界水的同位素成分在时空分布上具有差异。

森林生态系统大气降水同位素特征总体上与森林生态系统所处的区域大气降水同位素特征相差不大。例如，在对云南元阳梯田水源区林地所收集的降雨样品研究发现，研究区内 δD 和 δ^{18}O 的变化范围分别为-9.7%～-2.3%和-1.38%～-0.4%，平均值分别为-5.8%和-0.85%，同位素值落在全球和昆明地区降雨稳定同位素组成范围内。将降雨样品 δD 和 δ^{18}O 拟合得出研究区大气降雨线(LMWL)为 $\delta D=7.71\delta^{18}O+6.27$ ($R^2=0.98$，$n=44$)，与昆明地区大气降雨线 $\delta D=6.77\delta^{18}O+3.35$ 接近(马菁，2016)。

由于森林生态系统所处区域的差异性，不同森林生态系统大气降水的差异性也非常显著，部分区域的降雨同位素可能存在一定的特殊性，如四川卧龙自然保护区巴郎山区大气降雨线(LMWL)$\delta D=9.93\delta^{18}O+26.07$($R^2=0.95$，$n=21$)，与全球大气降雨线相比，巴郎山降雨线斜率和截距都明显偏大，最主要的原因是该地区地处内陆和高海拔，季风带来的水汽在不断深入大陆的循环和抬升过程中同位素特征发生变化，降雨云团在到达林区之前重同位素已随降雨的发生不断贫化(徐庆等，2007)。此外，水汽的局地性循环也可对降雨同位素值产生影响。

森林生态系统中水汽同位素研究可确定不同水汽来源对森林生态系统大气降雨的贡献。形成降雨的不同来源水汽的 δD 和 δ^{18}O 有明显差异，因此根据不同来源水汽的 δD 和 δ^{18}O 和端元线性混合模型可分割不同水汽来源对当地大气降雨的贡献率。应用这个原理，研究者在南美洲亚马孙河、北美洲五大湖、欧洲阿尔卑斯山、中国内陆河流域等很多区域研究了不同水汽来源对当地降雨的贡献率。研究发现，水汽内循环率不仅与地形有关，如水汽内循环对降雨的贡献率在亚马孙河流域约为 34%，在密西西比河流域则为 21%；而且与研究区域的面积和季节变化有关，如在全球尺度，在 500 km 和 1000 km 区域内水汽内循环对降雨的贡献率分别达 10%和 20%。研究区域越大，土壤蒸发和植物蒸腾产生的水汽对当地降雨的贡献率越大(Sternberg et al.，1991；Williams et al.，2000)。

9.1.2 穿透水

森林冠层是生态系统产生水文生态功能的主导者。林冠对降雨的第一次分配是森林生态系统(土壤-植物-大气连续体)水分循环的重要环节，直接影响降雨对地面的冲击、土壤中水分的分布、植物的水分吸收、地表径流、壤中流和河川径流等，历来是森林水文学研究的重要内容。

雨滴的蒸发可以使穿透水中重同位素浓缩，同位素值增大。林冠通过延缓雨滴下落或使水分在林冠储留，增加雨水在植物表面的蒸发面积，加剧水分的蒸发。因此，植被结构不同，林冠结构不同，其林冠截留过程也不同。另外，微环境因子不同也自然会导致水分蒸发状况差异，当森林区温度高、风速大、太阳辐射强时，这些微环境因子的作用导致水分蒸发较强，从而使其穿透水同位素值变大。总体上讲，穿透水同位素值的影响不仅包括水分蒸发和林冠对降雨的截留，而且包括温度、湿度、蒸发等多种环境因素的综合效应。四川卧龙自然保护区的研究表明，穿透水 δD 和 δ^{18}O 分别在-15.69%～-5.26%和-1.75%～-0.79%之间变化，大幅度的变化体现了林内环境的复杂性。对不同样地比较分析发现，穿透水 δD 存在显著差异，而 δ^{18}O 在样地间无显著差别。这说明 H 比 O 对环境因子的反应更加灵敏。日本森林小流域和我国西双版纳热带雨林的研究结果表明，穿透水和树干径流由于受蒸发影响，使得其同位素值较降雨富集(刘文杰等，2005)。

穿透水与降水同位素的不同主要归因于 3 种机制：蒸发分馏、与周围水蒸气同位素交换及时间再分配、降水与之前存储在林冠层水分的混合。与降水同位素相比，穿透水同位素组成的空间变异性差异变大。利用降水与穿透水的同位素差异可以有效反映植被对降水的截留能力。川滇高山栎灌丛冠层降水与穿透水的同位素特征表明穿透水同位素值随穿透水量增大呈现先富集后贫化、最后趋于稳定的特征，这主要是由于降水开始时林冠干燥、蒸发作用显著，随后林冠湿润、达到饱和状态，且通过林冠的雨滴占穿透水比例越来越小，使同位素值在降水不同阶段变化显著。北京山区 4 种典型森林生态系统降水与穿透水、树干径流同位素的差异，表明穿透水、树干径流同位素受林冠、郁闭度、降水量及大气相对湿度等气象和环境因子的双重影响。

9.1.3　土壤水和壤中流

枯落物层作为森林水文效应的第 2 个活动层，在吸附、截持降水、拦蓄地表径流、减少土壤水分蒸发及增加土壤水分入渗等方面具有重要意义。土壤层作为森林水文效应的第 3 个活动层，降水可沿土壤毛管及非毛管孔隙下渗，被植物利用、储存或汇入河流，体现了森林涵养水源、保持水土的功能。因此，对枯落物及土壤水分同位素的研究，可以较好地揭示森林调蓄降水的水分运移规律。

枯落物层因覆盖于土壤层之上，其水分同位素变化直接受到降水补给及蒸发分馏的影响，变化过程相对简单。而土壤水分运移过程相对复杂。广义上讲，运移过程包括液态流(如降水或灌溉后的土壤水分下渗)和水汽流(如土壤水分蒸发)两种方式，即一种为来水条件的下渗运动，另一种为耗水条件的上升运动。土壤水接受外界水源补给后，水分从地表入渗进入土壤，在土壤中进行重新分配，因蒸发、渗流、植被吸收等作用水分耗散，且土壤水运动存在非线性和滞后现象，运动过程受降水特性、植被结构、土壤结构、环境因子等多种因素的影响。

降水同位素受区域及局地小气候影响，其值变化相对较大，因此降水同位素值在很大程度上决定了土壤水同位素值的差异。一般认为，表层土壤水同位素值受降水影响较大，随土层深入影响程度逐渐减弱。而在不同的研究区域，由于地被物及土壤特性的差异，土壤水同位素可能没有降水变化明显。降水入渗到土壤后，与原土壤水发生混合，且在土壤中进行水平及垂直运动过程中因蒸发而分馏，使土壤水同位素不断富集。入渗降水一般以活塞流形式下渗，而因植被类型及土壤物理性质的差异，部分降水也可通过优先流快速到达深层土壤，而深层土壤水同位素也可能受到水岩交换作用的影响而发生改变。因此，可以通过对比不同林分之间的土壤水同位素值，揭示不同林分土壤水源涵养功能的差异，并结合不同深度土壤水同位素的分布特征，研究特定环境下降雨入渗过程及土壤水分的运移规律。

综上所述，森林区土壤水的氢氧同位素变化受大气降水同位素以及地表蒸发、水分在土壤中的水平迁移和垂直运动等多种因素的影响，也就是说，森林区土壤水与大气降水、地表蒸发、水分运移等因素有关。土壤水同位素可较好的示踪降水在土壤中入渗、渗透和蒸散等运移过程。

四川卧龙亚高山暗针叶林土壤剖面不同深度土壤水氢同位素的变化与水分迁移的关系研究发现：表层土壤水 δD 受降水 δD 的直接影响，并且与降水 δD 有相同的变化趋势，50~60 cm 深层土壤水 δD 受浅层地下水 δD 的影响增强，δD 基本稳定。在一次性降水 14.8 mm 后 5 d 内，亚高山暗针叶林中降水对 0~5 cm 表层土壤水的贡献率较高(66.68%~83.01%)，对 30~40 cm 土壤水的贡献率次之(24.50%~80.57%)，对 50~60 cm 土壤水的贡献率较低(22.72%~29.17%)(徐庆等，2005)。

云南元阳梯田水源区林地土壤水同位素研究发现，0~100 cm 土壤深度范围内 δD 值的变化呈现"S"形或反"S"形(图 9-1)。从整体来看，土壤水同位素值的变化峰值主要在 10~20 cm 及 40~60 cm 附近土层。对比降水和土壤水中的 ^{18}O 和 D，发现浅层土壤水富集 ^{18}O，其主要原因是地表的强烈蒸发，入渗降水以活塞流形式下渗，而深部土壤水稳定同位素数据表明降水通过优先流的方式快速入渗到土壤深部。40~60 cm 处峰值的出现可能与优先流入渗机制有关，即降水通过土壤入渗的过程中通过大孔隙、裂缝等"快速通道"迅速渗入下层，而不与上层土壤水混合(Ma et al.，2019)。

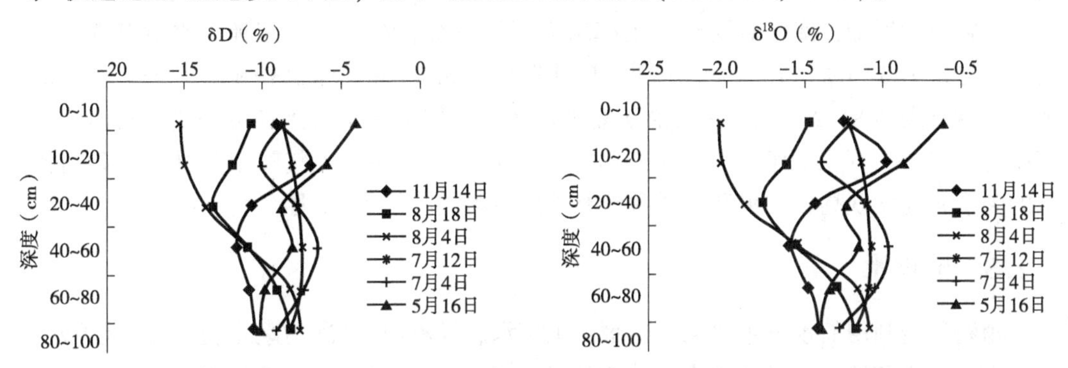

图 9-1 2019 年云南元阳梯田水源区林地土壤水氢氧同位素的垂直变化

不同时段森林区土壤水的影响因素是不同的。以 2019 年云南元阳梯田水源区林地为例，在 5 月 16 日，土壤水中 δD 的变化呈现随土壤深度增加而减少的趋势，0~10 cm 处重同位素明显富集，变化范围为-4.202‰~-10.209‰，说明表层土壤受蒸发作用的影响非常明显；7 月 4 日和 7 月 12 日的变化较 5 月 16 日小，尤以 7 月 12 日体现得最为明显；8 月 4 日和 11 月 14 日土壤中 δD 含量的最低值出现在 40 cm 附近，可能与优先流入渗有关。值得注意的是 8 月 4 日 δD 值的变化明显表现为上层同位素贫化而下层富集，出现这种现象主要是因为 8 月 4 日之前有持续的降水，累计降水量逐渐增多，降水对土壤水中 *δD* 值的影响较大，降水量效应(即降水量越大，δ 值越小)明显，故 8 月 4 日的降水量效应明显减弱了其他条件对 δD 值的影响。

不同森林类型土壤水得到降水的补给率具有显著差异，说明森林植被结构和土壤结构对降水在土壤中的运移过程具有显著调控作用。卧龙亚高山不同森林类型中，无林对照样地土壤水 δD 值与箭竹-冷杉林、杜鹃-冷杉林和川滇高山栎林内土壤水 δD 值均具有极显著差异；卧龙亚高山箭竹-冷杉林土壤水 δD 值和杜鹃-冷杉林土壤水 δD 值差异不显著。在卧龙亚高山森林中，一次性降水 11.6 mm 后 6 d 内，降水对枯落物层的贡献率最高(59.53%~98.11%)对 40~60 cm 深处土壤水的贡献率最低(11.83%~41.74%)。

水体同位素证据表明森林对降水形成壤中流有显著的调控作用。对卧龙亚高山暗针叶林壤中流的研究发现，不同降水强度对壤中流影响差异较大。降水量为 0~10 mm

时，降水对壤中流的影响发生在降水后第 4 d；降水量为 10～20 mm 时，影响发生在降水后 2～3 d；降水量为 20～30 mm 时，影响发生在降水后 1～2 d。

9.1.4 地表水和地下水

森林生态系统一般在山区，地表水（一般为溪水）由本地降雨和地下水混合而成。因此，地表水稳定同位素特征与降水和地下水直接相关。

河南济源黄河小浪底库区的大沟河、砚瓦河流域（典型优势树种包括侧柏、栓皮栎等）地表水的研究发现：降水和浅层地下水对河流贡献率波动范围较大，分别为 20.1%～81.2%、8.3%～47.6%，且两者对河流贡献率呈此消彼长的负相关关系。深层地下水波动范围较小，为 10.6%～35.0%。降水对河流的贡献率与降水量相关性不显著，是降水量、河流径流量及环境因素共同作用的结果。当春季径流量小、气候干旱时，即使产生较大降水，因降水优先补给干旱土壤，使降水对河流贡献相对较小，平均贡献率 24.6%，而浅层和深层地下水贡献率分别为 45.7% 和 29.7%。夏季，降水量增多、径流量增加，降水对河流贡献率增大至 47.0%，浅层、深层地下水贡献率相对较小，分别为 37.6%、15.4%。秋季，9 月降水 266.3 mm，河道径流量剧增，降水对河流贡献率高达 81.2%。10 月因前期降水较多，深层地下水得到充分补给，对河流贡献率为 34.7%，降水贡献率下降至 30.6%。卧龙巴朗山森林大气降水与林下皮条河河水的关系研究发现高山雪水和冰雪融水补给皮条河的时间为 11 月至翌年 6 月。

9.1.5 植物水

植物所能利用的水分主要来自降水、土壤水、径流（包括冰雪融水径流）和地下水。土壤水、径流和地下水最初也全部来自降水。氢氧环境同位素在植物吸收、运输和蒸腾水分时表现出自身的变化规律。对一般植物而言，水分在被植物根系吸收和从根向叶移动时不发生氢氧同位素分馏。

北京山区典型森林生态系统植物水氢氧稳定同位素的分析结果表明：侧柏茎干水和其林下灌木的 δD 分别在 -8.76%～-4.31% 和 -10.44%～-5.10% 之间变化，平均值分别为 -6.80% 和 -7.89%，δ^{18}O 分别在 -1.04%～-0.28% 和 -1.25%～-0.15% 之间变化，平均值分别为 -0.70% 和 -0.77%；刺槐茎干水和其林下灌木的 δD 分别在 -8.71%～-3.88% 和 -9.28%～-4.22% 之间变化，平均值分别为 -6.79% 和 -7.00%，δ^{18}O 分别在 -0.85%～-0.14% 和 -0.98%～-0.15% 之间变化，平均值分别为 -0.50% 和 -0.57%；栓皮栎茎干水和其林下灌木的 δD 分别在 -9.71%～-4.99% 和 -9.99%～-4.00% 之间变化，平均值分别为 -7.12% 和 -7.59%，δ^{18}O 分别在 -1.15%～-0.18% 和 -1.12%～-0.19% 之间变化，平均值分别为 -6.5% 和 -7.0%；油松茎干水和其林下灌木的 δD 分别在 -92.3%～-4.86% 和 -10.45%～-5.53% 之间变化，平均值分别为 -6.61% 和 -8.06%，δ^{18}O 分别在 -1.02%～-0.12% 和 -1.27%～-0.24% 之间变化，平均值分别为 -0.49% 和 -0.76%。

森林生态系统中优势树种茎干（木质部）水氢氧同位素被有效地应用于确定树种利用水分的来源。卧龙亚高山不同森林类型内优势植物的植物茎干（木质部）水 δD 值介于降水和 60～80 cm 深层土壤水 δD 值之间，表明优势植物的水分主要来源于降水和 60～80 cm 深层土壤水；降水 11.6 mm 后，箭竹-冷杉林中，岷江冷杉对该次降水的利用率较低，为6.15%~31.38%，糙皮桦较高，为 42.89%~78.89%，冷箭竹最高，为 50.10%~90.85%；杜鹃-冷杉林中，岷江冷杉对该次降水利用率为 12.51%~36.14%，糙皮桦为 35.96%~81.10%，大叶金顶杜鹃为 44.95%~87.26%；在川滇高山栎林中，川滇高山栎和高山柳对该次降水的利用率分别为 58.93%~94.11%和 7.45%~49.58%。深根植物岷江冷杉对降水的依赖程度较低，更多的依赖深层土壤水，浅根植物冷箭竹对降水的依赖程度较高，大叶金顶杜鹃对降水的依赖程度介于二者之间，川滇高山栎对降水的依赖程度高于高山柳。

9.2 森林生态系统中水体转化的同位素联系

森林生态系统是一个独立的、相对完整的生态系统，水分在不断地循环和转化过程中都留下了不同的“痕迹”，水体中稳定同位素氢和氧正好可以捕捉到这些信息，有助于我们实现对森林生态系统水体转化和水文过程的理解。

降水是自然界森林生态系统水循环过程中的重要环节。在自然水的循环中，降水是地表水和地下水的根本来源，但降水的形成又与地表的江河、湖、海、植被的蒸发有关。地表水和地下水相互之间又存在不断的补给和排泄关系，三者很自然地构成水的动态循环。利用同位素的方法可估算流域内或集水区内 3 种水体之间相互转换的数量关系。通过分析降水、地表水、地下水等水稳定同位素 δD 和 $\delta^{18}O$ 的组成，绘制出 δD-$\delta^{18}O$ 关系曲线图，将其与全球大气降水线(GMWL)或地区降水线(LMWL)进行对比，分析各种水体来源及相互之间的转化关系，从而揭示不同水体形成、运移和补给机制。云南砚瓦河森林流域的研究发现，地表水、浅层地下水、深层地下水降水 δD 值随春、夏、冬季节变化逐渐减小，地表水、浅层地下水变化趋势与降水相同，表明地表水、浅层地下水均受降水的补给作用(田超，2015)。春、夏季地表水 δD 值沿程增大，秋季基本不变。浅层地下水 δD 值波动范围小于地表水，且随地表水上下波动，表明浅层地下水和地表水存在密切的水力联系。深层地下水 δD 值季节波动较小，表明深层地下水受降水等因子影响较小且沿程基本不变。地表水、浅层地下水、深层地下水的 δD-$\delta^{18}O$ 关系线分别为 $\delta D=5.21\delta^{18}O-15.40$；$\delta D=5.52\delta^{18}O-13.96$；$\delta D=5.77\delta^{18}O-11.59$。地表水与浅层地下水 δD 和 $\delta^{18}O$ 值均分布在大气降水线两侧且分散，表明两者均由降水补给，而深层地下水分布集中。地表水变化幅度小于降水，表明地表水除接受降水补给外还受其他水源补给。不同水体 δD-$\delta^{18}O$ 关系线斜率依次增加但均小于降水线，表明降雨在补给前经历了一定的蒸发作用，且深层地下水受蒸发影响较小。地表水、浅层地下水斜率相近，表明两者间存在显著的相互作用关系。

降水的氢氧同位素值受气候和地理因素的影响，具有明显的时空变化，并且与云团凝结温度、降水量、高程等环境因素之间不仅具有统计关联，而且具有因果关系。因此，查明大气降水 $\delta^{18}O$ 和 δD 在不同地区的分布特点及其与各种环境因素之间的因果关系是研究区域同位素水资源的关键和先决条件，不仅有助于定量地解决地下水的起源和成因，而且有助于揭示森林生态系统水分转化关系以及含水层之间的水力联系，从而为最终建立一个地区的水循环模式提供理论依据。

林冠穿透水是林冠对降水的第 1 次分配，其与降水的氢氧同位素值具有较好的线性关系。由于森林植被结构的复杂性以及林内多种环境因子(气温度、大气相对湿度、蒸发等)的综合影响，林冠穿透水 D(^{18}O)贫乏，降水 D(^{18}O)富集。在森林生态系统水文过程研究中，利用大气降水与林冠穿透水的氢氧同位素差异能够有效地反映植被对降水的截留能力。

森林土壤水对植物-大气、大气-土壤和土壤-植物 3 个界面物质和能量的交换过程有着重要的控制作用。不同深度土壤水氢氧同位素的空间分布实际上很好地记录了降雨从地表向地下渗浸的过程，用土壤水中环境同位素的变化来研究水分在土壤中的迁移过程不失为一种有效的方法。

森林植物体水分及其所利用的水源的氢氧同位素分析，可定量阐明森林各层次优势植物之间的竞争关系和水分的吸收利用模式。同位素脉冲标记还可有效揭示群落内不同生活型植物如何进行水资源的分配，揭示不同深度土壤含水量随季节的变化和植物吸收水分的区域变化及这种变化与生活史阶段、生活型差异、功能群分类以及植物大小之间的关系。

地下水接受大气降水、地表水、土壤水的补给。环境同位素技术在生态水文中应用最成功的领域之一就是对地下水的补给、运移、滞留和排泄的整个过程，以及地下水定量的深入研究。

在森林生态系统水循环研究中，首先判断大气降水的水蒸气来源，定量分析土壤水、地下水循环机制，进而研究大气降水-林冠穿透水-地表水-土壤水-地下水的相互作用关系，结合森林各层次优势植物吸水模式和水循环过程，彻底查明区域生态系统“五水”转化关系和水循环机制。

河水(地表水)作为水循环过程中的另外一个重要环节，通过蒸发和补排途径与大气水和地下水不断地发生转化，开展以河水为主要对象的同位素示踪研究，揭示其主要影响因素，对于建立流域的水循环模式以及查明水资源的时空分布规律、制定水资源的可持续开发模式具有十分重要的意义。

9.3 森林水分利用来源和策略

植物体中的氢和氧几乎全部来源于水。植物所能利用的水分主要来自大气降水、土壤水、径流和地下水等。对一般植物而言，水分在被植物根系吸收和从根向叶移动时不发生氢氧同位素分馏，植物茎干(木质部)水中的氢和氧稳定同位素比率反映了它们生活的环境中的水分来源(Flanagan et al. , 1991)。因此，通过分析比较植物体(木质部)水分与植物生长环境中各种潜在水源的氢氧同位素组成，可以确定植物吸收利用的水分来源及不同来源的水分对植物水分的相对贡献大小(Williams et al. , 2000)。

9.3.1 森林水分来源研究的同位素方法

利用同位素方法以及与其他方法的结合，可以定性或定量研究森林利用水分的来源。

(1)定性法

定性法是利用植物水氢氧稳定同位素与水分来源进行比对，直观地区分植被的水分来源。这一方法的假设前提是，在任意时间植物根系优先利用特定的某一层土壤水。

(2)二元/三元线性模型方法

植物的水分由多个来源共同组成。通过比较植物栓化木质部水分氢氧同位素组成与不同水分来源的差异，即可得出不同水分来源对植物水分的相对贡献。利用二元/三元线性模型，就可以得出不同水分来源对植物水分的相对贡献量。

当森林有两种水分可利用时：

$$f_1+f_2=1 \tag{9-1}$$

$$\delta D=f_1\delta D_1+f_2\delta D_2 \tag{9-2}$$

$$\delta^{18}O=f_1\delta^{18}O_1+f_2\delta^{18}O_2 \tag{9-3}$$

当森林有3种水分来源时：

$$f_1+f_2+f_3=1 \tag{9-4}$$

$$\delta D=f_1\delta D_1+f_2\delta D_2+f_3\delta D_3 \tag{9-5}$$

$$\delta^{18}O=f_1\delta^{18}O_1+f_2\delta^{18}O_2+f_3\delta^{18}O_3 \tag{9-6}$$

$$C=f_1C_1+f_2C_2+f_3C_3 \tag{9-7}$$

式中 f——不同水分来源对植物水分的相对贡献量；

δD 和 $\delta^{18}O$——不同来源水分中的相应的氢和氧稳定同位素值；

C——不同来源水分中的相应的其他成分的浓度值(可为电导率、水中的离子浓度等)。

需要说明的是，由于同一来源水体中氢和氧的稳定同位素值一般存在线性关系，因此在两水源模型中，式(9-2)和式(9-3)可选择使用，与式(9-1)联立方程组进行求解，可得到两种水源的不同贡献率；在三水源模型中，式(9-5)和式(9-6)可选择使用，与式(9-4)和式(9-7)联立方程组进行求解，可得到三种水源的不同贡献率。

该模型适用于植物所利用的水分来源不超过两个，然而在实际情况中，植物的水分来源极其复杂，往往存在多个水分来源，这时该模型显现局限性。

(3)多元混合模型方法

由于二元/三元线性模型方法在水分来源过多时存在不能生成唯一解的局限性，Phillips 提出了可以计算多个水分来源的修正模型。通过此模型，联合专门为其开发的配套集成软件 IsoSource，可以评估不同潜在水源的可行性贡献。

IsoSource 基于稳定同位素的质量平衡原理，按照指定的增量范围叠加运算出水分来源所有可能的百分比组合。每一个组合的加权平均值与混合物实际测定的同位素值进行比较，处于给定忍受范围内的组合被认为是可能解，在最终计算完成时，会根据计算过程中每个来源相对贡献率的频率来确定最终可行的概率分布组合。因此，最终的结果是可能的解决方法的分布图，而不是唯一解，但也会有唯一解的体现，如可能结果的平均值。合理解的总数取决于水分来源的同位素组成、水分来源的数量、混合值、增量的设定以及忍受值。这种方法的优势在于可以将每一种水分来源的可能贡献率降到一个小的范围内，因此进一步限制了可能解的范围。不过，在一些情况下，利用这种方法生成的解会很多，因此需要更加定性地评估相对贡献率。虽然这种方法不能提供明确的、唯一的解决方案，但它可以提供一个更现实更灵活的方法，特别是考虑植物吸收水分过程中生态过程机制的复杂性。

9.3.2 森林水分利用策略

生境是有机体生存的自然环境或围绕着一个物种种群的物理环境。研究地区的年降水模式和方式、地下水位以及土壤水的可利用性直接决定着不同生境下的植物用水策略。不同生境下，不同植物的水分利用方式不同。例如，干旱半干旱条件下，有些植物主要利用冬季降水形成的土壤水，有些植物主要利用夏季降水形成的土壤水；有些植物利用浅层土壤水，有些植物利用深层土壤水，有些植物通过扩展根系的分布以便吸收利用土壤垂直剖面中不同深度的土壤水。国内外大量学者利用氢氧稳定同位素技术对植物水分利用策略进行了研究。

利用氢氧同位素技术能确定在土壤中植物根系吸收水分最活跃的区域(Dawson et al., 1991)。虽然植物根系可以遍布整个土壤剖面，但这并不意味着所有根系在其存在的土层中都表现出水分吸收能力。氢氧同位素的研究已经证实了这一点，到目前为止其他方法则难以解决这一问题。

植物利用水分的来源存在显著的季节性差异，并且，不同生活型植物在利用的水分来源上存在明显不同。White et al. (1985)对阿肯色州沼泽地优势树种落羽杉的边材木质部水中 δD 的研究发现，δD 与地下水基本相同，与降水相差大。这说明落羽杉水分利用中不受夏季降水影响，因为它的根在潜水层以下，降水不影响它利用的地下水中的 δD。美国纽约州干燥处的白松在暴雨后 5 d 内几乎完全利用雨水，第 6 天开始吸收心材水分；湿润处的白松暴雨后的木质液 δD 介于雨水和地下水之间，表明白松利用了雨水和地下水，5 d 或 6 d 后，δD 几乎与地下水相同，表明其利用了地下水。通过计算，白松在干旱和湿润的夏季分别利用了雨水的 20%和 32%。王平元等(2009)以斜叶榕为研究对象，通过测定其木质部与各种潜在水源的氢氧同位素组成，揭示了云南西双版纳地区斜叶榕在不同季节的水分利用变化。

植物根系的分布及根深是决定植物利用水分来源的重要因素，表层和深层根系的相对分布及其活性影响植物吸收水分的范围。深根系种类(如高大的乔木)将吸收的深层土壤水释放到上层土壤，这个过程称为水力提升。提升上来的水分可以帮助乔木度过旱季，同时相邻的植物(如树下的草本植物)也可以对这部分水分进行利用。如在美国纽约州的夏季干旱中，地下水被糖槭水力提升上来，附近浅根系的草本、灌木和幼树随着到大树距离的增大表现越来越重的萎蔫程度，并通过对 δD 分析，可以确定它们利用的水分中水力提升水分所占的比率(Dawson, 1993)。在我国塔里木盆地的沙漠河岸森林中，胡杨也具有水力提升的能力(Hao et al., 2010)。

河岸植物可利用 3 种水源：雨水补给的土壤水、河水和地下水。在美国西部盐湖城附近，雨水的 δD 为-20%(冬季)~-2%(夏季)，河水基本稳定在-12.1%。远离河流的小树利用土壤水，靠近河流的小树利用河水，而生长在河岸的大树利用地下水，并不利用河水(Dawson et al., 1991)。Smith et al. (1991)研究了 Eastern Sierra 河岸的植物群落，发现优势树种在生长季逐渐由利用土壤水转到利用地下水。利用氢氧同位素研究澳大利亚河岸的桉树时确定，在生长季节河岸 10~40 m 范围内的桉树不利用土壤水而是利用地下水。生长在河旁 1 m 范围内的桉树除了直接利用河水外，还利用了地下水和土壤水，各种水源的利用比例因季节的变化而不同。

荒漠河岸林是干旱区内陆河流域河流廊道植被类型的主体，在生态结构、功能及植被景观格局中占主导地位。河岸林的发生和演替与河流有着不可分割的密切关系，内陆河水文特征及河道的演化都深刻地影响其林分的组成及分布特征。赵良菊等(2008)通过分析黑河下游极端干旱区荒漠河岸林植物木质部水及其不同潜在水源稳定氧同位素组成($\delta^{18}O$)，应用同位素质量守恒方法初步研究了不同潜在水源对河岸林植物的贡献率。在黑河下游荒漠河岸林生态系统，在河水转化为地下水和土壤水，以及水分在土壤剖面再分配的过程中均存在强烈的同位素分馏。胡杨最多能利用93%的地下水，柽柳最多利用90%的地下水，而苦豆子97%水分来源于80 cm土层范围内的土壤水。即在黑河下游天然河岸林乔木和灌木较多地利用地下水，而草本植物仍然以地表水为主。

研究表明，淡水比海水有较少的D，美国佛罗里达南部热带和亚热带硬木种类主要利用淡水(降水及径流)，耐盐种类几乎全部利用海水，红树林对两种水源都可以利用(Sternberg et al.，1991)。还有研究利用δD或$\delta^{18}O$来调查群落内不同物种水资源利用的差异(Flanagan et al.，1992)，确立植物沿自然水分梯度分布与植物获得水资源深度之间的关系(Sternberg et al.，1987)。

在整个生长过程中，植物可能不仅仅只利用一种水源。利用稳定同位素技术不仅可确定植物所利用水分的深度，量化对两种或两种以上水源所利用的比例，而且还可研究植物水分利用在时间和空间上的变化。Ehleringer et al.(1991)通过测定年轮纤维素的δD可以重建植物对水分利用的变化历史。通过分析枫叶槭的年轮宽度(代表径向生长增量)和年轮中的δD，表明在生命最初20~25年中，δD值与夏季降水相似，径向增长不规律。25年以后，δD与地下水相似，年轮较大，生长稳定，说明枫叶槭年幼时利用地表水源(如降水或河水)，生长不稳定与水源的不稳定有关；树木生长到一定阶段，利用到了稳定的水源——地下水，因而稳定地生长。

在地中海气候生态系统中，利用氢氧稳定同位素方法研究发现，山龙眼科植物*Banksia attenuata*和*B. ilicifoli*在干湿循环中主要通过30 m以上的地下水满足需求；在炎热的夏季，增加深层土壤水和地下水的利用；在湿润的冬季，植物主要利用上层土壤水；地下水的利用程度主要取决于地下水位、表层土壤有效含水量、根系分布状态和最大根长(石辉等，2003)。

世界上许多海岸区域常常被雾所笼罩，雾对植物可能是一种很重要的水分来源。通过测定红杉林中雾、雨水、土壤水及优势植物木质部水分的D和^{18}O，发现植物利用了通过树木冠层截留滴落到土壤中的雾水，尤其在降水量较少的夏季或年份中，植物利用雾水的比例更大(Dawson，1998)。通过利用一系列包括稳定同位素技术在内的方法研究表明红杉叶片可以直接吸收雾水(Burgess et al.，2004)。刘文杰等(2003)对云南西双版纳热带季雨林和人工橡胶林林冠截留雾水进行了研究，发现年雾水截留量与年降雨量呈负相关；气温越低、风速越大，雾水截留量越多。认为对该地区热带季雨林生态系统的健康生长和维持而言，雾及雾水极大地弥补了降水量的不足，雾的这种作用在降水量少的年份更为重要。通过总结国外大量研究发现，雾水对于植物的生长、分布具有重要的生态意义，是森林生态系统水分平衡、养分循环不可忽视的输入项，其生态效应是多方面的(刘文杰等，2005)。

添加示踪物(如富集氘的重水)与自然丰度同位素方法相结合，对于解释植物水分吸收动态以及水分在同株植物无性系分株之间转移特性很有帮助。在这些研究中，可以把 D_2O 标记的水添加到单株植物或整个实验小区，以便区分植物利用水分的确切土壤层次、时间和群落内不同生活型植物水资源的分配格局(Schwinning et al.，2002)。无论采用水的自然丰度示踪物还是添加示踪物，稳定性同位素技术在量化不同植物利用表层或深层水的绝对量和相对量方面起了很大的作用。当很难或不可能利用二源或三源混合模型时(段德玉等，2007)，同位素示踪物脉冲方法与植物蒸腾和可交换水体积的测量相结合能够精确量化植物对不同源水分的利用。为此，Schwinning 提出了一个动态混合模型，即通过测量植物蒸腾和可交换水体积以及标记和未标记水源，能够很好理解灌木与草本混合群落的水分利用特征。

9.4 利用稳定同位素技术区分森林蒸腾和土壤蒸发

地表蒸散发生在土壤-植被-大气复杂连续体内，它贯穿于植被生长的全过程。森林蒸散发由林冠截留降水、植物蒸腾水汽以及土壤表面的蒸发水汽组成。目前，生态系统的蒸散发量可以通过涡度相关技术直接测定，但是涡度相关技术不能为理解和预测生态系统蒸散发量过程提供足够的信息。蒸渗仪法、能量平衡测定法以及涡度相关法是目前广泛应用的测定地表土壤蒸发量的方法，但是利用蒸渗仪方法往往会过高的估计土壤蒸发量占总蒸散发量的比例，而利用涡度等方法测量森林土壤蒸发量存在较大困难，相对于上述 3 种方法，稳定性同位素技术为研究生态系统水分蒸发和凝结过程提供了较为有效的手段。

9.4.1 植物水分代谢过程中的同位素变化

陆地表面和大气之间存在大量水分蒸腾与蒸发，是地表水资源形成的潜在来源，而植物所能利用的水分主要来自大气降水、土壤水、地表径流、壤中流和地下水等。水是万物之源，植物需要不断地从周围环境中吸收水分，以满足自身正常的生命活动，但是，植物又不可避免地要向大气中损失大量水分，因而植物实际上处于水分动态变化之中。因此，植物水分代共有 3 个过程，即水分的吸收、水分在植物体内的运输和水分的排出。

水分在植物体内运输时，除了少数盐生植物外，氢氧稳定同位素并未发生分馏，是因为水分在栓化或成熟的植物体内运输时不存在汽化现象，即植物导管内的水分氢氧稳定同位素与其来源处的值保持一致；然而当水分到达未成熟或未栓化的枝条、晾干或者新鲜的叶片时，由于蒸发蒸腾的原因，必将造成此处植物水分发生明显的氢氧稳定同位素分馏，该处的水分相较来源处的水分会更加富集重同位素，并表现明显的空间异质性。此外，同湿润条件下相比，生长在干旱地区的植物叶片这一现象尤为明显。叶片水分蒸腾过程中的同位素分馏取决于当时大气情况，因此了解叶片水分的氢氧稳定同位素变化可以帮助建立植物蒸腾和环境因子的相关性。水是植物体内氧的唯一来源，而植物体内的氧则来源广泛，包括二氧化碳、水和大气中的氧气，不过有研究指出二氧化碳和氧气对植物纤维素内的 $\delta^{18}O$ 没有影响，因此不同来源处的水就直接决定了植物体内的纤维素中氢氧稳定同位素的组成。叶片内氢同位素的分布也存在差异，如雪桉叶片中氢同位素叶尖最高、基部最低。

植物中氢元素和氧元素的主要来源是水，在植物所能利用的水分中，大气降水、土壤水、径流和地下水是其主要来源。由于土壤水分输入存在明显的季节变化，表层土壤水蒸发或土壤中水分与地下水之间的同位素组成上的差异造成了土壤水分存在较为明显的同位素组成梯度。造成不同来源水分同位素差异的重要原因是同位素分馏，造成同位素分馏的原因主要有蒸发、降落、渗透等物理化学过程。与自然界中物理化学过程导致的其他同位素分馏不同的是，除了少数植物外，一般来说，由于水分在植物体内运输过程中并未发生气化现象，植物根系吸收水分后，在其木质部水分运输过程中不发生同位素分馏效应，即根和植物木质部内水的同位素组成与土壤中可供植物吸收的水的同位素组成相近。同时，研究发现，相对于草本植物，木本植物更加依赖深层次土壤水甚至地下水来满足自身蒸腾需要。

尽管水分从植物根系向枝干运输过程中以及到达叶片或者到达植物未栓化枝条前不发生同位素分馏，但当水分通过植物蒸腾作用从叶片表面以及气孔散失的过程中，蒸腾作用会造成叶片水显著富集，导致叶片水 ^{18}O 富集。同时，光合作用也可以导致同位素分馏，叶片光合作用过程中，羰基氧与水分子中的氧原子发生交换，在这个过程中，氧原子的交换比率决定了植物纤维素中氧同位素的组成情况，生物体不同的代谢方式也可以引起合成碳水化合物 ^{18}O 和 D 组成的差异(Sternberg，1987)。

森林生态系统土壤-植被-大气系统水汽交换的过程中，水分在土壤蒸发和植物蒸腾过程中均会发生水由液态到气态的相变过程，土壤蒸发过程中产生的水汽同位素组成相对于土壤水同位素组成发生贫化，植物蒸腾则导致了在蒸腾过程中植物叶片水发生富集，当植物处于蒸腾较强烈、蒸腾处于同位素稳态时，植物蒸腾水汽同位素组成接近于植物木质部水同位素组成。根据这一原理，可以得到同位素稳态或者植物处于强烈蒸腾状态下植物蒸腾水汽同位素组成，由于植物木质部水同位素组成代表植物根系从不同深度的土壤水同位素组成的混合体，同时高度分馏的土壤蒸发水汽同位素组成与土壤水同位素组成间存在显著差异，这是利用稳定同位素技术对生态系统蒸散发进行区分的理论基础。

9.4.2 利用同位素方法计算蒸散组分

稳定同位素技术作为一种比较成熟可靠的技术，可用于解释生态水文过程间的联系、区分蒸散组分特征，目前已被较多应用于植被蒸发组分定量区分研究中，并结合涡动协方差、波文比、液流观测等方法，实现生态尺度上蒸散组分量化和分离。而蒸腾水汽同位素组成的精确确定，将有助于利用稳定同位素技术区分蒸散发中不同组分的比例构成。

稳定同位素技术与冠层/生态系统尺度通量测量相结合，能够将冠层水分通量解析为不同组分水分通量。f_n 为净通量，f_1 和 f_2 为两个初级通量组分，三者的同位素组分分别为 δ_n、δ_1 和 δ_2。根据同位素质量平衡原理：

$$f_n\delta_n=f_1\delta_1+f_2\delta_2 \tag{9-8}$$

据此可推导出 f_1 和 f_2 的计算公式：

$$f_1 = \frac{f_n(\delta_n - \delta_2)}{\delta_1 - \delta_2} \tag{9-9}$$

$$f_2 = \frac{f_n(\delta_n - \delta_1)}{\delta_2 - \delta_1} \tag{9-10}$$

通过以上原理和方法，借助稳定同位素手段，对水分能量组合可进行定量解析。从同位素质量守恒的角度出发，可得到林分蒸腾量和蒸散发量的比值 f_T：

$$f_T = \frac{\delta_{ET} - \delta_E}{\delta_T - \delta_E} \tag{9-11}$$

式中　f_T——林分蒸腾量和蒸散发量的比例；

δ_{ET}——蒸散水汽同位素组成，通过水汽同位素原位连续观测测量得到；

δ_T——植物蒸腾水汽的同位素组成；

δ_E——土壤蒸发的水汽同位素组成，通过 Craig-Gordon 模型来计算。

$$\delta_E = \frac{\alpha_{L-V}\delta_s - h\delta_V - \varepsilon_{L-V} - \Delta\xi}{(1-h) + \Delta\xi/1000} \approx \frac{\delta_s - h\delta_V - \varepsilon_{L-V} - \Delta\xi}{1-h} \tag{9-12}$$

式中　δ_E——土壤蒸发的水汽同位素组成；

δ_s——0~5 cm 深度的土壤同位素组成；

h——5 cm 深度的土壤相对湿度,%；

α_{L-V}——水汽相变平衡分馏系数，也可表达为 ε_{L-V}，为一定值；

δ_V——大气水汽同位素组成；

$\Delta\xi$——同位素动力扩散系数，为一定值。

$\Delta\xi$ 计算公式如下：

$$\Delta\xi = (1-h)\theta \cdot n \cdot C_D \cdot 10^3 \tag{9-13}$$

式中　θ——分子扩散分馏系数与总扩散分馏系数之比，对于蒸发通量不会显著干扰环境湿度的小水体而言，包括土壤蒸发，一般取 1.0，但是对于大的水体，一般取值范围为 0.5~0.8；

n——描述分子扩散阻力与分子扩散系数相关性的常数，对于不流动的气层而言（土壤蒸发和叶片蒸腾），一般取 1.0；

C_D——描述分子扩散效率的参数，$H_2^{18}O$ 一般取 28.5‰。

地表 5 cm 深度处的土壤温度对应的相对湿度 h 为一定高度处大气实际水汽压与 5 cm 处土壤温度对应的饱和水汽压之比：

$$E_0 = e_0 \cdot \exp\left(\frac{b \cdot T}{T+c}\right) \tag{9-14}$$

式中　E_0——饱和水汽压；

e_0——定值，取 0.611 kPa；

b——定值，取 7.63；

c——定值，取 241.9 ℃；

T——地表 5 cm 处土壤温度。

借助式(9-12)，通过样地土壤样品采集及土壤水分同位素分析，获得表层土壤蒸发(0.05 m及0.1 m)液态水$\delta^{18}O$，结合对应深度土壤温度、湿度以及地表5 cm处水$\delta^{18}O$等Craig-Gordon模型涉及的参数便可估算出土壤蒸发δ_E。值得注意的是，在林内条件下，土壤水$\delta^{18}O$空间异质性较强，因此合理的采样和统计分析方法对于土壤蒸发水汽同位素比值$\delta_{E地}$的准确预测显得尤为重要。

δ_T为植物蒸腾水汽的同位素组成，在稳态下相当于茎干氢氧同位素，在非稳态下通过Craig-Gordon模型来计算：

$$\delta_T=\frac{\delta_{L,e}/\alpha^+-h\delta_{V,c}-\varepsilon_{eq}-(1-h)\varepsilon_k}{(1-h)+(1-h)\varepsilon_k/1000} \tag{9-15}$$

式中 δ_T——植物蒸腾水汽的水汽同位素组成；

$\delta_{V,c}$——地上11 m处大气水汽同位素组成；

h——大气相对湿度,%；

$\delta_{L,e}$——叶片蒸发点位处的水汽同位素组成；

ε_{eq}——平衡分馏效应，$\varepsilon_{eq}=(1-1/\alpha^+)\times1000$；

ε_k——动力学分馏系数，通常视为常数1.0164；

α^+——平衡分馏系数。

α^+根据表层土壤温度进行计算：

$$\alpha^+=\frac{1.137\left(\frac{10^6}{T^2}\right)-0.4516\left(\frac{10^3}{T}\right)-2.0667}{1000}+1 \tag{9-16}$$

式中 T——0.05 m深处的土壤温度，K。

蒸散发水汽氧同位素组成的确定：蒸散水汽氧同位素组成估算由Keeling曲线拟合方法确定，其描述大气水汽的稳定同位素比与其浓度倒数之间的线性关系，该直线在y轴的截距表示蒸散发水汽氧同位素组成：

$$\delta_{V8}=C_a(\delta_a-\delta_{ET})\left(\frac{1}{C_V}\right)+\delta_{ET} \tag{9-17}$$

式中 δ_{V8}和δ_a——生态系统边界层(距地表8 m处)和背景大气(距地表18 m处)水汽氧同位素组成；

C_V和C_a——生态系统边界层、背景大气水汽浓度；

δ_{ET}——生态系统蒸散发氧同位素组成。

利用$\delta^{18}O$区分森林生态系统中土壤蒸发和植物蒸腾这一问题的核心是如何利用$\delta^{18}O$确定生态系统蒸散发水汽δ_T，土壤蒸发水汽δ_E及植物蒸腾水汽δ_{ET}，通过三者间关系与量化数值区分生态系统蒸散中土壤蒸发与植物蒸腾贡献的比例。目前，已经有大量的研究利用$\delta^{18}O$技术实现了生态系统土壤蒸发和植物蒸腾的区分。研究表明，在亚马孙热带雨中，植物蒸腾对整个蒸散发通量的贡献率为76%~100%。北京山区对侧柏林大气水汽$\delta^{18}O$进行原位连续观测，选取4个典型晴天(2016年8月)采集枝条和土壤样品并测定样品水中的$\delta^{18}O$，结果表明：日尺度上，利用Craig-Gordon模型计算的土壤蒸发水汽氧同位素组成(δ_E)在4个测定日中均先增大后减小，介于-5.97‰~-2.69‰之间，最大峰值出现在12:00~14:00，而近地面大气相对湿度(h)先减小后增大，二者关系为$\delta_E=-0.03h^2+4.85h-209.5$($R^2=0.55$，$n=32$)，表明$h>75\%$时，环境大气相对湿度越大，同位素分馏效应越明显。基于稳态假设估算的植物蒸腾水汽氧同位素组成(δ_T)和 Keeling 曲线拟合的侧柏林蒸散发水汽氧同位素组成(δ_{ET})分别介于-1.21%~-0.95%、-1.60%~-1.0%，日变化趋势复杂，日间变化差异大，但同一观测日内 δ_T 和 δ_{ET}变化趋势基本一致，表明植物蒸腾非稳态可能对 δ_T 的估算产生偏离，δ_{ET}变化主要受 δ_T 影响。4 个测定日中蒸腾量占总蒸散发量的比例(*FT*)介于 90.14%~92.63%之间，说明研究区侧柏林生态系统生长旺季蒸散发绝大部分来自植物蒸腾(刘璐等，2017)。

通常情况下，δ_T 与 δ_E 之间存在明显的差异，但是当土壤变得干燥时，土壤表层水 $\delta^{18}O$ 更容易富集，这导致土壤蒸发水汽 δ_E 逐渐升高，进而导致土壤蒸发水汽 δ_T 和植物蒸腾水汽 δ_E 之间的差异逐渐减小，但即使这样，也只有当土壤变得非常干燥并且近似达到平衡状态时会对土壤蒸发 δ_T 和植物蒸腾 δ_E 比例的估计造成显著的影响。由于生态系统中蒸散发的混合来源(土壤蒸发和植物蒸腾)以及混合物(生态系统蒸散发)的总体变异是较为固定的，因此只能通过增大样本数量来减小结果的误差，即通过较多的观测数据来实现较为精确的森林生态系统蒸散发区分，通过加大样本的观测密度，获得相对较高时间分辨率的 δ_E、δ_T 和 δ_{ET}数据对于降低利用公式估算生态系统土壤蒸发和植物蒸腾混合比例不确定性是目前一种有效手段。

在利用 $\delta^{18}O$ 技术区分生态系统土壤蒸发与植物蒸腾过程中，仍然面临许多挑战。在对植物蒸腾 $\delta^{18}O$ 进行计算时，由于目前没有准确、可靠的方式计算植物蒸腾水汽 $\delta^{18}O$，对于植物蒸腾水汽 $\delta^{18}O$ 往往是基于同位素稳态假设，即通常认为植物未发生分馏的茎干水或者枝条水 $\delta^{18}O$ 与植物蒸腾 $\delta^{18}O$ 一致。稳态假设如果基于长时间尺度(如年)是成立的；但是在短时间尺度(如日、小时甚至分钟)，由于外界环境(温度、湿度、气压等)显著影响植物蒸腾水汽 $\delta^{18}O$，导致稳态假设只有在中午时才近似有效，稳定状态假设只是一个近似值，植物蒸腾水汽 $\delta^{18}O$ 在早晨比植物枝条水 $\delta^{18}O$ 低，而在下午时刻，植物蒸腾水汽 $\delta^{18}O$ 比植物枝条水高，因此利用稳定状态假设会对植物蒸腾水汽 $\delta^{18}O$ 的估算带来误差。

利用稳定同位素技术研究森林生态系统水分循环过程中，对于不同时间尺度上森林生态系统蒸散发的研究依然存在很多亟待解决的问题。同时，由于山区地理环境复杂，影响因素众多，需要对该技术在森林生态系统中的应用条件以及注意事项进行深入研究，进一步提高计算结果的准确性。

9.5 利用稳定同位素技术计算土壤水分平均滞留时间

土壤水分平均滞留时间是指水分从进入土壤开始，运移至某一特定土层所需要的平均时间。由于土壤理化性质、地质地貌以及时间等因素的差异，土壤中的水是各种来源、不同滞留时间水体组成的混合体。土壤水分平均滞留时间可以很好地反映土壤储存与释放水的能力，滞留时间长说明水分与土壤接触的时间比较长，意味着降雨或径流输入到土壤的过程中有更多的时间进行各种化学作用。因此，调控土壤水分滞留时间在控制土壤或小流域水质方面具有十分重要的作用。同时，土壤水分平均滞留时间还可以反映外界环境变化对水分循环的影响。对于不同森林植被类型而言，通过研究土壤水分平均滞留时间，可以了解土壤水分对森林植被类型改变的响应，同时还可以得出水源涵养效果较好的植被类型。氢氧同位素由于具有不易受环境变化的影响、样品容易收集和保存、相对简单和便宜的优点而逐渐被用于估计土壤水分平均滞留时间(McGuire et al.，2002)。

降水和土壤水中的中氢氧同位素和氘盈余这几个指标的变化是周期性的，其变化趋势接近正弦函数或余弦函数。通过模型的拟合和计算，对比降雨拟合曲线和土壤水拟合曲线之间的振幅以及位移，然后就可以计算出从地表开始直至土壤水入渗到某一特定土壤层次之间所需要的时间，即土壤水分平均滞留时间。具体计算方法如下：

$$\tau=c^{-1}\sqrt{f^{-2}-1} \tag{9-18}$$

式中 τ——土壤水分平均滞留时间，年；

c——角频率常数($2\pi/365$)，无量纲；

f——输出和输入同位素变化年振幅比值，无量纲。

f 的计算方法如下：

$$f=B_n/A_n \tag{9-19}$$

式中 B_n——输出(土壤水)同位素变化年振幅；

A_n——输入(降水)同位素变化年振幅。

A_n 计算方法为：

$$\delta=\beta_0+A_n[\cos(ct-\varphi)] \tag{9-20}$$

式中 δ——模拟同位素值；

β_0——估计的年平均同位素值；

A_n——年振幅；

φ——滞后相位；

t——计算日期之后的时间。

式(9-20)直接计算有一定困难，可用含独立正弦和余弦变量的标准多元回归模型来估算：

$$\delta=\beta_0+\beta_{\cos}(ct)+\beta_{\sin}\sin(ct) \tag{9-21}$$

式中 $\beta_{\cos}$和$\beta_{\sin}$——回归系数，可用来计算 $A_n=\sqrt{\beta_{\cos}^2+\beta_{\sin}^2}$ 和 $\tan\phi=|\beta_{\sin}^{\cos}|$。

多元回归分析可由 SPSS 等统计软件来实现。

下面以云南元阳梯田森林生态系统土壤水分滞留时间的确定为例(马菁，2016；Ma et al.，2019)。将乔木林地、灌木地和荒草地 3 种森林植被类型 0~100 cm 厚度的土壤，按 0~20 cm、20~40 cm、40~60 cm、60~80 cm、80~100 cm 分为 5 层，利用式(9-20)对降雨和土壤水中的 $\delta^{18}O$ 值进行模拟，得出了各土层深度土壤水分与降雨的变化关系(图 9-2)。计算得到不同森林植被类型、不同深度土壤水分平均滞留时间如表 9-1。

由图 9-2 和表 9-1 可以看出，元阳梯田水源区 3 种森林植被类型的土壤水分平均滞留时间各不相同。随着深度的增加，3 种森林植被类型的土壤水分滞留时间均表现为逐渐增加的趋势，至深层 100 cm 处，土壤水分平均滞留时间表现为：灌木林地>坡耕地>乔木林地。原因在于，乔木林地植被茂密，树木多为高大乔木，根系分布较深，土壤水分多用于供给地面植物的生长，消耗水分较大，尤其在降水量少、蒸发强烈的旱季，

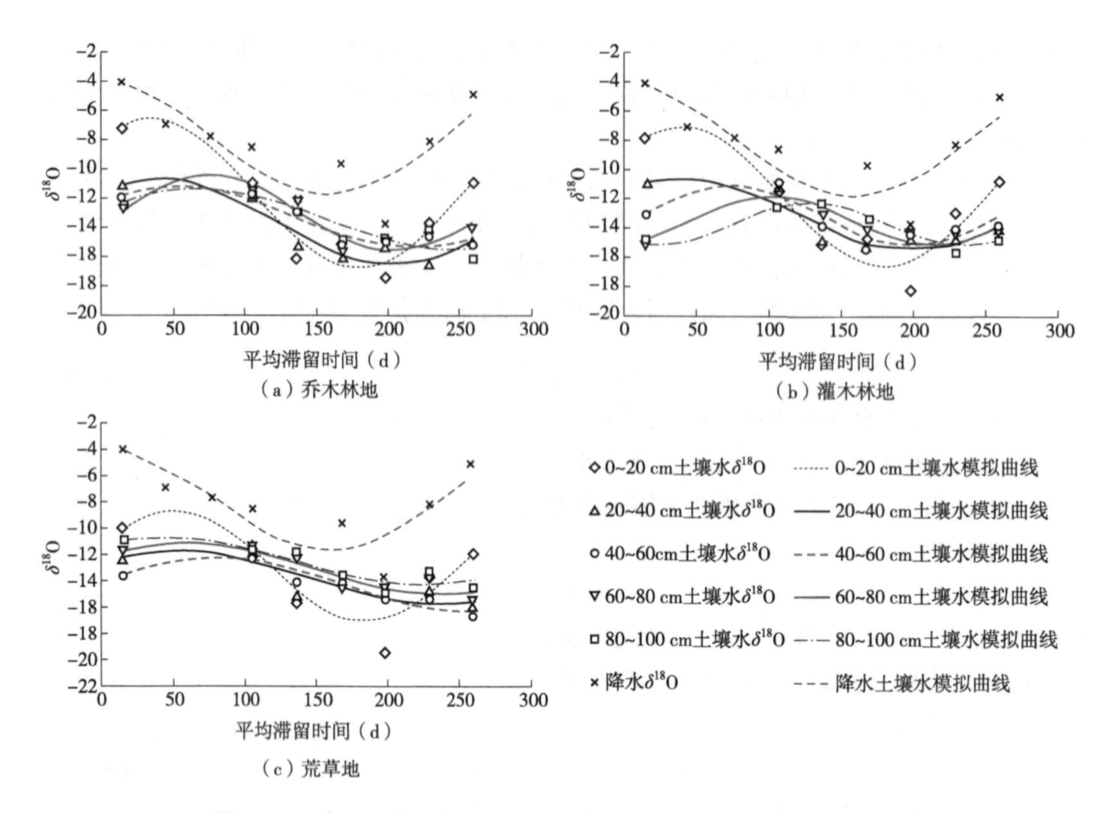

图9-2 云南元阳梯田水源区乔木林地、灌木林地和荒草地不同深度土壤水和降水 $\delta^{18}O$ 变化的模拟

表9-1 元阳梯田水源区乔木林地、灌木林地和荒草地不同深度土壤水分平均滞留时间

土壤层深度（cm）	滞留时间(d)		
	乔木林地	灌木林地	荒草地
0~20	—	—	—
20~40	53.3	75.8	100.0
40~60	92.8	96.0	94.7
60~80	65.7	125.5	101.4
80~100	93.4	142.0	115.0

注：—表示未能获得数据。

植物消耗水分的量较大。虽然乔木林地的土壤结构好，孔隙度大，有利于水分的下渗，土壤的涵蓄保水能力较强，能较好维持水分的动态平衡，但是由于植被吸收利用和蒸腾作用等原因，使乔木林地土壤水分平均滞留时间并不是最长的。灌木林地土壤水分平均滞留时间最长，因为灌木地的植被多为浅根性的灌木，深层土壤根系分布很少，在雨季，降水量大，空气湿度增加，蒸发量减小的情况下，植物生长所需要的水分通过降水就可以基本满足，从土层深处吸收水分的量较少；加之灌木的覆盖度较大，在一定程度上减少了土壤水分的蒸发，因此，灌木林地土壤水分平均滞留时间反而长于乔木林地。另外，由于0~20 cm土层土壤水受外界的影响较大，使其曲线振幅大于大气降水曲线的变化振幅，所以未能获得该层的土壤水分平均滞留时间。因为表层土壤水分对外界环境蒸发、植物蒸腾、降水以及其他因素的影响比深层敏感，所以该问题的解决需要分析更长时间序列的数据，以减小短时间序列中偶然因素对其同位素变化的影响。

复习思考题

1. 简述稳定同位素的含义。
2. 简述稳定同位素技术的基本原理。
3. 简述稳定同位素技术在森林水文研究中的应用。

推荐阅读

1. 余新晓．生态水文学前沿[M]. 北京：科学出版社，2015.
2. 顾慰祖，庞忠和，王全九，等．同位素水文学[M]. 北京：科学出版社，2011.
3. 林光辉．稳定同位素生态学[M]. 北京：高等教育出版社，2013.

第10章 全球森林分布及主要监测网络

[**本章提要**]全球各大洲森林植被分布以欧洲为最多，森林面积占世界森林总面积的25%；其次是南美洲，森林面积占世界森林总面积的21%；最少的是大洋洲，占世界森林总面积的4.3%。目前，全球尺度的生态观测网络有：国际长期生态学研究网络(ILTER)、全球环境监测系统(GEMS)、全球陆地观测系统(GTOS)和全球海洋观测系统(GOOS)等；国家尺度的生态观测网络有：美国长期生态学研究网络(LTER)、英国环境变化网络(ECN)、中国国家生态系统观测研究网络(CNERN)、中国生态系统研究网络(CERN)、中国陆地生态系统定位观测网络(CTERN)、加拿大生态监测与评估网络(EMAN)等；区域尺度的生态观测网络有：泛美全球变化研究所(IAI)、亚太全球变化研究网络(APN)、欧洲全球变化研究网络(EN-RICH)、热带雨林多样性监测网络(CTFS network)等。

10.1 地球上森林的分布

10.1.1 全球森林分布

10.1.1.1 全球森林资源面积现状

根据联合国粮食及农业组织《2015年全球森林资源评估报告》，截至2015年，全球森林面积共39.99×10^8 hm^2，森林覆盖率为30.6%，其中天然林面积36.95×10^8 hm^2，森林总蓄积量5310×10^8 m^3，单位面积蓄积量为129 m^3/hm^2，人均森林面积0.6 hm^2，原生林占森林总面积的26%，其他天然再生林占森林总面积的74%。全球各大洲森林面积统计见表10-1。

表10-1 全球各大洲森林资源面积统计情况表

洲别	国家数量(个)	森林总面积(10^8 hm^2)	天然林面积(10^8 hm^2)	人工林面积(10^8 hm^2)
非洲	58	6.24	6.00	0.16
亚洲	48	5.93	4.62	1.29
欧洲	50	10.15	9.29	0.83

（续）

洲别	国家数量（个）	面积（10^8 hm^2）	天然林面积（10^8 hm^2）	人工林面积（10^8 hm^2）
北美洲	39	7.51	7.07	0.43
大洋洲	25	1.74	1.69	0.044
南美洲	14	8.42	8.27	0.15

注：数据引自《2015年全球森林资源评估报告》。

从表10-1中可以看出，全球各大洲森林植被分布南北两半球呈现不对称的现象。以欧洲为最多，欧洲的土地总面积只占世界土地面积的17.3%，但森林面积却占世界森林总面积的25%；其次是南美洲，森林面积占世界森林总面积的21%；最少的是大洋洲，只占世界森林总面积的4.3%，呈现明显的不对称现象。

10.1.1.2 全球森林资源主要特点

(1)世界各国森林面积分布不均衡

2015年森林面积前十大国家见表10-2。全球2/3的森林集中分布在表中所列的10个国家，其中俄罗斯(20%)、巴西(12%)、加拿大(9%)、美国(8%)、中国(5%)5个国家森林面积占全球森林面积的54%。其他的有105个国家的森林面积占土地面积的比例超过全球平均水平，但世界上也有60多个国家的森林面积占土地面积的比例不到10%，如有些国家如莱索托、吉布提、埃及、利比亚、毛里塔尼亚、科威特、摩纳哥和瑙鲁不足0.5%。

表10-2 2015年森林面积前十大国家

	国家	森林面积（10^4 hm^2）	占陆地面积百分比（%）	占全球森林面积百分比（%）
1	俄罗斯	81 493.1	50	20
2	巴西	49 353.8	59	12
3	加拿大	34 706.9	38	9
4	美国	31 009.5	34	8
5	中国	20 832.1	22	5
6	刚果民主共和国	15 257.8	67	4
7	澳大利亚	12 475.1	16	3
8	印度尼西亚	9 101.0	53	2
9	秘鲁	7 397.3	58	2
10	印度	7 068.2	24	2
	总计	268 694.8		67

(2)世界各地区森林资源蓄积量差异很大

《2015全球森林资源评估报告》数据显示，世界各地区的森林蓄积量差异很大，就单位面积蓄积量来看，全球单位面积蓄积量为129 m^3/hm^2，最大是大洋洲202 m^3/hm^2，其次是南美洲178 m^3/hm^2，非洲为128 m^3/hm^2，北美洲为129 m^3/hm^2，欧洲为113 m^3/hm^2，亚洲为93 m^3/hm^2。

(3) 多数国家的森林以公有林为主

2010 年全球 76%的森林是公有林(指林地所有权，包括国有和集体)，20%的森林是私有林，4%产权不明。《2015 年全球森林资源评估报告》涉及的 234 个国家和地区，在 1990—2010 年，公有林的面积减少了大约 1.2×10^8 hm^2，而私有林则有 1.15×10^8 hm^2 的增加。西非和中非是公有林面积比例最高的区域(99%)，其次，西亚和中亚(98%)以及南亚和东南亚(90%)；私有林面积比例最高的是东亚和大洋洲(42%)，其次是北美洲(33%)。私有林的增加最多的是中等偏上收入类别的国家，其私有林的面积几乎增加了一倍。目前在林权中私有产权增加，以及私营企业增加了对公有林的经营权职责的趋势很有可能会继续，许多国家的森林经营权也有望继续从国家下放到地方各级。在中等偏上收入类别的国家，特别是在国民收入增加的情况下，森林私有化呈现继续扩大的态势。

(4) 人均森林资源差距大

截至 2015 年，世界人均森林面积为 0.6 hm^2，人均森林蓄积量为 65 m^3。其中人均森林资源最丰富的是大洋洲，但其人口只占世界总人口的 0.5%，因而对世界森林资源总量影响有限。从其他几个地区看，人均森林资源最丰富的是欧洲和南美洲。欧洲人均森林面积最多，人均为 6.58 hm^2，南美洲人均森林蓄积量最多，为 325.23 m^3，而亚洲是世界森林资源最少的地区，人均森林面积仅为 0.15 hm^2，人均森林蓄积量仅为 9.49 m^3，远远低于世界平均水平。

(5) 全球 1/3 的森林是原生林

原生林集中分布在巴西(31.1%)、俄罗斯(19.1%)、加拿大(12.4%)、美国(7.8%)和秘鲁(4.6%)5 个国家。原生林占本国森林面积的比例大于 50%的国家和地区有 19 个，其中巴西的原生林占 87.1%，秘鲁 88.8%，加拿大 53.3%，印度尼西亚 55.0%，墨西哥 51.1%。人工林主要分布在中国(22.4%)、俄罗斯(12.1%)、美国(12.2%)、日本(7.4%)、苏丹(3.9%)和巴西(3.9%)。人工林占森林面积的比例大于 20%的国家和地区有 38 个，有些国家(如阿联酋、阿曼、科威特、佛得角、利比亚和埃及)的森林全为人工林。

(6) 全球森林的 30%用于木质和非木质产品生产

2011 年全球木材采伐量约为 30×10^8 m^3，相当于立木蓄积量的 0.6%，1990—2011 年报告的年度木材采伐量保持稳定，但有相当的年度变化。继 2007—2008 年的金融危机后，欧洲和北美洲共同报告了木材采伐量的大幅下降，从 2007 年的 13×10^8 m^3减少到 2009 年的 10×10^8 m^3，随后在 2011 年又增加到 11×10^8 m^3。在高收入国家中，木燃料所占比例约为 17%，在中等偏上收入国家中为 40%，而中等偏下和低收入国家中则分别达到 86%和 93%。全球森林的 30%用于木质和非木质产品生产，24%的森林是多用途森林，13%的森林用于生物多样性保护。世界主要林产品生产与贸易情况。联合国粮食及农业组织(FAO)发布的全球林产品年鉴统计表明，近年来全球主要林产品(包括工业原木、锯材、人造板、纸和纸浆)的产量稳定上升。2015 年，全球木材总产量已达 37.14×10^8 m^3，约占立木蓄积量的 7% 其中工业用材产量为 18.48×10^8 m^3，薪炭材产量为 18.66×10^8 m^3。2015 年，其他主要的木质林产品产量为：锯材 4.52×10^8 m^3，人造板 3.99×10^8 m^3，纸和纸板 4.06×10^8 t。从国家层面来看，美国、俄罗斯、中国、加拿大、巴西5个主要工业用材生产国的产量占世界总产量的55%。美国、中国、加拿大、俄罗斯、德国5个主要锯材生产国的产量占世界总产量的56%。中国、美国、俄罗斯、加拿大、德国5个主要的人造板生产国的产量占世界总产量的68%，其中中国产量占比接近50%。中国、美国、日本、德国、印度5个主要纸和纸板生产国的产量占世界总产量的61%，其中中国和美国产量占比45%。

10.1.1.3 全球森林资源演变趋势

(1)全球森林面积总体上继续呈下降趋势，但减少的速度变缓

表10-3为1990—2015年全球森林面积变化情况表。

表10-3 1900—2015年全球森林面积变化

年份	森林(10^4 hm^2)	年度净变化		
		时期	面积(10^4 hm^2)	年度百分比(%)
1990	412 826.9			
2000	405 560.2	1990—2000	-726.7	-0.18
2005	403 274.3	2000—2005	-457.2	-0.11
2010	401 567.3	2005—2010	-341.4	-0.08
2015	399 913.4	2010—2015	-330.8	-0.08

1990—2015年，森林面积从42×10^8 hm^2减少到了少于40×10^8 hm^2，即减少了约3.1%。由表10-3中可清楚地看出，1990—2000年，全球森林的净变化趋于减少。全球森林的净造成这种变化的主要原因有：一些国家减少了森林的损失，而另一些国家扩大了森林，所以森林净面积的变化似乎在过去的十年(2005—2015年)中已经稳定下来。

(2)全球人工林面积加速增快

从调查的结果上看，世界上有85个国家和地区的人工林面积呈增加趋势。表10-4为全球前十个国家人工林面积变化情况表，自1990年以来，人工林面积增加了逾1.05×10^8 hm^2，2000—2010年全球人工林面积每年增加500 hm^2，但仍有18个国家和地区的人工林面积呈减少趋势，2000—2010年年均减少合计16×10^4 hm^2，其中年均减少面积较多的国家有苏丹、菲律宾和哈萨克斯坦，分别为4.7×10^4 hm^2、4.6×10^4 hm^2和2.9×10^4 hm^2。

表10-4 全球前十个国家人工林面积变化情况表 单位：10^4 hm^2

序号	国家	1990年	2000年	2005年	2010年
1	中国	4195.0	5439.4	6721.9	7715.7
2	美国	1793.8	2256.0	2442.5	2536.3
3	俄罗斯	1265.1	1536.0	1696.3	1699.1
4	日本	1028.7	1033.1	1032.4	1032.6
5	印度	571.6	716.7	948.6	1021.1
6	加拿大	135.7	582.0	804.8	896.3
7	波兰	851.1	864.5	876.7	888.9
8	巴西	498.4	517.6	576.5	741.8
9	苏丹	542.4	563.9	585.4	606.8
10	芬兰	439.3	495.6	590.4	590.4
占世界的比例(%)		63.49	65.19	66.99	67.13

(3) 全球原生林面积迅速减少

受毁林开荒、择伐及其他人类活动影响，2000 至 2005 年全球年均净减少原生林面积 702×10^4 hm^2，与 20 世纪 90 年代(1990—2000)全球年均净减少原生林面积 387×10^4 hm^{2}相比，减少速度加快。《2015 年全球森林资源评估报告》列出原生林数据的 97 个国家和地区中，有 36 个国家原生林面积在过去的 15 年持续减少，有些国家如美国、巴西、越南、尼泊尔、奥地利、保加利亚、危地马拉、塞内加尔、哥伦比亚和亚美尼亚 2000—2005 年减少速度快于 1990—2000 年。有 11 个国家原生林面积持续增加，主要分布在日本、西班牙、瑞士、瑞典、吉尔吉斯斯坦、土耳其、爱沙尼亚、立陶宛、玻利维亚等。

(4) 森林由木材生产向多功能利用转变

到 2015 年，全球依法设立的森林保护区面积为 6.51×10^8 hm^2，占全球森林面积的 17%，比 1990 年增长了 2.1×10^8 hm^2，但在 2010 年至 2015 年间增长率有所减缓。保护区林地面积南美洲最高，占比 34%。热带地区是保护区面积增长最快的地区。除森林保护区以外，被指定用于开展生物多样性保护的森林面积为 5.24×10^8 hm^2，占世界森林的 13%，相比 1990 年增加了 1.5×10^8 hm^2。1990—2015 年，全球水土保持森林面积增加了 1.85×10^8 hm^2，森林水土保持功能增强了 5%；环境服务功能的防护林面积增加了 2.1×10^8 hm^2，其服务功能增强了 6%以上。

10.1.1.4　全球森林的类型分布

森林环境的差异形成了不同的森林特征，凡森林特征相似的地区其森林景观基本一致。世界各地区的气候、土壤、位置和生物等环境因子千差万别，出现不同的森林类型，大致可以分为：温带森林、北方森林、干旱区森林、热带及其亚热带森林。

(1) 温带森林

在南、北两半球的海平面和高山雪线之间都有温带森林分布。在地球表面，温带大致指 35°~55°纬度之间的中纬度地区，温带湿润地区的地带性植被类型是夏绿林或落叶阔叶林。落叶阔叶林在地球上主要分布于北美大西洋沿岸、欧洲和东亚三大区域。在西欧及其大西洋沿岸，从伊比利亚半岛开始，一直延伸到斯堪的纳维亚半岛的南端，甚至可达北纬 58°；在中欧和东欧则向东延伸至俄罗斯的第聂伯河一带；在北美洲主要分布于五大湖以南，密西西比河流域，向东达大西洋沿岸的低地，阿巴拉契亚山脉的下部，北部可达北纬 45°附近，在东亚则主要分布于中国、朝鲜半岛、日本北部以及俄罗斯部分地区。

(2) 北方森林与针阔叶混交林

北方森林是寒温带针叶林和针阔混交林的合称。分布范围为北半球的北方针叶林，在欧亚大陆，从大西洋一直连续延伸到太平洋。在北美洲则从北极圈以南由太平洋的阿拉斯加的育空河和加拿大的马更些河以南，向东经大奴湖，沿苏必利尔湖北岸一直到达大西洋沿岸。

寒温带一般指北纬 50°~70°之间的地区，冬季漫长严寒，可达 6 个月之久，夏季温和，但日均温大于 10 ℃的持续期少于 120 d。寒温带的地带性植被类型是寒温带针叶林或北方针叶林。寒温带南边在海洋性气候盛行的地方，与温带落叶阔叶林相邻接，但它们之间并没有明显的界限，而具有一个较广阔的过渡带，即为针阔混交林带。针阔混交林在欧洲、北美洲和东亚都有分布。

(3)干旱区森林

干旱区是指降水量不敷潜蒸发散支出的地理区域，是极端干旱区、干旱区和半干旱区(包括亚湿润干旱区)的统称，通常年降水量低于 500 mm。各大洲都有干旱区分布，主要分布在亚洲、非洲、大洋洲和北美洲，南美洲和欧洲分布较少，以热带、亚热带和温带为多。其中亚洲和非洲因为人口多，经济落后，对干旱区的压力大，人类活动频繁，环境日益恶化。

干旱林不生产商品材或很少生产商品材。但能生产杆材和薪炭材以供本地区消费。

(4)热带及亚热带森林

亚热带常绿林又称亚热带常绿阔叶林，是指在亚热带温暖湿润环境影响下的以常绿阔叶林为主的森林群落其分布在南北纬 25°~35°之间的大陆东部，如我国的长江流域、日本的南部、美国的东南部、澳大利亚的东南部、非洲东南部以及南美洲的东南部。全年都有降雨且夏季降水量大，年降水量 1000~1500 mm，最冷月平均气温大于 5 ℃，全年平均气温 16~18 ℃，无明显旱季。

热带雨林是地球上一种常见于赤道附近热带地区的森林生态系统是地球上抵抗力稳定性最高的生物群落资源丰富。终年高温多雨年均气温 26 ℃，日气温变化幅度 6 ℃到 11 ℃是日周期气候，最冷月气温 18 ℃以上。年降水量 3000 mm 左右无明显季节变化。

10.1.2 中国森林资源分布

10.1.2.1 中国森林资源面积现状

据我国第九次全国森林资源清查(2014—2018 年)结果，全国森林面积 2.2044×10^8 hm^2，森林覆盖率量 22.96%。森林蓄积量 175.60×10^8 m^3。天然林面积 1.40×10^8 hm^2，蓄积量 141.08×10^8 m^3；人工林面积 0.80×10^8 hm^2，蓄积量 34.52×10^8 m^3。

我国森林分布不均，据第九次全国森林资源清查(2014—2018 年)结果：森林覆盖率超过 60%的有福建(66.80%)、江西(61.16%)、台湾(60.71%)、广西(60.17%)；50%~60%的有浙江(59.43%)、海南(57.36%)、云南(55.04%)、广东(53.52%)；40%~50%的有湖南(49.69%)、黑龙江(43.78%)、北京(43.77%)、贵州(43.77%)、重庆(43.11%)、陕西(43.06%)、吉林(41.49%)等；30%~40%的有湖北(39.61%)、辽宁(39.24%)、四川(38.03%)、澳门(30.00%)；20%~30%的有安徽(28.65%)、河北(26.78%)、香港(25.05%)、河南(24.14%)、内蒙古(22.10%)、山西(20.50%)；10%~20%的有山东(17.51%)、江苏(15.20%)、上海(14.04%)、宁夏(12.63%)、西藏(12.14%)、天津(12.07%)、甘肃(11.33%)；森林覆盖率均在 10%以下有青海(5.82%)和新疆(4.87%)。陕西、甘肃、青海、宁夏、新疆西北 5 省(自治区)的土地面积占国土面积的 32%，森林覆盖率仅为 8.73%，森林资源十分稀少。

据《2015 年全球森林评估报告》分析，我国森林面积和森林蓄积量分别位居世界第 5 位和第 6 位，人工林面积居世界首位。我国是一个缺林少绿、生态脆弱的国家，森林覆盖率远低于全球 31%的平均水平，人均森林面积 0.16 hm^2 不足世界人均水平 0.55 hm^2 的 1/3，人均森林蓄积量只有世界人均水平的 1/6，森林资源总量相对不足、质量不高、分布不均的状况仍未得到根本改变，林业发展还面临着巨大的压力和挑战。

10.1.2.2 中国森林类型的分布

我国从南到北地跨热带、亚热带、暖温带、温带和寒温带 5 个主要气候带，因而形成了雨林、热带季雨林、亚热带常绿阔叶林、暖温带落叶阔叶林、温带针叶林与阔叶混交林、寒温带针叶林等多种主要的森林类型。

由于历史和自然地理条件等方面的原因，我国森林资源分布非常不平衡。东北、西南和东南各地森林资源较多，华北、中原和西北各地的森林资源分布少，差异极大。

(1)寒温带针叶林

位于大兴安岭北部山地，是我国最北的林区。本区地貌呈老年期特征，山势不高，一般海拔 700~1100 m，整个地形相对平缓，全部呈丘陵状台地，几无山峦重叠现象，亦无终年积雪山峰，由于气候条件比较一致从而大大减弱了植被的复杂性。

典型的植被类型是以耐寒的兴安落叶松为主组成的明亮针叶林。群落结构简单，林下草本植物不发达。本区域曾经为我国主要用材林基地之一，兴安落叶松木材为工业上有名的用材。自开发大兴安岭林区以来，落叶松林比例下降，桦、杨次生林增多，南部林区更是如此。目前原始天然落叶松林所剩无几，已经禁止对天然落叶松林的采伐，并对其加以保护。

(2)温带针阔混交林

包括东北平原以北、以东的广阔山地，南端以丹东至沈阳一线为界，北部延至黑龙江以南的小兴安岭山地，全区成一新月形。主要山脉包括小兴安岭、完达山、张广才岭、老爷岭及长白山等山脉。这些山脉的海拔大多不超过 1300 m，以长白山主峰白云峰最高，海拔高达 2691 m，为东北第一峰。

地带性植被为针阔叶混交林，最主要的特征是由红松为主构成的针阔叶混交林，一般称为红松阔叶混交林。林下层灌木比较丰富，垂直分布带较明显。基带的上限为海拔高度 700~900 m，其上则广泛分布着山地针叶林带，树种组成单纯，以耐阴性常绿针叶树——云杉和冷杉为主。

(3)暖温带落叶阔叶林

位于北纬 32°30′~42°30′之间，北与温带针阔混交林区域为界，南以秦岭分水岭、伏牛山南麓、淮河一线为界，东至渤海和黄海之滨，西自天水向西南经礼县到武都与青藏高原相分。所包括的地域东为辽东和胶东半岛，中为华北平原和淮北平原，西为黄土高原南部和渭河平原，以及甘肃成徽盆地，大致成一个三角形。

地带性植被为落叶阔叶林，以栎林为代表。由于热量和降水不同而引起植物群落组成上的差异，明显地反映纬、经向的变化。区域内天然植物资源非常丰富，但森林所占比例很小，并且多为次生林，今后本区应以恢复森林为主。

(4)亚热带常绿阔叶林

亚热带常绿落叶林区域是我国面积最大的一个植被区。其北界在淮河—秦岭分水岭一线以南，南界大致在北回归线附近，东界为东南海岸和台湾岛以及所属的沿海诸岛屿，西界基本上是沿西藏高原的东坡向南延至云南西部国界线上。地貌类型复杂多样，平原、盆地、丘陵、高原和山地皆有。东部和西部在气候上有明显差异，主要因夏季从太平洋吹向本区的暖湿气团仅影响华东、华南和华中，而未达到西部的云贵高原。冬季来自西伯利亚冷气团，可以直接影响华中、华东、甚至于华南，但对云贵高原影响很小。所以，东部春夏高温、多雨，而冬季降温显著，但仅稍干燥。

亚热带常绿阔叶林区在我国分布最广，类型最复杂，在世界森林分布中占有非常重要的地位。但是由于人类活动的影响，原始的常绿阔叶林破坏殆尽，目前针叶林面积约占本区的70%~80%，生态环境恶化，水土流失严重。

(5)热带季雨林、雨林

我国最南的一个植被区域。东起台湾地区静浦以南，西至西藏南部亚东、聂拉木附近；北界基本上在北回归线以南(北纬21°~24°)，但到云南西南部，因受孟加拉湾暖气团的影响，北界移到北纬25°~28°附近；在西藏的东南部，则达到北纬29°；南界南沙群岛的曾母暗沙，已属于热带的范围。区域气候属热带季风气候类型，高温多雨。年平均气温20~22 ℃，南部高达25~26 ℃；最冷月平均气温一般为12~15 ℃以上，年积温为7500~9000 ℃；全年基本无霜。年降水量大都超过1500 mm，多集中在4~10月，为雨季，其余为少雨季或干季，表现干湿分明的特点。

热带雨林是我国所有森林类型中植物种类最为丰富的一种类型，植物种类多种多样，但其中具有代表性的是热带季雨林、雨林。在海滨及珊瑚岛上因生境条件特殊，分布着红树林和珊瑚岛常绿林。

10.1.2.3 我国森林植被类型分布规律

(1)水平地带性分布规律

水平地带性分布规律主要是指森林植被类型的纬向变化规律。我国东南半部是季风区，发育着各种类型的中生性森林，由于自北而南的热量递增，明显依次更替着下列森林带：寒温带针叶林、温带针阔混交林、暖温带落叶阔叶林、亚热带常绿阔叶林、热带季雨林、雨林。经向变化规律方面，由于我国东临太平洋，因而夏季东南季风的强弱决定着降雨的多少，自东南往西北，距海越远，东南季风力量越弱，降雨越少。

(2)垂直分布规律

森林植被类型随海拔的变化而发生更替称为森林分布的垂直地带性，是海拔升高、年平均气温逐渐降低、降水量在一定范围内升高、太阳辐射增强、风速增大等综合因素造成的。山地森林垂直带依次出现的具体顺序称为森林垂直带谱。

森林水平地带分布与垂直分布的关系：①森林垂直带由下向上的变化规律与森林水平带由赤道向极地变化规律一致；②森林垂直带谱越近赤道越完整，极地带谱减少，如处在热带地区的台湾玉山，垂直带谱6~7带，温带的长白山4~5带，寒温带的大兴安岭仅有2~3带；③森林垂直带的变化以水平带为基础，森林垂直带谱的基带与该山体所在纬度的水平地带性森林相一致；④森林垂直带幅窄，水平带幅宽，垂直带幅几百米，而水平带幅一般几十千米到几百千米；⑤纬度带与垂直带森林类型分布顺序具有相似性，但群落优势种的生活型和外貌、植物种类成分和群落生态结构仍有差异；⑥纬度带具有相对连续性，而垂直带则具有相对间断性。

10.2 全球森林监测网络

关于森林监测最重要和最系统的是森林生态系统定位观测网络。生态系统长期定位观测研究是国际上为研究、揭示生态系统的结构与功能变化规律而采用的一种研究方法。它通过典型自然或人工的生态系统地段建立的生态系统定位观测站，在长期固定样地上，对生态系统的组成、结构、生物生产力、养分循环、水循环和能力利用等在自然状态下或某些人为活动干扰下的动态变化格局与过程进行长期观测，进而阐明生态系统发生、发展、演替的内在机制和生态系统自身的动态平衡，以及参与生物地球化学循环过程等。

在国际上，许多国家长期设点进行定位研究，尤其是发达国家起步更早。在 19 世纪末，世界上就相继出现了许多有名的生态定位研究站，如 Rothamasted 公园草地实验站、Upper Misisipip River 实验站，Coweeta 水文实验站等。进入 20 世纪，生态系统的观点为全世界接受以后，很多有名的生态站又相继建立。如苏联的 Mopnahob 实验站、美国的 Hubbard Brook 生态系统研究（HBES）、瑞典的针叶林计划（SWECON）、德国的 Hessische Forstliche Versuchsanstalt（森林研究所）、瑞士的 Emmentel 试验站。日本于 1906 年开始在茨城县、枥木县建立了对比流域试验站，开启了日本森林水文研究，随后建立了许多流域试验站等。这些都反映了生态定位研究的总趋势。在近代，全球性的生态定位研究网络相继建立，如联合国教育、科学及文化组织在 20 世纪 60 年代组建了“国际生物学计划”（IBP），在 70 年代组建了“人与生物圈计划”（MAB）、在 80 年代组建了“国际地圈、生物圈计划”（IGBP）等，据了解有 100 多个国家的科学家或政府参加了这些计划的国际合作研究。这些计划极大地推动了各国生态定位研究工作的开展，如美国在 1980 年建立的长期生态学研究网络（LTER），建立了包括森林、草原、农田、荒漠、湖泊、滨海、冰川等主要生态定位站，现有 18 处，其中有 9 处是森林生态系统定位站。1990 年，英国建立了环境变化网络（ECN），其中包括 24 个陆地生态系统定位站、12 个水生生态系统定位站，还计划相继扩大网点。我国的生态系统定位研究工作，也就是在这个国际背景的基础上开始起步，并相应地得到了加强和发展。

10.2.1 监测体系

森林生态系统定位研究工作始于 1939 年美国 Laguiloo 试验站对南方热带雨林的研究，著名的研究站还有美国的 Baltimore 生态研究站，Hubbard Brook 试验林站，Coweeta 水文试验站等主要开展了森林生态过程和功能的观测与研究。

截至 2010 年，国际上由国家、区域或重大项目支持的环境与生态系统监测与研究网络共有 90 多个。全球尺度的生态观测网络有：国际长期生态学研究网络（ILTER）、全球环境监测系统（GEMS）、全球陆地观测系统（GTOS）和全球海洋观测系统（GOOS）等。国家尺度的生态观测网络有：美国长期生态学研究网络（LTER）、英国环境变化网（ECN）、中国生态系统研究网络（CERN）、加拿大生态监测与评估网络（EMAN）等；区域尺度的生态观测网络有：泛美全球变化研究所（IAI）、亚太全球变化研究网络（APN）、欧洲全球变化研究网络（EN-RICH）、热带雨林多样性监测网络（CTFS network）等；其中，美国长期生态研究网络（LTER）、英国环境变化网（ECN）和中国生态系统研究网络（CERN）并称世界三大国家网络。我国的森林生态观测网络主要有中国生态系统研究网络（CERN）、国家生态系统观测研究网络（CNERN）、国家陆地（森林）生态系统定位观测研究网络（CTERN），以及中国科学院、各大学和各地方在资源环境科学领域的野外观测试验站等。在上述生态系统观测网络中，森林生态系统观测站占了很大部分。

联合国陆地生态系统监测网络(TEMS)是一个进行长期陆地监测和开展调查研究活动的站点名录，创于20世纪90年代初期，自1995年以来，联合国陆地生态系统监测网络一直管理着全球陆地观测系统(GTOS)。GTOS是一个国际组织，其赞助单位有：联合国环境规划署(UNEP)、联合国粮食及农业组织(FAO)、国际科学理事会(ISCU)、联合国教育、科学及文化组织(UNESCO)、世界气象组织(WMO)。

联合国陆地生态系统监测网络的主要目的：开展模拟、评估和调查研究等项目；估算主要变量地理盖度的差异；连接地面观测和卫星观测；评估数据质量和测量方法；识别出需要升级的长期陆地监测站点。加入联合国陆地生态系统监测网络的站点要符合一定标准。目前，参与联合国陆地生态系统观测网络的国家将近120个，加入的陆地网络包括美国长期生态学研究网络(LTER)、英国环境变化网(ECN)、中国生态系统研究网络(CERN)、中国森林生态系统定位研究网络(CFERN)等。

10.2.2 监测内容

开展森林监测最初主要是为了满足科学研究的需要，以科学研究为主，重点监测森林生态系统结构与功能及与环境的关系。随着资源环境问题得到广泛社会关注，政府和国际社会开始关注森林的经济、生态和社会效益，以及综合服务功能。

对于森林的监测，按森林监测的目的可分为研究性监测、监视监测和特定目的监测。生态研究网络的主要任务属于典型的研究性监测。监视监测主要是指政府有关部门为了获取数据而进行的观测，如大气监测网、水质监测网、我国的国家天然林资源保护工程生态效益监测站、退耕还林工程生态效益监测站。特定目的监测是短期或阶段性的，为完成某项调查工作开展的短期观测，可以采用流动监测、航空监测、遥感监测等手段，监测指标较少(贺庆棠，2004)。

世界各国的森林调查监测主要是围绕可持续发展指标来采集所需要的信息，如蒙特利尔进程和赫尔辛基进程提出的森林保护和可持续经营的标准和指标，涉及生物多样性、森林生态系统、水土保持、碳循环、社会和经济效益等丰富的内容，不过具体的内容依调查监测的类型而异。一般来说，森林调查按调查区域范围可分为地方性资源调查、全国性森林调查和全球性监测3种类型，其相应的监测内容包括土地利用、土地覆盖、土地退化、立地类型、土壤类型、地形、权属、可及度、生物量、森林蓄积量、其他林产品、生物多样性、森林健康、野生动物、人为活动和水文等。不同的调查类型可从上述信息中选取一部分相关内容进行测定。森林调查监测按不同的调查对象(土地、森林、生物量和环境)可从下述信息中选取一部分有关内容进行监测：林木(植物)评价、树干测定、树冠测定、指示性生物、灾害、下层植被、年轮分析、土壤反应和叶面化学药物的污染程度等。

值得一提的是，林业发达国家在做好保护森林资源的同时，能很好地维护森林健康。由于环境污染导致的有害物质在森林中的沉积将使森林在不同的程度上受害，主要表现为大面积森林(主要是人工纯林)生长衰退、树冠层变稀、叶子褪色发黄和脱叶，直至森林死亡的严重后果。当前林业发达国家在森林调查监测中，除监测传统的森林生长指标外，还新增加了森林健康状况和重要的生态环境因子。例如，20世纪70年代末期，德国发现森林生活力缺失的情况，称为新型森林受害现象，首先提出了森林健康状态的概念并开始了观测工作。从德国开始的森林健康状态监测和评价工作影响并迅速地扩大到了整个欧洲。

欧美国家在开展森林生态系统观测站的基础上，不断增加森林生态系统观测的信息量与科技含量，形成了新的森林资源监测体系：除了有定期的、连续性的、全国性的、森林资源清查外，还有一些地方性或区域性的监测调查和跨国合作监测项目。从森林监测的科学研究需要转向向国家政府管理森林和环境的需要。20世纪七八十年代，欧洲不少国家出现了天然林受害现象，多数有关森林受害原因的假说认为，所观测到的不同受害是整个生态系统功能失调的表现，而这又与远距离工业对空气的污染所形成的酸沉降有关。在这样的背景下，1985年，长距离跨国界空气污染公约执行机构决定启动空气污染对森林影响的评价和监测国际合作项目(ICP)。1986年出版了《空气污染对森林影响的统一采样、评价、监测和分析的方法与标准手册》。1989年和1994年又两次补充和扩展了它的工作内容。这样在传统的森林木材资源监测和评价体系上又增加了一个以森林质量和环境为主要对象的监测和评价系统，形成了一个完整的森林资源、森林状态和森林环境的监测与评价体系。这个体系除了定期报告森林资源外，还报告森林健康、森林环境等状况。

不同国家具体实施情况有所不同。以德国为例，德国国家森林资源环境监测体系主要包括3个方面的内容：一是全国森林资源清查；二是全国森林健康调查；三是全国森林土壤和树木营养调查。由于德国森林经营管理的责任主要在州，各种调查要由联邦农林部与各州协商，制定统一的技术方案由各州实施，最后由联邦农林部森林和木材研究院进行汇总、分析评价并写出全国报告。3种调查的周期不同、内容不同，综合起来就构成了德国森林资源监测的技术体系。

联合国陆地生态系统监测网络(TEMS)调查观测包括水、土、气、生物四大类共有114个因子(表10-5)。

表10-5 联合国陆地生态系统监测网络(TEMS)调查的生态因子

序号	变量	序号	变量
1	易燃的植被火	14	化肥的使用
2	浮质	15	积雪温度
3	大气相对湿度	16	森林覆盖率变化
4	反照率	17	燃烧化石燃料释放的气体
5	气温	18	冰川长度变化
6	从陆地到海洋的生物地质化学传输	19	冰川体积平衡
7	地下生物量	20	地下水储藏流量
8	固氮植物的叶生物量峰值	21	生境转换
9	二氧化碳流量	22	生境分裂
10	云层覆盖度	23	冰块几何学
11	冷云持续时间	24	冰块体积平衡
12	氮和硫的干沉降	25	指示种
13	蒸腾作用	26	入侵种

（续）

序号	变 量	序号	变 量
27	湖泊和河流的冻结和融化	64	土壤渗透速率
28	陆地覆盖率	65	土壤中大型动物区系
29	陆地使用	66	土壤中小型动物区系
30	叶面积指数	67	土壤中小型植物区系
31	叶子截流	68	土壤中微量营养元素含量
32	牲畜密度	69	土壤湿度
33	甲烷流量	70	土壤最大储水量
34	动物死尸量	71	土壤中的有机碳含量
35	动物尸体分解速度	72	土壤 pH 值
36	净生态系统生产力	73	土壤呼吸
37	规范化植物差异指数	74	土壤中根系深度
38	臭氧	75	土壤饱和水力传导度
39	活跃的永冻层	76	土壤结构
40	植物组织的氮和磷含量	77	土壤表层特性
41	植物的最大气孔传导度	78	土壤温度
42	授粉物种	79	永冻层热量状况
43	降水量	80	生物气候学
44	辐射；树冠吸收的光合作用活跃的辐射部分	81	土壤质地
45	辐射：吸收的表面太阳辐射	82	土壤中碳总量
46	辐射：输出的长波辐射	83	土壤中氮总量
47	辐射：表面反射的短波辐射	84	土壤中磷总量
48	雨化学	85	土壤类型
49	海洋冰层厚度	86	物种丰富度
50	雪覆盖面积	87	植物光谱绿色指数
51	雪层厚度	88	表面粗糙度
52	雪水等价物	89	濒危物种
53	每年的土壤腐蚀量	90	地形
54	土壤中可获取的磷含量	91	植被盖度和高度等级
55	土壤孔隙度	92	植被结构
56	土壤中的碳酸钙含量	93	火山的硫浮质释放量
57	土壤中阳离子交换量	94	水的阴离子浓度
58	土层深度	95	水的生物氧需要量
59	冲蚀土壤量	96	水的阳离子浓度
60	土壤可交换酸度	97	水的化学氧需要量
61	土壤可交换碱度	98	水中的叶绿素浓度
62	土壤中可交换钾含量	99	水中可溶解的固体浓度
63	土壤中的重金属含量	100	排水量

（续）

序号	变 量	序号	变 量
101	水中可溶解的碳含量	108	水中的沉积物含量
102	水中可溶解的有机物含量	109	钠溶于水的速率
103	水的电子传导度	110	储水流量
104	水中的无机物含量	111	水面温度
105	水中的有机污染物含量	112	水中的示踪元素
106	水的 pH 值	113	水的浑浊度
107	水的可饮用度	114	风速

10.3 中国森林生态系统定位研究网络

10.3.1 中国森林生态系统定位站发展历程

中国森林生态系统定位观测的发展经历了一个由临时观测点到半定位观测点到定位观测站，由点到面，再到监测网络的发展过程。1949 年以来，根据学科发展、国民经济建设的需求和社会发展的需要，中国科学院、国家林业和草原局、教育部等部门乃至地方政府都根据实际工作需要建立了一批森林观测和试验研究站。目前形成中国森林生态系统定位观测网络(Chinese Forest Ecosystem Research Network，CFERN)、中国生态系统研究网络(Chinese Ecosystem Research Network，CERN)、国家生态系统观测研究网络(National Ecosystem Research Network of China，CNERN)等有关森林系统定位观测研究的三大网络系统。

10.3.1.1 中国森林生态系统定位观测网络发展历程

中国森林生态系统定位研究网络(CFERN)是国家林业和草原局生态系统观测与研究网络(CTERN)的组成部分。国家林业和草原局生态系统观测与研究网络(CTERN)由中国森林生态系统定位研究网络(简称森林生态站网，CFERN)、中国湿地生态系统定位研究网络(简称湿地生态站网)、中国荒漠生态系统定位研究网络(简称荒漠生态站网)构成，是国家林业和草原局管辖的国际著名大型生态系统观测与研究网络之一。

中国森林生态系统定位研究网络由分布于全国典型森林植被区的若干森林生态站组成。森林生态站是通过在典型森林地段，建立长期观测点与观测样地，对森林生态系统的组成、结构、生物生产力、养分循环、水循环和能量利用等在自然状态下或某些人为活动干扰下的动态变化格局与过程进行长期观测，阐明生态系统发生、发展、演替的内在机制和自身的动态平衡，以及参与生物地球化学循环过程等的长期定位观测站点。

20 世纪 50 年代末，我国结合自然条件和林业建设实际需要，在川西、小兴安岭、尖峰岭等典型生态区域开展了专项半定位观测研究，并逐步建立了森林生态站，这标志着中国生态系统定位观测研究的开始。1978 年，首次组织编制了《全国森林生态站发展规划草案》。随后，在林业生态工程区、荒漠化地区等典型区域陆续补充建立了多个生态站。1992 年修订了规划草案，成立了生态站工作专家组，初步提出了生态站联网观测的构想，为建立生态站网奠定了基础。1998年起，国家林业局逐步加快了生态站网建设进程，新建了一批生态站，形成了初具规模的生态站网站点布局。

该网络覆盖了我国从北到南五大气候带的寒温带针叶林、温带针阔混交林、暖温带落叶阔叶林、亚热带常绿阔叶林、热带季雨林、雨林，以及从东向西的森林、草原、荒漠三大植被区的典型地带性森林类型和最主要的次生林和人工林类型。另外，林业部门通过“七五”“八五”及“九五”国家科技攻关项目和林业生态工程建设项目，分别在“三北”、长江、黄河、沿海、太行山等林业生态工程区内建立了近30个定位监测点，监测防护林体系的生态功能及环境效益。林业部门还在荒漠化地区、重要湿地以及三峡库区建立了多个生态定位监测站，开展大气、植被、土壤、水文等多方面的系统观测。这些不同类型的监测站构成了我国林业生态环境效益监测网络的主体，形成了从沿海到内地、从农田林网到山地森林、从内陆湿地到干旱荒漠化地区的生态环境监测网络系统。

2003年3月，我国召开了“全国森林生态系统定位研究网络工作会议”，正式研究成立中国森林生态系统定位研究网络(CFERN)，明确了生态站网在林业科技创新体系中的重要地位，标志着我国的生态站网建设进入了加速发展、全面推进的关键时期。在此期间，湿地和荒漠生态站网依托国家相关科研项目，也取得了一定的进展，初步形成了网络化发展的格局，

截至2018年，CFERN已发展成为横跨30个纬度、代表不同气候带的由73个森林生态站组成的网络，基本覆盖了我国主要典型生态区，涵盖了我国从寒温带到热带、湿润地区到极端干旱地区的最为完整和连续的植被和土壤地理地带系列，形成了由北向南以热量驱动和由东向西以水分驱动的生态梯度的大型生态学研究网络。一些森林生态站被GTOS收录，并且与ILTER、ECN、AsiaFlux等建立了合作关系。与此同时，加大了重点站建设力度，逐步将一批基础条件好的生态站建设成国家级台站。森林生态站网，形成了由北向南以热量驱动和由东向西以水分驱动的生态梯度十字网，在长期建设与发展过程中，生态站网在观测、研究、管理、标准化、数据共享等方面均取得了重要进展，目前已成为一站多能，集科学试验、野外观测、科普宣传于一体的大型野外科学基地，承担着生态工程效益监测、重大科学问题研究等任务，并首次对我国森林生态系统服务功能、碳汇、森林防雾霾、退耕还林还草工程、天然林资源保护工程等生态保护工程等生态效益进行了评估研究，取得了一大批有价值的研究成果，在生态文明和林业三大体系建设中发挥着越来越重要的作用。

10.3.1.2 中国生态系统研究网络发展历程

中国科学院中国生态系统研究网络(CERN)自1988年建立以来，积累了大量的科学数据。该网络现拥有40多个生态站、5个学科分中心和1个综合中心，其中森林站11个。自1998年开始规范化的长期监测以来，积累了野外台站的水、土、气、生的生态系统动态监测数据，2002年开始的8个通量观测站的水碳和通量连续观测数据、还建立了中国1 km×1 km气候数值栅格数据库，1∶100万土地资源数据库、全国森林生物量数据库以及各分中心的专题数据库(如中国NPK专题数据库)等，已经形成了台站-网络-国家尺度(区域)不同层次的数据信息系统，为我国的生态学研究提供了数据支持。已成为在国际上具有重要影响的国家级生态网络，与美国长期生态研究网络

(LTER Network)和英国环境变化网络(ECN)并称为世界三大国家级生态网络，是国际长期生态研究网络(ILTER Network)和全球陆地观测系统生态网络(GTNE)的发起成员。

CERN的建立是野外站建设工作的一次飞跃，它克服了单站监测和研究的局限，使在我国开展生态学对比研究成为可能，可为国家的宏观决策提供更全面系统的科学数据。

10.3.1.3 国家生态系统观测研究网络发展历程

1949以来，根据学科发展、国民经济建设的需求和社会发展的需要，农业农村部、教育部、中国科学院、国家林业和草原局等部门乃至地方政府各自都根据实际工作需要建立了一批野外观测和试验研究站。据初步统计，全国的野外观测台站约有7000余个，其中研究型的台站约424个，涉及的研究领域和学科涵盖了地球科学、生物学的各个方面，涉及农业、林业、牧业、渔业等行业，农田、森林、草地、沼泽湿地、湖泊、海洋、沙漠等多种生态系统类型，具有明显的多学科特色。

针对我国已建立的以野外研究站体系的特点和存在的问题，以及国际的发展态势，自1999年以来，科技部从现有野外科学观测试验站中遴选了35个基础条件好、人员队伍整齐、观测设施完整、研究水平较高的野外观测站开展了开放运行的试点工作，其中，生态系统野外台站有24个。

为了贯彻落实《中共中央关于完善社会主义市场经济体制若干问题的决定》中“改革科技管理体制，加快国家创新体系建设，促进全社会科技资源高效配置和综合集成，提高科技创新能力，实现科技和经济社会发展紧密结合”的精神，科技部会同有关部门在广泛征求科技界意见的基础上，启动了国家科技基础条件平台建设。2004年，国家生态系统观测研究网络综合研究中心，成为国家科技基础条件平台建设的试点单位。

2005年，科技部正式启动国家生态系统观测研究网络台站的建设。2005年新入选的国家生态系统野外研究站(网)31个；2006年科技部对原试点站进行了评估认证，有22个试点站通过了评估认证。从此，国家生态系统观测研究网络(National Ecosystem Research Network of China，CNERN)正式建立起来。

目前，由18个国家农田生态站、17个国家森林生态站、9个国家草地与荒漠生态站、7个国家水体与湿地生态站，以及国家土壤肥力站网、国家种质资源圃网和国家生态系统综合研究中心共同组成国家生态系统观测研究网络，该网络的森林生态站由中国森林生态系统定位观测网络的部分生态站和中国生态系统研究网络的部分生态站组成。

10.3.2 中国森林生态系统定位站发展目标

10.3.2.1 中国森林生态系统定位研究网络(CFERN)建设意义和发展目标

中国森林生态系统定位研究网络(CFERN)是国家林业和草原局陆地生态系统定位研究网络(CTERN)的重要组成，按照分阶段、分层次建设的目标，建成布局合理、类型齐全、条件完备、机制完善，能够为林业生态工程建设提供服务，满足林业发展需求，回答生态环境与林业建设过程中重大科学问题的生态站网。

(1)建设意义

截至2018年，生态站网已成为研究样带典型区域生态学特征、监测我国森林、湿地、荒漠等陆地生态系统动态变化，为现代林业建设提供决策依据和技术保障的重要平台，进一步加强新时期生态站网建设具有重大的科学意义和战略意义。

①为生态建设和社会可持续发展提供决策依据。通过在陆地生态系统典型地段建立生态站，开展长期定位观测，研究生态过程机理以及生态建设关键技术和优化模式，可为保障国家生态建设和实现社会可持续发展的宏观决策提供重要的科学依据和技术支撑。

②为生态效益补偿及绿色 GDP 核算提供数据支撑。通过定位观测研究，建立森林、湿地生态效益监测与评价体系，准确测算生态系统功能物质量及其价值量。一方面为按生态质量进行补偿提供科学数据和技术支持，进一步促进生态效益补偿机制的完善；另一方面为开展绿色 GDP 核算奠定良好基础，为推动国家将自然资源和环境因素纳入国民经济核算体系提供量化科学依据。

③为国家外交和国际履约提供科学依据。随着全球政治经济一体化，国家的政治和经济外交活动需要更加全面、翔实的科学数据和研究结论作为谈判的依据。生态站网能够为联合国气候变化框架公约(UNFCCC)以及国际湿地保护、荒漠化防治、生物多样性保育等的谈判和履约提供相关的科学数据，切实维护中国是负责任大国的国际形象。

④为解决林业重大科学问题提供研究平台。要回答和解决诸如“森林与水”“森林对减缓气候变化的作用”“森林碳汇”等这些涉及林业生态建设的重大科学问题，需要依靠生态站网长期观测积累的数据来保障，需要生态站网的研究成果来支撑，生态站网是研究此类重大生态理论问题的不可替代的研究平台。

⑤为评估陆地生态系统服务功能提供科学手段。长期以来，限于条件，国内并未能对森林的服务功能、生态产品价值进行科学、准确、全面的量化评价。生态站网是开展此项工作的重要平台，定位研究是量化评估的重要手段。通过生态站网长期、连续的观测研究，科学评估我国陆地生态系统服务功能，有利于向社会宣传林业的生态、经济和社会功能，强化林业的重要地位和作用。

⑥为林业生态工程建设提供科技支撑。通过生态站网这一平台开展研究工作，进行大尺度科研协作，能够为研究典型区域生态建设需水定额、土地承载力、空间配置与结构设计等工程建设关键问题和瓶颈技术提供基础理论支撑。同时，通过生态站网规划建设，在典型地区进行长期定位观测研究，为科学监测和评价工程生态效益提供不可或缺的重要基础数据，从而客观、真实地反映林业生态工程建设成果。

(2)发展目标

建设目标：到 2020 年，按照分阶段、分层次建设的目标，建成布局合理、类型齐全、条件完备、机制完善，能够为林业生态工程建设提供服务，满足林业发展需求，回答生态环境与林业建设过程中重大科学问题的生态站网；培养、吸引和稳定一定数量的基层技术骨干、在本领域具有较大影响和发展潜力的科技人才、国内外具有重要影响的学术带头人；建立起创新能力突出、达到世界先进水平的中国陆地生态系统定位研究网络观测与研究平台。

研究目标：重大基础理论研究取得实质性突破，逐步开展陆地生态系统碳源/汇、大样带和大样地观测技术等方面的多站联合攻关与技术集成性研究，产生若干原创性的生态学研究成果，提升我国在国际基础生态学研究中的地位；同时建立起中国陆地生态质量状况监测数据共享管理平台以及中国陆地生态质量状况、生态服务功能公报机制，为林业资源监测提供基础数据支撑，满足国家外交谈判及履行国际公约，为国家宏观战略决策提供服务。

阶段目标(2016—2020 年)：新建一批森林生态站，对现有生态站继续进行升级改造，使生态站网达到国际先进水平。以生态站网为平台，培养和造就出一批与国家需求相适应，能够引导世界潮流的国际一流拔尖型人才。研究内容瞄准国际长期生态学研究前沿，进行多站联合攻关与技术集成，在生态学基础研究方面取得重大突破的同时，取得一批应用性强、能够解决国内国际重大科学问题的应用性成果。

10. 3. 2. 2 国家生态系统观测研究网络(CNERN)发展目标

国家生态系统观测研究网络(CNERN)是在现有的分别属于不同主管部门的野外台站的基础上整合建立的，该建设项目是跨部门、跨行业、跨地域的科技基础条件平台建设任务，需要在国家层次上，统一规划和设计，将各主管部门的野外观测研究基地资源、观测设备资源、数据资源以及观测人力资源进行整合和规范化，有效地组织国家生态系统网络的联网观测与试验，构建国家的生态系统观测与研究的野外基地平台，数据资源共享平台，生态学研究的科学家合作与人才培养基地。

(1)野外生态系统观测研究台站资源的整合、标准化和规范化

野外研究基地资源的整合与规范化。在全国生态系统区划研究工作基础上，对分布在不同部门的生态系统野外研究站，经过资源优化、整合、完善，组建成国家生态系统野外研究站共享平台；制定国家生态系统野外研究网络长期监测指标体系和规范，达到国家生态系统野外研究站的建设标准、数据标准，并与国际相关的生态研究网络接轨的目标；建立制定国家生态系统研究网络的章程和相关管理办法，科学有效地保障国家生态系统网络运行；根据我国的生态环境特点，以满足我国的生态学研究和国家发展的重大需求为目标，研究提出生态系统观测研究网络建设的宏观布局、发展战略、科学研究方向，保障我国生态系统观测研究网络的健康发展。

①观测设备资源的整合与规范化。根据国家网络的长期联网监测指标和技术规范、长期试验研究的需要，规范化地整合和改造各野外研究站的观测仪器和试验研究设备，建立观测设备的共享平台；建立标准化的野外观测场地、固定样地和试验小区；建立规范化野外观测仪器标定体系和使用规则；建立规范化的观测和试验数据的质量控制体系；进一步完善数据质量控制和仪器标定体系。

②观测和试验数据资源的整合与规范化。为了充分挖掘、利用和共享野外观测研究站的数据资源，建立研究站、行业部门和综合中心的三级分布式数据共享服务体系，建立生态系统定位观测、过程研究、空间格局的数据-模型-模拟分析研究平台。

③观测研究人力资源的整合与联网研究。以国家生态观测研究网络为平台，建立生态与环境领域的科学家合作机制；围绕国家重大需求组织多部门的联合观测和试验研究，整合生态系统网络的观测和研究方面的人力资源，开展生态系统变化、生态系统水循环、生命元素的生物地球化学循环、生物多样性保育、资源高效利用与管理等重大生态问题的综合研究；培训和培养生态学科青年科学家和专业性的观测技术队伍。

(2)野外生态系统观测研究台站资源的信息化建设

国家生态系统观测研究网络是以野外台站为基础构建的资源共享合作体系，其研

究基地，观测仪器设备、大型仪器设备、试验研究的样地和样品、观测数据都是分布在全国的不同地区，由不同依托单位负责管理。所以对野外生态系统研究站的各种资源进行信息化建设，实现网络查询与共享服务是生态系统观测研究网络建设的重要任务，需要开展野外基地资源信息化，样地与样品资源信息化，仪器与设备资源信息化，观测和试验数据资源信息化建设。

①野外研究基地资源的信息化。建立生态系统观测研究网络的门户网站，实现观测研究网络的在线网络办公，实现对所有野外研究基地的基本功能、生态、环境和社会背景，研究基地的人力资源、研究项目、研究成果、论文和著作等基本信息的网络查询。

②野外样地与样品资源的信息化。建立野外定位样地和试验研究样品资源的信息化管理系统，对所有试验站的样地分布与特性、仪器设备在野外的空间分布、试验系统的试验设计和空间配置、定位样地的基本信息，以及试验研究样品库的基础信息开展数值化和信息化工作，建立可以在线查询服务系统。

③仪器与设备资源的信息化。建立野外观测仪器与试验设备，台站室内分析仪器，各有关部门或研究机构可以开放的仪器设备，网络综合中心的仪器标定、理化分析、技术培训设备的信息化管理和服务信息系统，实现对主要观测仪器、试验设备的性能、所有单位、使用状况以及共享条件等信息在线查询。

④观测和试验数据资源的信息化。制定生态监测元数据标准、数据报送规范和整编规范，以及数据共享条例；建立实验站、行业部门和综合中心的三级分布式数据共享服务体系，实现野外自动观测数据的在线传输和自动汇交。在建立地面观测数据的同时，充分发挥综合中心的硬件资源、网络的数据共享资源、高性能计算环境，建立地面观测数据、空间数据与模拟模型的融合系统，为不同尺度的生态系统的结构和格局、过程和功能变化的机理分析和模拟研究提供远程操作平台。

(3)国家网络的开放共享方案和相关制度建设

为了促进国家生态网络的发展，科技部于2018年6月发布了《国家野外科学观测研究站管理办法》。目前出台的管理制度和办法有《国家生态系统野外研究站章程》，《国家生态系统野外研究站申报与遴选办法》《国家生态系统野外研究站考核与评估办法》《国家生态系统野外研究站数据管理与数据共享条例》《国家生态系统野外研究站开放管理条例》等。

10.3.2.3 中国生态系统研究网络(CERN)发展目标

CERN是中国科学院知识创新工程的重要组成部分，是我国生态系统监测和生态环境研究基地，也是全球生态环境变化监测网络的重要组成部分。CERN不仅是我国开展与资源、生态环境有关的综合性重大科学问题研究实验平台，还是生态环境建设、农业与林业生产等高新技术开发基地，中国生态学研究与先进科学技术成果的试验示范基地，培养生态学领域高级科技人才基地，国内外合作研究与学术交流基地和国家科普教育基地。

当前CERN科学研究的主要目标为：①通过对我国主要类型生态系统的长期监测，揭示其不同时期生态系统及环境要素的变化规律及其动因；②建立我国主要类型生态系统服务功能及其价值评价、生态环境质量评价和健康诊断指标体系；③阐明我国主要类型生态系统的功能特征和 C、N、P、H_2O 等生物地球化学循环的基本规律；④阐明全球变化对我国主要类型生态系统的影响，揭示我国不同区域生态系统对全球变化的作用及响应；⑤阐明我国主要类型生态系统退化、受损过程机理，探讨生态系统恢复重建的技术途径，建立一批退化生态系统综合治理的试验示范区。

根据中国科学院知识创新工程的总体规划，结合国际科学前沿、国家需求和自身优势，突出网络化的特色，准确把握国际科学发展的综合化、系统化和交叉渗透融合的大趋势，主要研究方向为：①我国主要类型生态系统长期监测和演变规律；②我国主要类型生态系统的结构功能及其对全球变化的响应；③典型退化生态系统恢复与重建机理；④生态系统的质量评价和健康诊断；⑤区域资源合理利用与区域可持续发展；⑥生态系统生产力形成机制和有效调控；⑦生态环境综合整治与农业高效开发试验示范。

10.3.3 中国森林生态系统定位站组织与管理

10.3.3.1 中国森林生态系统定位研究网络(CFERN)组织机构与管理体系

国家林业和草原局对生态站网实行指导管理，设立陆地生态系统野外观测研究管理委员会(以下简称管理委员会)和陆地生态系统野外观测研究科学委员会(以下简称科学委员会)，以及国家林业和草原局陆地生态系统野外观测研究与管理中心(以下简称管理中心)。管理中心下设森林、湿地和荒漠 3 个管理分中心，分别负责相应研究网络生态站的管理工作。

生态站网组织体系主要由生态站组成的观测体系和依托部门的管理体系共同组成。

观测体系主要是根据我国林业现状和生态站网分布格局，在现有生态站组成的森林、湿地和荒漠三大生态站网基础上建立的。

管理体系实行在主管部门领导下的多级管理。国家林业和草原局设立陆地生态系统野外观测研究管理委员会(以下简称管理委员会)和陆地生态系统野外观测研究科学委员会(以下简称科学委员会)，以及国家林业和草原局陆地生态系统野外观测研究与管理中心(以下简称管理中心)。管理中心下设森林、湿地和荒漠 3 个管理分中心，分别负责相应研究网络生态站的管理工作。

管理委员会由主管部门和部分生态站依托单位的管理人员组成，主要任务是制定生态站网的发展规划和各项管理规定，研究生态站建设、管理方面的重大问题，确定生态站网的重大工作计划。

科学委员会由生态学及相关领域的著名专家组成，主要任务是对生态站网的发展规划、研究方向、观测任务和目标进行咨询论证，评议生态站网的科研进展，开展相关咨询，组织讨论重大科学问题，组织科研、科普重大活动、学术交流和科技合作。

管理中心及分中心在管理委员会和科学委员会的领导与指导下开展工作，负责站网具体建设及日常运行管理和生态站综合评估与专家咨询，组织编辑相关监测评估报告；协助指导地方生态站网建设及观测研究工作，对联合共建和资源共享等进行组织协调。

管理分中心同时作为数据中心，具体负责生态站网的观测数据传输、采集、储存和管理系统，负责系统维护和指导相应生态站的数据管理系统建设并对外提供数据服务。

国家林业和草原局加强陆地生态系统定位研究网络(CTERN)管理中心建设以及森

林、湿地和荒漠三个分中心的建设，提高收集、处理3类站点数据的能力，建设高标准的分类数据库，以数字化生态站构建理念和野外观测数据共享平台建设为切入点，同步提高中心以及各生态站的数据管理能力。从数字化数据采集、传输、加工、储存、输出、共享等流程提高科技含量和管理水平，逐步实现生态站之间、生态站与中心之间数据传输、共享的一体化。

森林、湿地和荒漠3个分中心同时也是数据中心，负责数据信息的收集、处理和数据共享交流工作。加强3个数据中心的建设，提高数据中心对观测数据进行分类、标准化、集成、分析的能力，构建相应的数据信息资源库、计算机网络信息共享系统等多个数字化基础平台，逐步与国际长期生态定位研究网络接轨，形成完整的网络数字技术构建体系和数据信息资源网络共享、服务机制。

数据中心硬件建设的主要内容包括：数据中心机房，数据接收系统，数据存储与备份系统，大型高速服务器，高配置的计算机，先进的数据管理和数据分析软件以及必要的办公设施等。

在上述硬件建设的基础上，数据中心负责提出切实可行的数据管理解决方案，数据中心在收集和整理生态站已有观测和研究数据的同时，对数据进行处理加工，整合整个分中心的数据资源，建立网络层次的数据管理信息系统，实现整个网络内部的数据共享，最终形成全国尺度的林业基础数据平台。

10.3.3.2 国家生态系统观测研究网络组织机构与管理体系

科技部基础研究司是国家生态网络的决策机构和业务主管部门，负责领导国家生态网络的运作，负责重大问题的决策以及与国家有关部门的协调，负责聘任国家生态网络的专家组成员。

为了加强国家生态网络的学术水平和协调，科技部成立国家生态系统观测研究网络专家组(以下简称专家组)。专家组是国家生态网络的学术领导机构，负责确定国家生态网络的研究方向、重大研究内容，制定国家生态网络的发展战略、规划和计划，监督计划执行情况，协调开放事宜，组织相关成果的评价，并协助科技部进行新进国家生态系统观测研究站的遴选与评估等。专家组设立秘书处，是专家组的办事机构；秘书处负责组织、实施专家组的决定和交办的有关工作，负责有关对外部门、外单位业务和科研方面的联系与协调。国家生态网络设立综合研究中心，为非法人事业单元，挂靠中国科学院地理科学与资源研究所。在科技部领导和专家组指导下开展业务工作，包括监测与数据管理、国家生态站考核、制订科学发展规划等。根据业务与项目需要，综合研究中心设立工作组，并报专家组确认。工作组由各部门人员组成，主要负责解决国家生态网络运行中的具体业务。

申请加入国家生态网络的其他生态系统观测研究站需由所在部门申报，经科技部委托专家组遴选和科技部认定后成为国家生态站。综合研究中心和国家生态站的日常管理和后勤保障由所在大学和研究所负责，有关重大事项由科技部决策。各个国家生态站站长根据所在研究所和大学的有关条例聘用，由所在部门任命，并报科技部基础研究司备案。综合研究中心主任由依托单位和部门推荐，专家组审议，科技部基础研究司任命。

科学技术部领导国家站专家组，下设专家组秘书处负责与国家部委和国际机构的沟通协调工作。专家组秘书处下设综合研究中心负责与国际学术组织的交流合作。由专家组秘书处开展各项相关研究，其下设农田生态站、森林生态站、草地/荒漠生态站、水体/湿地生态站，此外还有土壤肥力站网、种质资源圃网。

国家生态网络平台接受国家科技基础条件平台中心的管理与运行监督。平台的各运行服务单元都应依据“开放、流动、竞争、联合”的原则对国内外开放，吸引国内外优秀的科学家到国家生态网络平台进行研究工作。

10.3.3.3　中国生态系统研究网络组织机构与管理体系

中国生态系统研究网络依托中国科学院建立和运行。中国生态系统研究网络(CERN)设立 CERN 领导小组(设办公室)、CERN 科学指导委员会和 CERN 科学委员会(设秘书处)等组织机构，全面负责 CERN 的运行和管理，以及组织重大科学研究计划的实施，开展生态环境监测、数据集成和对外服务等业务。其下设置综合中心、各分中、各野外生态站负责观测研究工作。

截至 2018 年，该研究网络有 11 个森林生态系统试验站、16 个农田生态系统试验站、3 个草地生态系统试验站、3 个沙漠生态系统试验站、1 个沼泽生态系统试验站、2 个湖泊生态系统试验站、3 个海洋生态系统试验站、1 个城市生态站，以及水分、土壤、大气、生物、水域生态系统 5 个学科分中心和 1 个综合研究中心所组成。CERN 的同类型生态站，按统一的标准配置仪器设备，并按统一的监测指标体系和操作规范进行观测、分析和试验；各学科分中心负责监测指标体系和技术规范的制定、仪器标定、数据质量控制等，组织相关生态站开展专题研究；综合研究中心负责数据管理和共享服务，组织 CERN 层面的生态系统联网与综合研究。

10.3.4　森林生态系统定位站布局

10.3.4.1　国家林业和草原局中国森林生态系统定位研究网络(CFERN)布局

生态站布设充分体现区位优势和地域特色，兼顾生态站布局在国家和地方等层面的典型性和重要性，优化资源配置，优先重点区域建设，并根据建设发展需要，适当布局特殊类型的专项观测生态站，逐步形成层次清晰、功能完善、覆盖全国主要生态区域的生态站网。

(1)森林生态站布局

以“行政区划”“自然区划”与“森林资源清查公里网格”为森林生态站网规划的数量依据，以“森林分区”为区划原则，以“中国森林生态系统十字式样带观测网络(NSTEC+WETSC)”为基础，建立全国典型森林生态区的长期定位观测与研究平台。

①布局依据。根据森林生态站的功能和特点，结合我国优势树种林分类型、自然区划中生态单元植被分布以及森林资源清查公里网格布局，确定森林生态站的规划数量。依据省级行政单元布局。依据第六次森林资源清查公布的优势树种林分类型统计结果，每个省级行政区平均约有 15 个优势树种。一个森林生态站的观测范围平均约能够覆盖 5 个不同优势树种林分类型，为此，每个省级行政区平均约需要布设 3 个森林生态站。以此推算，需要在全国 31 个行政区布设 90 多个森林生态站才能对不同区域的各优势树种林分类型进行系统观测。依据“综合自然区划”布局。以黄秉维先生“中国综合自然区划”和郑度院士《中国生态地理区域系统研究》的“中国生态地理区域划分”为主线，根据气候、水文、土壤、植被、海拔等生态特征将我国分为 49 个生态单元，每

个生态单元平均建立 2 个森林生态站作对照观测。为此，需要在全国范围内建立 90 多个森林生态站。依据森林资源清查公里网格布局。目前，我国每隔五年一次的 41.5 万个公里网格固定样地的森林资源连续清查，要在查清森林资源面积、蓄积量、生长消耗及其动态变化的基础上，全面反映森林质量、森林健康、生物多样性，特别是森林固碳、涵养水源、保持水土、土地退化状况等生态服务功能方面的内容，这就需要在全国范围内主要森林类型和典型区域布设相应的森林生态站。依据每个森林生态站平均辐射 1000~4000 个公里网格推算，需要在全国范围内建立约 100 个森林生态站。

②布局原则。站点布设合理，以"行政区划""自然区划"与"森林资源清查公里网格"为确定森林生态站规划数量的依据，采用《中国森林》中森林分区的原则，根据国家生态建设的需求和面临的重大科学问题，以及各生态区的生态重要性、生态系统类型的多样性等因素，分为 9 个一级区(植物气候区)，48 个二级区(地带性森林类型)。

Ⅰ东北温带针叶林及针阔叶混交林地区(简称东北地区)。

Ⅱ华北暖温带落叶阔叶林及油松侧柏林地区(简称华北地区)。

Ⅲ华东中南亚热带常绿阔叶林及马尾松杉木竹林地区(简称华东中南地区)。

Ⅳ云贵高原亚热带常绿阔叶林及云南松林地区(简称云贵高原地区)。

Ⅴ华南热带季雨林雨林地区(简称华南热带地区)。

Ⅵ西南高山峡谷针叶林地区(简称西南高山地区)。

Ⅶ内蒙古东部森林草原及草原地区(简称内蒙古东部地区)。

Ⅷ蒙新荒漠半荒漠及山地针叶林地区(简称蒙新地区)。

Ⅸ青藏高原草原草甸及寒漠地区(简称青藏高原地区)。

在每一个二级区中平均布设 2~3 个森林生态站，重点区域布设 4~6 个森林生态站，并针对区域内地带性森林类型(优势树种)的观测需求，明确优先建设的拟建森林生态站名称和地点。在站点选择方面要优先考虑国家级或省级自然保护区、森林公园、国有林场等，一般不建在集体林区或其他非国有林区。结合观测样带。突出地域分异规律、侧重不同森林气候带，从南到北，从东到西，结合热量变异和水分驱动变异，构建"十字样带"观测网络(NSTEC+WETSC)。站内布点科学，为进一步探讨区域水平的生态系统结构和功能规律，需要在一个森林生态站内建立从 Station 到 Site 的小样带模式，即采取"一站多能、以站带点"的建站方针。

要建立覆盖全部林分类型和森林资源清查公里网格布局建站。为了使森林生态连清数据与森林资源连续清查数据相耦合，需要在全国范围内主要森林类型和典型区域布设相应布设森林生态站。

要关注生态功能区布局建站。将中国重点生态功能区与中国生物多样性保护优先区进行空间叠置分析，筛选出森林生态系统类型的生态功能区作为指标。根据生态功能类型将重点生态功能和生物多样性保护优先区和生物多样性保护优先区合并，获得全国生态功能区。再结合"两屏三带"生态安全战略布局，最终保证每个生态功能区内均布设有森林生态站。

要依据重大林业生态工程生态效益监测布局建站。为了提升重大林业生态工程生态效益监测精度，将我国实施的重大林业生态工程实施范围按照生态功能监测与评估区划进行布局，确保每个省级行政区内至少有一个监测站点，地理区域跨度较大或者地形变化较为复杂的省份，适当的加密监测站点。

(2)站点分布

我国森林生态站站点分布见表 10-6。

表 10-6 我国森林生态站站点分布(2018 年)

一级区	森林生态站名称	一级区	森林生态站名称
Ⅰ东北温带针叶林及针阔叶混交林地区	内蒙古大兴安岭森林生态站(国家级)	Ⅲ华东中南亚热带常绿阔叶林及马尾松杉木竹林地区	河南宝天曼森林生态站
	黑龙江嫩江源森林生态站		河南鸡公山森林生态站
	辽宁冰砬山森林生态站		江苏长江三角洲森林生态站
	黑龙江帽儿山森林生态站(国家级)		贵州喀斯特森林生态站
	黑龙江漠河森林生态站		湖南会同森林生态站(国家级)
	黑龙江牡丹江森林生态站		重庆缙云山森林生态站
	黑龙江小兴安岭森林生态站		江西大岗山森林生态站(国家级)
Ⅱ华北暖温带落叶阔叶林及油松侧柏林地区	首都圈森林生态站		福建武夷山森林生态站
	河南黄河小浪底森林生态站		广东珠三角森林生态站
	山西吉县森林生态站(国家级)		广东沿海森林生态站
	山西太岳山森林生态站		广东南岭森林生态站
	山东昆嵛山森林生态站		广东东江源森林生态站
	河南黄淮海平原森林生态站	Ⅳ云贵高原亚热带常绿阔叶林及云南松林地区	云南高黎贡山森林生态站
	宁夏六盘山森林生态站		云南滇中高原森林生态系统定位研究站
	山西太行山森林生态站		云南玉溪森林生态系统定位研究站
	山东泰山森林生态站	Ⅴ华南热带季雨林雨林地区	广东湛江森林生态站
	山东青岛森林生态站		海南尖峰岭森林生态站(国家级)
	河南禹州森林生态系统定位研究站		广西友谊关森林生态系统定位研究站
	河北小五台山森林生态站		云南普洱森林生态系统定位研究站
	甘肃兴隆山森林生态站		海南文昌森林生态系统定位研究
	辽宁白石砬森林生态系统定位研究站	Ⅵ西南高山峡谷针叶林地区	四川卧龙森林生态站
	辽东半岛森林生态站		西藏林芝森林生态站
	山东黄河三角洲森林生态系统定位研究站		四川峨眉山森林生态生态系统定位研究站
Ⅲ华东中南亚热带常绿阔叶林及马尾松杉木竹林地区	四川峨眉山森林生态生态系统定位研究站	Ⅶ内蒙古东部森林草原及草原地区	河北塞罕坝森林生态站
	广西大瑶山森林生态系统定位研究站		内蒙古赛罕乌拉森林生态站
	广西漓江源森林生态系统定位研究站		内蒙古大青山森林生态
	浙江凤阳山森林生态站		宁夏贺兰山森林生态生态系统定位研究站
	浙江天目山森林生态站	Ⅷ蒙新荒漠半荒漠及山地针叶林地区	甘肃祁连山森林生态站
	安徽黄山森林生态站		新疆天山森林生态站
	重庆武陵山森林生态站		新疆阿尔泰山森林生态站
	湖北神农架森林生态站		新疆塔里木河流域胡杨林森林生态站
	陕西秦岭森林生态站(国家级)		
	湖北秭归森林生态站		

10.3.4.2 国家生态系统观测研究网络(CNERN)森林站

截至2018年，国家生态网络共有森林站17个。按照依托部门具体分布见表10-7。

表10-7 国家生态系统观测研究网络(CNERN)森林站

依托部门	森林站名称
中国科学院	吉林长白山森林生态系统国家野外科学观测研究站
	湖北神农架森林生态系统国家野外科学观测研究站
	湖南会同森林生态系统国家野外科学观测研究站
	四川贡嘎山森林生态系统国家野外科学观测研究站
	云南哀牢山森林生态系统国家野外科学观测研究站
	云南西双版纳森林生态系统国家野外科学观测研究站
	广东鹤山森林生态系统国家野外科学观测研究站
	广东鼎湖山森林生态系统国家野外科学观测研究站
教育部、国家林业和草原局	黑龙江帽儿山森林生态系统国家野外科学观测研究站
	山西吉县森林生态系统国家野外科学观测研究站
	陕西秦岭森林生态系统国家野外科学观测研究站
	浙江天童森林生态系统国家野外科学观测研究站
内蒙古自治区政府、国家林业和草原局	内蒙古大兴安岭森林生态系统国家野外科学观测研究站
湖南省政府、国家林业和草原局	湖南会同杉木森林生态系统国家野外科学观测研究站
西藏自治区政府、国家林业和草原局	西藏林芝高山森林生态系统国家野外科学观测研究站
国家林业和草原局	江西大岗山森林生态系统国家野外科学观测研究站
	海南尖峰岭森林生态系统国家野外科学观测研究站

10.3.4.3 中国生态系统研究网络(CERN)森林站

截至2018年，中国生态系统研究网络(CERN)有1个综合中心、5个学科分中心(水分、土壤、大气、生物、水体)和11个森林生态站：吉林长白山、北京、湖北神农架、湖南会同、四川贡嘎山、四川茂县、江西千烟洲、云南哀牢山、云南西双版纳、广东鼎湖山、广东鹤山森林生态系统观测研究站。

10.3.5 中国森林生态系统定位站建设内容

10.3.5.1 中国森林生态系统定位研究网络(CFERN)建设内容

生态站网作为国家林业科技研究的基础平台，国家林业和草原局中国森林生态系统定位研究网络(CFERN)在完成陆地生态系统水分要素、土壤要素、气象要素和生物要素基本观测的基础上，以系统性、集成性和可操作性的科学问题为纽带，以国家需求为导向，按照“多站点联合、多系统组合、多尺度拟合、多目标融合”的发展思路，针对森林类生态系统，开展大流域、大区域、跨流域、跨区域的重大专项科学研究。

在生态站网建设方面，依据国家相关标准，在调查评估现有生态站网建设水平的基础上，结合完善布局和提升能力的需求，进行分类投资建设，建设一批具有代表性的森林、湿地、荒漠生态站，并对现有生态站进行升级改造，从而更加有效地开展长期科学观测与专项研究等工作。

(1)新建生态站

建设根据上述布局所确定的新建站点，按照相关建设规范和技术要求，分阶段、分层次进行建设，逐步建成达到基本观测要求、符合野外工作条件、具备试验研究能力的森林、湿地、荒漠生态站。森林生态站建设根据国家标准《森林生态系统长期定位观测研究站建设技术规范》(GB/T 40053—2021)和《森林生态系统长期定位观测指标体系》(GB/T 35377—2017)的规定，森林生态站主要建设内容见表 10-8。

表 10-8 森林生态站的建设内容

主要建设项目	主要建设内容
野外综合实验楼	基地拥有框架或砖混结构综合实验楼，建筑面积 200~600 m^2，设数据分析室、资料室、化学分析实验室、研究人员宿舍等
森林水文观测设施	森林集水区：建设面积为至少 10 000 m^2的自然闭合小区
	水量平衡场：选择至少 1 个有代表性的封闭小区，与周围没有水平的水分交换
	对比集水区或水量平衡场：建设林地和无林地至少 2 个相似的场，其自然地质地貌、植被与试验区类似，其距离相隔不远
	集水区及径流场测流堰建筑：三角形、矩形、梯形和巴歇尔测流堰必须由水利科学研究部门设计、施工而成；对枯水流量极小、丰水流量极大径流的测流堰，可设置多级测流堰或镶嵌组合堰
	水土资源的保持观测设施：设置林地观测样地 300 m×900 m，在样地内分成 30 m×30 m 样方
	针对每个优势树种林分类型，配置至少 2 个坡面径流场、1 个集水区测流堰、1 个水量平衡场
森林土壤观测设施	选择具有代表性和典型性地段设置土壤剖面，坡面分别在坡脊、坡中、坡底设路
森林气象观测设施	地面标准气象站：观测场规格为 25 m×25 m 或 16 m(东西向)×20 m(南北向)(高山、海岛不受此限制)，场地应平整，有均匀草层(草高<20 cm)
	森林小气候观测设施：观测场面积 16m ×20 m，设置自动化系统装置
	观测塔：类型为开敞式，高度为林分冠层高度的 1. 5~2 倍，观测塔应安装有避雷设施
森林生物观测设施	森林群落观测布设：标准样地、固定样地、样方的建立
	森林生产力观测设施设置：径阶等比标准木法实验设施设置、森林草本层生物量测定设施设置、森林灌木层生物量测定设施设置
	生物多样性研究设施设置：森林昆虫种类的调查试验设置、大型兽类种类和数量的调查试验设置、两栖类动物种类和数量的调查试验设置、植物种类和数量的调查试验设置
数据管理配套设施	数据管理软硬件设施设置：配备数据采集、传输、接收、贮存、分析处理以及数据共享所需的软硬件；可视化森林生态软件包等数据库处理软件；网络相关设施等
基础配套设施	为生态站必需的短距离道路、管线建设、野外观测用交通工具等

注：引自《森林生态系统长期定位观测研究站建设技术规范》(GB/T 40053—2021)。

(2)现有生态站的升级与改造

根据生态站基础设施、仪器设备的实际情况和林业科技需求，逐步对现有生态站进行升级和改造，形成由常规站、重点站组成的生态站网体系。

①常规站。基本符合生态站建设技术要求，具备常规的观测仪器设备及基础设施，在观测指标和质量方面基本达到生态系统定位观测指标体系等标准规范的要求，具有稳定的科研队伍，能够完成生态站网各项管理考核指标，满足跨站网研究项目基本要求的生态站。

②重点站。符合生态站建设技术要求及相关观测标准规范，区域典型性、代表性和地域特色明显，具有一定的示范和带动作用，具备国内外较为先进的仪器设备和一流的人才队伍，能够紧跟国际研究前沿，吸引国内外高水平科研人员在此平台上从事研究工作的生态站。重点站对于研究和回答林业建设的重大科学问题，推动生态建设具有重要作用。对于常规站，予以必要支持。加强现有生态站的观测能力建设，提升观测技术水平，根据学科发展和林业生态建设的现实需求，不断改善生态站的基础设施和数据采集的自动化程度，条件符合的可以达到重点站建设水平。对于重点站予以重点扶持。瞄准国际著名、重要的野外科学基地建设水平，跟踪长期生态学研究前沿，参照数字化生态站建设规范和标准，以数据高精度稳定自动采集和数据安全传输储存为主的仪器设备更新改造为重点，把重点站建成观测研究设施先进、功能完善、国内一流、国际知名的高水平陆地生态系统观测研究平台，在解决重大林业和国家生态建设方面的问题中发挥重要作用。

(3)重点研究方向

《国家林业局陆地生态系统定位研究网络中长期发展规划(2008—2020年)》提出了生态站网重点研究方向为：①陆地生态系统结构与生物多样性；②陆地生态系统能量流动与物质循环；③陆地生态系统健康诊断与预警；④退化生态系统恢复机理与途径；⑤陆地生态系统对全球气候变化的响应与适应；⑥重点林业生态工程生态效益计量与评价；⑦公益林生态效益及补偿机制；⑧生态系统服务功能监测与评估；⑨林业生态工程建设关键技术；⑩林业履行国际公约的科技支撑。

10.3.5.2 中国生态系统研究网络(CERN)建设内容

中国生态系统研究网络围绕生态系统长期监测、生态系统研究、生态系统优化管理试验示范的三大任务开展工作。

中国生态系统研究网络(CERN)非常重视生态系统长期监测与实验。生态系统长期监测犹如生态学领域的生命线，高质量、连续、系列的长期生态监测数据获取是CERN生存之根本。按照统一的规范对我国主要的农田、森林、草原、荒漠、沼泽、湖泊、海湾和城市等生态系统的水、土壤、大气、生物等因子，以及能流、物流等重要的生态学过程进行监测是CERN的三大核心任务之一。

2008年以来，CERN生态站/中心在试验场地扩展、试验布施、新试验安排等方面取得了重要进展，同时着力建设专项观测与研究试验平台。生态系统动态监测。通过长期的建设，CERN已经建立了比较完善的生态系统动态监测指标体系，以及传感器自动观测和在线数据自动传输系统。关于森林生态系统的主要观测研究内容除了常规观测生态系统的水、土壤、大气、生物等因子外，在以下几个方面进行了重点研究：

①碳氮水通量观测。获取了陆地生态系统碳水通量与碳循环动态监测数据。

②生物多样性观测。建立大型样地是CERN开展生物多样性观测的重要手段，通过对样地中幼苗、幼树、主林层乔木、倒木等进行物种鉴定、坐标定位、树高与胸径测量

与记录，建立永久性固定样地数据库，并通过重复调查，观测和研究生物多样性变化。CERN 长白山站、北京森林站、哀牢山站、鼎湖山站和西双版纳站已经建成 5~25 hm^2 大型森林样地，开展了种子雨收集、鉴定和数据录入，以及幼苗样方的监测调查工作。

③遥感生态监测。CERN 大气分中心利用国际环境卫星资源，结合华北区域太阳分光观测网、主(被)动 DOAS 观测及地面监测网，成功建立华北区域气溶胶光学厚度及大气污染柱浓度多源卫星遥感反演体系，准确监视北京及周边地区大气污染时空分布及其来源特征。

④大型控制实验。大型控制实验是 CERN 监测试验研究的重要组成部分，通过对部分生态要素的人为条件控制，以深入研究自然生态系统的结构、功能和变化规律。CERN 各单位在大型控制实验平台建设及相关试验上取得大量进展。

10.3.6　中国森林生态系统定位站建设标准体系

10.3.6.1　中国森林生态系统定位研究网络(CFERN)规范和标准

经过多年的建设和完善，CFERN 就管理、标准、数据共享等方面开展了一系列工作，并取得一定进展。《森林生态系统定位研究站建设技术要求》(LY/T 1626—2005)、《森林生态系统定位观测指标体系》(LY/T 1606—2003)、《森林生态系统长期定位观测方法》(LY/T 1952—2011)、《森林生态系统定位研究站数据管理规范》(LY/T 1872—2010)和《森林生态系统服务功能评估规范》(LY/T 1721—2008)等相关系列生态功能评估标准相继颁布，现在大多数标准都经过修订完善后已成为国家标准。

规范化、标准化建设是生态站网实现联网观测、比较研究和数据共享的前提，是保障生态站网规范有序运行的必要条件。加强生态站网标准体系，统一制定生态站建设和观测数据共享过程中所必需的标准和技术规范，是国家林业和草原局陆地生态系统定位研究网络建设的重要任务之一。在现有的国家、行业部门网络制定的试验观测标准规范的基础上，一方面紧扣林业生产的最新需求和科研进展，做好现有标准体系的修编工作，另一方面充分利用和吸收国际上现有的相关标准，由管理中心负责组织有关领域的知名权威专家制定相关标准与规范。

(1)CFERN 规范和标准

生态站建设：《森林生态长期定位观测研究站建设规范》(GB/T 40053—2021)、《森林生态站数字化建设技术规范》(LY/T 1873—2010)。

观测指标体系：《森林生态系统长期定位观测指标体系》(GB/T 35377—2017)。

指标观测方法：《森林生态系统长期定位观测方法》(GB/T 33027—2016)。

数据管理规范：《森林生态系统定位研究站数据管理规范》(LY/T 1872—2010)。

观测数据应用规范：《森林生态系统服务功能评估规范》(LY/T 1721—2008)。

(2)其他规范和标准

其他规范和标准包括：《森林生态系统服务功能评估规范》(GB/T 38582—2020)、《森林生态系统生物多样性监测与评估规范》(LY/T 2241—2014)、《寒温带森林生态系统定位观测指标体系》(LY/T 1722—2008)、《荒漠生态系统观测研究站建设规范》(LY/T 1753—2008)、《荒漠生态系统定位观测指标体系》(LY/T 1698—2007)、《湿地生态系统定位研究站建设技术要求》(LY/T 1780—2007)、《湿地生态系统定位观测指标体系》

(LY/T 1707—2007)、《暖温带森林生态系统定位观测指标体系》(LY/T 1689—2007)、《干旱半干旱区森林生态系统定位监测指标体系》(LY/T 1688—2007)、《热带森林生态系统定位观测指标体系》(LY/T 1687—2007)、《森林生态系统定位研究站建设技术要求》(LY/T 1626—2005)、《中国野生植物受威胁等级划分标准》(LY/T 1698—2007)和《退耕还林工程生态效益监测与评估规范》(LY/T 2573—2016)。

10.3.6.2 中国生态系统研究网络(CERN)标准和规范

为推动数据开放、共享、产权保护、规范管理和优质服务，制定了数据生产，管理和共享的有关规定，出版了"中国生态系统研究网络(CERN)长期观测规范"丛书，包括《生态系统大气环境观测规范》《陆地生态系统土壤观测规范》《陆地生态系统水环境观测规范》《陆地生态系统生物观测规范》和《水域生态系统观测规范》。《中国生态系统研究网络(CERN)长期观测质量管理规范》丛书，包括《生态系统气象辐射监测质量控制方法》《陆地生态系统土壤观测质量保证与质量控制》《陆地生态系统水环境观测质量保证与质量控制》《陆地生态系统生物观测数据质量保证与质量控制》。

复习思考题

1. 简述我国森林的植被类型分布规律。
2. 简述全球森林监测网络及其监测内容。
3. 简述中国森林生态系统定位观测研究站站建设内容。

推荐阅读

1. 国家林业局，中国森林生态系统服务功能评估项目组．中国森林资源及其生态功能四十年监测与评估[M]. 北京：中国林业出版社，2019.

2. 王兵．中国森林生态系统连续观测与清查体系及绿色核算[M]. 北京：中国林业出版社，2019.

3. 于贵瑞．森林生态系统过程与变化[M]. 北京：高等教育出版社，2019.

4. 刘世荣，温远光，王兵，等．中国森林生态系统水文生态功能规律[M]. 北京：中国林业出版社，1996.

参考文献

卞毓明，朱英清，1997. 关于彭曼及其修正模型的研究[C]//刘昌明. 第六次全国水文学术会议论文集. 北京：科学出版社，171-176.
蔡体久，1989. 落叶松人工林生态功能的研究[D]. 哈尔滨：东北林业大学.
常宗强，王有科，席万鹏，2003. 祁连山水源涵养林土壤水分的蒸发性能[J]. 甘肃科学学报，15(3)：68-72.
陈步峰，陈勇，尹光天，等，2004. 珠江三角洲城市森林植被生态系统水质效应研究[J]. 林业科学研究(4)：453-460.
陈晗，2017. 区域蒸散发的实测及模拟研究[D]. 重庆：重庆交通大学.
陈景和，王家福，赵廷翠，等，2015. 我国与世界森林资源评估分析[J]. 山东林业科技，45(3)：94-96.
陈景和，2015. 我国与世界森林资源评估分析[J]. 山东林业科技(3)：94-96.
陈军，孟小星，张卫东，等，2009. 重庆四面山森林冠层对降雨化学组成的影响[J]. 安徽农业科学，37(32)：16098-16101.
陈书军，田大伦，闫文德，等，2006. 樟树人工林生态系统不同层次穿透水化学特征[J]. 生态学杂志(7)：747-752.
程伯容，张金，1991. 长白山北坡针叶林下土壤淋洗液及土壤性质的初步研究[J]. 土壤学报(4)：372-381.
程根伟，余新晓，赵玉涛，等，2004. 山地森林生态系统水文循环与数学模拟[M]. 北京：科学出版社.
崔鸿侠，唐万鹏，刘学全，2008. 丹江口库区大气降雨及森林地表径流特征研究[J]. 湖北林业科技(3)：1-3，20.
董世仁，郭景唐，满荣洲，1987. 华北油松人工的透流、干流与树冠截留[J]. 北京林业大学学报，9(1)：58-67.
都凯，陈旸，季峻峰，等，2012. 中国东部玄武岩风化土壤的黏土矿物及碳汇地球化学研究[J]. 高校地质学报，18(2)：256-272.
樊后保，2000. 杉木林截留对降雨化学的影响[J]. 林业科学(4)：2-8.
范荣生，李长兴，李占斌，1994. 考虑降雨空间变化的流域产流模型[J]. 水利学报(3)：33-39.
方海波，田大伦，康文星，1998. 杉木人工林间伐后林下植被养分动态的研究Ⅰ. 林下植被营养元素含量特点与积累动态[J]. 中南林学院学报(2)：1-5.
方海波，田大伦，康文星，1998. 杉木人工林间伐后林下植被养分动态的研究Ⅱ. 土壤营养元素含量的变化与植物的富集系数[J]. 中南林学院学报(3)：95-98.

方精云，1991. 我国森林植被带的生态气候学分析[J]. 生态学报，11(4)：377-387.
冯养云，2003. 山西省大气降雨水质评价[J]. 环境监测管理与技术(04)：23-25，36.
傅伯杰，刘宇，2014. 国际生态系统观测研究计划及启示[J]. 地理科学进展，33(7)：893-902.
傅伯杰，牛栋，于贵瑞，2007. 生态系统观测研究网络在地球系统科学中的作用[J]. 地理科学进展，26(1)：1-15.
高成德，余新晓，2000. 水源涵养林研究综述[J]. 北京林业大学学报，22(5)：78-78.
高甲荣，肖斌，张东升，等，2001. 国外森林水文研究进展述评[J]. 水土保持学报，15(5)：60-64.
高彦春，龙笛，2008. 遥感蒸散发模型研究进展[J]. 遥感学报，12(3)：515-528.
高燕，2010. 长白山森林植被的分类、排序与多样性分析[D]. 北京：中国科学院研究生院.
顾慰祖，1995. 利用环境同位素及水文实验研究集水区产流方式[J]. 水利学报(5)：9.
关百钧，2003. 世界森林资源现状与分析[J]. 世界林业研究，16(5)：88-93.
郭何生，张大春，1996. 中国农业百科全书(土壤卷)[M]. 北京：中国农业出版社.
国家林业和草原局，2019. 中国森林资源报告(2014—2018)[M]. 北京：中国林业出版社.
国家林业局，2015. 中国林业发展报告[M]. 北京：中国林业出版社.
韩春，陈宁，孙杉，等，2019. 森林生态系统水文调节功能及机制研究进展[J]. 生态学杂志，38(7)：2191-2199.
韩永刚，杨玉盛，2007. 森林水文效应的研究进展[C]. 亚热带水土保持，19(2)：20-25.
何凡能，葛全胜，戴君虎，等，2007. 近300年来中国森林的变迁[J]. 地理学报，62(1)：30-40.
何磊，别强，王瑶，等，2013. SEBS模型在黑河流域中游的应用及参数敏感性分析[J]. 中国沙漠，33(6)：1866-1873.
何友均，李智勇，张谱，等，2012. 全球人工林环境管理策略研究[J]. 世界林业研究，25(6)：1-7.
贺庆棠，刘祚昌，1980. 森林的热量平衡[J]. 林业科学 (1)：24-33.
贺庆棠，1999. 森林环境学[M]. 北京：高等教育出版社.
胡静霞，杨新兵，钟良子，2018. 冬奥会张家口赛区典型林分水化学性质研究[J]. 福建农业学报，33(2)：199-205.
黄秉维，1981. 确切地估计森林的作用[J]. 地理知识(1)：1-3.
黄秉维，1982. 森林对环境作用的几个问题[J]. 中国水利(4)：366-370.
黄乐艳，2007. 长沙城市森林降雨化学特性及水质评价[D]. 长沙：中南林业科技大学.
黄立华，2010. 华西雨屏区苦竹林生态系统降雨再分配过程与水化学特征[D]. 成都：四川农业大学.
黄录基，李国琛，陈琍，等，1989. 热带人工混交林蒸散测定研究[A]//潘维俦，等.

全国森林水文学术讨论全文[C]. 北京：测绘出版社：183-189.

黄妙芬，2003. 地表通量研究进展[J]. 干旱区地理，6(2)：159-165.

黄振奋，2015. 闽东北鹫峰山不同迹地与不同植被恢复模式对径流的影响[J]. 绿色科技(6)：32-34.

霍宏，王传宽，2007. 冠层部位和叶龄对红松光合蒸腾特性的影响[J]. 应用生态学报，18(6)：1181-1186

冀春雷，2011. 基于氢氧同位素的川西亚高山森林对水文过程的调控作用研究[D]. 北京：中国林业科学研究院.

贾红，胡继超，张佳宝，等，2008. 应用 Shuttleworth-Wallace 模型对夏玉米农田蒸散的估计[J]. 灌溉排水学报，27(4)：77-80.

贾剑波，2016. 北京山区典型森林生态系统水分运动过程与机制研究[D]. 北京：北京林业大学.

蒋定生，黄国俊，谢永生，1984. 黄土高原入渗能野外测试[J]. 水土保持通报，4(4)：7-9.

蒋高明，2004. 植物生理生态学[M]. 北京：高等教育出版社.

蒋小金，2015. 西北旱区覆膜对农田雨水分布格局及玉米产量的影响[D]. 兰州：兰州大学.

蒋益民，曾光明，张龚，2003. 森林降雨化学的变化特征和机理[J]. 环境污染与防治(5)：271-273，276.

蒋勇军，袁道先，张贵，等，2004. 岩溶流域土地利用变化对地下水水质的影响——以云南小江流域为例[J]. 自然资源学报(6)：707-715.

金万祥，2018. 浅议森林资源调查工作的重要性及其措施[J]. 现代园艺(2)：228-229.

晋建霞，张胜利，陆斌，等，2013. 西安市水源地森林生态系统水质空间变化特征[J]. 东北林业大学学报，41(3)：46-50.

康满春，蔡永茂，王小平，等，2016. 表层阻力和环境因素对杨树(*Populus* sp.)人工林蒸散发的控制[J]. 生态学报，36(17)：5508-5518.

康文星，田大伦，文仕知，等，1992. 杉木人工林水量平衡和蒸散的研究[J]. 植物生态学报，16(2)：187-196.

CERN 科学委员会，2002. 中国生态系统研究网络的发展目标、方向与近期工作重点[J]. 地球科学进展，17(3)：432-434.

郎印海，江历滨，2001. 护岸林缓冲系统对沿海平原浅层地下水质的影响[J]. 水土保持应用技术(4)：9-13.

雷志栋，杨诗秀，谢森传，1988. 土壤水动力学[M]. 北京：清华大学出版社.

李宝富，陈亚宁，李卫红，等，2011. 基于遥感和 SEBAL 模型的塔里木河干流区蒸散发估算[J]. 地理学报，66(9)：1230-1238.

李渤生，2015. 中国山地森林植被的垂直分布[J]. 森林与人类(2)：12-36.

李海军，张毓涛，张新平，等，2010. 天山中部天然云杉林森林生态系统降雨过程中的水质变化[J]. 生态学报，30(18)：4828-4838.

李海涛，邵泽东，2019. 空间插值分析算法综述[J]. 计算机系统应用，28(7)：1-8.

李文华，李飞，1996. 中国森林资源研究[M]. 北京：中国林业出版社.
李旭光，1988. 缙云山常绿阔叶林优势种蒸腾作用的初步研究[M]//钟章成. 常绿阔叶林生态学研究. 重庆：西南师范大学出版社，159-211.
李铁涛，2016. 北京山区典型森林生态系统土壤-植物-大气连续体水分传输与机制研究[D]. 北京：北京林业大学.
栗生枝，2017. 本溪山区森林枯落物对水质的影响[J]. 防护林科技(4)：11-15.
联合国粮食及农业组织(FAO)，2016. 全球森林资源评估[M]. 罗马：联合国粮食及农业组织.
刘方，王世杰，罗海波，等，2007. 喀斯特森林群落退化对浅层岩溶地下水化学的影响[J]. 林业科学(2)：21-25.
刘菊秀，温达志，2000. 广东鹤山酸雨地区针叶林与阔叶林降水化学特征[J]. 中国环境科学，20(3)：198-202.
刘璐，贾国栋，余新晓，等，2017. 北京山区侧柏林生长旺季蒸散组分 $\delta^{18}O$ 日变化及其定量区分[J]. 北京林业大学学报，39(12)：61-70.
刘旻霞，2003. 祁连山青海云杉林水文效应研究[D]. 兰州：甘肃农业大学.
刘士玲，郑金萍，范春楠，等，2017. 我国森林生态系统枯落物现存量研究进展[J]. 世界林业研究，30(1)：66-71.
刘士平，杨建锋，李宝庆，等，2000. 新型蒸渗仪及其在农田水文过程研究中的应用[J]. 水利学报(3)：29-36.
刘世荣，温光远，王兵，等，1996. 中国森林生态系统水文生态功能规律[M]. 北京：中国林业出版社.
刘文杰，张一平，刘玉洪，等，2003. 热带季节雨林和人工橡胶林林冠截留雾水的比较研究[J]. 生态学报，23(11)：2379-2386.
刘文杰，张一平，马友鑫，等，2005. 森林内雾水的水文和化学效应研究现状[J]. 林业科学，41(2)：141-146.
刘兴誉，杨方社，李怀恩，等，2017. 植被过滤带对地表径流中泥沙和杀虫剂的净化效果[J]. 农业环境科学学报，36(5)：974-980.
刘莹，陈报章，陈靖，等，2016. 千烟洲森林生态系统蒸散发模拟模型的适用性[J]. 植物学报，51(2)：226-234.
刘永杰，党坤良，王连贺，2014. 秦岭南坡 2 种林分类型林冠层对大气降雨水质的生态效应[J]. 西北农林科技大学学报(自然科学版)，42(7)：89-94.
卢晓强，丁访军，方升佐，2010. 贵州省喀斯特地区原始林水化学特征[J]. 生态学报，30(20)：5448-5455.
卢晓强，杨万霞，丁访军，2015. 茂兰喀斯特地区森林降雨分配的水化学特征[J]. 生态学杂志，34(8)：2115-2122.
罗天祥，1995. 龙胜里骆杉木人工林群落的降雨截留和养分淋溶归还[J]. 自然资源(6)：44-50.
马菁，宋维峰，吴锦奎，等，2016. 元阳梯田水源区林地降雨与土壤水同位素特征[J]. 水土保持学报，30(2)：243-248.

马菁，2016. 元阳梯田水源区土壤水分平均滞留时间研究[D]. 昆明：西南林业大学.
马雪华，1993. 森林水文学[M]. 北京：中国林业出版社.
莫菲，2008. 六盘山洪沟小流域森林植被的水文影响与模拟[D]. 北京：中国林业科学研究院.
牛栋，黄铁青，杨萍，等，2006. 中国生态系统研究网络(CERN)的建设与思考[J]. 中国科学院院刊，21(6)：466-471.
牛丽，岳广阳，赵哈林，等，2008. 利用液流法估算樟子松和小叶锦鸡儿人工林蒸腾耗水[J]. 北京林业大学学报(6)：1-8.
潘瑞炽，2001. 植物生理学[M]. 4 版. 北京：高等教育出版社.
潘维俦，田大伦，1989. 亚热带杉木人工林生态系统中的水文学过程和养分初动态[J]. 中南林学院学报(A09)：1-10.
乔治・W・布朗，1994. 森林与水质[M]. 李昌哲，张理宏，译. 北京：中国林业出版社.
秦耀东，2003. 土壤物理学[M]. 北京：高等教育出版社.
曲迪，范文义，杨金明，等，2014. 塔河森林生态系统蒸散发的定量估算[J]. 应用生态学报，25(6)：1652-1660.
任美锷，1980. 中国自然地理纲要[M]. 北京：商务印书馆.
任世奇，项东云，肖文发，等，2017. 南亚热带尾巨桉中龄林水量平衡特征研究[J]. 生态环境学报，26(10)：1728-1735.
芮孝芳，2013. 水文学原理[M]. 北京：高等教育出版社.
芮孝芳，2004. 水文学原理[M]. 北京：中国水利水电出版社.
Kimmins J P，1987. 森林生态学[M]. 文剑平，等译. 北京：中国林业出版社.
Rechard L，1984. 森林水文学[M]. 张建列，译. 哈尔滨：东北林学院.
申卫军，1999. 木本植物木质部空穴和栓塞化研究(综述) [J]. 热带亚热带植物学报，7(3)：257-266.
沈冰，李怀恩，沈晋，1994. 坡面降雨漫流过程中有效糙率的实验研究[J]. 水利学报(10)：61-68.
施昆山，2002. 世界林业[M]. 北京：中国林业出版社.
施立新，余新晓，马钦彦，2000. 国内外森林与水质研究综述[J]. 生态学杂志，19(3)：52-56.
石辉，刘世荣，赵晓广，2003. 稳定性氢氧同位素在水分循环中的应用[J]. 水土保持学报，17(2)：163-166.
宋璐璐，尹云鹤，吴绍洪，2012. 蒸散发测定方法研究进展[J]. 地理科学进展，31(9)：1186-1195.
宋维峰，吴锦奎，2016. 哈尼梯田——历史现状、生态环境、持续发展[M]. 北京：科学出版社.
孙鸿烈，2009. 中国生态系统研究网络 20 年——生态系统综合研究[M]. 北京：科学出版社.
孙涛，马明，王定勇，2016. 中亚热带典型森林生态系统对降雨中铅镉的截留特征[J].

生态学报，36(1)：218-225.
孙忠林，王传宽，王兴昌，等，2014. 两种温带落叶阔叶林降雨再分配格局及其影响因子[J]. 生态学报，34(14)：3978-3986.
唐守正，2001. 中国森林资源及其对环境的影响[J]. 科学与社会(3)：2-6.
陶豫萍，吴宁，罗鹏，等，2007. 森林植被截留对大气污染物湿沉降的影响[J]. 中国生态农业学报(4)：9-12.
田超，2015. 基于稳定同位素技术的森林水文过程研究——以黄河小浪底库区大沟河与砚瓦河流域为例[D]. 北京：中国林业科学研究院.
田超，杨新兵，李军，等，2011. 冀北山地阴坡枯落物层和土壤层水文效应研究[J]. 水土保持学报，25(2)：97-103.
田风霞，2011. 祁连山区青海云杉林生态水文过程研究[D]. 兰州：兰州大学.
田平，马钦彦，刘世海，等，2005. 北京密云油松人工林降雨化学性质研究[J]. 北京林业大学学报(S2)：125-128.
宛志沪，蒋跃林，李万莲，1999. 三种林型蒸散量测定方法的研究[J]. 安徽农业大学学报(4)：481-487.
万睿，王鹏程，曾立雄，等，2010. 三峡库区兰陵溪小流域森林降雨化学循环特征[J]. 南京林业大学学报(自然科学版)，34(3)：39-44.
王安志，2003. 森林蒸散模型与模拟研究[D]. 北京：中国科学院研究生院.
王兵，崔向慧，包永红，等，2003. 生态系统长期观测与研究网络[M]. 北京：中国科学技术出版社.
王兵，聂道平，郭泉水，等，2003. 大岗山森林生态系统研究[M]. 北京：中国科学技术出版社.
王德连，雷瑞德，韩创举，2004. 国内外森林水文研究现状和进展[J]. 西北林学院学报，19(2)：156-160.
王洪峰，何波祥，曾令海，等，2008. 中国热带次生林分布、类型与面积研究[J]. 林业与环境科学，24(2)：65-73.
王会利，曹继钊，江日健，等，2017. 广西不同林分林区地表水水质的综合评价[J]. 西部林业科学，46(4)：18-23.
王礼先，朱金兆，2005. 水土保持学[M]. 2 版. 北京：中国林业出版社.
王菱，倪建华，2001. 以黄淮海为例研究农田实际蒸散量[J]. 气象学报 (6)：784-793.
王明珠，何园球，赵其国，1994. 我国热带亚热带森林土壤水的矿质元素组成特征[J]. 土壤(5)：230-236.
王鹏程，2007. 三峡库区森林植被水源涵养功能研究[D]. 北京：中国林业科学研究院.
王平元，刘文杰，李金涛，等，2009. 西双版纳热带雨林树种斜叶榕 *F. tinctoria* 水分利用方式的季节变化[J]. 云南大学学报(自然科学版)，31(3)：304-310.
王沙生，高荣孚，吴贯明，1991. 植物生理学[M]. 北京：中国林业出版社.
王威，2010. 森林资源的价值分析[J]. 统计与咨询(2)：57-58.
王小明，钟绍柱，王刚，等，2011. 中亚热带钱江流域天然次生林集水区溪流与降雨水质比较[J]. 林业科学研究，24(2)：184-188.

王彦辉，1986. 陇东黄土地区刺槐林水土保持效益的定量研究[J]. 北京林业大学学报，1(4)：35-52.

王彦辉，于澎涛，徐德应，等，1998. 林冠截留降雨模型转化和参数规律的初步研究[J]. 北京林业大学学报，13(6)：29-34.

王佑民，2000. 我国林冠对降雨再分配的研究(Ⅱ)[J]. 西北林学院学报，15(4)：1-5.

王云琦，王玉杰，2003. 森林溪流水质的研究进展[J]. 水土保持研究(4)：242-246.

王忠，2000. 植物生理学[M]. 北京：中国农业出版社.

王卓娟，宋维峰，吴锦奎，等，2016. 元阳梯田水源区旱冬瓜水分来源[J]. 广西植物，36(6)：713-719.

王卓娟，宋维峰，张小娟，等，2015. 氢氧稳定同位素在森林雾水研究中的应用与展望[J]. 西南林业大学学报，35(4)：106-109.

魏天兴，余新晓，朱金兆，1998. 山西西南部黄土区林地枯落物截持降水的研究[J]. 北京林业大学学报，20(6)：1-6.

魏天兴，朱金兆，张学培，1999. 林分蒸散耗水量测定方法述评[J]. 北京林业大学学报，21(3)：85-91.

魏天兴，2020. 自然资源学导论[M]. 北京：中国林业出版社.

温光远，刘世荣，1995. 我国主要森林生态系统类型降雨截留规律的数量分析[J]. 林业科学，31(4)：289-298.

文焕然，何业恒，1979. 中国森林资源分布的历史概况[J]. 资源科学，1(2)：72-85.

吴梦喜，2009. 饱和-非饱和土中渗流 Richards 方程有限元算法[J]. 水利学报，40(10)：1274-1279.

吴雪娇，周剑，李妍，等，2014. 基于涡动相关仪验证的 SEBS 模型对黑河中游地表蒸散发的估算研究[J]. 冰川冻土，36(6)：1538-1547.

吴征镒，侯学煜，朱彦丞，等，1980. 中国植被[M]. 北京：科学出版社.

伍倩，闫文德，田大伦，等. 2011. 杉木人工林不同层次植被穿透水的水化学特征[J]. 中南林业科技大学学报，31(1)：59-64.

武维华，2003. 植物生理学[M]. 北京：科学出版社.

武瑶，2017. 我国典型城市大气降雨物质来源及其环境效应[D]. 北京：中国科学院大学.

夏尚光，梁淑英，2009. 森林生态系统养分循环的研究进展[J]. 安徽林业科技(3)：1-6.

夏自谦，滕秀玲，2003. 世界森林资源现状及前景展望[J]. 北京林业大学学报(社会科学版)，2(3)：24-28.

肖红伟，龙爱民，谢露华，等，2014. 中国南海大气降雨化学特征[J]. 环境科学，35(2)：475-480.

辛晓洲，2003. 用定量遥感方法计算地表蒸散[D]. 北京：中国科学院研究生院.

辛颖，赵雨森，潘保原，2006. 黑龙江东部山地兴安落叶松人工林对水质的影响[J]. 中国水土保持科学(2)：29-33.

熊毅，李庆逵，1987. 中国土壤[M]. 北京：科学出版社.

徐彩丽，罗春乐，薛跃君，等，2016. 山东省降雨和降雪中溶解有机碳、溶解无机碳和总氮的浓度变化及来源分析[J]. 环境科学学报，36(2)：658-666.
徐德应，曾庆波，1985. 用能量平衡-波文比法测定海南岛热带季雨蒸散初试[J]. 热带亚热带森林生态系统研究(3)：183-196.
徐济德，2014. 我国第八次森林资源清查结果及分析[J]. 林业经济(3)：6-8.
徐庆，安树青，刘世荣，等，2005. 四川卧龙亚高山暗针叶林降雨分配过程的氢稳定同位素特征[J]. 林业科学，41(4)：7-12.
徐庆，蒋有绪，刘世荣，等，2007. 卧龙巴郎山流域大气降雨与河水的关系研究[J]. 林业科学研究，20(3)：297-301.
徐孝庆，1992. 森林综合效益计量评价[M]. 北京：中国林业出版社.
徐义刚，周光益，骆土寿，等，2001. 广州市森林土壤水化学和元素收支平衡研究[J]. 生态学报(10)：1670-1681.
闫俊华，1999. 森林水文学研究进展(综述)[J]. 热带亚热带植物学报(4)：347-356.
闫文德，田大伦，康文星，等，2003. 速生阶段第2代杉木林养分循环的动态模拟[J]. 浙江师范大学学报(自然科学版)(02)：59-64.
严顺国，1989. 桥山区油松林水源涵养功能的探讨[J]. 水土保持学报，3(2)：57-64.
阳辉，曹建生，张万军，2019. 山地生态水文过程与降水资源调控研究进展[J]. 生态科学，38(6)：173-177.
杨大文，杨汉波，雷慧闽，2014. 流域水文学[M]. 北京：清华大学出版社.
杨丽丽，邢元军，王彦辉，等，2016. 宁夏六盘山水源区华山松次生林的生长季水量平衡与产流特征[J]. 干旱区资源与环境，30(8)：152-158.
杨令宾，1993. 长白山地区森林的水文效应[J]. 地理科学，13(4)：375-381.
杨萍，于秀波，庄绪亮，等，2008. 中国科学院中国生态系统研究网络(CERN)的现状及未来发展思路[J]. 中国科学院院刊，23(6)：555-561.
杨清海，吕淑华，李秀艳，等，2008. 城市绿地对雨水径流污染物的削减作用[J]. 华东师范大学学报(自然科学版)(02)：41-47.
杨胜天，2012. 生态水文模型与应用[M]. 北京：科学出版社.
杨文治，邵明安，2000. 黄土高原土壤水分研究[M]. 北京：科学出版社.
杨新兵，2007. 华北土石山区典型人工林优势树种及群落耗水规律研究[D]. 北京：北京林业大学.
姚贤良，程云生，1986. 土壤物理学[M]. 北京：农业出版社.
叶激华，吴初平，张骏，等，2015. 沿海防护林主要树种的树干径流特性[J]. 浙江林业科技，35(2)：22-26.
于静洁，刘昌明，1989. 森林水文学研究综述[J]. 地理研究，8(1)：88-98.
于维忠，1985. 论流域产流[J]. 水利学报(2)：3-13.
于维忠，1988. 水文学原理[M]. 北京：水利电力出版社.
余新晓，等，2018. 流域生态水文过程与机制[M]. 北京：科学出版社.
余新晓，秦富仓，2007. 流域侵蚀动力学[M]. 北京：科学出版社.
余新晓，2013. 森林生态水文研究进展与发展趋势[J]. 应用基础与工程科学学报，21

(3)：391-402.
余新晓，史宇，王贺年，等，2013. 森林生态系统水文过程与功能[M]. 北京：中国林业出版社.
余新晓，王礼先，张志强，等，2004. 森林生态水文[M]. 北京：中国林业出版社.
余新晓，朱建刚，李轶涛，2016. 森林植被-土壤-大气连续体水分传输过程与机制[M]. 北京：科学出版社.
俞元春，何晟，Wang G，等，2006. 杉木林土壤渗滤水溶解有机碳含量与迁移[J]. 林业科学(1)：122-125.
俞月凤，何铁光，彭晚霞，等，2015. 喀斯特峰丛洼地不同类型森林养分循环特征[J]. 生态学报，35(22)：7531-7542.
袁嘉祖，朱劲伟，1984. 森林降雨效应评述[J]. 北京林学院学报(4)：46-51.
袁剑舫，周月华，1964. 水分运动与土壤质地的关系[J]. 土壤学报，12(2)：143-155.
曾思齐，1996. 马尾松水土保持林水文功能计量研究(Ⅰ)：林冠截留与土壤储水能力[J]. 中南林学院学报，16(3)：1-8.
张光灿，刘霞，赵玫，2000. 林冠截留降雨模型研究进展及其述评[J]. 南京林业大学学报，24(1)：64-68.
张洪江，程金花，陈宗伟，2007. 长江三峡地区森林变化对径流泥沙的影响[J]. 水土保持研究(1)：1-3.
张济世，陈仁升，吕世华，等，2007. 物理水文学[M]. 郑州：黄河水利出版社.
张建军，清水晃，壁谷记，等，2005. 日本山地森林小流域悬移质泥沙研究[J]. 北京林业大学学报(6)：14-19.
张淑芬，马明，2017. 中亚热带典型林分不同层次降雨的水质变化特征[J]. 中国农学通报，33(22)：47-52.
张万儒，李贻铨，杨继镐，等，1981. 中国森林土壤分布规律[J]. 林业科学，17(2)：163-172.
张小娟，宋维峰，王卓娟，2015. 应用氢氧同位素技术研究土壤水的原理与方法[J]. 亚热带水土保持，27(1)：32-36.
张小娟，宋维峰，吴锦奎，等，2015. 元阳梯田水源区土壤水氢氧同位素特征[J]. 环境科学，36(6)：2102-2108.
张永娥，余新晓，陈丽华，等，2017. 北京西山侧柏林冠层不同高度处叶片水分利用效率[J]. 应用生态学报，28(7)：2143-2148.
张志强，2002. 森林水文：过程与机制[M]. 北京：中国环境科学出版社.
张志强，王礼先，王盛萍，2004. 中国森林水文学研究进展[J]. 中国水土保持科学，2(2)：68-73.
赵良菊，肖洪浪，程国栋，等，2008. 黑河下游河岸林植物水分来源初步研究[J]. 地球学报，29(6)：709-718.
赵明，郭志中，李爱德，等，1997. 渗漏型蒸渗仪对梭梭和柠条蒸腾蒸发的研究[J]. 西北植物学报，17(3)：305-314.
赵世伟，周印东，吴金水，2002. 子午岭北部不同植被类型土壤水分特征研究[J]. 水土保持学报，16(4)：119-121.
赵雨森，辛颖，孟琳，2007. 黑龙江省东部山地红松人工林生态系统水化学特征[J]. 中国生态农业学报(3)：1-4.
赵雨森，辛颖，曾凡锁，2008. 阿什河源头水源涵养林在水分传输过程中对水质的影响[J]. 林业科学(6)：5-9.
赵雨森，辛颖，曾凡锁，2006. 黑龙江省东部山地樟子松人工林生态系统水化学特征[J]. 水土保持学报(4)：175-178.
郑连生，2009. 广义水资源与适水发展[M]. 北京：中国水利水电出版社.
Larcher W，1997. 植物生理学[M]. 4 版. 翟志席，等译. 北京：中国农业出版社.
中国生态系统研究网络科学委员会秘书处，1998. 中国科学院中国生态系统研究网络简介[M]. 北京：中国环境科学出版社.
中野秀章，1983. 森林水文学[M]. 北京：中国林业出版社.
钟玉婷，刘新春，范子昂，等，2016. 乌鲁木齐降雨化学成分及来源分析[J]. 沙漠与绿洲气象，10(06)：81-87.
钟玉婷，刘新春，何清，等，2016. 伊宁市降雨化学成分及来源分析[J]. 沙漠与绿洲气象，10(3)：77-82.
周光益，田大伦，邱治军，等，2009. 广州流溪河针阔混交林冠层对穿透水离子浓度的影响[J]. 中南林业科技大学学报，29(5)：32-38.
周光益，1997. 中国热带森林水文生态功能[J]. 生态学杂志(5)：47-50.
周舒宇，骆辉，赵尘，2017. 南京市梅雨期雨水水质特性分析[J]. 森林工程，33(2)：60-63，87.
周晓峰，1991. 森林生态系统定位研究[M]. 哈尔滨：东北林业大学出版社.
周晓峰，赵惠勋，孙慧珍，2001. 正确评价森林水文效应[J]. 自然资源学报，16(5)：420-425.
周艳春，2013. 森林火灾对流域蒸散发和径流的影响研究[D]. 大连：大连理工大学.
周以良，李世友，1990. 中国森林[M]. 北京：科学出版社.
周义彪，温德华，李江，等，2014. 竹林河岸缓冲带对地表径流的水质净化研究[J]. 江西林业科技，42(4)：15-19.
朱金兆，刘建军，朱清科，等，2002. 森林枯落物层水文生态功能研究[J]. 北京林业大学学报，24(Z1)：30-34.
朱先芳，李祥玉，栾玲，2010. 化学风化研究的进展[J]. 首都师范大学学报(自然科学版)，31(3)：40-46.
朱志龙，1994. 土壤水分消退规律分析[J]. 水文(4)：36-39.
邹文安，叶青季，2005. 利用水量平衡法计算蒸腾量的尝试[J]. 吉林水利(278)：7-8.
Allen R G，1998. Assessing integrity of weather data for reference evapotranspiration estimation[J]. Journal of Irrigation and Drainage Engineering，122(2)：97-106.
Allen R G，Pereira L S，Howell T A，et al.，2011. Evapotranspiration information reporting：I. factors governing measurement accuracy[J]. Agricultural Water Management，98(6)：899-920.

Allen R G, Pereira L S, Howell T A, et al., 2011. Evapotranspiration information reporting: Ⅱ. Recommended documentation[J]. Agricultural Water Management, 98(6): 921-929.

Anderson M C, Norman J M, Diak G R, et al., 1997. A two-source time-integrated model for estimating surface fluxes using thermal infrared remote sensing[J]. Remote Sensing of Environment, 60(2): 195-216.

Aston A R, 1979. Rainfall interception byeight small trees[J]. Journal of Hydorlogy, 42: 383-396.

Atlas D, Srivastava R C, Sekhon R S, 1973. Doppler radar characteristics of precipitation at vertical incidence[J]. Reviews of Geophysics, 11(1): 1-35.

Baldocchi D, 1992. A lagrangian random-walk model for simulating water vapor, CO_2, and sensible heat flux densities and scalar profiles over and within a soybean canopy[J]. Boundary-Layer Meteorology, 61(1-2): 113-144.

Barton I J, 2010. A parameterization of the evaporation from nonsaturated surfaces[J]. Journal of Applied Meteorology, 18(1): 43-47.

Bastiaanssen W G M, Menenti M, Feddes R A, et al., 1998. The surface energy balance algorithm for Land(SEBAL): part 1 formulation[J]. Journal of Hydrology, 212(98): 801-811.

Blyth E M, Harding R J, 1995. Application ofaggregation models to surface heat flux from the Sahelian tiger bush[J]. Agricultural and Forest Meteorology, 72(3-4): 213-235.

Bourque C P A, Pomeroy J H, 2001. Effects of forest harvesting on summer stream temperatures in New Brunswick, Canada: an inter-catchment, multiple-year comparison [J]. Hydrology and Earth System Sciences, 5(4): 599-614.

Brown, G W, 1969. Predicting temperatureso nsmall streams[J]. Water Resources Research, 5(1): 68-75.

Carlson T N, Perry E M, Schmugge T J, 1990. Remote estimation of soil moisture availability and fractional vegetation cover for agricultural fields [J]. Agricultural and Forest Meteorology, 52(1): 45-69.

Cooper D I, Eichinger W E, Kao J, et al. , 2000. Spatial and temporal properties of water vapor and latent energy flux over a riparian canopy [J]. Agricultural and Forest Meteorology, 105(1/3): 161-183.

Curry R A, Scruton D A, Clarke K D, 2002. The thermal regimes of brook trout incubation habitats and evidence of changes during forestry operations[J]. Canadian Journal of Forest Research, 32(7): 1200-1207.

Czarnowski M S, Olszewski J L, 1968. Rainfall interception by a forest canopy[J]. Oikos(19): 345-350.

Davies J A, Allen C D, 2010. Equilibrium, potential and actual evaporation from cropped surfaces in Southern Ontario[J]. Journal of Applied Meteorology, 12(5): 1312-1321.

Dawson T E, Ehleringer J R, 1991. Streamside trees that do not use stream water[J]. Nature,

350: 335-337.

Dawson T E, 1993. Hydraulic lift and water use by plants Implications for water balance, performance and plant-plant interactions[J]. Oecologia, 95: 565-574.

Donohue R J, Roderick M L, McVicar T R, 2007. On the impor tance of including vegetation dynamics in Budyko's hydrological model[J]. Hydrology and Earth System Sciences, 11 (2): 983-995.

Dunin F X, Nulsen R A, Baxter I N, et al., 1989. Evaporation from a lupin crop: a comparison of methods[J]. Agricultural and Forest Meteorology, 46(4): 297-311.

Fisher J B, Baldocchi D D, 2008. Global estimates of the land-atmosphere water flux based on monthly AVHRR and ISLSCP-II data, validated at 16 FLUXNET sites[J]. Remote Sensing of Environment, 112(3): 901-919.

Fisher J B, Whittaker R J, Malhi Y, 2015. ET come home: potential evapotranspiration in geographical ecology[J]. Global Ecology and Biogeography, 20(1): 1-18.

Flanagan L B, Ehleringer J R, Marshall J D, 1992. Differential up-take of summer precipitation among cooccurring trees and shrubs in a pinyon-jumper woodland[J]. Plant Cell & Environment(15): 831-836.

Flanagan L B, Ehleringer J R, 1991. Stable isotopic composition of stem and leaf water: Applications to the study of plant water use[J]. Functional Ecology, 5: 270-277.

Gash J H C, 1979. An analytical model of rainfall interception by forests[J]. Quarterly Journal of the Royal Meteorological Society, 105: 43-55.

Hao X M, Chen Y N, Li W H, et al., 2010. Hydraulic lift in *Populus euphratica* Oliv. from the desert riparian vegetation of the Tarim River Basin[J]. Journal of Arid Environments, 74: 905-911.

Hicks B B, Hess G D, 1977. On the bowen ratio and surface temperature at sea[J]. Journal of Physical Oceanography, 7(1): 141-145.

Horton R E, 1919. Rainfall interception[J]. Monthly Weather Review(47): 603-623.

Hu Z M, Yu G R, Zhou Y L, et al., 2009. Partitioning of evapotranspiration and its controls in four grassland ecosystems: application of a two-source model[J]. Agricultural and Forest Meteorology, 149(9): 1410-1420.

Jackson I J, 1975. Relationship between rainfall parameter and interception by tropical plant forest[J]. Journal of Hydorlogy, 24: 215-238.

Jiang L, Islam S, 1999. A methodology for estimation of surface evapotranspiration over large areas using remote sensing observations[J]. Geophysical Research Letters, 26(17): 2773-2776.

Jiang L, Islam S, 2001. Estimation of surface evaporation map over Southern Great Plains using remote sensing data[J]. Water Resources Research, 37(2): 329-340.

Kelliher F M, Leuning R, 1993. Evaporation and canopy characteristics of coniferous forets and grasslands (reviev article)[J]. Oecologia, 95(2): 153-163.

Kite G W, Droogers P, 2000. Comparing evapotranspiration estimates from satellites, hydrological models and field data[J]. Journal of Hydrology, 229(1-2): 3-18.

Kjelgaard J F, Stockle C O, Mir J M V, et al., 1994. Evaluation methods to estimate corn evapotranspiration from short-time interval weather data[J]. Transaction of the ASAE(6): 1825-1833.

Kustas W P, 2010. Estimates of evapotranspiration with a one-layer and two-layer model of heat transfer over partial canopy cover[J]. Journal of Applied Meteorology, 29(8): 704-715.

Kustas W P, Zhan X, Schmugge T J, 1998. Combining optical and microwave remote sensing for mapping energy fluxes in a semiarid watershed[J]. Remote Sensing of Environment, 64(2): 116-131.

Maguas C, Griffiths H, 2003. Applications of stable isotopes in plant ecology[J]. Progress Botany, 64: 473-480.

Maidment D R, 1993. Handbook of hydrology[M]. New York: McGraw-Hill Inc.

Ma J, Song W F, Wu J K, et al., 2019. Identifying the mean residence time of soil water for different vegetation types in a water source area of the Yuanyang Terrace, southwestern China[J]. Isotopes in Environmental and Health Studies, 55(3): 272-289.

McGuire K J, de Walle D R, Gburek W J, 2002. Evaluation of mean residence time in subsurface waters using oxygen-18 fluctuations during drought conditions in the mid-Appalachians[J]. Journal of Hydrology, 261: 132-149.

Mellina E, Moore R D, Hinch S G, et al., 2002. Stream temperature responses to clearcut logging in British Columbia: the moderating influences of groundwater and headwater lakes[J]. Canadian Journal of Fisheries and Aquatic Sciences, 59(12): 1886-1900.

Menenti M, 1993. Parameterization of land surface evaporation by means of location dependent potential evaporation and surface temperature range[J]. Drug Development and Industrial Pharmacy, 40(2): 145.

Merrian R A, 1960. A note on interception loss equation[J]. Journal of Geophysical Research (65): 3850-3851.

Mukammal E I, Neumann H H, 1977. Application of the Priestley-Taylor evaporation model to assess the influence of soil moisture on the evaporation from a large weighing lysimeter and class a pan[J]. Boundary-Layer Meteorology, 12(2): 243-256.

Mu Q Z, Heinsch F A, Zhao M, et al., 2007. Development of a global evapotranspiration algorithm based on MODIS and global meteorology data[J]. Remote Sensing of Environment, 111(4): 510-536.

Mu Q Z, Zhao M S, Running S W, 2011. Improvements to a MODIS global terrestrial evapotranspiration algorithm[J]. Remote Sensing of Environment, 115(8): 1781-1800.

Norman J M, Kustas W P, Humes K S, 1995. Source approach for estimating soil and vegetation energy fluxes in observations of directional radiometric surface temperature[J]. Agricultural and Forest Meteorology, 77(3): 263-293.

Ohmura A, 1982. Objective criteria for rejecting data for Bowen ratio flux calculations[J]. Journal Applied Meteorol ology, 21(4): 595-598.

Pelgrum H, 2005. SEBAL model with remotely sensed data to improve water-resources management under actual field conditions[J]. Journal of Irrigation & Drainage Engineering, 131(1): 85-93.

Priestley C H B, Taylor R J, 2009. On the assessment of surface heat flux and evaporation using large-scale parameters[J]. Monthly Weather Review, 100(2): 81-92.

Roerink G J, Su Z, Menenti M, 2000. S-SEBI: A simple remote sensing algorithm to estimate the surface energy balance[J]. Physics & Chemistry of the Earth Part B Hydrology Oceans & Atmosphere, 25(2): 147-157.

Seidler R J, 1979. Point and non-point pollution influencing water quality in a rural housing community[J]. Mathematical Tables & Other Aids to Computation, 10(53): 1-1.

Shuttleworth W J, Wallace J S, 1985. Evaporation from sparse crops-an energy combination theory[J]. Quarterly Journal of the Royal Meteorological Society, 111(469): 839-855.

Singh R K, Irmak A, Irmak S, et al., 2008. Application of SEBAL model for mapping evapotranspiration and estimating surface energy fluxes in south-central Nebraska[J]. Journal of Irrigation & Drainage Engineering, 134(3): 273-285.

Smith S D, Wellington A B, Nacbloger J L, et al., 1991. Functional responses of riparian vegetation to streamflow diversion in the eastern Sierra Nevada[J]. Ecological Application, 1: 89-97.

Sternberg Ld S L, Gurdon N I S, Ross M, et al., 1991. Water relations of coastal plant communities near the ocean/freshwater boundary[J]. Oecologia, 88: 305-310.

Sternberg Ld S L, Swart P K, 1987. Utilization of fresh water and ocean water by coastal plants of southern Florida[J]. Ecology, 68: 1898-1905.

Stewart J B, Kustas W P, Humes K S, et al., 1994. Sensible heat flux-radiometric surface temperature relationship for eight semiarid areas[J]. Journal of Applied Meteorology, 33(9): 1110-1117.

Sun X M, Zhu Z L, Wen X F, et al., 2006. The impact of averaging period on eddy fluxes observed at China flux sites[J]. Agricultural & Forest Meteorology, 137(3): 188-193.

Swinbank W C, 1951. The measurement of vertical transfer of heat and water vapor by eddies in the lower atmosphere[J]. Journal of Meteorology, 8: 135-145.

Thornthwaite C W, 1948. An approach toward a rational classification of climate[J]. Geographical Review, 38(1): 55-94.

Trenberth K E, Fasullo J T, Kiehl J, 2009. Earth's global energy budget[J]. Bulletin of American Meteorological Society, 90(3): 311-323.

Vinukollu R K, Wood E F, Ferguson C R, et al., 2011. Global estimates of evapotranspiration for climate studies using multi-sensor remote sensing data: evaluation of three process-based approaches[J]. Remote Sensing of Environment, 115(3): 801-823.

White J W C, Cook E R, Lawrence J R, et al., 1985. The D/H ratios of sap in trees: implications for water sources and tree ring D/H ratios[J]. Geochimica et Cosmochimica Acta, 49: 237-246.

Williams D Q, Ehleringer J R, 2000. Intra-and interspecific variation summer precipitation use in pinyon-juniper woodlands[J]. Ecological Monographs, 70: 517-537.

Wilm H G, 1943. Statistical control of hydrologic data from experimental watersheds[J]. Eos Transactions American Geophysical Union, 24(2): 618-624.

Wilson K B, Hanson P J, Mulholland P J, et al., 2001. A comparison of methods for determining forest evapotranspiration and its components: sap-flow, soil water budget, eddy covariance and catchment water balance[J]. Agricultural and Forest Meteorology, 106(2): 153-168.

Zhang R H, Sun X M, Wang W M, et al., 2005. An operational two-layer remote sensing model to estimate surface flux in regional scale: physical background[J]. Science in China Series(D Earth Sciences), 48(Suppl): 225-244.